PASS

화물
운송종사
자격시험 필기 문제집

아카데미 자격시험연구회 편저

다락원

온라인 모의고사 응시 방법

01 ● QR코드 스캔 / 아래의 주소 입력

https://www.1qpassacademy.com/cbt?coupon=fre1a0001

02 ● 회원 가입하고 로그인하기

03 온라인 모의고사 풀어보기

04 응시 결과보기 / 틀린 문제 해설 확인하기

시험 안내

01 ● **자격 취득 대상자**

사업용(영업용) 화물자동차(용달·개별·일반화물) 운전자는 반드시 화물운송종사 자격을 취득 후 운전하여야 합니다.

※ 사업용(영업용) 화물자동차란?

- 타인의 운송수요에 부응하여 운송서비스를 제공하고 그에 대한 대가를 받는 "유상운송"을 목적으로 등록하는 화물자동차를 말한다.
- 화물자동차에 사업용 노란색 자동차 번호판을 장착한 자동차를 말한다.

02 ● **시험 과목 및 합격기준**

교통 및 화물 관련 법규	화물취급요령	안전운행	운송서비스
25문항	15문항	25문항	15문항

- 객관식 4지선다 유형으로 80문제가 출제되며, 시험 시간은 80분입니다.
- 총점 100점 중 60점(총 80문제 중 48문제) 이상 획득 시 합격입니다.

03 ● **응시 자격 안내**

다음 기준이 모두 충족된 경우에만 시험 응시가 가능합니다.

① 만 20세 이상인 자
② 운전면허 1종 또는 2종 면허(소형 제외) 이상 소지자
③ 운전면허 보유(소유) 기간이 면허 취득일 기준 만 2년(운전면허 정지·취소 기간은 제외)이 경과한 사람 또는 사업용(영업용) 운전경력이 1년 이상인 사람
④ 국토교통부령이 정하는 운전적성 정밀검사 기준에 적합한 사람(시험 접수일 기준)
⑤ 화물자동차 운수사업법 제9조의 결격사유에 해당하지 않는 사람

[결격사유]

- 이 법을 위반하여 징역 이상의 실형을 선고받고 그 집행이 끝나거나(집행이 끝난 것으로 보는 경우 포함) 집행이 면제된 날부터 2년이 지나지 아니한 자
- 이 법을 위반하여 징역 이상의 형의 집행유예를 선고받고 그 유예기간 중에 있는 자
- 화물자동차 운수사업법 제23조 제1항 제1호부터 제6호의까지의 규정에 따라 화물운송종사 자격이 취소된 날부터 2년이 경과되지 아니한 자

- 자격시험일 전 또는 교통안전체험교육일 전 5년간 다음 각 목의 어느 하나에 해당하는 사람 (2017.7.18 이후 발생한 건만 해당됨)
  - 도로교통법 제93조 제1항 제1호부터 제4호까지에 해당하여 운전면허가 취소된 사람
  - 도로교통법 제43조를 위반하여 운전면허를 받지 아니하거나 운전면허의 효력이 정지된 상태로 같은 법 제2조 제21호에 따른 자동차등을 운전하여 벌금형 이상의 형을 선고받거나 같은 법 제93조 제1항 제19호에 따라 운전면허가 취소된 사람
  - 운전 중 고의 또는 과실로 3명 이상이 사망(사고발생일부터 30일 이내에 사망한 경우 포함)하거나 20명 이상의 사상자가 발생한 교통사고를 일으켜 도로교통법 제93조 제1항 제10호에 따라 운전면허가 취소된 사람
- 자격시험일 전 또는 교통안전체험교육일 전 3년간 도로교통법 제93조 제1항 제5호 및 제5호의2에 해당하여 운전면허가 취소된 사람 (2017.7.18 이후 발생한 건만 해당됨)

04 ── ● **접수 기간 및 방법**
- 시험 등록: 시작 20분 전
- 시험 당일 준비물: 운전면허증(모바일 운전면허증 제외)

CBT 전용 상설시험장	정밀 검사장 활용 CBT 비상설 시험장
- 서울 구로, 수원, 대전, 대구, 부산, 광주, 인천, 춘천, 청주, 전주, 창원, 울산, 화성 (13개 지역) - 매일 4회(오전 2회, 오후 2회), *대전, 부산, 광주는 수요일 오후 항공 CBT 시행	- 서울 노원, 상주, 제주, 의정부, 홍성 (5개 지역) - 매주 화, 목 오후 2회

*시험장 사정에 따라 시행 횟수는 변경될 수 있습니다.

※ 상설시험장의 경우, 지역 특성을 고려하여 시험 시행 횟수는 조정할 수 있습니다. (소속별 자율 시행)

※ 접수인원 초과(선착순)로 접수 불가능 시 타 지역 또는 다음 차수를 접수할 수 있습니다.

05 ── ● **합격자 법정교육(8시간)**
시험 합격자에 한해 별도로 안내되는 합격자 온라인 교육(8시간)을 모두 수료한 사람은 화물운송종사 자격증을 교부받을 수 있습니다.

목차

문제편

PART
1

출제 예상 문제

01 다음이 설명하는 도로교통법령상 용어는?

> 자동차만 다닐 수 있도록 설치된 도로

- ☑ 자동차전용도로
- ② 고속도로
- ③ 차도
- ④ 보도

해설 설명된 용어는 자동차전용도로이다. 고속도로는 자동차의 고속 운행에만 사용하기 위하여 지정된 도로, 차도는 연석선, 안전표지 또는 그와 비슷한 인공구조물을 이용하여 경계를 표시하여 모든 차가 통행할 수 있도록 설치된 도로의 부분, 보도는 연석선, 안전표지나 그와 비슷한 인공구조물로 경계를 표시하여 보행자가 통행할 수 있도록 한 도로의 부분이다.

02 '차로와 차로를 구분하기 위하여 그 경계지점을 안전표지로 표시한 선'을 말하는 도로교통법령상 용어는?

- ① 차로
- ☑ 차선
- ③ 길가장자리구역
- ④ 중앙선

해설 설명된 용어는 차선이다. 차로는 차마가 한 줄로 도로의 정하여진 부분을 통행하도록 차선으로 구분한 차도의 부분, 길가장자리구역은 보도와 차도가 구분되지 아니한 도로에서 보행자의 안전을 확보하기 위하여 안전표지 등으로 경계를 표시한 도로의 가장자리 부분이다.

03 다음이 설명하는 도로교통법령상 용어는?

> 도로를 횡단하는 보행자나 통행하는 차마의 안전을 위하여 안전표지나 이와 비슷한 인공구조물로 표시한 도로의 부분

- ① 횡단보도
- ☑ 안전지대
- ③ 안전표지
- ④ 교차로

해설 설명된 용어는 안전지대이다. 횡단보도는 보행자가 도로를 횡단할 수 있도록 안전표지로 표시한 도로의 부분이고, 안전표지는 교통안전에 필요한 주의·규제·지시 등을 표시하는 표지판이나 도로의 바닥에 표시하는 기호·문자 또는 선 등, 교차로는 둘 이상의 도로가 교차하는 부분이다.

04 '보도와 차도가 구분되지 아니한 도로에서 보행자의 안전을 확보하기 위하여 안전표지 등으로 경계를 표시한 도로의 가장자리 부분'을 말하는 것은?

- ☑ 길가장자리구역
- ② 보행섬
- ③ 횡단보도
- ④ 안전지대

해설 지문에서 설명하는 것은 길가장자리구역이다.

05 자동차관리법령에 따른 자동차의 분류로 옳지 않은 것은?

- ① 승용자동차
- ② 승합자동차
- ③ 화물자동차
- ☑ 원동기장치자전거

해설 자동차관리법령에 따른 자동차의 분류는 승용, 승합, 화물, 특수, 이륜자동차로 구분한다.

06 도로교통법령상 정차는 운전자가 (　)을 초과하지 아니하고 차를 정지시키는 것으로서 주차 외의 정지상태를 말한다. (　)에 옳은 것은?

① 3분
✓② 5분
③ 10분
④ 20분

해설 도로교통법령상 정차는 5분을 초과하지 않는 범위로서 주차 외의 정지상태를 말한다.

07 다음이 설명하는 도로교통법령상 용어는?

> 운전자가 차 또는 노면전차를 즉시 정지시킬 수 있는 정도의 느린 속도로 진행하는 것

① 운전
② 일시정지
✓③ 서행
④ 주차

해설 설명된 용어는 서행이다. 일시정지는 차 또는 노면전차의 운전자가 그 차의 바퀴를 일시적으로 완전히 정지시키는 것이다.

08 빈출 개인형이동장치(PM)의 종류가 아닌 것은?

① 전동킥보드
② 전동이륜평행차
③ 전동기의 동력만으로 움직일 수 있는 자전거
✓④ 외발전동차

해설 도로교통법령상 개인형이동장치는 세 가지로 구분하고 있으며, 그 분류는 전동킥보드, 전동이륜평행차, 전동기의 동력만으로 움직일 수 있는 자전거로 구분되어 있다.

09 도로의 분류로 옳지 않은 것은?

① 도로법에 따른 도로
② 유료도로법에 따른 유료도로
✓③ 고속국도법에 따른 도로
④ 농어촌도로 정비법에 따른 농어촌도로

해설 고속국도법은 1970년 제정되어 고속도로에 관하여 필요한 사항을 정하는 법률로 존재하였으나 도로교통법으로 2014년 7월 17일 통합되어 폐지되었다.

10 도로교통법령상 차량 신호등 중 '적색의 등화'의 뜻이 아닌 것은?

① 차마는 정지선, 횡단보도 및 교차로의 직전에서 정지해야 한다.
② 차마는 우회전하려는 경우 정지선, 횡단보도 및 교차로의 직전에서 정지한 후 신호에 따라 진행하는 다른 차마의 교통을 방해하지 않고 우회전할 수 있다.
✓③ 차마는 다른 교통 또는 안전표지의 표시에 주의하면서 진행할 수 있다.
④ 우회전을 할 수 있는 상황이라 하더라도 차마는 우회전 삼색등이 적색의 등화인 경우 우회전할 수 없다.

해설 ③은 황색등화 점멸의 뜻을 담고 있다.

11 다음 설명이 뜻하는 도로교통법령상 차량 신호 등은?

> 차마는 정지선이나 횡단보도가 있을 때에는 그 직전이나 교차로의 직전에 일시정지한 후 다른 교통에 주의하면서 진행할 수 있다.

① 녹색의 등화
② 황색의 등화
③ 황색등화의 점멸
☑ 적색등화의 점멸

해설 적색등화의 점멸에 관한 설명이다.

12 다음 안전표지가 뜻하는 것은?

① 좌로 굽은 도로 표지
② 우로 굽은 도로 표지
③ 우좌로 이중 굽은 도로 표지
☑ 좌우로 이중 굽은 도로 표지

해설 좌우로 이중 굽은 도로 표지이다.

13 다음 안전표지가 뜻하는 것은?

☑ 양측방 통행 표지
② 중앙분리대 시작 표지
③ 중앙분리대 끝남 표지
④ 도로폭이 넓어짐 표지

해설 양측방 통행 표지이다.

14 다음 안전표지가 뜻하는 것은?

① 낙석도로 표지
② 강풍 표지
☑ 횡풍 표지
④ 야생동물보호 표지

해설 횡풍 표지를 나타내는 안전표지이다.

15 다음 안전표지가 뜻하는 것은?

☑ 화물자동차 통행금지 표지
② 승합자동차 통행금지 표지
③ 이륜자동차 통행금지 표지
④ 진입금지 표지

해설 화물자동차 통행금지 안전표지이다.

16 다음 안전표지가 뜻하는 것은?

① 차중량 제한 표지
☑ 차높이 제한 표지
③ 차폭 제한 표지
④ 차간거리확보 표지

해설 차높이 제한 안전표지이다.

17 다음 안전표지가 뜻하는 것은?

✔ 자전거·보행자 겸용도로 표지
② 보행자 우선도로 표지
③ 어린이 보호 표지
④ 자전거 및 보행자 통행구분도로 표지

해설 자전거·보행자 겸용도로 안전표지이다.

18 다음 안전표지의 종류는 무엇인가?

① 주의표지　　② 규제표지
✔ 지시표지　　④ 보조표지

해설 주의, 규제, 지시, 보조표지와 노면표시 중 설명하는 것은 지시표지에 해당한다.

19 다음 안전표지의 종류는 무엇인가?

① 주의표지　　✔ 규제표지
③ 지시표지　　④ 보조표지

해설 주의, 규제, 지시, 보조표지와 노면표시 중 설명하는 것은 규제표지에 해당한다. 황색은 주의표지, 적색은 규제표지, 파란색은 지시표지, 백색은 보조표지 그리고 각종 안전표지를 노면에 표시하는 경우 노면표시에 해당한다.

20 다음이 설명하는 교통안전표지는 무엇인가?

> 도로 상태가 위험하거나 도로 또는 그 부근에 위험물이 있는 경우에 필요한 안전조치를 할 수 있도록 이를 도로 사용자에게 알리는 표지

✔ 주의표지
② 규제표지
③ 지시표지
④ 보조표지

해설 설명하는 것은 주의표지이다.

21 다음이 설명하는 교통안전표지는 무엇인가?

> 도로 교통의 안전을 위하여 각종 주의·규제·지시 등의 내용을 노면에 기호·문자 또는 선으로 도로 사용자에게 알리는 표지

① 주의표지
✔ 노면표시
③ 지시표지
④ 보조표지

해설 설명하는 것은 노면표시이다.

22 버스전용차로 및 다인승차량전용차선 등 지정 방향의 교통류 분리 표시에 사용되는 노면표시의 색은?

① 백색
② 황색
✔ 청색
④ 적색

해설 청색 노면표시의 색을 이용하여 지정 방향의 교통류를 분리한다.

23 교통안전표지의 종류가 아닌 것은?

① 알림표지   ② 규제표지

③ 노면표시   ④ 보조표지

> 해설 알림표지는 없으며 주의, 규제, 지시, 보조표지와 노면표시로 규정하고 있다.

24 노면표시의 색에 대한 설명으로 틀린 것은?

① 백색은 동일 방향의 교통류 분리 및 경계 표시에 사용한다.

② 황색은 반대 방향의 교통류 분리 또는 도로 이용의 제한 및 지시에 사용한다.

③ 흑색은 지정 방향의 교통류 분리 표시에 사용한다.

④ 적색은 어린이 보호구역 또는 소방시설 주변 주정차금지 표시에 사용한다.

> 해설 흑색은 노면표시에 사용하지 않고 있다.

25 차로에 따른 통행차의 기준으로 틀린 것은?
_{빈출}

① 고속도로 외의 도로에서 왼쪽 차로는 승용자동차 및 경형·소형·중형 승합자동차가 통행할 수 있다.

② 고속도로 외의 도로에서 오른쪽 차로는 대형 승합자동차, 화물자동차, 특수자동차, 건설기계, 이륜자동차, 원동기장치자전거가 통행할 수 있다.

③ 편도 2차로 고속도로 중 2차로는 모든 자동차가 통행할 수 있다.

④ 편도 3차로 이상 고속도로 중 오른쪽 차로는 승용자동차 및 경형·소형·중형 승합자동차가 통행할 수 있다.

> 해설 편도 3차로 이상 고속도로 중 오른쪽 차로는 대형 승합자동차, 화물자동차, 특수자동차, 건설기계가 통행할 수 있다.

26 차로에 따른 통행차의 기준에 대한 설명으로 틀린 것은?
_{빈출}

① 왼쪽 차로란 고속도로 외의 도로의 경우 차로를 반으로 나누어 1차로에 가까운 부분의 차로이다. 다만, 차로 수가 홀수인 경우 가운데 차로는 제외한다.

② 왼쪽 차로란 고속도로의 경우 1차로를 제외한 차로를 반으로 나누어 그 중 1차로에 가까운 부분의 차로이다. 다만, 1차로를 제외한 차로의 수가 홀수인 경우 그 중 가운데 차로는 제외한다.

③ 오른쪽 차로란 고속도로 외의 도로의 경우 1차로를 제외한 나머지 차로이다.

④ 오른쪽 차로란 고속도로의 경우 1차로와 왼쪽 차로를 제외한 나머지 차로이다.

> 해설 고속도로 외의 도로에서 오른쪽 차로란 왼쪽 차로를 제외한 나머지 차로를 뜻한다.

27 차로에 따른 통행차의 기준에 의한 통행 방법에 대한 설명으로 틀린 것은?

① 차마의 운전자는 보도와 차도가 구분된 도로에서는 차도를 통행하여야 한다. 다만, 도로 외의 곳으로 출입할 때에는 보도를 횡단하여 통행할 수 있다.

② 도로 외의 곳으로 출입할 때 차마의 운전자는 보도를 횡단하기 직전에 서행하여 좌측과 우측 부분 등을 살핀 후 보행자의 통행을 방해하지 아니하도록 횡단하여야 한다.

③ 차마의 운전자는 안전지대 등 안전표지에 의하여 진입이 금지된 장소에 들어가서는 아니 된다.

④ 도로가 일방통행인 경우 도로의 중앙이나 좌측 부분을 통행할 수 있다.

> 해설 도로 외의 곳으로 출입할 때 차마의 운전자는 보도를 횡단하기 직전에 일시정지하여야 한다.

28 차로에 따른 통행차의 기준에 의하면 차마는 도로의 우측 부분을 통행하여야 하나 도로의 중앙이나 좌측 부분을 통행할 수 있는 경우에 해당하지 않는 것은?

① 도로가 일방통행인 경우

② 도로의 파손, 도로공사나 그 밖의 장애 등으로 도로의 우측 부분을 통행할 수 없는 경우

③ 도로 우측 부분의 폭이 차마의 통행에 충분하지 않은 경우

✔ 도로 우측 부분의 폭이 10미터가 되지 않는 도로에서 다른 차를 앞지르려는 경우 (제한사항 제외)

해설 도로 우측 부분의 폭이 6미터가 되지 않는 도로에서 다른 차를 앞지르려는 경우 도로의 중앙이나 좌측 부분을 통행할 수 있다. 다만, 도로의 좌측 부분을 확인할 수 없는 경우, 반대 방향의 교통을 방해할 우려가 있는 경우, 안전표지 등으로 앞지르기를 금지하거나 제한하고 있는 경우에는 제외한다.

29 도로교통법령상 위험물 등을 운반하는 자동차에 해당하지 않는 것은?

① 화학물질관리법에 따른 유독물질

② 원자력안전법에 따른 방사성물질 또는 그에 따라 오염된 물질

③ 농약관리법에 따른 원제

✔ 선박관리법에 따른 대형 선박자제

해설 ①, ②, ③ 외에도 위험물안전관리법에 따른 지정수량 이상의 위험물, 총포·도검·화약류 등의 안전관리에 관한 법률에 따른 화약류, 폐기물관리법에 따른 지정폐기물과 의료폐기물, 고압가스 안전관리법에 따른 고압가스, 액화석유가스의 안전관리 및 사업법에 따른 액화석유가스, 산업안전보건법에 따른 유해물질이 위험물에 해당한다.

30 도로교통법령상 긴급한 우편물의 운송에 사용되는 긴급자동차에 적용되는 특례에 해당하지 않는 것은?

① 속도 제한

② 끼어들기 금지

③ 앞지르기 금지

✔ 중앙선침범

해설 중앙선침범의 경우 소방차, 구급차, 혈액 공급 차량 그리고 경찰용 자동차에 대해서만 적용한다.

31 도로교통법령상 신청에 따른 지정의 절차가 필요한 긴급자동차는?

① 소방차

② 구급차

③ 범죄수사용 경찰차

✔ 전파감시 업무에 사용되는 자동차

해설 전파감시 업무에 사용되는 자동차는 사용인의 신청에 의하여 시·도경찰청장이 지정하는 경우에 긴급자동차로 인정된다.

32 도로교통법령상 화물자동차의 운행상의 안전기준으로 틀린 것은? (분할 불가능한 경우 제외)

☑ 길이는 자동차 길이에 그 길이의 10분의 2를 더한 길이로 제한한다.

② 너비는 자동차의 후사경의 높이보다 화물을 낮게 적재한 경우에는 그 화물의 범위로 제한한다.

③ 너비는 자동차의 후사경의 높이보다 화물을 높게 적재한 경우에는 뒤쪽을 확인할 수 있는 범위로 제한한다.

④ 높이는 화물자동차의 지상으로부터 4미터(고시한 도로노선의 경우 4미터 20센티미터)로 제한한다.

해설 화물자동차의 운행상의 안전기준 중 길이는 자동차 길이에 그 길이의 10분의 1을 더한 길이로 제한한다.

33 분할할 수 없어 화물자동차의 적재중량 및 적재용량의 기준을 적용할 수 없는 화물을 수송하는 경우 누구의 허가를 받아야 하는가?

① 출발지 관할 시·도경찰청장

☑ 출발지 관할 경찰서장

③ 출발지 관할 지구대장 또는 파출소장

④ 도착지 관할 시·도경찰청장

해설 적재중량 및 적재용량의 기준을 초과한 경우 출발지 관할 경찰서장의 허가를 받아야 한다.

34 도로교통법령상 화물자동차의 운행상의 안전기준을 넘는 화물의 적재 허가를 받은 사람은 그 길이 또는 폭의 양 끝에 너비 (㉠)센티미터, 길이 (㉡)센티미터 이상의 빨간 헝겊으로 된 표지를 달아야 한다. 다만, 밤에 운행하는 경우에는 반사체로 된 표지를 달아야 한다. (㉠)과 (㉡)에 들어갈 것으로 옳은 것은?

	㉠	㉡
①	30	70
☑	30	50
③	20	30
④	20	50

해설 운행상의 안전기준을 넘는 경우 허가와 함께 너비 30센티미터, 길이 50센티미터 이상의 빨간 헝겊(야간 반사체)의 표지를 달아야 한다.

35 일반도로 주거지역·상업지역 및 공업지역의 경우 화물자동차의 최고속도는? (개별 제한속도 없음)

☑ 매시 50km 이내

② 매시 60km 이내

③ 매시 70km 이내

④ 매시 80km 이내

해설 일반도로 주거지역, 상업지역, 공업지역의 경우 자동차의 종류와 관계없이 최고속도는 매시 50km 이내로 제한되어 있다.

36 일반도로 편도 2차로 이상 도로의 경우 화물자동차의 최저속도는? (개별 제한속도 없음)

✓ 제한 없음
② 매시 20km 이내
③ 매시 30km 이내
④ 매시 50km 이내

> **해설** 일반도로의 경우 최저속도 제한은 없다.

37 5톤 화물자동차의 최고속도가 매시 80km인 도로에서 비가 내려 노면이 젖어 있는 경우 화물자동차의 최고제한속도는?

① 매시 50km 이내
② 매시 55km 이내
✓ 매시 64km 이내
④ 매시 70km 이내

> **해설** 이상기후 상태에 따라 20/100을 줄인 속도(비가 내려 노면이 젖어 있는 경우, 눈이 20mm 미만 쌓인 경우)와 50/100을 줄인 속도(폭우·폭설·안개 등으로 가시거리가 100m 이내인 경우, 노면이 얼어붙은 경우, 눈이 20mm 이상 쌓인 경우)로 최고속도가 변경된다.

38 최고속도의 50/100을 줄인 속도의 기준이 적용되는 경우가 아닌 것은?

✓ 비가 내려 노면이 젖어 있는 경우
② 안개로 가시거리가 100m 이내인 경우
③ 노면이 얼어붙은 경우
④ 눈이 20mm 이상 쌓인 경우

> **해설** ①의 경우 최고속도의 20/100을 줄인 속도의 기준이 적용된다.

39 10톤 화물자동차의 최고속도가 매시 80km인 도로에서 눈이 20mm 이상 쌓인 경우 화물자동차의 최고제한속도는?

① 매시 30km 이내
✓ 매시 40km 이내
③ 매시 50km 이내
④ 매시 64km 이내

> **해설** 37번 문제 해설 참고

40 도로교통법령상 서행해야 할 장소로 규정된 것이 아닌 것은?

① 교통정리를 하고 있지 아니하는 교차로
② 비탈길의 고갯마루 부근
③ 교차로에서 우회전하려는 경우
✓ 지하도나 육교 등 도로 횡단시설을 이용할 수 없는 노인이 도로를 횡단하고 있는 경우

> **해설** ④는 일시정지해야 한다. ①, ②, ③ 이외에도 가파른 비탈길의 내리막, 시·도경찰청장이 안전표지로 규정한 장소가 서행하여야 할 장소이다.

41 도로교통법령상 서행하여야 할 경우로 규정된 것이 아닌 것은?

① 교차로에서 좌회전하려는 경우
② 교차로에서 우회전하려는 경우
③ 안전지대에 보행자가 있는 경우
✓ 도로가 아닌 곳으로 진입하기 위해 보도를 횡단하려는 경우

> **해설** ①, ②, ③ 외에도 차로가 설치되지 아니한 좁은 도로에서 보행자의 옆을 지나는 경우, 교통정리가 없는 교차로에 들어가려고 할 때 좁은 도로에서 진입할 경우가 서행하여야 하는 경우로 규정되어 있다.

42 교통정리가 없는 교차로에서의 양보운전에 대한 설명으로 옳지 않은 것은?

① 교차로에 들어가려고 하는 차의 운전자는 이미 교차로에 들어가 있는 다른 차가 있을 때에는 그 차에 진로를 양보해야 한다.

② 교차로에 들어가려고 하는 차의 운전자는 그 차가 통행하고 있는 도로의 폭보다 교차하는 도로의 폭이 넓은 경우에는 서행해야 한다.

✓③ 교차로에 동시에 들어가려고 하는 차의 운전자는 좌측 도로의 차에 진로를 양보해야 한다.

④ 교차로에서 좌회전하려고 하는 차의 운전자는 그 교차로에서 직진하거나 우회전하려는 다른 차가 있을 때에는 그 차에 진로를 양보해야 한다.

해설 교차로에 동시에 들어가려고 하는 차의 운전자는 우측 도로의 차에 그 진로를 양보한다.

43 도로교통법령상 일시정지를 규정한 것이 아닌 것은?

✓① 도로가 구부러진 부근

② 교통정리를 하고 있지 아니하고 좌우를 확인할 수 없는 교차로를 통과하려는 경우

③ 신호에 따르는 경우를 제외하고 철길건널목을 통과하려는 경우

④ 어린이 보호구역 내 신호기가 설치되지 아니한 횡단보도를 통과하려는 경우

해설 도로가 구부러진 부근은 서행하여야 할 장소로 규정되어 있다.

44 도로교통법령상 경찰공무원은 정비상태가 매우 불량하여 위험 발생의 우려가 있는 경우에는 그 차의 자동차등록증을 보관하고 운전의 일시정지를 명할 수 있다. 이 경우 ( )의 범위에서 정비기간을 정하여 그 차의 사용을 정지시킬 수 있다. ( )에 들어갈 것으로 옳은 것은?

① 5일   ✓② 10일

③ 20일   ④ 30일

해설 경찰공무원은 정비불량차에 해당한다고 인정하는 차가 운행되고 있는 경우에는 우선 그 차를 정지시킨 후, 운전자에게 그 차의 자동차등록증 또는 자동차 운전면허증을 제시하도록 요구하고 그 차의 장치를 점검할 수 있다. 점검한 결과 정비불량 사항이 발견된 경우에는 그 정비불량 상태의 정도에 따라 그 차의 운전자로 하여금 응급조치를 하게 한 후에 운전을 하도록 하거나 도로 또는 교통 상황을 고려하여 통행구간, 통행로와 위험 방지를 위한 필요한 조건을 정한 후 그에 따라 운전을 계속하게 할 수 있다. 시·도경찰청장은 제2항에도 불구하고 정비상태가 매우 불량하여 위험 발생의 우려가 있는 경우에는 그 차의 자동차등록증을 보관하고 운전의 일시정지를 명할 수 있다. 이 경우 필요하면 10일의 범위에서 정비기간을 정하여 그 차의 사용을 정지시킬 수 있다.

45 도로교통법령상 제1종 보통면허로 운전이 불가한 차의 종류는? (위험물 또는 견인 제외)

① 원동기장치자전거

② 승차정원 15인 이하의 승합자동차

③ 적재중량 12톤 미만의 화물자동차

✓④ 덤프트럭

해설 덤프트럭, 아스팔트살포기, 노상안정기, 콘크리트믹서트럭, 콘크리트펌프, 트럭적재식 천공기, 콘크리트믹서트레일러, 아스팔트콘크리트재생기, 도로보수트럭, 3톤 미만의 지게차는 모두 1종 대형 면허가 있어야 운전이 가능한 차종이다. 다만, 3톤 미만의 지게차는 1종 보통면허로도 운전이 가능하다.

46 제1종 특수면허의 종류가 아닌 것은?

① 대형 견인차
✓ 중형 견인차
③ 소형 견인차
④ 구난차

해설 중형 견인차는 특수면허의 종류에 없다.

47 제1종 특수면허의 종류가 아닌 것은?

① 대형 견인차면허
② 소형 견인차면허
✓ 소형 면허
④ 구난차면허

해설 소형 면허는 제2종 면허의 종류에 속한다.

48 제2종 보통면허로 운전이 가능한 차종에 대한 설명으로 틀린 것은? (위험물 또는 견인 제외)

① 승용자동차는 모두 운전할 수 있다.
✓ 승차정원 12인 이하의 승합자동차를 운전할 수 있다.
③ 적재중량 4톤 이하 화물자동차를 운전할 수 있다.
④ 총중량 3.5톤 이하의 특수자동차(구난차 등은 제외)를 운전할 수 있다.

해설 제2종 보통면허로 운전 가능한 승합자동차는 승차정원 10인 이하의 승합자동차에 한한다.

49 자동차의 형식이 변경된 경우에 대한 설명으로 틀린 것은?

① 차종 변경된 경우 : 변경승인 후의 차종
② 승차정원이 증가한 경우 : 변경승인 후의 승차정원
③ 차종 변경 없이 승차정원이 감소된 경우 : 변경승인 전의 승차정원
✓ 차종 변경 없이 적재중량이 감소된 경우 : 변경승인 후의 적재중량

해설 자동차의 형식이 변경된 경우 중 차종이 변경되거나 승차정원 또는 적재중량이 증가한 경우에는 변경승인 후의 차종이나 승차정원 또는 적재중량이 기준이며, 차종의 변경 없이 승차정원 또는 적재중량이 감소된 경우에는 변경승인 전의 승차정원 또는 적재중량으로 적용한다. 다만, 자동차의 구조 또는 장치가 변경된 경우는 변경승인 전의 승차정원 또는 적재중량에 따른다.

50 음주운전으로 운전면허 취소처분 또는 정지처분을 받은 경우 행정처분의 감경 제외 사유에 해당하는 것으로 틀린 것은?

① 혈중알코올농도가 0.1퍼센트를 초과하여 운전한 경우
② 음주운전 중 인적피해 교통사고를 야기한 경우
③ 과거 5년 이내에 3회 이상의 인적피해 교통사고의 전력이 있는 경우
✓ 과거 10년 이내 음주운전의 전력이 있는 경우

해설 과거 5년 이내 음주운전 전력이 있는 경우와 이외 경찰관의 음주측정 요구에 불응하거나 도주한 때 또는 단속경찰관을 폭행한 경우는 행정처분 감경 제외 사유에 해당한다.

51 운전면허취득 응시기간의 제한(결격)에 대한 설명으로 옳은 것은?

① 무면허 금지 규정을 위반하여 자동차등을 운전한 경우 그 위반한 날부터 2년

② 무면허 금지 규정을 위반한 후 원동기장치자전거 면허를 취득하려는 경우 그 위반한 날부터 1년

③ 무면허 운전 금지 규정을 3회 이상 위반한 경우 그 위반한 날부터 3년

☑ 공동위험행위 규정을 위반한 후 원동기장치자전거 면허를 취득하려는 경우 그 위반한 날부터 1년

해설 운전면허 응시 제한 기간

제한 기간	사유
5년	음주운전, 무면허운전, 과로 및 약물 복용 또는 공동위험행위를 위반하여 사람을 사상한 후 필요한 조치 및 신고를 하지 아니한 경우, 음주운전으로 사망사고 발생시킨 경우
4년	5년 제한 이외의 사유로 사람을 사상한 후 필요한 조치 및 신고를 하지 아니한 경우
3년	음주운전으로 2회 이상 교통사고를 일으킨 경우(01.6.30. 이후), 자동차등을 이용한 범죄, 자동차등을 강·절취한 자가 그 자동차등을 무면허운전
2년	무면허운전 3회 이상(10.7.23. 이후), 면허시험 대리 응시, 면허 대리 응시하고 원동기면허를 취득하고자 하는 경우, 공동위험행위로 2회 이상 면허 취소 시, 부당한 방법으로 면허 취득 또는 이용, 다른 사람의 자동차 강·절취한 자, 음주운전 또는 측정 불응 2회 이상 한 자(01.7.24. 이후), 음주운전으로 교통사고를 일으킨 경우
1년	무면허운전, 공동위험행위로 면허 취소되어 원동기면허 취득하려는 경우, 자동차 이용 범죄, 2년 제한 사유 이외로 면허가 취소된 경우
6개월	원동기 면허 재취득(단순 무면허, 단순 음주로 취소된 경우)

※ 모든 제한기간 : 벌금 이상의 형(집행유예를 포함)을 받은 사람에게만 적용

52 벌점·누산점수 초과로 인하여 운전면허 취소처분을 받은 경우 행정처분 감경 제외 사유에 해당하는 것이 아닌 것은?

① 과거 5년 이내에 운전면허 취소처분을 받은 전력이 있는 경우

② 과거 5년 이내에 3회 이상 인적피해 교통사고를 일으킨 경우

☑ 과거 5년 이내에 2회 이상 운전면허 정지처분을 받은 전력이 있는 경우

④ 과거 5년 이내에 운전면허 행정처분 이의심의위원회의 심의를 거치거나 행정심판 또는 행정소송을 통하여 행정처분이 감경된 경우

해설 과거 5년 이내 3회 이상 운전면허 정지처분을 받은 전력이 있는 경우 행정처분 감경 제외 사유에 해당한다. 감경된 경우 취소처분은 110점으로, 정지처분은 1/2로 감경한다.

53 운전면허 취소처분에 해당하지 않는 것은?

① 교통사고로 사람을 죽게 하거나 다치게 하고, 구호조치를 하지 아니한 때

② 혈중알코올농도 0.08퍼센트 이상의 상태에서 운전한 때

③ 최고속도보다 100km/h를 초과한 속도로 3회 이상 운전한 때

☑ 공동위험행위로 입건된 때

해설 공동위험행위로 입건된 때에는 40점의 벌점을 부과한다. 취소처분에 해당하는 경우는 공동위험행위로 구속된 때이다.

54 운전면허 취소처분에 해당하지 않는 것은?

① 운전면허를 가진 사람이 다른 사람을 부정하게 합격시키기 위해 운전면허시험에 응시한 때

☑ 출석기간 또는 범칙금 납부기간 만료일부터 60일이 경과될 때까지 즉결심판을 받지 아니한 때

③ 난폭운전으로 구속된 때

④ 운전자가 단속 경찰공무원 등에 대하여 폭행하여 형사입건된 때

> 해설 ②의 경우에는 40점의 벌점을 부과한다.

55 난폭운전으로 구속된 때에 대한 운전면허 처분은?

☑ 취소

② 100일 정지

③ 40일 정지

④ 20일 정지

> 해설 난폭운전으로 구속된 때 운전면허는 취소되며, 입건된 때는 운전면허 40일 정지가 적용된다.

56 다음 중 위반 행위에 따른 부과되는 벌점이 40점이 아닌 것은?

① 승객의 차내 소란행위 방치운전

② 난폭운전으로 형사입건된 때

☑ 어린이통학버스 특별보호 규정을 위반한 때

④ 공동위험행위로 형사입건된 때

> 해설 ③의 경우에는 30점의 벌점을 부과한다.

57 다음 중 위반 행위에 따른 부과되는 벌점에 대한 설명이 틀린 것은? (보호구역 제외)

① 속도 위반(100km/h 초과)의 경우 벌점 100점을 부과한다.

② 보복운전하여 입건된 경우 벌점 100점을 부과한다.

③ 속도 위반(80km/h 초과 100km/h 이하)의 경우 벌점 80점을 부과한다.

☑ 속도 위반(60km/h 초과 80km/h 이하)의 경우 벌점 40점을 부과한다.

> 해설 ④의 경우에는 60점의 벌점을 부과한다.

58 속도 위반(50km/h 초과)과 적재물 추락방지 위반으로 적발된 경우 벌점은? (보호구역 제외)

① 30점   ② 35점

③ 40점   ☑ 45점

> 해설 속도 위반(40km/h 초과 60km/h 이하)의 경우 30점의 벌점을 부과하고, 적재물 추락방지 위반의 경우 15점의 벌점을 부과한다.

59 어린이 보호구역에서 오전 10시 신호 위반과 보행자 보호 불이행으로 적발된 경우 벌점은?

① 30점   ② 40점

☑ 50점   ④ 60점

> 해설 어린이 보호구역 및 노인·장애인 보호구역 안에서 오전 8시부터 오후 8시까지 위반하는 행위에 대하여 벌점 2배를 적용한다.

2배의 벌점이 부과되는 경우		벌점
속도 위반	100km/h 초과	120점
	80km/h 초과 100km/h 이하	
	60km/h 초과 80km/h 이하	60점
	40km/h 초과 60km/h 이하	30점
	20km/h 초과 40km/h 이하	15점
신호·지시 위반		15점
보행자 보호 불이행 (정지선 위반 포함)		10점

지문의 경우 15(신호 위반) × 2 + 10(보행자 보호 불이행) × 2 = 50이므로, 50점의 벌점을 부과한다.

60 자동차등의 운전 중 교통사고를 일으킨 때 인적 피해 사고결과에 따른 벌점기준으로 틀린 것은?

① 사망 1명마다 벌점 90점

② 중상 1명마다 벌점 15점

✓③ 경상 1명마다 벌점 4점

④ 부상신고 1명마다 벌점 2점

> 해설 경상 1명마다 벌점 5점이 부과된다.

61 자동차등의 운전 중 안전운전 의무 위반을 원인으로 교통사고를 일으켜 사고 결과 중상 1명, 경상 2명, 부상 신고 1명인 경우 적용되는 벌점은? (단, 본인 피해 없음)

① 32점

✓② 37점

③ 42점

④ 47점

> 해설 안전운전의무 위반 벌점 10점 + 중상 1명 벌점 15점 + 경상 2명 벌점 10점 + 부상 신고 1명 벌점 2점, 합 37점의 벌점이 부과된다.

62 양육비 이행 확보 및 지원에 관한 법률에 따라 여성가족부장관이 운전면허 정지처분을 요청하는 경우 정지기간은?

① 50일

✓② 100일

③ 1년

④ 3년

> 해설 이 경우 운전면허 정지기간은 100일이 적용된다.

63 도로교통법령상 자동차등의 운전 중 교통사고를 일으킨 때 벌점기준에 대한 설명으로 틀린 것은?

✓① 사망은 사고 발생 시부터 48시간 이내에 사망한 때

② 중상은 3주 이상의 치료를 요하는 의사의 진단이 있는 사고

③ 경상은 3주 미만 5일 이상의 치료를 요하는 의사의 진단이 있는 사고

④ 부상신고는 5일 미만의 치료를 요하는 의사의 진단이 있는 사고

> 해설 사망은 사고 발생 시부터 72시간 이내에 사망한 때를 기준으로 하고 있다.

64 도로교통법령상 범칙행위 및 범칙금액 용어에 대한 설명으로 틀린 것은?

① 승합자동차등이란 승합자동차 4톤 초과 화물자동차, 특수자동차, 건설기계 및 노면전차를 말한다.

② 승용자동차등이란 승용자동차 및 4톤 이하 화물자동차를 말한다.

✓③ 이륜자동차등이란 이륜자동차 및 원동기장치자전거(개인형이동장치 포함)를 말한다.

④ 손수레등이란 손수레 경운기 및 우마차를 말한다.

> 해설 이륜자동차등이란 이륜자동차 및 원동기장치자전거(개인형이동장치 제외)를 말한다.

65 5톤 화물자동차를 운전하여 속도 위반(60km/h 초과)의 경우 범칙금액은? (보호구역 제외)

✓① 13만 원　　② 12만 원

③ 10만 원　　④ 8만 원

> 해설 4톤 초과 화물자동차는 승합자동차등으로 보아 이 경우 범칙금 13만 원에 해당한다.

66 1톤 화물자동차를 운전하여 어린이통학버스 특별보호 위반에 해당하는 경우 범칙금액은?

① 7만 원

② 9만 원 ✓

③ 10만 원

④ 12만 원

> 해설 1톤 화물자동차의 경우 승용자동차등으로 보아 이 경우 범칙금 9만 원에 해당한다.

67 4톤 화물자동차를 운전하여 주차된 차만 손괴하고 인적 사항 제공 의무를 위반한 경우 범칙금액은?

① 13만 원

② 12만 원 ✓

③ 10만 원

④ 8만 원

> 해설 4톤 이하 화물자동차는 승용자동차등으로 보아 이 경우 범칙금 12만 원에 해당한다.

68 10톤 화물자동차를 운전 중 영상표시장치 조작 위반한 경우 범칙금액은?

① 13만 원

② 12만 원

③ 10만 원

④ 7만 원 ✓

> 해설 4톤 초과 화물자동차는 승합자동차등으로 보아 이 경우 범칙금 7만 원에 해당한다.

69 1.5톤 화물자동차를 운전 중 고속도로 갓길 통행을 위반한 경우 범칙금액은?

① 10만 원

② 8만 원

③ 6만 원 ✓

④ 4만 원

> 해설 4톤 이하 화물자동차는 승용자동차등으로 보아 이 경우 범칙금 6만 원에 해당한다.

70 술에 취한 상태에서 전동킥보드(개인형이동장치)를 운전한 경우 범칙금액은?

① 20만 원

② 15만 원

③ 10만 원 ✓

④ 5만 원

> 해설 전동킥보드(개인형이동장치)는 자동차등의 음주운전과 다르게 10만 원의 범칙금을 부과한다.

71 노인 보호구역에서 5톤 화물자동차가 신호 위반을 한 경우 범칙금액은?

① 6만 원

② 8만 원

③ 12만 원

④ 13만 원 ✓

> 해설 어린이·노인·장애인 보호구역 내 위반 행위 중 신호·지시 위반, 속도 위반, 통행금지·제한 위반, 보행자 통행 방해 또는 보호 불이행, 주·정차 위반(어린이 보호구역과 노인·장애인 보호구역의 차이가 있음) 그리고 주·정차 위반에 대한 조치 불응(어린이 보호구역과 노인·장애인 보호구역의 차이가 있음)에 대한 범칙금은 상향되어 적용되고 있다.

72 어린이 보호구역에서 1톤 화물자동차가 주차 위반을 한 경우 범칙금액은?

① 6만 원
② 9만 원
✓ 12만 원
④ 13만 원

> **해설** 어린이 보호구역에서 주차 위반을 한 경우 1톤 화물자동차는 승용자동차등으로 보아 12만 원의 범칙금이 부과된다. 다만, 노인·장애인 보호구역에서 주차 위반을 한 경우 범칙금 8만 원이 부과된다. 즉, 어린이 보호구역은 통상적인 범칙금의 3배, 노인·장애인 보호구역은 통상적인 범칙금의 2배를 부과한다.

73 보호구역을 제외하고 경사진 곳에서의 주차 방법 위반에 해당하는 경우 5톤 화물자동차에 대한 범칙금은?

① 3만 원
② 4만 원
✓ 5만 원
④ 6만 원

> **해설** 4톤 초과 화물자동차는 승합자동차와 같이 5만 원의 범칙금이 부과된다.

74 어린이 보호구역 내 최고제한속도를 66km/h 초과한 4톤의 화물자동차에 대한 범칙금액은?

① 10만 원
✓ 15만 원
③ 16만 원
④ 20만 원

> **해설** 어린이 보호구역 내 최고제한속도를 60km/h 초과한 경우 4톤 화물자동차는 승용자동차와 같은 15만 원이 부과된다.

75 교통사고처리특례법령에 따른 처벌의 특례에 해당되는 경우는?

① 최고제한속도 20km/h를 초과한 사고
② 고속도로 후진 위반 사고
③ 보도침범 위반 사고
✓ 진로변경방법 위반 사고

> **해설** 진로변경방법 위반은 처벌의 특례에 해당한다.

76 교통사고처리특례법 제3조 제2항 단서 각 호(특례의 배제)에 해당하지 않는 것은?

① 신호 위반
② 중앙선침범
③ 보행자보호의무 위반
✓ 교차로통행방법 위반

> **해설** 교차로통행방법 위반은 특례의 배제 대상이 아니다. 배제 대상으로 규정된 단서 각 호는 신호·지시 위반, 중앙선침범, 고속도로에서의 횡단·유턴·후진, 속도 위반(20km/h 초과), 앞지르기 방법·금지시기·금지장소 또는 끼어들기 금지 위반, 철길 건널목 통과방법 위반, 보행자보호의무 위반, 무면허 운전, 주취·약물운전, 보도침범·보도횡단방법 위반, 승객 추락 방지의무 위반, 어린이 보호구역 내 어린이 사고, 적재물 추락방지 위반 이상 12개 항목으로 규정되어 있다.

77 교통사고처리특례법 제3조 제2항의 본문의 특례가 적용되지 않는 것은?

① 교차로양보의무 위반
② 진로변경방법 위반
③ 안전운전의무 위반
✓ 중상해 발생

> **해설** 중상해 발생의 경우 교통사고처리특례법상 특례가 적용되지 않는다.

78 교통사고처리특례법 제3조 제2항의 본문의 특례가 적용되는 것은?

① 교차로통행방법 위반 사망사고
② 진로변경방법 위반 중상해 발생사고
✔ 안전거리 미확보 중상 발생사고
④ 구호조치의무 위반 경상 발생사고

> 해설 원인 행위를 불문하고 사망사고는 특례를 적용받지 아니하며, 중상해 발생사고와 구호조치의무 위반 사고와 음주측정 거부의 경우 특례가 적용되지 않는다. 또한, 단서 각 호에서 규정된 12개 항목도 제외된다. 안전거리 미확보를 원인으로 한 중상의 경우 특례가 적용된다.

79 다음 중 중앙선침범 교통사고로 처리되지 않는 것은?

① 유턴 중 중앙선침범 사고
② 빗길 과속으로 중앙선침범 사고
✔ 선행 충격에 의한 중앙선침범 사고
④ 황색 실선 구간 좌회전 사고

> 해설 불가항력적 사항, 사고피양, 위험회피, 충격에 의한 경우 등 부득이한 상황에 대하여 중앙선침범을 적용하지 않으나 의도적 침범 또는 현저한 선행과실(예 과속)에 의한 경우 중앙선침범을 적용한다.

80 다음 중 속도를 추정하는 방법으로 바르지 않은 것은?

① 스피드건
② 운행기록계
③ 제동흔적
✔ 목격자의 진술

> 해설 운전자의 진술은 어느 정도 추정하는 것이 가능하나 속도는 의심이 해소될 수 있을 만큼의 명확성을 요하므로 운행기록계, 스피드건, 타고메타, 제동흔적, EDR기록 등으로 추정할 수 있다. 다만, 목격자의 진술은 주관적 속도를 진술하는 것이므로 참고자료로 활용해 볼 수 있다.

81 다음 중 앞지르기 방법 및 금지시기 위반으로 적용되는 것이 아닌 것은?

① 교차로 내 앞지르기
② 앞차의 우측으로 앞지르기
③ 터널 안 좌측으로 앞지르기
✔ 흰색 점선 구간 좌측으로 앞지르기

> 해설 앞지르기는 앞차의 좌측으로 앞지르기하여야 하며, 교차로, 터널 안, 다리 위 등의 장소에는 금지장소로 규정되어 있다. 흰색 점선 구간인 경우 앞지르기가 가능하며 좌측으로 앞지르기하는 것이 바른 방법이다.

82 다음 중 무면허 운전 교통사고로 처리되지 않는 것은?

① 운전면허 정지처분 기간 중 운전 중 사고
② 운전면허 시험 합격 후 면허증 교부 전 운전 중 사고
③ 외국인으로 입국하여 1년이 지난 국제운전면허증을 소지하고 운전 중 사고
✔ 제2종 보통면허 중 자동변속기 면허로 수동변속기 차량을 운전 중 사고

> 해설 ④의 경우 조건 위반으로 6월 이하의 징역 또는 200만 원 이하의 벌금 또는 구류로 처벌되나 무면허 운전에 적용되지 않는다. 이외 경우로는 다륜형 원동기장치면허를 가지고 일반 원동기장치자전거를 운전한 경우와 장애인으로 등록된 운전자가 장애인이 운전하도록 개조된 자동차가 아닌 일반 자동차를 운전한 경우도 이에 해당한다.

83 다음 중 보행자로 볼 수 있는 경우는?

☑ 이륜차에서 내려 횡단보도를 건너가는 경우
② 자전거를 타고 횡단보도를 건너가는 경우
③ 횡단보도 중간에서 택시를 잡는 경우
④ 아파트 단지 내 횡단보도를 이륜차를 타고 건너가는 경우

해설 이륜차나 자전거에서 내려 끌고 가는 경우는 보행자로 간주하며 도로가 아닌 장소에 설치된 횡단보도(임의 설치)의 경우 횡단보도 보행자로 보지 않는다. 또한, 횡단보도 중간에서 택시를 잡거나 누워 있고 장난을 치는 행위는 보행자로 판단하지 않는다.

84 다음 중 음주운전 교통사고에 대한 설명으로 옳은 것은?

① 혈중알코올농도 0.02%의 상태로 운전 중 인적피해 교통사고가 발생한 경우 음주운전 교통사고로 처리된다.
② 도로가 아닌 장소에서 혈중알코올농도 0.123%의 만취상태로 운전 중 인적피해 교통사고가 발생한 경우 형사처벌은 불가하며 행정처분(면허 취소)은 가능하다.
③ 도로가 아닌 장소에서 혈중알코올농도 0.123%의 만취상태로 운전 중 인적피해 교통사고가 발생한 경우 형사처벌과 행정처분(면허 취소) 모두 가능하다.
☑ 도로가 아닌 장소에서 혈중알코올농도 0.123%의 만취상태로 운전 중 인적피해 교통사고가 발생한 경우 형사처벌은 가능하며 행정처분(면허 취소)은 불가하다.

해설 혈중알코올농도 0.03% 이상의 경우 음주운전 처벌대상이며, 도로가 아닌 장소에서는 형사처벌은 가능하나 행정처분(취소 및 정지)은 불가하다.

85 도로교통법령상 음주운전으로 처벌하는 혈중알코올농도 기준은?

☑ 0.03% 이상
② 0.05% 이상
③ 0.08% 이상
④ 0.10% 이상

해설 음주운전 처벌 기준이 되는 혈중알코올농도는 0.03% 이상이다.

86 다음 중 보도침범 또는 보도횡단방법 위반 교통사고로 적용되는 것으로 옳은 것은?

① 자전거를 타고 가던 사람을 보도침범 차량이 충돌한 경우
☑ 보도횡단 전 일시정지 없이 보도 진입 중 보행자를 충돌한 경우
③ 도로 아닌 아파트 단지 보도를 침범하여 보행자를 충돌한 경우
④ 보도와 차도가 구분이 없는 도로에서 보행자를 충돌한 경우

해설 도로 아닌 장소는 보도침범이나 보도횡단방법 위반이 적용되지 않으며, 자전거를 끌고 가는 사람은 보행자로 간주하며, 보도와 차도의 구분이 없는 도로는 적용하지 않는다. 보도횡단 전 반드시 일시정지를 의무로 하고 있다.

87 다음 중 승객추락 방지의무 위반 교통사고로 적용할 수 없는 것은?

① 버스의 경우 승객이 차에서 내리기 전 출발하여 탑승자가 추락한 경우

② 버스의 경우 승객 탑승 후 문이 닫히기 전 출발하여 탑승자가 추락한 경우

③ 택시의 경우 문을 열어 둔 채로 출발하여 탑승자가 추락한 경우

✔ 화물차의 경우 적재함에서 탑승자가 추락한 경우

해설 본 사안에 대하여 차의 종류는 가리지 않으나 택시나 버스의 경우에 가장 많이 적용될 가능성이 있고, 화물차의 경우 적재함에 사람이 타는 것부터 위법하고 그로 인하여 추락한 경우 승객추락 방지의무 위반을 적용할 수 없다.

88 속도위반 100km/h 초과한 때의 운전면허 벌점은?

✔ 100점

② 80점

③ 60점

④ 40점

해설 100km/h를 초과한 속도위반의 경우 벌점 100점이 부과된다.

89 자동차등을 이용하여 형법상 특수상해등(보복운전)을 하여 입건된 때 벌점은?
빈출

① 30점

② 50점

③ 60점

✔ 100점

해설 보복운전으로 입건된 때 벌점은 100점이다.

90 4톤 초과 화물자동차의 어린이 보호구역 내 주차 위반에 대한 조치 불응에 따른 범칙금은?

① 15만 원

✔ 13만 원

③ 10만 원

④ 8만 원

해설 4톤 초과의 화물자동차는 13만 원의 범칙금이 부과되고, 4톤 이하의 화물자동차는 12만 원의 범칙금이 부과된다.

91 다음 중 어린이 보호구역 내 어린이 보호의무 위반 교통사고로 적용되는 것으로 옳은 것은?
빈출

① 만 15세 어린이가 피해자이다.

② 새벽 2시 어린이 보호구역 내 사고는 적용되지 않는다.

✔ 성인과 어린이가 함께 피해자인 경우 각 피해자에 적용되는 조항이 다르다.

④ 선행 차량 내 탑승한 어린이도 그 대상에 포함된다.

해설 어린이는 만 13세 미만으로 규정하고 있으며, 어린이 보호구역의 운영 시간은 24시간으로 시간에 따른 차이는 없으며, 차량 내 탑승한 어린이의 경우 그 적용대상이 아니다. 성인과 어린이가 함께 피해자인 경우 성인에 대하여 종합보험 또는 합의 시 공소권 없음 대상으로 처리되며 어린이에 대하여만 특례배제 사항으로 적용된다.

92 자동차관리법령상 화물자동차의 규모별 종류 및 세부기준에 대한 설명으로 틀린 것은?

① 화물자동차 소형 : 최대적재량이 1톤 이하인 것으로 총중량이 3.5톤 이하인 것

② 화물자동차 대형 : 최대적재량이 5톤 이상이거나 총중량이 10톤 이상인 것

③ 특수자동차 소형 : 총중량이 3.5톤 이하인 것

✔④ 특수자동차 대형 : 총중량이 15톤 이상인 것

해설 화물자동차의 규모별 종류는 자동차관리법 시행규칙 별표1에 의하여 구분하는 것으로, ④의 경우 총중량이 10톤 이상인 것으로 규정하고 있다.

93 자동차관리법령상 화물자동차의 유형별 세부기준에 대한 설명으로 틀린 것은?

① 화물자동차 덤프형 : 적재함을 원동기의 힘으로 기울여 적재물을 중력에 의하여 쉽게 미끄러뜨리는 구조의 화물운송용인 것

② 화물자동차 밴형 : 지붕구조의 덮개가 있는 화물운송용인 것

③ 특수자동차 견인형 : 피견인차의 견인을 전용으로 하는 구조인 것

✔④ 특수자동차 구난형 : 특정한 용도를 위하여 특수한 구조로 하거나 기구를 장치한 것으로서 다른 특수자동차형에도 속하지 아니하는 것

해설 특수자동차 구난형은 고장·사고 등으로 운행이 곤란한 자동차를 구난·견인할 수 있는 구조인 것이며, ④는 화물자동차 특수용도형을 설명하고 있다.

94 경형 화물자동차의 제원 기준은?

✔① 길이 3.6m, 너비 1.6m, 높이 2.0m 이하

② 길이 3.0m, 너비 1.6m, 높이 2.0m 이하

③ 길이 3.6m, 너비 1.4m, 높이 2.0m 이하

④ 길이 3.6m, 너비 1.6m, 높이 2.2m 이하

해설 경형 화물자동차와 경형 특수자동차는 배기량 1,000cc 미만이고 제원은 길이 3.6m, 너비 1.6m, 높이 2.0m 이하인 것을 기준으로 하고 있다.

95 중형 특수자동차의 총중량 기준은?

① 총중량 2.5톤 초과 10톤 미만

② 총중량 3.0톤 초과 15톤 미만

✔③ 총중량 3.5톤 초과 10톤 미만

④ 총중량 4톤 초과 15톤 미만

해설 중형 특수자동차의 총중량은 3.5톤 초과 10톤 미만으로 규정하고 있다.

96 특수용도형 화물자동차가 아닌 것은?

① 청소차   ② 살수차

③ 소방차   ✔④ 고소작업차

해설 고소작업차는 특수작업형 특수자동차에 해당한다.

97 다음 설명이 말하는 것은?

다른 사람의 요구에 응하여 화물자동차를 사용하여 화물을 유상으로 운송하는 사업

✔① 화물자동차 운송사업

② 화물자동차 운송주선사업

③ 화물자동차 운송가맹사업

④ 화물자동차 운수사업

해설 설명은 화물자동차 운송사업을 말하는 것이고 운송사업, 운송주선사업, 운송가맹사업을 통틀어 화물자동차 운수사업이라 말한다.

98 화물자동차 운송사업을 경영하려는 자는 국토교통부장관의 허가를 받아야 한다. 일반화물자동차 운송사업은 (   )대 이상을 사용하며, 개인화물자동차 운송사업은 (   )대를 사용하는 것을 말한다. (   )에 들어갈 것으로 순서대로 옳은 것은?

① 30, 1 　　　✔ 20, 1
③ 10, 1 　　　④ 5, 1

해설 일반화물자동차 운송사업은 20대 이상, 개인화물자동차 운송사업은 1대 이상으로 사업하는 것을 말한다.

99 화물자동차의 운송사업의 종류 중 화물자동차 1대를 사용하여 화물을 운송하는 사업은?

① 일반 화물자동차 운송사업
✔ 개별 화물자동차 운송사업
③ 용달 화물자동차 운송사업
④ 대형 화물자동차 운송사업

해설 개별 화물자동차 운송사업에 대한 설명이다.

100 화물자동차 운송사업의 결격사유에 대한 설명으로 틀린 것은?

① 피성년후견인 또는 피한정후견인
② 파산선고를 받고 복권되지 아니한 자
✔ 화물자동차 운수사업법을 위반하여 징역 이상의 실형을 선고받고 그 집행이 끝나거나(끝난 것으로 보는 경우 포함) 집행이 면제되는 날부터 3년이 지나지 아니한 자
④ 화물자동차 운수사업법을 위반하여 징역 이상의 형의 집행유예를 선고받고 그 유예기간 중에 있는 자

해설 ③의 경우 2년이 지나지 아니한 자로 규정하고 있다.

101 화물자동차 운송사업의 허가권자는?

① 경찰청장
✔ 국토교통부장관
③ 산업통상자원부장관
④ 국무총리

해설 화물자동차 운송사업의 허가권자는 국토교통부장관이며, 신고업무는 협회에 위탁되어 있다.

102 화물운송사업자에 대한 허가사항 변경신고의 대상이 아닌 것은?

① 상호의 변경
② 대표자의 변경(법인인 경우)
③ 화물취급소의 설치 또는 폐지
✔ 대표자의 연락처 변경

해설 ①, ②, ③ 외에도 화물자동차의 대폐차, 주사무소·영업소 및 화물취급소의 이전(주사무소의 경우 관할 관청의 행정구역 내에서의 이전만 해당)의 경우 허가사항 변경신고의 대상이다.

103 화물의 인도기한을 경과한 것으로 상법에 의하여 화물의 멸실 등으로 판단하는 기간은?

① 15일 이내
② 1개월 이내
③ 2개월 이내
✔ 3개월 이내

해설 3개월 이내 인도되지 않으면 화물은 멸실된 것으로 본다.

104 운송사업자의 책임에 대한 설명으로 틀린 것은?

✓① 운송사업자의 손해배상 책임에 관하여는 민법을 준용한다.

② 화물이 인도기간이 지난 후 3개월 이내에 인도되지 아니하면 그 화물은 멸실된 것으로 본다.

③ 분쟁조정을 화주가 요청하면 지체 없이 그 사실을 확인하고 손해내용을 조사한 후 조정안을 작성하여야 한다.

④ 조정안을 당사자 쌍방이 수락하면 당사자 간에 조정안과 동일한 합의가 성립된 것으로 본다.

해설 운송사업자의 손해배상 책임에 관하여는 상법을 준용한다. 이외 손해배상에 대하여 화주가 요청하면 이에 관한 분쟁을 조정할 수 있으며, 분쟁조정업무를 소비자기본법에 따른 한국소비자원 또는 등록된 소비자단체에 위탁할 수 있다.

105 화물의 멸실 등으로 손해배상에 관한 분쟁조정 업무를 위탁할 수 있는 기관은?

✓① 한국소비자원

② 공정거래위원회

③ 상거래위원회

④ 운송사업자 협회

해설 손해배상에 관한 분쟁조정업무는 소비자기본법에 따른 한국소비자원 또는 법에 등록된 소비자단체가 하고 있다.

106 이사화물 운송주선사업자의 적재물 배상책임 보험 또는 공제가입의 최저기준은?

① 사고 건당 2천만 원

② 사고 건당 1천만 원

✓③ 사고 건당 5백만 원

④ 사고 건당 3백만 원

해설 이사화물 운송주선사업자는 사고 건당 5백만 원 이상의 금액을 지급할 수 있는 보험을 그 기준으로 하고 있다.

107 화물자동차 운송사업자로서 적재물 배상책임 보험 또는 공제에 가입하지 아니한 기간이 10일 이내인 경우 사업자에 대한 과태료는?

✓① 15,000원

② 50,000원

③ 100,000원

④ 300,000원

해설 10일 이내인 경우 15,000원, 10일 초과한 경우 1일당 5,000원 가산하며 최대 50만 원 범위 내에서 자동차 1대당 부과된다.

108 화물자동차 운송주선사업자로서 적재물 배상 책임보험 또는 공제에 가입하지 않은 기간이 15일인 경우 사업자에 대한 과태료는?

① 3만 원

② 5만 원

✓③ 8만 원

④ 10만 원

해설 운송주선사업자는 10일 이내인 경우 3만 원과 11일째부터 1일당 1만 원을 가산하므로 3만 원 + 5만 원(5일)을 합하여 8만 원의 과태료가 부과되며 최대 과태료는 100만 원을 초과하지 않는다.

109 화물자동차 안전운송원가 및 화물자동차 안전운임의 심의 시 고려사항이 아닌 것은?

① 인건비, 감가상각비 등 고정비용
② 유류비, 부품비 등 변동비용
③ 화물의 상·하차 대기료
☑ 화물의 무게에 따른 부가료

> **해설** ④는 고려사항이 아니다. ①, ②, ③ 외에도 운송사업자의 운송서비스 수준, 운송서비스 제공에 필요한 추가적인 시설 및 장비 사용료 등이 고려사항이다.

110 보험등 의무가입자가 적재물 사고를 일으킬 개연성이 높은 경우 다수의 보험회사등이 공동으로 책임보험계약등을 체결할 수 있는 바, 그 사유에 해당하는 것이 아닌 것은?

① 과거 2년 동안 2회 이상 무면허 운전 등의 금지를 위반한 경우
② 과거 2년 동안 2회 이상 음주운전 금지를 위반한 경우
③ 과거 2년 동안 2회 이상 사고 발생 시 조치의무를 위반한 경우
☑ 과거 2년 동안 2회 이상 사망사고를 발생시킨 경우

> **해설** 책임보험계약등을 공동으로 체결할 수 있는 경우 "국토교통부령으로 정하는 사유"란 보험등 의무가입자가 다음 각 호의 어느 하나에 해당하는 경우를 말한다.
> 1. 운송사업자의 화물자동차 운전자가 그 운송사업자의 사업용 화물자동차를 운전하여 과거 2년 동안 다음 각 목의 어느 하나에 해당하는 사항을 2회 이상 위반한 경력이 있는 경우
>   가. 무면허 운전 등의 금지
>   나. 술에 취한 상태에서의 운전 금지
>   다. 사고 발생 시 조치의무
> 2. 보험회사가 허가를 받거나 신고한 적재물배상보험요율과 책임준비금 산출기준에 따라 손해배상책임을 담보하는 것이 현저히 곤란하다고 판단한 경우

111 적재물배상 책임보험등의 가입 범위에 대한 설명으로 틀린 것은?

① 운송사업자 : 각 화물자동차별로 가입
② 운송주선사업자 : 각 사업자별로 가입
③ 운송가맹사업자 : 최대적재량이 5톤 이상이거나 총중량이 10톤 이상인 화물자동차 중 일반형·밴형 및 특수용도형 화물자동차와 견인형 특수자동차를 소유한 자는 각 화물자동차별 및 각 사업자별로, 그 외의 자는 각 사업자별로 가입
☑ 사고 건당 1천만 원(이사화물 운송주선사업자는 500만 원) 이상의 금액을 지급할 책임을 지는 적재물배상보험등에 가입하여야 한다.

> **해설** ④는 사고 건당 2천만 원이다.
> "적재물배상보험등"에 가입하려는 자는 다음 각 호의 구분에 따라 사고 건당 2천만 원(이사화물 운송주선사업자는 500만 원) 이상의 금액을 지급할 책임을 지는 적재물배상보험등에 가입하여야 한다.

112 적재물배상 책임보험계약등의 해제 사유에 해당하는 것이 아닌 것은?

① 화물자동차 운송사업을 휴업하거나 폐업한 경우
② 화물자동차 운송사업의 허가가 취소되거나 감차조치 명령을 받은 경우
☑ 화물자동차 운송주선사업의 허가사항이 변경된 경우
④ 화물자동차 운송가맹사업의 허가가 취소된 경우

> **해설** 화물자동차 운송사업과 운송가맹사업은 감차된 경우 해제 사유에 해당하나 운송주선사업의 허가사항이 변경된 경우는 해제 사유에 해당하지 않는다.

113 화물자동차 운수사업법령상 과태료 금액으로 옳지 않은 것은?

① 화물자동차 운전자 채용 기록의 관리를 위반한 경우 50만 원

② 화물운송종사 자격증을 받지 않고 화물자동차 운수사업의 운전업무에 종사한 경우 50만 원

✓③ 거짓이나 그 밖의 부정한 방법으로 화물운송종사 자격을 취득한 경우 500만 원

④ 운송약관을 국토교통부장관에서 신고하지 않은 경우 50만 원

> 해설 ③의 경우 과태료 50만 원을 부과한다.

114 화물자동차 운수사업법령상 과태료 금액으로 옳지 않은 것은?

① 운송사업자가 서명날인한 계약서를 위·수탁차주에게 교부하지 않은 경우 300만 원

② 화물운송 서비스평가를 위한 자료 제출 등의 요구 또는 실지조사를 거부하거나 거짓으로 자료 제출 등을 한 경우 50만 원

③ 국제물류주선업자가 운송주선사업자의 준수사항을 위반한 경우 100만 원

✓④ 허가사항 변경신고를 하지 않은 경우 100만 원

> 해설 ④의 경우 과태료 50만 원을 부과한다.

115 화물자동차 운수사업법령상 과태료 금액으로 옳지 않은 것은?

① 자가용 화물자동차의 사용을 신고하지 않은 경우 50만 원

✓② 자가용 화물자동차의 사용 제한 또는 금지에 관한 명령을 위반한 경우 100만 원

③ 운송종사자가 매년 1회 실시하는 교육을 받지 않은 경우 50만 원

④ 운수사업자의 위법행위 확인을 위한 검사를 거부·방해·기피한 경우 100만 원

> 해설 ②의 경우 과태료 50만 원을 부과한다.

116 화주가 화물자동차에 함께 탈 때(밴형 화물자동차)의 화물의 기준에 대한 설명으로 옳지 않은 것은?

① 화주 1명당 화물의 중량이 20킬로그램 이상일 것

✓② 화주 1명당 화물의 용적이 2만 세제곱센티미터 이상일 것

③ 혐오감을 주는 동물 또는 식물

④ 합판·각목 등 건축기자재

> 해설 ②의 경우 4만 세제곱센티미터 이상으로 규정하고 있으며, 이외에도 불결하거나 악취가 나는 농산물·수산물 또는 축산물, 기계·기구류 등 공산품, 폭발성·인화성 또는 부식성 물품으로 규정하고 있다.

117 화물자동차 운수사업법령상 운송사업자의 준수사항으로 옳지 않은 것은?

① 운송사업자는 위·수탁차주가 다른 운송사업자와 동시에 1년 이상의 운송계약을 체결하는 것을 제한하거나 이를 이유로 불이익을 주어서는 아니 된다.

② 운송사업자는 적재된 화물이 떨어지지 아니하도록 정해진 기준 및 방법에 따라 덮개·포장·고정장치 등 필요한 조치를 하여야 한다.

③ 운송사업자는 자동차관리법령을 위반하여 전기·전자장치(최고속도제한장치에 한함)를 무단으로 해체하거나 조작해서는 아니 된다.

☑ 최대적재량 5톤 이하의 화물자동차의 경우에는 주차장, 차고지 또는 지방자치단체의 조례로 정하는 시설 및 장소에서만 밤샘주차가 가능하다.

> **해설** ④의 경우 1.5톤 이하의 화물자동차로 규정하고 있다.

118 국토교통부장관의 운송사업자 및 운송종사자에 대한 업무개시 명령을 1차 위반한 경우와 2차 위반한 경우에 대한 행정처분은?

☑ 1차 위반: 자격정지 30일
   2차 위반: 자격취소

② 1차 위반: 자격정지 1개월
   2차 위반: 자격취소

③ 1차 위반: 자격정지 30일
   2차 위반: 자격정지 3개월

④ 1차 위반: 자격정지 1개월
   2차 위반: 자격정지 3개월

> **해설** 업무개시 명령 1차 위반은 자격정지 30일, 2차 위반은 자격취소로 규정하고 있으며, 이외 벌칙규정으로 3년 이하의 징역 또는 1천만 원 이하의 벌금을 규정하고 있다.

119 적재화물 이탈방지 기준 중 덮개 또는 포장을 하지 않아도 되는 화물에 대한 설명으로 옳지 않은 것은?

☑ 건설기계관리법에 따른 건설기계는 최소 2개의 고정점을 사용하고 하중 분배를 고려해 기계를 배치해야 한다.

② 자동차관리법에 따른 자동차(이륜차 제외)는 운송 중에 화물이 이탈하지 않도록 적재부에 고정해야 한다.

③ 코일은 미끄럼, 구름, 기울어짐 등을 방지하기 위해 강철 구조물 또는 쐐기 등을 사용해 고정해야 한다.

④ 대형 식재용 나무는 화물을 차량의 길이 방향으로 적재하고 적재된 화물은 차량의 너비를 초과하지 않아야 하며, 화물의 하중을 고려해 한쪽으로 쏠리지 않게 적재해야 한다.

> **해설** ①의 경우 4개 이상의 고정점을 사용해 하중 분배를 고려해야 한다. 덮개 또는 포장을 하지 않아도 되는 화물은 이외에도 유리판, 콘크리트 벽 등 대형 평면 화물 그리고 이와 유사한 화물로서 덮개 또는 포장을 하는 것이 곤란한 화물로 규정하고 있다.

120 운수종사자의 준수사항에 대한 설명으로 옳지 않은 것은?

① 정당한 사유 없이 화물을 중도에서 내리게 하는 행위 금지

② 일정한 장소에 오랜 시간 정차하여 화주를 호객하는 행위 금지

③ 부당한 운임 또는 요금을 요구하는 행위 금지

☑ 휴게시간 없이 2시간 연속운전한 후에는 20분의 휴게시간을 가질 것

> 해설 ④의 경우 4시간 이상 연속운전한 후 30분 이상의 휴게시간을 가져야 하며, 특수한 경우 1시간까지 연장 운행이 가능하며 이 경우 45분 이상의 휴게시간을 가져야 한다.

121 화물자동차 운수사업법령상 운송사업의 허가 취소 등에 대한 설명으로 옳지 않은 것은?

① 부정한 방법으로 화물자동차 운송사업 허가를 받은 경우 허가는 취소된다.

② 화물운송종사 자격이 없는 자에게 화물을 운송하게 한 경우 1차 위반 시 위반 차량 운행정지 30일을 부과한다.

③ 택시 미터기의 장착 등 국토교통부령으로 정하는 택시유사표시행위를 한 경우 2차 위반 시 감차조치한다.

☑ 적재된 화물이 떨어지지 않도록 덮개·포장·고정장치 등 필요한 조치를 하지 않고 운행한 경우 2차 위반 시 위반 차량 감차조치한다.

> 해설 ④의 경우 1차 위반 시 운행정지 30일, 2차 위반 시 운행정지 60일, 3차 위반 시 감차조치로 규정하고 있다.

122 화물자동차 운수사업법령상 운송가맹사업의 허가기준으로 틀린 것은?

☑ 허가기준 대수 : 400대 이상(8개 시·도 기준 50대 이상 분포)

② 최저보유차고면적 : 화물자동차 1대당 화물자동차의 길이와 너비를 곱한 면적(직접 소유하는 경우 한함)

③ 화물자동차의 종류 : 일반형·덤프형·밴형 및 특수용도형 화물자동차와 견인형·구난형 및 특수용도형 특수자동차(예외사항 제외)

④ 사무실 및 영업소 : 영업에 필요한 면적

> 해설 ①의 경우 50대 이상으로 규정하고 있다.

123 화물자동차 운수사업법령상 운전업무 종사자격으로 옳지 않은 것은?

① 20세 이상일 것

② 운전적성에 대한 정밀검사기준에 맞을 것

☑ 제외사항 없이 운전경력이 2년 이상일 것

④ 화물자동차를 운전하기 적합한 운전면허를 가지고 있을 것

> 해설 ③의 경우 기본적으로 운전경력이 2년 이상이어야 하나, 여객자동차 운수사업용 자동차 또는 화물자동차 운수사업용 자동차를 운전한 경력이 있는 경우 그 운전경력이 1년 이상인 경우 종사자격으로 인정된다.

124 화물자동차 운수사업법령상 운전업무에 종사할 수 없는 결격사항으로 옳지 않은 것은?

① 피성년후견인 또는 피한정후견인

② 화물자동차 운수사업법을 위반하여 징역 이상의 형의 집행유예를 선고받고 그 유예기간 중에 있는 자

③ 음주운전 금지를 위반하여 운전면허가 취소되고 5년이 경과하지 않은 자

✔ 화물자동차 운수사업법을 위반하여 징역 이상의 실형을 선고받고 그 집행이 끝나거나(끝난 것으로 보는 경우 포함) 집행이 면제된 날부터 3년이 지나지 아니한 자

> **해설** ④의 경우 2년이 지나지 아니한 자로 규정하고 있다.

125 화물자동차 운수사업법령상 화물운송종사 자격의 취득에도 불구하고 생활물류서비스산업발전법령에 따른 택배서비스사업의 운전업무 종사의 제한으로 옳지 않은 것은?

① 아동·청소년 성보호에 관한 법률 위반(강간·강제추행 등)의 경우 20년

② 마약류 관리에 관한 법률 위반(대마 수출입·제조·매매 등)의 경우 20년(단, 특수목적으로 식품의약품안전처장의 승인을 받은 경우 제외)

✔ 특정범죄 가중처벌 등에 관한 법률 위반(보복범죄의 가중처벌 등)의 경우 10년

④ 마약류 관리에 관한 법률 위반(자격 상실자의 마약류 처분)의 경우 2년

> **해설** ③의 경우 6년으로 규정하고 있다.

126 운전적성정밀검사의 기준에 따라 특별검사 대상인 사람은?

✔ 교통사고를 일으켜 사람을 사망하게 하거나 5주 이상의 치료가 필요한 상해를 입힌 사람

② 65세 이상 70세 미만인 사람(자격유지검사의 적합판정을 받고 3년이 지나지 않은 사람 제외)

③ 화물운송종사 자격증을 취득하려는 사람(단, 3년 이내 신규검사 적합판정을 받은 사람 제외)

④ 해당 검사를 받은 날부터 취업일까지 무사고로 운전한 사람을 제외하고 신규검사 또는 유지검사의 적합판정을 받은 사람으로서 해당 검사를 받은 날부터 3년 이내에 취업하지 아니한 사람

> **해설** ②, ④는 자격유지검사이고, ③은 신규검사이며, ①이 특별검사 대상으로, 이외에도 과거 1년간 운전면허 행정처분 기준에 따라 산출된 누산점수가 81점 이상인 사람도 그 대상이다.

127 화물운송종사 자격시험의 과목으로 옳지 않은 것은?

① 교통 및 화물자동차 운수사업 관련 법규

② 안전운행에 관한 사항

③ 화물 취급 요령

✔ 부상자 응급처치요령

> **해설** ④는 해당하지 않으며 이외 운송서비스에 관한 사항이 시험 과목으로 규정되어 있다.

128 교통안전체험교육은 총 몇 시간으로 구성되어 있는가?

① 10시간　　② 13시간
③ 16시간　　④ 20시간

> **해설** 교통안전체험교육은 총 16시간으로 구성되어 있고 이론교육과 실기교육으로 구분되며 이론교육은 소양교육, 실기교육은 차량점검 및 운전자세, 긴급제동, 특수로 주행, 위험예측 및 회피, 미끄럼 주행, 화물취급 실습, 탑재장비 운전실습, 종합평가로 구성되어 있다.

129 화물운송종사 자격시험에 합격한 사람은 한국교통안전공단에서 실시하는 교육을 총 몇 시간 이수하여야 하는가?

① 4시간　　② 6시간
③ 8시간　　④ 10시간

> **해설** 총 8시간의 교육을 이수하여야 하며, 교통안전체험 연구·교육시설의 교육과정 중 기본교육과정(8시간)을 이수한 경우 교육을 받은 것으로 본다.

130 화물운송종사 자격증명 반납에 대한 설명으로 옳은 것은?

① 퇴직한 화물자동차 운전자의 명단을 제출하는 경우 협회에 자격증명을 반납하여야 한다.
② 화물자동차 운송사업의 휴업 또는 폐업 신고를 하는 경우 관할관청에 자격증명을 반납하여야 한다.
③ 사업의 양도 신고를 하는 경우 협회에 자격증명을 반납하여야 한다.
④ 화물자동차 운전자의 화물운송 자격이 취소되거나 효력이 정지된 경우 협회에 자격증명을 반납하여야 한다.

> **해설** ②의 경우 협회에 반납하여야 하고, ③, ④의 경우 관할관청에 반납하여야 한다. 또한, 반납 받은 관할관청은 그 사실을 협회에 통지하여야 한다.

131 화물운송종사 자격 취소에 대한 설명으로 옳지 않은 것은?

① 거짓이나 그 밖의 부정한 방법으로 화물운송종사 자격을 취득한 경우
② 화물운송종사 자격증을 다른 사람에게 빌려준 경우
③ 화물운송종사 자격 정지 기간 중 화물자동차 운수사업의 운전업무에 종사한 경우
④ 화물자동차 교통사고와 관련하여 거짓으로 보험금을 청구하여 벌금 이상의 형을 선고받고 그 형이 확정된 경우

> **해설** ④의 경우 금고 이상의 형을 선고받고 그 형이 확정된 경우 취소 사유이다.

132 교통사고를 일으킨 경우 화물운송종사 자격 취소 및 정지에 대한 설명으로 옳지 않은 것은?

① 고의로 교통사고를 일으켜 사람을 사망하게 하거나 다치게 한 경우 자격 취소
② 과실로 교통사고를 일으켜 사망자 1명 또는 중상자 6명 이상인 경우 자격정지 60일
③ 과실로 교통사고를 일으켜 사망자 1명 및 중상자 5명 이상인 경우 자격정지 90일
④ 과실로 교통사고를 일으켜 사망자 2명 이상 발생한 경우 자격 취소

> **해설** ③의 경우 사망자 1명 및 중상자 3명 이상의 경우 자격정지 90일을 부과한다.

133 화물자동차 운수사업법령에 의한 협회의 사업이 아닌 것은?

① 경영자와 운수종사자의 교육훈련
② 화물자동차 운수사업의 경영개선을 위한 지도
③ 화물자동차 운수사업의 건전한 발전과 운수사업자의 공동이익을 도모하는 사업
✔ 조합원의 사업용 자동차의 사고로 생긴 배상책임 및 적재물배상에 대한 공제

> 해설 ④의 경우 공제조합의 사업내용이다.

134 다음 중 그 벌칙이 다른 하나는?

✔ 적재된 화물이 떨어지지 않도록 필요한 조치를 하지 아니하여 사람을 상해 또는 사망에 이르게 한 운송사업자
② 다른 사람에게 자신의 화물운송종사 자격증을 빌려준 사람
③ 다른 사람의 화물운송종사 자격증을 빌린 사람
④ 다른 사람의 화물운송종사 자격증을 빌리는 것을 알선한 사람

> 해설 ①의 경우 5년 이하의 징역 또는 2천만 원 이하의 벌금, ②, ③, ④의 경우 1년 이하의 징역 또는 1천만 원 이하의 벌금으로 규정하고 있다.

135 최대적재량 1.5톤 초과의 화물자동차가 차고지와 지방자치단체의 조례로 정하는 시설 및 장소가 아닌 곳에서 밤샘주차한 경우 화물자동차 운송가맹사업자에게 주어지는 과징금은?

① 10만 원
✔ 20만 원
③ 30만 원
④ 50만 원

> 해설 이 경우 과징금은 20만 원이다. 화물자동차 운송사업자의 경우 일반은 20만 원, 개인은 10만 원의 과징금이 부과된다.

136 화물자동차 운송주선사업의 허가기준 중 상용인부 기준은? (일반화물 운송주선사업자 제외)

① 1인 이상
✔ 2인 이상
③ 3인 이상
④ 5인 이상

> 해설 운송주선사업의 허가기준은 영업에 필요한 면적, 자본금 1억(영업소×5천만 원), 상용인부 2인 이상으로 규정하고 있다.

137 신고한 운임 및 요금 또는 화주와 합의된 운임 및 요금이 아닌 부당한 운임 및 요금을 받은 경우 화물자동차 운송사업자(개인)에게 주어지는 과징금은?

✔ 20만 원
② 30만 원
③ 50만 원
④ 60만 원

> 해설 이 경우 과징금은 20만 원이다. 일반 운송사업자는 40만 원, 운송가맹사업자는 60만 원의 과징금이 부과된다.

138 화물자동차 운전자에게 차 안에 화물운송종사 자격증명을 게시하지 않고 운행하게 한 경우 화물자동차 운송사업자(일반)에게 주어지는 과징금은?

① 5만 원

☑ 10만 원

③ 20만 원

④ 30만 원

해설 이 경우 과징금은 10만 원이다. 개인 운송사업자는 5만 원, 운송가맹사업자는 10만 원의 과징금이 부과된다.

139 운송종사자가 2시간 연속운전한 경우 15분 이상 휴게시간을 보장하지 않은 경우 화물자동차 운송가맹사업자에게 주어지는 과징금은? (연장의 경우 제외)

① 100만 원

② 150만 원

☑ 180만 원

④ 200만 원

해설 이 경우 과징금은 180만 원이다. 일반 운송사업자는 180만 원, 개인 운송사업자는 60만 원의 과징금이 부과된다.

140 ^{빈출} 화주로부터 부당한 운임 및 요금의 환급을 요구받고 환급하지 않은 때 개인 화물운송가맹사업자에 대한 과징금은?

① 10만 원

② 20만 원

☑ 30만 원

④ 50만 원

해설 이 경우 30만 원의 과징금이 부과되며, 화물운송사업자는 일반의 경우와 화물자동차 운송가맹사업자의 경우 각각 60만 원의 과징금이 부과된다.

141 운송종사자에게 휴게시간을 보장하지 않은 경우 일반 화물운송사업자에 대한 과징금은?

① 20만 원

② 50만 원

③ 100만 원

☑ 180만 원

해설 화물운송가맹사업자와 일반 화물운송사업자 과징금은 180만 원이며, 개인 화물운송사업자에 대한 과징금은 60만 원으로 규정하고 있다.

142 신고한 운송주선약관을 준수하지 않은 경우 화물자동차 운송주선사업자에게 부과되는 과징금은?

① 10만 원   ② 15만 원

☑ 20만 원   ④ 30만 원

해설 이 경우 20만 원의 과징금이 부과된다.

143 시·도(일부 시·군·구)에서 처리하는 화물운송업에 관한 사항이 아닌 것은?

① 화물자동차 운송사업의 허가

② 운송사업자에 대한 개선명령

☑ 화물자동차 운송주선사업 허가사항에 대한 변경신고

④ 화물운송종사 자격의 취소 및 효력의 정지

해설 ③은 협회에서 처리하는 사무로 규정되어 있고, 이외 협회의 업무로는 화물자동차 운송사업 허가사항에 대한 경미한 사항 변경신고, 소유 대수가 1대인 운송사업자의 화물자동차를 운전하는 사람에 대한 경력증명서 발급에 필요한 사항 기록·관리 업무를 담당하고 있다.

144 한국교통안전공단에서 처리하는 업무가 아닌 것은?

① 운전적성에 대한 정밀검사의 시행
✓ ② 법령 위반사항에 대한 처분의 건의
③ 화물운송종사 자격시험의 실시·관리 및 교육
④ 화물자동차 안전운임신고센터의 설치·운영

> **해설** ②는 연합회에서 처리하는 업무로, 이외에도 사업자 준수사항에 대한 계도활동, 과적운행, 과로운전, 과속운전의 예방 등 안전한 수송을 위한 지도·계몽 업무를 담당한다. 한국교통안전공단의 업무는 ①, ③, ④ 외 교통안전체험교육의 이론 및 실기교육, 화물운송종사 자격증의 발급, 화물자동차 운전자의 교통사고 및 교통법규 위반사항 제공요청 및 기록·관리, 화물자동차 운전자의 인명사상사고 및 교통법규 위반사항 제공, 화물자동차 운전자 채용 기록·관리 자료의 요청이 그 업무에 해당한다.

145 제작연도에 등록된 자동차의 차량기산일로 옳은 것은?

① 제작연도의 초일
② 제작연도의 말일
✓ ③ 최초의 신규 등록일
④ 제작자의 차량 출고일

> **해설** ③으로 규정하고 있으며, 제작연도에 등록되지 아니한 자동차는 제작연도의 말일을 차량기산일로 규정하고 있다.

146 자동차등록번호판을 가리거나 알아보기 곤란하게 하거나 그러한 자동차를 운행한 경우 과태료로 옳은 것은?

✓ ① 1차: 50만 원, 2차: 150만 원, 3차: 250만 원
② 1차: 30만 원, 2차: 100만 원, 3차: 150만 원
③ 1차: 20만 원, 2차: 50만 원, 3차: 100만 원
④ 1차: 20만 원, 2차: 30만 원, 3차: 50만 원

> **해설** 고의가 아닌 경우 ①로 규정하고 있다.

147 고의로 자동차등록번호판을 가리거나 알아보기 곤란하게 한 사람에 대한 처벌로 옳은 것은?

✓ ① 1년 이하의 징역 또는 1,000만 원 이하의 벌금
② 6월 이하의 징역 또는 500만 원 이하의 벌금
③ 2년 이하의 징역 또는 1,000만 원 이하의 벌금
④ 2년 이하의 징역 또는 500만 원 이하의 벌금

> **해설** 고의인 경우 ①로 규정하고 있다.

148 등록된 자동차를 양수받은 자가 시·도지사에게 등록하는 것은 무엇이라 하는가?

① 변경등록
② 신규등록
✓ ③ 이전등록
④ 말소등록

> **해설** 이 경우 이전등록이라고 한다.

149 자동차의 변경 등록 신청을 하지 않은 경우 과태료 금액으로 옳은 것은?

☑ 신청기간 만료일로부터 90일 이내인 때 과태료 2만 원

② 신청기간 만료일로부터 90일을 초과한 경우 매일 과태료 1천 원

③ 신청기간 만료일로부터 174일 이내까지 3일 초과 시마다 과태료 1만 원

④ 신청 지연기간이 175일 이상인 경우 과태료 50만 원

> 해설 변경된 날부터 30일 이내는 신청기간이며, 신청기간 만료일부터 90일 이내는 과태료 2만 원, 90일 초과 174일 이내인 경우 2만 원에 91일째부터 계산하여 3일 초과 시마다 과태료 1만 원, 신청 지연기간이 175일 이상인 경우 과태료 30만 원이다.

150 자동차 제작·판매자등에게 반품한 경우(교환 또는 환불 요구에 따라 반품된 경우 포함) 말소등록을 신청하여야 함에도 말소등록을 하지 않은 경우 과태료 금액으로 옳은 것은?

① 신청 지연기간이 10일 이내인 경우 과태료 10만 원

☑ 신청 지연기간이 10일 초과 54일 이내인 경우 5만 원에서 11일째부터 계산하여 1일마다 1만 원을 더한 금액

③ 신청 지연기간이 55일 이상인 경우 과태료 100만 원

④ 신청 지연기간이 90일 이상인 경우 과태료 200만 원

> 해설 말소된 날부터 1개월 이내는 신청기간이며, 신청 지연기간이 10일 이내인 경우 과태료 5만 원, 신청 지연기간이 10일 초과 54일 이내인 경우 5만 원에서 11일째부터 계산하여 1일마다 1만 원을 더한 금액, 신청 지연기간이 55일 이상인 경우 과태료 50만 원이다.

151 시·도지사가 직권으로 자동차 말소등록을 할 수 있는 경우가 아닌 것은?

① 자동차의 차대(차대가 없는 경우 차체)가 등록원부상의 차대와 다른 경우

② 자동차 운행정지 명령에도 불구하고 해당 자동차를 계속 운행하는 경우

③ 자동차를 폐차한 경우

☑ 자동차를 수출한 경우

> 해설 시·도지사의 직권에 의한 말소등록은 ①, ②, ③ 외에도 말소등록을 신청하여야 할 자가 신청하지 아니한 경우, 속임수나 그 밖의 부정한 방법으로 등록된 경우가 해당한다.

152 자동차의 효율적 관리 및 자동차의 성능 및 안전 확보 그리고 공공복리 증진을 목적으로 하는 법은?

① 화물자동차 운수사업법

☑ 자동차관리법

③ 도로교통법

④ 도로법

> 해설 자동차관리법의 목적에 대한 설명이다.

153 자동차관리법령에 따른 국토교통부장관 또는 시·도지사의 임시운행 허가사항 중 신규등록 신청을 위하여 자동차를 운행하려는 경우 임시운행 허가 기간 기준은?

① 5일 이내   ② 7일 이내

☑ 10일 이내   ④ 15일 이내

> 해설 신규등록 신청을 위한 임시운행 허가 기간은 10일 이내로 되어 있다.

154 자동차관리법령에 따른 국토교통부장관 또는 시·도지사의 임시운행허가 사항 중 수출하기 위하여 말소등록한 자동차를 점검·정비하거나 선적하기 위하여 운행하려는 경우 임시운행 허가기간 기준은?

① 10일 이내   ② 15일 이내
✓ 20일 이내   ④ 30일 이내

해설 이 경우 임시운행 허가기간은 20일 이내로 되어 있다.

155 자동차관리법령에 따른 자동차의 장치에 해당하는 것은?

① 길이·너비 및 높이
② 최저지상고
③ 최대안전경사각도
✓ 차체 및 차대

해설 ①, ②, ③은 자동차의 장치가 아닌 구조에 해당한다. 이외에도 총중량, 중량분포, 최소회전반경, 접지부분 및 접지압력이 구조에 해당한다.

156 자동차 등록의 구분(종류)에 해당하지 않는 것은?

✓ 정기등록
② 신규등록
③ 이전등록
④ 말소등록

해설 정기등록은 해당하지 않으며 이외 변경등록이 있다.

157 자동차에 대한 상속의 경우 이전등록 기간은?

① 15일 이내
② 1월 이내
③ 3월 이내
✓ 6월 이내

해설 이전등록은 사유 발생일로부터 15일 이내, 증여의 경우 20일 이내, 상속의 경우 6개월 이내에 시·도지사에게 하여야 한다.

158 자동차를 폐차한 경우 말소등록 신청기간은?

① 10일 이내
② 15일 이내
✓ 1월 이내
④ 3월 이내

해설 이 경우 말소등록 신청은 1개월로 규정하고 있다.

159 자동차 튜닝이 승인되는 경우는?

① 총중량이 증가되는 튜닝
② 자동차의 종류가 변경되는 튜닝
③ 변경 전보다 성능 또는 안전도가 저하될 우려가 있는 경우의 변경
✓ 승차정원을 감소시켰던 자동차를 원상회복하는 튜닝

해설 승차정원 또는 최대적재량의 증가를 가져오는 승차장치 또는 물품적재장치의 튜닝은 승인되지 않으나 ④의 경우, 동일한 형식으로 자기인증되어 제원이 통보된 차종의 승차정원 또는 최대적재량의 범위 안에서 최대적재량을 증가시키는 경우, 차대 또는 차체가 동일한 승용자동차·승합자동차의 승차정원 중 가장 많은 것의 범위 안에서 해당 자동차의 승차정원을 증가시키는 경우는 제외한다.

160 튜닝검사 신청 서류가 아닌 것은?

✓ ① 운전경력증명서
② 튜닝 전후의 주요제원 대비표
③ 튜닝하려는 구조·장치의 설계도
④ 자동차등록증(말소사실증명서)

해설 ②, ③. ④ 외에도 튜닝 전후의 자동차외관도(외관의 변경이 있는 경우에 한함), 구조·장치 변경 작업완료증명서가 필요하다.

161 튜닝을 한 자동차의 경우 받아야 하는 검사는?

① 신규검사
✓ ② 튜닝검사
③ 종합검사
④ 정기검사

해설 승인을 받지 아니하고 튜닝한 자동차는 원상복구 및 임시검사를 받아야 한다.

162 화물자동차 운수사업법령에 따른 중대한 교통사고가 발생한 사업용 자동차에 대하여 명하는 것은?

① 신규검사
② 원상복구 및 임시검사
③ 정기검사 또는 종합검사
✓ ④ 임시검사

해설 이 경우 임시검사를 받아야 한다.

163 검사의 종류 중 전손 처리 자동차를 수리한 후 운행하려는 경우 실시하는 검사는?

① 신규검사
② 튜닝검사
③ 종합검사
✓ ④ 수리검사

해설 이 경우 수리검사를 받아야 한다.

164 자동차 사용자가 국토교통부령이 정하는 항목에 대한 튜닝을 하려는 경우 어느 기관의 승인을 받아야 하는가?

① 관할 경찰서
② 화물차운송연합회
✓ ③ 한국교통안전공단
④ 도로교통공단

해설 시장·군수·구청장의 위임을 받은 한국교통안전공단의 승인을 얻어야 한다.

165 사업용 대형 화물자동차 중 차령 2년 이하에 대한 정기검사 유효기간은?

① 2년
✓ ② 1년
③ 6월
④ 3월

해설 사업용 대형 화물자동차 중 차령 2년 이하는 정기검사 유효기간 1년이며, 차령 2년 초과 자동차는 6월로 규정하고 있다.

166 차령 2년 초과 사업용 대형 화물자동차의 정기검사 유효기간은?

① 3개월
✓ ⑥ 6개월
③ 1년
④ 1년 6개월

> **해설** 이 경우 6개월로 규정하고 있으며, 차령 2년 이하 같은 차량은 1년이다.

167 경형·소형 화물자동차에 대한 정기검사 유효기간은?

① 3년
② 2년
✓ ③ 1년
④ 6월

> **해설** 경형·소형의 승합자동차와 화물자동차는 차령 관계없이 1년의 정기검사 유효기간이 적용된다.

168 종합검사의 검사기간은 검사 유효기간의 마지막날 전후 각각 며칠로 규정하고 있는가?

① 61일
✓ ② 31일
③ 21일
④ 11일

> **해설** 검사 유효기간은 검사기간 마지막날을 기준으로 31일 전후로 규정하고 있으며, 검사기간 연장이나 유예한 경우 그 기간의 마지막날을 기준으로 31일 전후로 규정한다.

169 대기환경보전법령에 따라 자동차 배출가스 검사기준 위반으로 부적합 판정을 받은 경우 며칠 이내 재검사를 받아야 하는가?

① 30일　　② 20일
✓ ③ 10일　　④ 5일

> **해설** 최고속도제한장치의 미설치, 무단 해체·해제 및 미작동 그리고 자동차 배출가스 검사기준을 위반한 경우 10일 이내 재검사를 받아야 한다.

170 정기검사 유효기간 만료일로부터 20일이 경과한 후 검사를 실시하여 합격하였다. 이 경우 과태료는?

① 1만 원　　② 2만 원
③ 3만 원　　✓ ④ 4만 원

> **해설** 정기검사나 종합검사를 받지 아니한 경우 기간 만료일로부터 30일 이내인 경우 과태료 4만 원, 검사지연 기간이 30일 초과 114일 이내인 경우 4만 원에 31일째부터 계산하여 3일 초과 시마다 2만 원을 더한 금액이 부과되며 검사지연 기간이 115일 이상인 경우 60만 원이다.

171 도로법령에서 '관할구역에 있는 도로 중 특별시도와 광역시도를 제외한 자치구 안에서 동 사이를 연결하는 도로로 권한자가 그 노선을 인정한 것'을 말하는 도로는?

① 지방도
② 일반국도
③ 군도
✓ ④ 구도

> **해설** 이는 구도라 명하고 있다.

172 정당한 사유 없이 도로(고속도로 제외)를 파손하고 교통을 방해하거나 교통에 위험을 발생하게 한 자에 대한 처벌 규정으로 옳은 것은?

☑ 10년 이하의 징역이나 1억 원 이하의 벌금
② 15년 이하의 징역이나 2억 원 이하의 벌금
③ 7년 이하의 징역이나 5천만 원 이하의 벌금
④ 5년 이하의 징역이나 3천만 원 이하의 벌금

해설 10년 이하의 징역이나 1억 원 이하의 벌금으로 규정하고 있다.

173 허가를 받은 경우를 제외하고 도로관리청이 운행을 제한할 수 있는 차량 중 축하중과 총중량에 대하여 옳은 것은?

① 축하중 10톤 초과, 총중량 30톤 초과 차량
② 축하중 5톤 초과, 총중량 20톤 초과 차량
☑ 축하중 10톤 초과, 총중량 40톤 초과 차량
④ 축하중 5톤 초과, 총중량 30톤 초과 차량

해설 축하중 10톤 초과, 총중량 40톤 초과 차량에 대하여 제한할 수 있다.

174 허가를 받은 경우를 제외하고 도로관리청이 운행을 제한할 수 있는 차량 중 차량의 폭과 길이에 대하여 옳은 것은?

① 폭 2.3미터, 길이 16.7미터 초과 차량
② 폭 2.5미터, 길이 15.7미터 초과 차량
③ 폭 2.3미터, 길이 15.7미터 초과 차량
☑ 폭 2.5미터, 길이 16.7미터 초과 차량

해설 폭은 2.5미터, 길이는 16.7미터, 높이는 4미터로 규정하고 있다. 단, 높이는 도로관리청이 인정하여 고시한 노선의 경우 4.2미터로 규정하고 있다.

175 차량의 구조나 적재화물의 특수성으로 인하여 관리청의 허가를 받으려는 자가 신청서에 기재하는 내용으로 옳지 않은 것은?

① 운행 기간
② 운행 목적
③ 차량의 제원
☑ 승차인원

해설 ①, ②, ③ 외 운행하려는 도로의 종류 및 노선명, 운행 구간 및 그 총 연장, 운행 방법을 규정하고 있다. 승차인원에 대한 것은 규정하고 있지 않다.

176 제한차량 운행허가 신청서와 함께 제출하는 서류가 아닌 것은?

① 차량검사증 또는 차량등록증
☑ 자동차보험 가입증명서
③ 차량중량표
④ 구조물 통과 하중 계산서

해설 자동차보험 가입증명서는 제출하는 서류가 아니다.

177 적재량 측정을 위한 도로관리청의 요구에 정당한 사유 없이 따르지 않는 경우 처벌은?

☑ 1년 이하의 징역이나 1천만 원 이하의 벌금
② 6월 이하의 징역이나 500만 원 이하의 벌금
③ 1년 이하의 징역이나 500만 원 이하의 벌금
④ 6월 이하의 징역이나 1천만 원 이하의 벌금

해설 정당한 사유 없이 적재량 측정을 위한 요구에 응하지 아니한 경우 1년 이하의 징역이나 1천만 원 이하의 벌금으로 규정하고 있다.

178 도로의 교통이 현저히 증가하여 차량의 능률적인 운행에 지장이 있는 경우 또는 일정한 구간에서 원활한 교통소통을 위하여 필요한 경우 지정하는 도로는?

① 고속도로
✓ 자동차전용도로
③ 특별도로
④ 광역도로

> 해설 이 경우 지정하는 도로를 자동차전용도로라고 한다.

179 도로관리청이 광역시장 또는 도지사인 경우 자동차전용도로를 지정하고자 할 때 누구의 의견을 들어야 하는가?

① 경찰청장 　　✓ 시·도경찰청장
③ 경찰서장 　　④ 지구대장

> 해설 자동차전용도로를 지정할 때 도로관리청이 국토교통부장관이면 경찰청장, 광역시장 또는 도지사라면 시·도경찰청장, 특별자치시장·시장·군수·구청장이면 관할 경찰서장의 의견을 들어야 한다.

180 대기환경보전법령상 '물질이 연소·합성·분해될 때에 발생하거나 물리적 성질로 인하여 발생하는 기체상물질'을 말하는 것은?

✓ 가스 　　② 먼지
③ 매연 　　④ 검댕

> 해설 설명하는 것은 가스이다. 먼지란 대기 중에 떠다니거나 흩날려 내려오는 입자상물질을 말한다. 매연이란 연소할 때에 생기는 유리(遊離) 탄소가 주가 되는 미세한 입자상물질을 말한다. 검댕이란 연소할 때에 생기는 유리 탄소가 응결하여 입자의 지름이 1마이크론 이상이 되는 입자상물질을 말한다.

181 대기환경보전법령상 용어의 정의에 대한 설명으로 틀린 것은?

① 대기오염물질이란 대기오염의 원인이 되는 가스·입자상물질로서 환경부령으로 정하는 것을 말한다.
② 온실가스란 적외선 복사열을 흡수하거나 다시 방출하여 온실효과를 유발하는 대기 중의 가스상태 물질로서 이산화탄소, 메탄, 아산화질소, 수소불화탄소, 과불화탄소, 육불화황을 말한다.
✓ 매연이란 물질이 연소·합성·분해될 때에 발생하거나 물리적 성질로 인하여 발생하는 기체상물질을 말한다.
④ 입자상물질(粒子狀物質)이란 물질이 파쇄·선별·퇴적·이적(移積)될 때, 그 밖에 기계적으로 처리되거나 연소·합성·분해될 때에 발생하는 고체상(固體狀) 또는 액체상(液體狀)의 미세한 물질을 말한다.

> 해설 ③은 가스에 대한 정의이다.

182 환경부령으로 정하는 공회전 제한장치 부착명령 대상 자동차가 아닌 것은?

① 시내버스 운송사업에 사용되는 자동차
② 일반택시 운송사업에 사용되는 자동차
✔③ 군단위를 사업구역으로 하는 일반택시 운송사업에 사용되는 자동차
④ 화물자동차 운송사업에 사용되는 최대적재량이 1톤 이하인 밴형 화물자동차로서 택배용으로 사용되는 자동차

> **해설** ③은 대상 자동차가 아니며, 공회전 제한장치 부착명령 대상 자동차로 "대중교통용 자동차 등 환경부령으로 정하는 자동차"란 다음 각 호의 자동차를 말한다.
> 1. 시내버스 운송사업에 사용되는 자동차
> 2. 일반택시 운송사업(군단위를 사업구역으로 하는 운송사업은 제외한다)에 사용되는 자동차
> 3. 화물자동차 운송사업에 사용되는 최대적재량이 1톤 이하인 밴형 화물자동차로서 택배용으로 사용되는 자동차

183 대기환경보전법령상 '자동차에서 배출되는 대기오염물질을 줄이기 위하여 자동차에 부착 또는 교체하는 장치로서 환경부령으로 정하는 저감효율에 적합한 장치'를 말하는 것은?

① 저공해자동차
✔② 배출가스저감장치
③ 저공해엔진
④ 공회전제한장치

> **해설** 지문의 설명은 배출가스저감장치를 말하고 있다.

184 권한자의 대기질 개선을 위한 저공해자동차로의 전환 또는 개조명령을 위반한 경우 처벌규정은?

✔① 300만 원 이하의 과태료
② 500만 원 이하의 과태료
③ 6월 이하의 징역이나 500만 원 이하의 벌금
④ 6월 이하의 징역이나 300만 원 이하의 벌금

> **해설** 저공해자동차로의 전환 또는 개조명령, 배출가스저감장치의 부착·교체 명령, 배출가스 관련 부품의 교체명령, 저공해엔진(혼소엔진 포함)으로 개조 또는 교체명령을 위반한 경우 300만 원 이하의 과태료를 부과한다.

185 국가나 지방자치단체가 자동차배출가스 규제를 위해 예산의 범위에서 필요한 자금을 보조하거나 융자할 수 있는 것으로 규정한 것이 아닌 것은?

① 배출가스저감장치를 부착 또는 교체하는 경우
② 자동차의 엔진을 저공해엔진으로 개조 또는 교체하는 경우
③ 권한자의 권고에 따라 자동차를 조기에 폐차하는 경우
✔④ 머플러를 튜닝하는 경우

> **해설** ④의 경우는 규정하고 있지 아니하며, 자동차의 배출가스 관련 부품을 교체하는 경우, 그 밖에 배출가스가 매우 적게 배출되는 것으로서 환경부장관이 정하여 고시하는 자동차를 구입하는 경우에 대하여 필요한 자금을 보조하거나 융자할 수 있다.

186 배출가스로 인한 대기오염 및 연료손실을 줄이고자 원동기를 가동한 상태로 주차하거나 정차하는 행위를 제한하는 것을 위반한 경우 처벌은?

✓① 1차: 과태료 5만 원, 2차: 과태료 5만 원, 3차: 과태료 5만 원

② 1차: 과태료 5만 원, 2차: 과태료 10만 원, 3차: 과태료 20만 원

③ 1차: 과태료 5만 원, 2차: 과태료 15만 원, 3차: 과태료 30만 원

④ 1차: 과태료 3만 원, 2차: 과태료 5만 원, 3차: 과태료 10만 원

> **해설** 위반 회차와 관계없이 과태료 5만 원으로 규정하고 있다.

187 시·도지사가 공회전 제한장치 부착을 명할 수 있는 대상 화물자동차는?

① 화물자동차 운송사업에 사용되는 최대적재량 1.5톤 이하인 밴형 화물자동차

✓② 화물자동차 운송사업에 사용되는 최대적재량 1톤 이하인 밴형 화물자동차

③ 화물자동차 운송사업에 사용되는 최대적재량 5톤 이하인 밴형 화물자동차

④ 화물자동차 운송사업에 사용되는 최대적재량 2.5톤 이하인 밴형 화물자동차

> **해설** 1톤 이하인 밴형 화물자동차(화물자동차운송사업 사용)에 대하여 공회전 제한장치 부착을 명할 수 있으며 이 경우 자금을 보조하거나 융자할 수 있다.

188 권한자는 자동차에서 배출되는 배출가스가 운행차 배출허용기준에 맞는지 확인하기 위하여 도로나 주차장 등에서 자동차의 배출가스 배출 상태를 수시로 점검하는데, 이에 응하지 아니하거나 기피·방해한 경우 처벌은?

① 6월 이하의 징역이나 300만 원 이하의 벌금

② 6월 이하의 징역이나 500만 원 이하의 벌금

③ 과태료 500만 원

✓④ 과태료 200만 원

> **해설** 이 경우 과태료 200만 원을 부과한다.

189 자동차 정기검사 유효기간 만료일과 배출가스 정밀검사 유효기간 만료일이 다른 경우 자동차 종합검사 만료일은?

✓① 처음 도래하는 자동차 정기검사 유효기간

② 나중 도래하는 자동차 정기검사 유효기간

③ 처음 도래하는 배출가스 정밀검사 유효기간

④ 나중 도래하는 배출가스 정밀검사 유효기간

> **해설** 검사 유효기간이 다른 경우 처음 도래하는 자동차 정기검사 유효기간을 종합검사 만료일로 규정하고 있다.

190 차량의 적재량 측정을 방해한 자에 대한 처벌 규정은?

① 10년 이하의 징역이나 5천만 원 이하의 벌금

② 5년 이하의 징역이나 3천만 원 이하의 벌금

③ 3년 이하의 징역이나 2천만 원 이하의 벌금

✓ 1년 이하의 징역이나 1천만 원 이하의 벌금

해설 이 경우 1년 이하의 징역이나 1천만 원 이하의 벌금으로 규정하고 있다.

191 적외선 복사열을 흡수하거나 다시 방출하여 온실효과를 유발하는 대기 중의 가스상태 물질을 말하는 용어는?

① 배출가스

✓ 온실가스

③ 매연

④ 검댕

해설 온실가스에 대한 설명이다.

192 터미널, 차고지, 주차장 등에서 자동차의 원동기 가동제한을 위반한 자동차의 운전자에 대한 과태료는?

✓ 5만 원

② 3만 원

③ 2만 원

④ 1만 원

해설 이 경우 과태료 5만 원을 부과하며, 횟수에 관계없이 부과한다.

'화물취급요령'에서는 15문항이 출제됩니다.

01 운송장의 기능이 아닌 것은?
빈출

① 계약서 기능
② 화물인수증 기능
③ 수입금 관리자료 기능
☑ 현금영수증 기능

> 해설 운송장의 기능은 ①, ②, ③ 외에도 운송요금 영수증 기능, 정보처리 기본자료, 배달에 대한 증빙(배송에 대한 증거서류 기능), 행선지 분류정보 제공(작업지시서 기능)을 가지고 있다. 계산서 기능을 하는 것은 아니다.

02 화물이 집하된 후 목적지에 도착할 때까지 각 단계의 작업에서 이 화물이 어디로 운행될 것인지를 알려주는 운송장의 기능은?

① 화물인수증 기능
☑ 행선지 분류정보 제공
③ 정보처리 기본자료
④ 운송요금 영수증 기능

> 해설 운송장의 기능 중 행선지 분류정보 제공(작업지시서 기능) 기능을 설명하고 있다.

03 운송장 형태에 따른 분류 중 제작비 절감, 취급 절차 간소화 목적에 따른 분류가 아닌 것은?

① 기본형 운송장
☑ 수기 운송장
③ 보조 운송장
④ 스티커형 운송장

> 해설 수기 운송장은 쓰는 형태에 따른 분류로 전산 운송장과 수기 운송장으로 구분할 수 있으나 기본적으로 제작비 절감 및 취급절차 간소화 목적에 따른 경우 기본형, 보조, 스티커형으로 구분한다.

04 동일 수하인에게 다수의 화물이 배달될 때 사용하는 운송장의 형태는?
빈출

① 포켓타입 운송장
② 스티커형 운송장
☑ 보조운송장
④ 바코드 절취형 스티커 운송장

> 해설 보조운송장으로서 간단한 기본적인 내용과 원 운송장을 연결시키는 내용만 기록하는 형태의 운송장을 말하고 있다.

05 EDI(전자 문서 교환) 시스템이 구축될 수 있는 경우 이용되는 운송장은?
빈출

① 기본형 운송장
② 수기 운송장
③ 보조 운송장
☑ 스티커형 운송장

> 해설 EDI(전자 문서 교환, Electronic Data Interchange) 시스템이 구축되는 경우 이용 가능한 형태의 운송장은 스티커형 운송장이다.

06 운송장의 역할을 다하기 위한 사항이 아닌 것은?

① 수하인 주소, 운송장 번호, 성명, 전화번호
② 운송장 번호, 바코드
③ 도착지(코드)
☑ 송하인의 전자우편주소

> 해설 운송장에는 운송장 번호와 바코드, 송하인 및 수하인 인적사항(주소, 성명, 전화번호), 주문번호 또는 고객번호, 화물명, 화물 가격, 크기, 운임의 지급방법, 발송지, 도착지, 집하자 등의 사항이 기재되어 있어야 한다.

07 운송장에 기록되는 내용이 아닌 것은?

① 운송장 번호와 바코드

② 수하인의 주소, 성명, 전화번호

✓③ 송하인의 주민등록번호

④ 운임의 지급 방법

해설 송·수하인을 불문하고 주민등록번호는 기재하지 않는다.

08 송하인의 기재사항이 아닌 것은?

① 송하인의 주소, 성명 및 전화번호

② 수하인의 주소, 성명 및 전화번호

③ 물품의 품명, 수량, 가격

✓④ 집하자의 성명 및 전화번호

해설 집하자의 성명 및 전화번호는 집하담당자의 기재사항이다.

09 운송장에 기록하는 면책사항 중 수하인의 전화번호가 없을 때 기록하는 것은?

① 파손면책

② 부패면책

③ 분실면책

✓④ 배달지연면책

해설 수하인의 전화번호가 없을 때는 배달지연면책 또는 배달불능면책을 기록한다.

10 운송장에 기록하는 면책사항 중 포장이 불완전할 경우 기록하는 것은?

✓① 파손면책

② 부패면책

③ 분실면책

④ 배달지연면책

해설 포장이 불완전하거나 파손 가능성이 높은 화물인 때는 파손면책을 기록한다.

11 운송장 중 송하인 기재사항이 아닌 것은?

✓① 수하인용 송장상의 좌측 하단에 총수량 및 도착점 코드

② 수하인의 주소, 성명, 전화번호

③ 물품의 품명, 수량, 가격

④ 송하인의 주소, 성명 및 전화번호

해설 ②, ③, ④ 외 송하인은 특약사항 약관설명 확인필 기재 서명, 필요 시 면책확인서 자필 서명을 기재한다. ①은 집하담당자의 기재사항이다.

12 운송장 중 집하담당자 기재사항이 아닌 것은?

① 접수일자, 발송점

✓② 수하인의 주소, 성명, 전화번호

③ 집하자 성명 및 전화번호

④ 도착점, 배달 예정일

해설 ②는 송하인이 기재하는 사항이다.

13 운송장 기재 시 유의사항으로 옳지 않은 것은?

① 운송장은 꾹꾹 눌러 기재하여 맨 뒷면까지 잘 복사되도록 한다.

② 도착점 코드가 정확히 기재되었는지 확인한다.

✔화물 인수 시 적합성 여부를 확인한 후, 집하담당자가 직접 운송장 정보를 기입하도록 한다.

④ 특약사항에 대하여 고객에게 고지한 후 특약사항 약관설명 확인필에 서명을 받는다.

해설 화물 인수 시 적합성 여부를 확인한 후, 고객이 직접 운송장 정보를 기입하도록 한다.

14 운송장 부착요령에 대한 설명으로 옳지 않은 것은?

① 운송장 부착은 원칙적으로 접수 장소에서 매 건마다 작성하여 화물에 부착한다.

② 운송장은 물품의 정중앙 상단에 뚜렷하게 보이도록 부착한다.

✔취급주의 스티커의 경우 물품 우측면에 붙여서 눈에 띄게 한다.

④ 운송장이 떨어지지 않도록 손으로 잘 눌러서 부착한다.

해설 취급주의 스티커는 운송장 바로 우측 옆에 붙여서 눈에 띄게 한다.

15 운송장 부착에 대한 설명으로 옳은 것은?
빈출

① 물품박스 우측면에 부착한다.

② 물품박스 좌측면에 부착한다.

③ 물품박스 하단에 부착한다.

✔물품박스 정중앙 상단에 부착한다.

해설 운송장은 물품박스 정중앙 상단에 부착한다.

16 포장재료의 특성에 의한 분류가 아닌 것은?

① 강성포장

✔진공포장

③ 유연포장

④ 반강성포장

해설 진공포장은 포장방법(포장기법)별 분류에 해당한다.

17 운송화물의 포장 중 물품 개개의 포장을 뜻하는 것은?

① 내장

✔개장

③ 외장

④ 각장

해설 물품 개개의 포장을 개장이라고 하며, 물품의 상품가치를 높이고 물품을 보호하기 위해 적당한 방법으로 포장한 상태를 말한다.

18 운송화물에 대하여 포장화물 내부의 포장을 뜻하는 것으로 속포장이라고 하는 것은?

✔내장

② 개장

③ 외장

④ 각장

해설 내장을 설명하고 있다.

19 포장의 기능이 아닌 것은?

① 표시성

② 보호성

③ 편리성

☑ 화려성

해설 포장은 보호성, 표시성, 상품성, 편리성, 효율성, 판매촉진성의 성격을 지니고 있다.

20 포장의 기능 중 생산 공정을 거쳐 만들어진 물품은 자체 상품뿐만 아니라 포장을 통해 완성된다는 뜻을 지니는 성격은?

① 표시성

② 보호성

③ 편리성

☑ 상품성

해설 지문의 설명은 상품성을 뜻하고 있다.

21 포장재료의 특성에 따른 분류가 아닌 것은?

☑ 방수포장

② 반강성포장

③ 유연포장

④ 강성포장

해설 방수포장은 포장방법(포장기법)별 분류에 해당한다.

22 비료, 시멘트, 농약, 공업약품을 포장할 때 사용하는 포장방법은?

① 방수포장

☑ 방습포장

③ 방청포장

④ 진공포장

해설 시멘트, 비료, 농약, 건조식품, 의약품, 고수분식품, 식료품, 금속제품, 정밀기기 등의 포장방법은 방습포장이다.

23 포장의 방법 중 물품을 1개 또는 여러 개를 합하여 수축 필름으로 덮고, 이것을 가열 압축 수축시켜 물품을 강하게 고정·유지하는 포장방법은?

① 방수포장

② 진공포장

③ 방청포장

☑ 수축포장

해설 설명하는 방법은 수축포장방법이다.

24 비나 눈이 올 때 포장방법으로 가장 옳은 것은?

☑ 비닐포장 후 박스포장

② 아이스박스를 사용하여 포장

③ 진공시켜 완충포장

④ 여러 개를 합쳐 수축포장

해설 비나 눈이 오는 경우 비닐포장 후 박스포장하는 것이 가장 좋은 방법이다.

25 포장 유의사항으로 옳지 않은 것은?

☑ 손잡이가 있는 박스물품의 경우 손잡이를 바깥쪽으로 접어 이동이 편하게 한다.
② 배나 사과 등을 박스에 담아 좌우에서 들 수 있도록 되어 있는 물품의 경우 손잡이 부분의 구멍을 테이프로 막아 내용물의 파손을 방지한다.
③ 휴대폰 및 노트북 등 고가품의 경우 내용물이 파악되지 않도록 별도의 박스로 이중 포장한다.
④ 서류 등 부피가 작고 가벼운 물품의 경우 집하할 때에는 작은 박스에 넣어 포장한다.

해설 손잡이가 있는 박스물품의 경우 손잡이를 안으로 접어 사각이 되게 한 다음 테이프로 포장한다.

26 화물취급표지 중 갈고리 금지를 뜻하는 표지는?

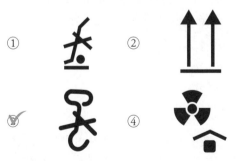

해설 ①은 손수레 사용 금지, ②는 위 쌓기, ④는 방사선보호 표시이다.

27 창고 내에서 화물을 옮길 때 주의사항이 아닌 것은?

☑ 바닥에 작은 물건이 있는 경우 넘어 다닌다.
② 바닥의 기름이나 물기는 즉시 제거하여 미끄럼 사고를 예방한다.
③ 운반통로에 있는 맨홀이나 홈에 주의해야 한다.
④ 창고의 통로 등에는 장애물이 없도록 조치한다.

해설 바닥에 작은 물건이 있더라도 치우도록 한다.

28 발판을 활용한 작업 시 주의사항이 아닌 것은?

① 발판은 경사를 완만하게 하여 사용한다.
☑ 발판을 이용하여 오르내릴 때에는 효율성을 위해 2명 이상 동시에 작업한다.
③ 발판의 미끄럼 방지조치는 되어 있는지 확인한다.
④ 발판의 너비와 길이는 작업에 적합하고 자체결함이 없는지 확인한다.

해설 발판을 이용하여 오르내릴 때에는 2명 이상 동시에 통행하지 않는다.

29 컨베이어 사용 시 주의사항이 아닌 것은?

① 컨베이어 위로는 절대 올라가서는 안 된다.
② 상차 작업자와 컨베이어를 운전하는 작업자는 상호간에 신호를 긴밀히 해야 한다.
☑ 컨베이어 주변의 장애물은 컨베이어 작동 시 치우는 것이 안전하다.
④ 상차용 컨베이어를 이용하여 타이어 등을 상차할 때는 타이어 등이 떨어지거나 떨어질 위험이 있는 곳에서 작업을 해서는 안 된다.

해설 컨베이어 주변 장애물은 컨베이어 작동 전 치우는 것이 안전하다.

30 화물더미에서 작업할 때 주의사항으로 옳지 않은 것은?

① 화물더미에 오르내릴 때에는 화물의 쏠림이 발생하지 않도록 주의한다.

☑ 화물더미의 상층과 하층에서 동시에 작업하는 것이 안전하다.

③ 화물더미의 중간에서 화물을 뽑아내거나 직선으로 깊이 파내는 작업을 하지 않는다.

④ 화물더미 위에서 작업을 할 때에는 힘을 줄 때 발밑을 항상 조심한다.

해설 화물더미의 상층과 하층에서 동시에 작업하는 것은 위험하다.

31 적재물의 하역방법이 잘못된 것은?

① 종류가 다른 것을 적치할 때는 무거운 것을 밑에 쌓는다.

☑ 길이가 고르지 못하면 각 길이의 중앙을 기준으로 쌓는다.

③ 같은 종류 및 동일 규격끼리 적재한다.

④ 부피가 큰 것을 쌓을 때는 무거운 것을 밑에, 가벼운 것은 위에 적재한다.

해설 길이가 고르지 못하면 한쪽 끝이 맞도록 적재한다.

32 하역방법으로 옳지 않은 것은?

☑ 종류가 다른 것을 적치할 때는 가벼운 것을 밑에 놓는다.

② 길이가 고르지 못하면 한쪽 끝이 맞도록 한다.

③ 화물 종류별로 표시된 쌓는 단수 이상으로 적재를 하지 않는다.

④ 상자로 된 화물은 취급표지에 따라 다루어야 한다.

해설 종류가 다른 것을 적치할 때는 무거운 것을 밑에 놓아야 안전하다.

33 화물자동차 화물 적재방법으로 옳지 않은 것은?

① 적재함 가운데부터 좌·우로 적재한다.

② 앞쪽이나 뒤쪽으로 중량이 치우치지 않아야 한다.

③ 무거운 것은 아래쪽에, 가벼운 것은 위쪽에 적재한다.

☑ 부피가 작은 것은 아래쪽에, 큰 것은 위쪽에 적재한다.

해설 화물 적재 시 부피가 큰 것은 아래쪽에, 작은 것은 위쪽에 적재하여야 한다.

34 제재목을 적치할 때는 건너지르는 대목을 몇 개소 놓아야 하는가?

① 2개소

☑ 3개소

③ 4개소

④ 5개소

해설 제재목 적치 시 건너지르는 대목은 3개소를 놓아야 한다.

35 성인 남자 기준으로 일시작업(시간당 2회 이하) 시 화물의 운송요령에서 단독 작업으로 화물을 운반할 때 인력운반중량 권장 기준은?

① 15~20kg

② 20~25kg

☑ 25~30kg

④ 30~40kg

해설 일시작업(시간당 2회 이하)은 성인 남자 기준 25~30kg, 성인 여자 기준 15~20kg을 권장 기준으로 하고 있으며, 계속작업(시간당 3회 이상)인 경우 성인 남자 기준 10~15kg, 성인 여자 기준 5~10kg을 권장 기준으로 하고 있다.

36 적재함 적재방법에 대한 설명으로 옳은 것은?

① 무거운 화물을 적재함 뒤쪽에 싣는다.

② 가벼운 화물은 높게 적재하는 것이 좋다.

✓ 둥글고 구르기 쉬운 물건은 상자 등으로 포장한 후 적재한다.

④ 트랙터 차량의 캡과 적재물의 간격을 100cm 이상으로 유지해야 한다.

> **해설** 무거운 화물은 앞이나 뒤쪽에 싣지 않고 무게를 골고루 분산하도록 적재해야 하며, 가벼운 화물이라 하더라도 높게 적재하는 것은 위험하다. 트랙터 차량의 캡과 적재물의 간격은 120cm 이상으로 유지해야 한다.

37 트랙터 차량의 캡과 적재물의 간격으로 적절한 것은?

① 50cm 미만

② 50cm 이상 80cm 미만

③ 80cm 이상 120cm 미만

✓ 120cm 이상

> **해설** 120cm 이상을 유지하여야 적당하다.

38 물품 운반 방법 중 물품을 들어올릴 때의 자세 및 방법으로 옳은 것은?

① 몸의 균형을 위해 발은 어깨 너비보다 더 벌리고 물품을 든다.

② 물품을 들 때는 허리를 굽혀 몸의 무리를 줄인다.

✓ 다리와 어깨의 근육에 힘을 넣고 팔꿈치를 바로 펴서 서서히 물품을 들어올린다.

④ 무릎을 펴는 힘보다는 허리의 힘으로 물품을 들어올린다.

> **해설** 몸의 균형을 위해 발은 어깨 너비만큼 벌리는 것이 좋고, 허리는 똑바로 펴고, 물품을 들어올릴 때는 허리의 힘보다 무릎을 펴는 힘으로 물품을 들어올린다.

39 기계작업 운반기준에 적합한 것이 아닌 것은?

✓ 취급물품이 경량물인 작업

② 표준화되어 있어 지속적으로 운반량이 많은 작업

③ 단순하고 반복적인 작업

④ 취급물품의 형상, 성질, 크기 등이 일정한 작업

> **해설** 취급물품이 중량물인 작업이 기계작업에 적합하다.

40 컨테이너를 이용한 위험물의 수납 및 적재방법 그리고 주의사항으로 옳지 않은 것은?

① 컨테이너를 깨끗이 청소하고 잘 건조할 것

② 수납이 완료되면 즉시 문을 폐쇄할 것

③ 컨테이너를 적재 후 반드시 콘(잠금장치)을 잠글 것

✓ 품명이 틀린 위험물 또는 위험물과 위험물 이외의 화물의 경우 동일 컨테이너를 사용할 것

> **해설** 품명이 틀린 위험물 또는 위험물과 위험물 이외의 화물의 경우 화물이 상호작용하여 발열 및 가스를 발생시키고, 부식작용이 일어나거나 기타 물리적 화학작용이 일어날 염려가 있을 때에는 동일 컨테이너를 사용하면 안 된다.

41 기계작업 운반기준에 적합한 작업이 아닌 것은?

① 단순하고 반복적인 작업

② 표준화되어 있어 지속적으로 운반량이 많은 작업

③ 취급물품이 중량물인 작업

✓ 취급물품의 형상, 성질, 크기 등이 일정하지 않은 작업

> **해설** ④의 경우 수작업 운반에 적합한 작업이다.

42 위험물 탱크로리 취급 시 확인·점검할 사항이 아닌 것은?

① 탱크로리에 커플링은 잘 연결되었는지 확인한다.

② 플랜지 등 연결 부분에 새는 곳은 없는지 확인한다.

③ 인화성물질을 취급할 때에는 소화기를 준비하고, 흡연자가 없는지 확인한다.

☑ 누유된 위험물은 회수 없이 현장에 두고 본 탱크로리만 우선 이동한다.

해설 누유된 위험물의 경우 회수하여 처리하여야 한다.

43 주유취급소의 위험물 취급기준으로 옳지 않은 것은?

① 자동차 등에 주유할 때는 자동차 등의 원동기를 정지시킨다.

② 유분리 장치에 고인 유류는 넘치지 않도록 수시로 퍼내어야 한다.

③ 자동차 등의 일부 또는 전부가 주유취급소 밖에 나온 채로 주유하지 않는다.

☑ 고정주유설비에 유류를 공급하는 배관은 전용탱크 또는 간이탱크로부터 고정주유설비에 간접 연결된 것이어야 한다.

해설 고정주유설비에 유류를 공급하는 배관은 전용탱크 또는 간이탱크로부터 고정주유설비에 직접 연결된 것이어야 한다.

44 독극물 취급 시 주의사항으로 적절하지 않은 것은?

① 취급불명의 독극물은 함부로 다루지 말고, 독극물 취급방법을 확인한 후 취급할 것

☑ 독극물 저장소, 드럼통, 용기, 배관 등은 내용물 확인이 되지 않도록 할 것

③ 도난 방지 및 오용 방지를 위해 보관을 철저히 할 것

④ 독극물이 들어 있는 용기는 마개를 단단히 닫고 빈 용기와 확실하게 구별하여 놓을 것

해설 독극물 저장소 드럼통, 용기, 배관 등은 그 내용물을 알 수 있도록 확실하게 표시하여 놓아야 한다.

45 파렛트 화물의 붕괴 방지 방식이 아닌 것은?

① 밴드걸기 방식   ② 주연어프 방식

☑ 진공포장 방식   ④ 슈링크 방식

해설 진공포장 방식은 내용물에 따른 포장방식이며, 파렛트 화물 붕괴 방지 방식으로는 슬립 멈추기 시트삽입 방식, 풀 붙이기 접착 방식, 수평 밴드걸기 풀 붙이기 방식, 스트레치 방식, 박스 테두리 방식이 있다.

46 파렛트의 가장자리를 높게 하여 포장화물을 안쪽으로 기울여 화물이 갈라지는 것을 방지하는 방법은?

☑ 주연어프 방식

② 슈링크 방식

③ 밴드걸기 방식

④ 스트레치 방식

해설 주연어프 방식을 설명하고 있으며, 다른 방법과 병용하여 안전을 확보하는 것이 효과적이다.

47 슬립 멈추기 시트삽입 방식에 대한 설명이 아닌 것은?

✔️ 화물이 갈라지는 것을 방지하기 어렵다.
② 부대화물에는 효과가 있다.
③ 상자는 진동하면 튀어 오르기 쉬운 문제가 있다.
④ 포장과 포장 사이에 미끄럼을 멈추는 시트를 넣는 방식이다.

> 해설 화물이 갈라지는 것을 방지하기 어려운 방식은 주연어프 방식이다.

48 통기성이 없고, 고열의 터널을 통과하므로 상품에 따라 이용할 수 없는 경우가 있고, 그 비용이 많이 드는 단점이 있는 파렛트 화물 붕괴 방지 방식은?

① 스트레치 방식
② 주연어프 방식
✔️ 슈링크 방식
④ 슬립 멈추기 시트삽입 방식

> 해설 슈링크 방식의 단점에 해당하고 장점으로는 물이나 먼지도 막아내기 때문에 우천 시의 하역이나 야적보관도 가능한 장점이 있다.

49 슈링크 방식의 장·단점이 아닌 것은?

① 통기성이 없는 것은 단점이다.
✔️ 비용이 적게 드는 것은 장점이다.
③ 우천 시 하역이나 야적 보관이 가능한 장점이 있다.
④ 상품에 따라 이용이 불가능한 것이 단점이다.

> 해설 슈링크 방식은 비용이 많이 드는 것이 단점이다.

50 하역 시의 충격 중 일반적인 수하역의 경우 낙하의 높이에 대한 설명이 아닌 것은?

① 견하역의 경우 100cm 이상이다.
② 요하역의 경우 10cm 정도이다.
③ 파렛트 쌓기의 수하역의 경우 40cm 정도이다.
✔️ 수하역의 방식과 관계없이 50cm로 일정하다.

> 해설 수하역 방식에 따라 낙하의 높이는 다르다.

51 포장화물 운송과정의 하역 시 파렛트 쌓기의 수하역의 높이는?

① 약 20cm
② 약 30cm
✔️ 약 40cm
④ 약 50cm

> 해설 수하역에 따른 낙하의 높이는 견하역 100cm 이상, 요하역 약 10cm, 파렛트 쌓기 수하역은 약 40cm이다.

52 운행에 따른 일반적인 주의사항으로 옳지 않은 것은?

① 비포장도로나 위험한 도로에서는 반드시 서행한다.
② 화물은 편중되게 적재하지 않는다.
✔️ 화물을 적재하고 운행할 때에는 출발 전 화물 적재의 상태를 확인하면 충분하다.
④ 가능한 한 경사진 곳에 주차하지 않는다.

> 해설 화물 적재 운행 시 출발 전 화물 적재 상태 확인뿐만 아니라 수시로 확인하여야 한다.

53 트랙터 운행에 따른 주의사항으로 틀린 것은?

① 고속주행 중의 급제동은 잭나이프 현상 등의 위험을 초래하므로 조심한다.

② 후진할 때에는 반드시 뒤를 확인 후 서행한다.

✅ 장거리 운행할 때에는 최소한 3시간 주행마다 20분 이상 휴식하면서 타이어 및 화물결박 상태를 확인한다.

④ 중량물 및 활대품을 수송하는 경우에는 바인더 잭으로 화물 결박을 철저히 하고, 운행할 때에는 수시로 결박 상태를 확인한다.

> 해설 장거리 운행 시 최소 2시간마다 10분 이상 휴식한다.

54 컨테이너 상차 등에 따른 주의사항 중 상차 전의 확인사항이 아닌 것은?

✅ 샤시 잠금 장치는 안전한지를 확실히 검사한다.

② 다른 라인의 컨테이너를 상차할 때 배차부서로부터 통보받아야 할 사항으로 라인 종류, 상차 장소, 담당자 이름과 직책 등이 있다.

③ 배차부서로부터 화주, 공장 위치, 공장 전화번호, 담당자 이름 등을 통보받는다.

④ 컨테이너 라인을 배차부서로부터 통보받는다.

> 해설 ①은 상차할 때의 확인사항이다.

55 화주 공장에 도착하였을 때 주의사항으로 틀린 것은?

① 공장 내 운행속도를 준수한다.

✅ 상·하차할 때 안전을 위해 시동을 켜 둔다.

③ 복장 불량, 폭언 등은 절대 하지 않는다.

④ 각 공장 작업자의 모든 지시 사항을 따른다.

> 해설 상·하차할 때는 시동을 반드시 꺼야 한다.

56 고속도로를 운행하려는 차량 중 운행제한 차량 기준으로 옳지 않은 것은?

① 차량의 축하중 : 10톤 초과

✅ 적재물을 포함한 차량의 폭 : 2.3m 초과

③ 적재물을 포함한 차량의 길이 : 16.7m 초과

④ 차량 총중량 : 40톤 초과

> 해설 차량의 폭은 적재물을 포함하여 2.5m 초과할 때 제한차량 기준에 해당한다.

57 고속도로 운행제한 차량 기준으로 옳은 것은? (적재물, 지정도로 포함)

✅ 축하중 10톤 초과, 총중량 40톤 초과, 길이 16.7m, 높이 4.2m

② 축하중 8톤 초과, 총중량 40톤 초과, 길이 15.7m, 높이 4.5m

③ 축하중 12톤 초과, 총중량 40톤 초과, 길이 15.7m, 높이 4.2m

④ 축하중 15톤 초과, 총중량 40톤 초과, 길이 15.7m, 높이 4.5m

> 해설 고속도로 운행제한 차량기준은 적재물, 지정도로 포함 축하중 10톤 초과, 총중량 40톤 초과, 길이 16.7m, 높이 4.2m로 규정하고 있다.

58 고속도로 순찰대의 호송대상 차량으로 옳은 것은?

① 적재 차폭 3.0m, 길이 20m 초과, 주행속도 60km/h 미만
② 적재 차폭 3.6m, 길이 18m 초과, 주행속도 50km/h 미만
③ 적재 차폭 3.0m, 길이 18m 초과, 주행속도 60km/h 미만
✓④ 적재 차폭 3.6m, 길이 20m 초과, 주행속도 50km/h 미만

> **해설** 고속도로 순찰대 호송대상 차량은 적재 차폭 3.6m, 길이 20m 초과, 주행속도 50km/h 미만일 경우이고, 자동점멸신호등 부착 시 안전에 지장이 없다 판단되는 경우 호송을 대신할 수 있다.

59 고속도로를 운행하려는 차량 호송에 대한 설명으로 옳지 않은 것은?

① 차량의 안전운행을 위하여 고속도로순찰대와 협조하여 차량호송을 실시하며 운행자가 호송할 능력이 없거나 호송을 공사에 위탁하는 경우 공사가 이를 대행할 수 있다.
② 적재물을 포함하여 차폭 3.6m 초과하는 차량으로 운행상 호송이 필요하다 인정되는 경우 차량호송을 실시한다.
③ 적재물을 포함하여 길이 20m 초과하는 차량으로 운행상 호송이 필요하다 인정되는 경우 차량호송을 실시한다.
✓④ 주행속도 60km/h 미만인 차량의 경우 차량호송을 실시한다.

> **해설** 주행속도 50km/h 미만인 경우 차량호송을 실시하며, 구조물통과 하중계산서를 필요로 하는 중량제한차량도 그 대상이다. 이때 안전운행에 지장이 없다 판단되는 경우 제한차량 후면 좌·우측에 자동점멸신호등의 부착 등의 조치를 하여 그 호송을 대신할 수 있다.

60 과적의 폐해에 대한 설명으로 옳지 않은 것은? [빈출]

① 윤하중 증가에 따른 타이어 파손 및 타이어 내구 수명 감소로 사고 위험성이 증가한다.
✓② 과적에 의해 차량이 무거워지면 마찰력 증가로 제동거리가 짧아져 사고의 위험성이 증가한다.
③ 적재중량보다 20%를 초과한 과적의 경우 타이어 내구수명은 30% 감소하고, 50%를 초과한 경우 내구수명은 60% 감소한다.
④ 충돌 시의 충격력은 차량의 중량과 속도에 비례하여 증가한다.

> **해설** 과적에 의해 차량이 무거워지면 제동거리가 길어져 사고의 위험성이 증가한다.

61 과적차량이 도로에 미치는 영향으로 거리가 먼 것은? [빈출]

① 축하중 10톤을 기준으로 보았을 때 축하중이 10% 증가하면 도로 파손에 미치는 영향은 50% 상승한다.
② 축하중이 증가할수록 포장의 수명은 급격하게 감소한다.
③ 40톤에 비하여 총중량 50톤의 경우 교량의 손상도는 17배 상승한다.
✓④ 과적에 따른 도로포장 손상보다 기후 및 환경적인 요인 그리고 포장재료 성질과 시공부주의에 의한 영향이 더 크다.

> **해설** 기후 및 환경적인 요인, 포장재료 성질과 시공부주의에 의한 영향 그리고 차량의 반복적인 통과 등의 영향도 있으나 과적에 의한 도로포장 손상의 영향이 더 크다.

62 화물의 인수요령에 대한 설명으로 적절하지 않은 것은?

① 집하 금지품목의 경우는 그 취지를 알리고 양해를 구한 후 정중히 거절한다.

② 제주도 및 도서지역의 경우 그 지역에 적용되는 부대비용을 수하인에게 징수할 수 있음을 반드시 알려주고 양해를 구한 후 인수한다.

✓③ 운송인의 책임은 물품을 인수하는 것으로 충분하고 운송장 교부시점과는 별개이다.

④ 신용업체의 대량화물을 집하할 때 수량 착오가 발생하지 않도록 박스 수량과 운송장에 표기된 수량을 확인한다.

> 해설 운송인의 책임은 물품을 인수하고 운송장을 교부하는 시점에 발생한다.

63 물품인도일 기준 수하인의 인수근거 요청 시 입증자료 제시기간은?

① 3개월

② 6개월

✓③ 1년

④ 3년

> 해설 1년 이내 수하인의 인수근거 요청 시 입증자료를 제시하여야 한다.

64 화물의 인수요령에 대한 설명으로 옳지 않은 것은?

① 전화로 예약 접수 시 고객의 배송 요구 일자도 확인하여야 한다.

✓② 언제까지 배달 완료 등의 조건부 운송물품 인수는 추가금을 받고 진행한다.

③ 포장 및 운송장 기재요령을 반드시 숙지하고 인수에 임한다.

④ 운송장을 작성하기 전에 물품의 성질 등을 고객에게 통보하고 상호 동의가 되었을 때 운송장을 작성한다.

> 해설 언제까지 배달 완료 등의 조건부 운송물품은 인수 금지한다.

65 화물의 인계요령에 대한 설명으로 옳지 않은 것은?

① 산간 오지 및 당일 배송 불가지역의 경우 양해를 구하고, 지점 도착 물품은 당일 배송을 원칙으로 한다.

② 각 영업소로 분류된 물품은 수하인에게 물품의 도착 사실을 알리고 배송 가능한 시간을 약속한다.

③ 방문 시간에 수하인이 부재중일 경우에는 부재중 방문표를 활용하여 방문 근거를 남기되 우편함에 넣거나 문틈으로 밀어 넣어 타인이 볼 수 없도록 한다.

✓④ 근거리 배송을 위해 차를 떠나는 경우를 제외하고 물품 배송 중 발생할 수 있는 도난에 대비하여야 한다.

> 해설 물품 배송 중 발생할 수 있는 도난에 대비하여 근거리 배송이라도 차에서 떠날 때는 반드시 잠금장치를 하여 사고를 미연에 방지하도록 한다.

66 인수증 관리에 대한 설명으로 옳지 않은 것은?

① 물품 인도일 기준 3개월 이내 인수근거 요청이 있을 때 입증자료로 제시할 수 있도록 관리하여야 한다.

② 같은 장소에 여러 박스를 배송할 때에는 인수증에 실제 배달한 수량을 기재받아 차후 시비가 발생하지 않도록 한다.

③ 수령인이 물품의 수하인과 다른 경우 반드시 수하인과의 관계를 기재하여야 한다.

④ 인수증 상에 인수자 서명을 운전자가 임의 기재한 경우 무효로 간주되며, 문제가 발생하면 배송 완료로 인정받을 수 없다.

해설 인수증은 물품 인도일 기준 1년 이내 인수근거 요청이 있을 때 입증자료로 제시할 수 있도록 관리하여야 한다.

67 화물의 오손 또는 파손을 방지하기 위한 대책이 아닌 것은?

① 인계할 때 인수자 확인은 반드시 인수자가 직접 서명하도록 할 것

② 사고 위험이 있는 물품은 안전박스에 적재하거나 별도 적재 관리할 것

③ 중량물은 하단에, 경량물은 상단에 적재할 것

④ 충격에 약한 화물은 보강포장 및 특기사항을 표기할 것

해설 ①은 분실사고를 위한 대책이다.

68 화물자동차 유형별 세부기준상 지붕구조의 덮개가 있는 화물운송용인 것은?

① 일반형 ② 덤프형
③ 밴형 ④ 특수용도형

해설 밴형을 설명하고 있다.

69 특별한 목적을 위하여 차체를 특수한 것으로 하거나 특수한 기구를 갖추고 있는 특수자동차인 것은?

① 구급차
② 소방차
③ 레커차
④ 덤프차

해설 ①은 특수용도 자동차(특용차)이고 ②, ③, ④는 특수장비차(특장차)이다.

70 자동차를 동력부분과 적하부분으로 나누었을 때 동력부분을 지칭하는 것은?

① 트레일러
② 트랙터
③ 특수자동차
④ 모터캐러반

해설 동력부분은 트랙터, 적하부분은 트레일러로 지칭하고 있다.

71 트레일러의 종류 중 기둥, 통나무 등 장척의 적하물 자체가 트랙터와 트레일러의 연결부분을 구성하는 구조의 트레일러는?

① 풀 트레일러(Full Trailer)
② 세미 트레일러(Semi-Trailer)
③ 폴 트레일러(Pole Trailer)
④ 돌리(Dolly)

해설 풀 트레일러는 트랙터와 트레일러가 완전히 분리되어 있고 트랙터 자체도 적재함을 가지고 있는 것을 말한다. 세미 트레일러는 가동 중인 트레일러 중 가장 많고 일반적인 것으로 세미 트레일러용 트랙터에 연결하여, 총하중의 일부분이 견인하는 자동차에 의해서 지탱되도록 설계된 트레일러이다. 돌리는 세미 트레일러와 조합해서 풀 트레일러로 하기 위한 견인구를 갖춘 대차를 말한다.

72 트레일러의 종류 중 트레일러의 일부 하중을 트랙터가 부담하여 운행하는 트레일러는?

① 풀 트레일러(Full Trailer)

✓② 세미 트레일러(Semi-Trailer)

③ 폴 트레일러(Pole Trailer)

④ 돌리(Dolly)

> **해설** 71번 문제 해설 참고

73 가동 중인 트레일러 중 가장 많고 일반적인 트레일러로 탈착이 쉽고 공간을 적게 차지하여 후진하기에 용이한 특징을 가진 트레일러는?

① 풀 트레일러

✓② 세미 트레일러

③ 폴 트레일러

④ 돌리

> **해설** 세미 트레일러의 장점을 설명하고 있다.

74 트레일러의 구조 형상에 따른 종류가 아닌 것은?

① 저상식

② 스케레탈 트레일러

③ 밴 트레일러

✓④ 폴 트레일러

> **해설** 트레일러의 종류를 구분할 때 폴 트레일러가 포함되며, 구조 형상에 따른 종류는 ①, ②, ③ 외에도 평상식, 중저상식, 오픈 탑 트레일러, 특수용도 트레일러로 구분된다.

75 세미 트레일러와 조합해서 풀 트레일러로 하기 위한 견인구를 갖춘 대차를 무엇이라 하는가?

① 풀 트레일러

② 세미 트레일러

③ 폴 트레일러

✓④ 돌리

> **해설** 돌리(Dolly)에 대한 설명이다.

76 밴형 트레일러의 일종으로서 천장에 개구부가 있어 채광이 들어가게 만든 고척화물 운반용으로 쓰이는 트레일러는?

① 저상식

② 평상식

③ 스케레탈 트레일러

✓④ 오픈 탑 트레일러

> **해설** 설명하는 것은 오픈 탑 트레일러이다.

77 1대의 트럭, 특별차 또는 풀 트레일러용 트랙터와 1대 또는 그 이상의 독립된 풀 트레일러를 결합한 조합의 연결차량은?

✓① 풀 트레일러 연결차량

② 세미 트레일러 연결차량

③ 더블 트레일러 연결차량

④ 폴 트레일러 연결차량

> **해설** 세미 트레일러 연결차량은 1대의 세미 트레일러 트랙터와 1대의 세미 트레일러로 이루어지는 조합이고, 폴 트레일러 연결차량은 1대의 폴 트레일러용 트랙터와 1대의 폴 트레일러로 이루어지는 조합이며, 더블 트레일러 연결차량은 1대의 세미 트레일러용 트랙터와 1대의 세미 트레일러 및 1대의 풀 트레일러로 이루는 조합의 연결차량을 말한다.

78 발착지에서의 트레일러 장착이 용이하고 공간을 적게 차지하며 후진이 용이한 특성을 가지고 있는 연결차량은?

① 풀 트레일러 연결차량
☑ 세미 트레일러 연결차량
③ 더블 트레일러 연결차량
④ 폴 트레일러 연결차량

> **해설** 세미 트레일러 연결차량의 특징이다.

79 화물에 시트를 치거나 로프를 거는 작업을 합리화하고, 동시에 포크리프트에 의해 짐부리기를 간이화할 목적으로 개발된 차는?

① 실내 하역기기 장비차
☑ 측방 개폐차
③ 쌓기 및 내리기 합리화차
④ 시스템 차량

> **해설** 측방 개폐차에 대한 설명이다. 실내 하역기기 장비차는 적재함 바닥면에 롤러컨베이어, 로더용레일 등 적재함 하역의 합리화를 도모하는 것이고, 쌓기 및 내리기(부리기) 합리화차는 리프트게이트, 크레인 등을 장비하고 쌓기 및 내리기 작업의 합리화를 위한 차량이며, 시스템차량은 트레일러 방식의 소형 트럭을 가리키며 CB(Changeable Body)차 또는 탈착 보디차를 말한다.

80 이사화물 표준약관상 고객은 사업자의 귀책사유로 이사화물의 인수가 몇 시간 이상 지연될 경우 계약을 해지하고 손해배상을 청구할 수 있는가?

① 1시간 이상   ☑ 2시간 이상
③ 4시간 이상   ④ 6시간 이상

> **해설** 이사화물의 인수가 사업자의 귀책사유로 약정된 시간보다 2시간 이상 지연될 경우 손해배상 청구가 가능하다.

81 이사화물 표준약관상 고객은 사업자의 귀책사유로 이사화물의 인수가 일정시간 이상 지연되어 청구할 수 있는 손해배상의 금액은?

① 계약금의 2배
② 계약금의 3배
③ 계약금의 4배
☑ 계약금의 6배

> **해설** 계약금액의 반환 및 계약금의 6배의 손해배상을 청구할 수 있다.

82 이사화물 표준약관상 약정 인수일 1일 전까지 고객의 책임으로 계약해제 시 책임은?

☑ 계약금
② 계약금의 2배
③ 계약금의 3배
④ 계약금의 4배

> **해설** 고객의 책임으로 인한 계약해제의 경우 인수일 1일 전까지는 계약금, 당일 해제는 계약금의 배액을 지급한다.

83 이사화물 표준약관상 사업자의 책임으로 인한 계약해제 시 약정 인수일 당일에도 해제를 통지하지 않은 경우 책임은?

① 계약금의 3배
② 계약금의 5배
③ 계약금의 6배
☑ 계약금의 10배

> **해설** 약정 인수일 2일 전까지 해제 통지 시 계약금의 배액, 1일 전까지 해제 통지한 시 계약금의 4배, 당일 해제 시 6배액을 지급한다.

84 사업자가 약정된 이사화물의 인수일 당일에도 계약해제를 통지하지 않은 경우 손해배상은?

✔ 계약금의 10배

② 계약금의 8배

③ 계약금의 6배

④ 계약금의 4배

> **해설** 사업자가 이사화물 인수일 당일까지 해제 통지를 하지 않은 경우 계약금의 10배액에 대하여 손해배상을 한다.

85 이사화물 일부 멸실 또는 훼손으로 인한 운송 책임의 소멸시효는?

✔ 인도받은 날로부터 30일 이내

② 인도받은 날로부터 60일 이내

③ 인도받은 날로부터 90일 이내

④ 인도받은 날로부터 180일 이내

> **해설** 일부멸실 또는 훼손의 경우 인도받은 날로부터 30일 이내, 멸실, 훼손 또는 연착에 대하여는 인도받은 날로부터 1년이 경과하면 책임이 소멸한다.

86 운송물의 일부 멸실 또는 훼손에 대한 사업자 책임의 소멸시효는 수하인이 운송물을 수령한 날로부터 며칠 이내인가?

① 5일

② 7일

✔ 14일

④ 30일

> **해설** 일부멸실 또는 훼손의 경우 운송물 수령일을 기준으로 14일 이내 통지하여야 한다.

87 이사화물 표준약관상 이사화물 운송 중 멸실, 훼손 또는 연착된 경우 고객 요청에 의해 사고 증명서를 발급할 수 있는 기간은?

① 30일

② 3개월

③ 6개월

✔ 1년

> **해설** 사고증명서는 1년에 한하여 발행한다.

88 이사화물 표준약관상 손해배상 기준 중 사업자의 책임으로 멸실 및 훼손 없이 연착된 경우 적용되는 기준은? (1시간 미만은 산입 제외)

① 계약금의 3배 이내에서 약정 인도 일시로부터 연착된 1시간마다 계약금의 반액을 곱한 금액

✔ 계약금의 10배 이내에서 약정 인도 일시로부터 연착된 1시간마다 계약금의 반액을 곱한 금액

③ 계약금의 5배 이내에서 약정 인도 일시로부터 연착된 2시간마다 계약금의 반액을 곱한 금액

④ 계약금의 10배 이내에서 약정 인도 일시로부터 연착된 2시간마다 계약금의 반액을 곱한 금액

> **해설** 계약금의 10배 이내에서 약정 인도 일시로부터 연착된 1시간마다 계약금의 반액을 곱한 금액을 지급한다. (연착 시간 × 계약금 × 1/2)

89 이사화물 표준약관상 손해배상 기준 중 고객의 책임으로 이사화물 인수가 지체된 경우 적용되는 기준은? (1시간 미만은 산입 제외)

☑ 계약금의 2배 이내에서 약정 인도 일시로부터 연착된 1시간마다 계약금의 반액을 곱한 금액

② 계약금의 5배 이내에서 약정 인도 일시로부터 연착된 1시간마다 계약금의 반액을 곱한 금액

③ 계약금의 2배 이내에서 약정 인도 일시로부터 연착된 2시간마다 계약금의 반액을 곱한 금액

④ 계약금의 5배 이내에서 약정 인도 일시로부터 연착된 2시간마다 계약금의 반액을 곱한 금액

> 해설 계약금의 2배 이내에서 약정 인수 일시로부터 연착된 1시간마다 계약금의 반액을 곱한 금액을 지급한다. (연착 시간 × 계약금 × 1/2)

90 이사화물 표준약관상 사업자에 대하여 이사화물의 멸실, 훼손, 연착에 대한 책임이 면책되는 경우가 아닌 것은?

① 사업자 책임이 없음을 입증한 이사화물의 결함, 자연적 소모

② 이사화물의 성질에 의한 발화, 폭발, 물그러짐, 변색 등

③ 천재지변 등 불가항력인 사유

☑ 개인채무에 대한 압류로 인하여 운송에 지연이 발생한 경우

> 해설 ①, ②, ③의 경우 외에도 법령 또는 공권력의 발동에 의한 운송의 금지, 개봉, 몰수, 압류 또는 제3자에 대한 인도가 해당한다. 이 경우 또한 사업자 책임이 없음을 입증하여야 한다.

91 택배 표준약관상 사업자가 운송물의 수탁을 거절할 수 있는 사유가 아닌 것은?

① 밀수품, 군수품, 부정임산물 등 위법한 물건인 경우

② 현금, 카드, 어음, 수표 등 현금화가 가능한 물건인 경우

☑ 1포장의 가액이 200만 원 이내인 경우

④ 운송물이 살아 있는 동물, 동물 사체인 경우

> 해설 운송물의 1포장 가액이 300만 원을 초과하는 경우 운송물의 수탁을 거절할 수 있다.

92 택배 표준약관상 운송물의 인도일에 대한 설명으로 옳지 않은 것은?

☑ 운송장에 인도예정일의 기재가 없는 경우 일반지역 3일

② 운송장에 인도예정일의 기재가 없는 경우 도서지역 3일

③ 운송장에 인도예정일의 기재가 없는 경우 산간벽지 3일

④ 운송장에 인도예정일의 기재가 있는 경우 그 기재된 날

> 해설 인도예정일이 있는 경우 그 기재된 날이고, 기재가 없는 경우 일반지역은 2일, 도서지역 및 산간벽지는 3일 이내 인도해야 한다.

93 택배 표준약관상 고객이 운송물의 가액을 기재하지 않은 경우 손해배상 한도액은?

① 10만 원

② 30만 원

☑ 50만 원

④ 100만 원

> 해설 운송물의 가액을 기재하지 않은 경우 50만 원 한도이다.

94 택배 표준약관상 일부 멸실 및 훼손 없이 연착되는 때 특정 일시에 사용할 운송물의 경우 손해배상 금액 기준은?

① 운송장 기재 운임액의 50% 지급
② 운송장 기재 운임액의 100% 지급
✓ 운송장 기재 운임액의 200% 지급
④ 운송장 기재 운임액의 300% 지급

해설 이 경우 운송장 기재 운임액의 200%를 지급한다.

95 택배 표준약관상 운송물의 일부 멸실 및 훼손에 대한 사업자의 손해배상책임은 수하인의 운송물 수령한 날로부터 며칠 이내 사업자에게 통지하지 않으면 소멸되는가?

① 7일
② 10일
✓ 14일
④ 30일

해설 14일 이내 통지하여야 한다.

96 빈출 택배 표준약관상 운송물의 일부 멸실 및 훼손 또는 연착에 대한 사업자의 손해배상책임은 수하인의 운송물 수령한 날로부터 (   )이 지나면 소멸한다. 다만, 운송물이 전부 멸실된 경우는 인도예정일을 기준으로 기산한다. (   )에 들어갈 것으로 옳은 것은?

① 3개월
② 6개월
③ 9개월
✓ 1년

해설 1년이 경과하면 소멸한다.

97 운송물이 전부 멸실된 경우 사업자의 소멸시효 기산일 기준은?

✓ 인도예정일
② 수하일 기준 15일 경과
③ 인도예정일 기준 5일 경과
④ 수하일 기준 10일 경과

해설 전부 멸실의 경우 인도예정일을 기산일로 하여 손해배상 소멸기간을 산정한다.

98 빈출 사업자가 운송물의 일부 멸실 또는 훼손의 사실을 알면서 이를 숨기고 운송물을 인도한 경우 사업자의 손해배상책임은 수하인이 운송물을 수령한 날부터 몇 년간 존속하는가?

① 2년
② 3년
✓ 5년
④ 7년

해설 사실을 알면서 숨기고 운송물을 인도한 경우 운송물을 수령한 날부터 5년의 기간이 적용된다.

'안전운행'에서는 25문항이 출제됩니다.

01 운전자의 교통 활동을 순서대로 나열한 것은?

① 판단 – 인지 – 행동
② 행동 – 판단 – 인지
③ 인지 – 행동 – 판단
✓ 인지 – 판단 – 행동

해설 운전자의 교통 활동은 수없이 반복되면서 일어나며 그 순서는 인지 – 판단 – 행동의 순이다.

02 교통사고의 3대 요인이 아닌 것은?
빈출

① 인적요인
✓ 단속요인
③ 도로 및 환경요인
④ 차량요인

해설 교통사고 3대 요인은 인적, 도로 및 환경, 차량으로 분류하며, 4대 요인인 경우 도로와 환경을 구분하여 인적, 차량, 환경, 도로로 구분한다.

03 차량요인을 구성하는 것이 아닌 것은?

① 차량구조장치
② 부속품
③ 적하
✓ 기상

해설 기상은 환경요인에 포함되며, 특히 자연환경 요인으로 구분된다.

04 운전자 요인 중 교통상황을 알아차리는 것을 무엇이라 하는가?

✓ 인지
② 판단
③ 조작
④ 준비

해설 판단은 어떻게 운전할 것인지 결정하는 것이고, 조작은 그 결정에 따라 행동하는 것이다.

05 운전자 요인 중 교통사고에 가장 큰 요인을 미치는 순서는?
빈출

① 인지 > 조작 > 판단
② 판단 > 인지 > 조작
✓ 인지 > 판단 > 조작
④ 조작 > 인지 > 판단

해설 인적요인 중 교통사고에 가장 큰 영향을 미치는 것은 인지, 판단, 조작의 순이다.

06 운전자가 교통 환경을 인지하고 이에 대응하는 의사결정 과정과 운전행위로 연결되는 운전 과정에 미치는 조건 중 심리적 조건에 해당하는 것은?

① 피로
② 약물
✓ 흥미
④ 질병

해설 흥미, 욕구, 정서 등은 심리적 조건에 해당하며, 이외는 신체·생리적 조건에 해당한다.

07 운전에 필요한 정보를 대부분 습득하는 경로는?

① 촉각　　　② 후각
③ 청각　　　✓ 시각

해설 운전에 필요한 대부분의 정보는 시각에 의존하고 있다.

08 운전자 요인 중 시각 특성에 대한 설명으로 옳지 않은 것은?

① 운전에 필요한 정보의 대부분을 시각을 통해 획득한다.
② 속도가 빨라질수록 시력은 떨어진다.
③ 속도가 빨라질수록 시야 범위가 좁아진다.
✓ 속도가 빨라질수록 전방주시점은 가까워진다.

해설 속도가 빨라질수록 전방주시점은 멀어진다.

09 운전과 관련된 시각의 특성으로 옳은 것은?

① 속도가 빨라질수록 시력은 떨어지고 시야의 범위는 넓어지며 전방주시점은 멀어진다.
② 속도가 느려질수록 시력은 떨어지고 시야의 범위는 넓어지며 전방주시점은 멀어진다.
✓ 속도가 빨라질수록 시력은 떨어지고 시야의 범위는 좁아지며 전방주시점은 멀어진다.
④ 속도가 느려질수록 시력은 떨어지고 시야의 범위는 좁아지며 전방주시점은 멀어진다.

해설 속도가 빨라질수록 시력은 떨어지고 시야의 범위는 좁아지며 전방주시점은 멀어지는 시각의 특성을 가지고 있다.

10 도로교통법령상 제1종 운전면허에 필요한 시력(교정시력)에 대한 설명으로 옳은 것은? (한쪽 눈이 안 보이는 경우 제외)

① 두 눈을 동시에 뜨고 잰 시력이 0.8 이상, 양쪽 눈의 시력이 각각 0.3 이상
② 두 눈을 동시에 뜨고 잰 시력이 0.5 이상, 양쪽 눈의 시력이 각각 0.5 이상
✓ 두 눈을 동시에 뜨고 잰 시력이 0.8 이상, 양쪽 눈의 시력이 각각 0.5 이상
④ 두 눈을 동시에 뜨고 잰 시력이 0.5 이상, 양쪽 눈의 시력이 각각 0.3 이상

해설 두 눈을 동시에 뜨고 잰 시력이 0.8 이상, 양쪽 눈의 시력이 각각 0.5 이상이어야 하며, 한쪽 눈을 보지 못하는 사람의 경우 다른 쪽 눈의 시력이 0.8 이상이고, 수평시야가 12도 이상이며, 수직시야가 20도 이상이고, 중심시야 20도 내 암점 또는 반맹이 없어야 한다. 또한, 붉은색, 녹색, 노란색을 구별할 수 있어야 한다.

11 도로교통법령상 제2종 운전면허에 필요한 시력(교정시력)에 대한 설명으로 옳은 것은?

① 두 눈을 동시에 뜨고 잰 시력이 0.3 이상, 다만 한쪽 눈을 보지 못하는 사람은 다른 쪽 눈의 시력이 0.6 이상
② 두 눈을 동시에 뜨고 잰 시력이 0.5 이상, 다만 한쪽 눈을 보지 못하는 사람은 다른 쪽 눈의 시력이 0.8 이상
③ 두 눈을 동시에 뜨고 잰 시력이 0.3 이상, 다만 한쪽 눈을 보지 못하는 사람은 다른 쪽 눈의 시력이 0.6 이상
✓ 두 눈을 동시에 뜨고 잰 시력이 0.5 이상, 다만 한쪽 눈을 보지 못하는 사람은 다른 쪽 눈의 시력이 0.6 이상

해설 두 눈을 동시에 뜨고 잰 시력이 0.5 이상이어야 하며, 다만 한쪽 눈을 보지 못하는 사람은 다른 쪽 눈의 시력이 0.6 이상이어야 하고, 붉은색, 녹색, 노란색을 구별할 수 있어야 한다.

12 동체시력의 특성으로 정지시력이 1.2인 사람이 시속 50km로 운전하면서 대상물을 볼 때 시력은 (㉠) 이하로, 시속 90km라면 시력이 (㉡) 이하로 떨어진다. (㉠)과 (㉡)에 들어갈 것으로 알맞은 것은?

	㉠	㉡
①	0.9	0.7
✓②	0.7	0.5
③	0.7	0.3
④	0.9	0.5

해설 정지시력이 높은 경우라 하더라도 보통 동체시력은 그보다 낮게 나온다. 정지시력이 1.2인 사람이 시속 50km로 운전하면서 대상물을 볼 때 시력은 0.7 이하로, 시속 90km라면 시력이 0.5 이하로 떨어진다.

13 운전자 요인의 시각 특성 중 움직이는 물체 또는 움직이면서 다른 물체를 보는 것은?

✓① 동체시력
② 정지시력
③ 순간시력
④ 야간시력

해설 동체시력에 대한 설명이다.

14 동체시력에 대한 특성이 아닌 것은?

① 물체의 이동속도가 빠를수록 저하된다.
② 연령이 높을수록 저하된다.
③ 장시간 운전에 의한 피로상태에서 저하된다.
✓④ 정지시력보다 더 높게 나온다.

해설 동체시력은 속도가 높아짐에 따라 저하되므로 멈춰 있는 정지시력보다 낮게 나온다.

15 운전면허 시력 기준 중 색채 구별이 반드시 필요한 색이 아닌 것은?

✓① 파란색
② 붉은색
③ 노란색
④ 녹색

해설 파란색에 대한 구별은 없어도 된다.

16 야간에 사람이 입고 있는 옷에 따른 확인 정도를 나타낼 때 가장 발견하기 쉬운 것부터 나열한 것은?

✓① 적색 – 백색 – 흑색
② 흑색 – 백색 – 적색
③ 백색 – 적색 – 흑색
④ 백색 – 흑색 – 적색

해설 야간에 무엇인가 인지하기 쉬운 색은 흰색, 엷은 황색, 그리고 흑색의 순이며, 사람이라는 것을 인지하기 쉬운 것은 적색, 백색, 흑색 순이다. 또한, 사람이 움직이는 방향을 인지하는 것으로는 적색이 가장 쉬우며 흑색이 가장 어렵다.

17 사람이라는 것을 확인하기 가장 쉬운 색은?

① 백색
✓② 적색
③ 청색
④ 흑색

해설 16번 문제 해설 참고

18 전방에 있는 대상물까지의 거리를 목측하는 것을 나타낸 말은 무엇인가?

① 명순응   ② 암순응
③ 심시력   ✓ 심경각

> **해설** 지문이 설명하는 것은 심경각이다. 심시력은 그 기능을 말하는 것이고, 심시력의 결함은 입체공간 측정의 결함으로 인한 교통사고를 초래할 수 있다.

19 일광 또는 조명이 어두운 조건에서 밝은 조건으로 변할 때 시력을 회복하는 것은?

① 암순응
✓ 명순응
③ 심시력
④ 정지시력

> **해설** 명순응에 대한 설명이다.

20 일광 또는 조명이 밝은 조건에서 어두운 조건으로 변할 때 시력을 회복하는 것은?

✓ 암순응
② 명순응
③ 심시력
④ 동체시력

> **해설** 암순응에 대한 설명이다.

21 다음은 암순응에 대한 설명이다. 틀린 것은?

① 일광 또는 조명이 밝은 조건에서 어두운 조건으로 변할 때 사람의 눈이 그 상황에 적응하여 시력을 회복하는 것을 말한다.
✓ 시력 회복이 명순응에 비해 매우 빠르다.
③ 상황에 따라 다르지만 대개의 경우 완전한 암순응에는 30분 혹은 그 이상 걸리며 이것은 빛의 강도에 좌우된다(터널은 5~10초 정도).
④ 주간 운전 시 터널에 막 진입하였을 때 더욱 조심스러운 안전운전이 요구되는 이유이기도 하다.

> **해설** 시력 회복이 명순응에 비해 매우 느리다. 상황에 따라 다르지만 명순응에 걸리는 시간은 암순응보다 빨라 수초~1분에 불과하다.

22 주간 운전 시 터널에 진입하였을 때 일시적으로 일어나는 장애를 나타낸 용어는?

① 명순응현상
✓ 암순응현상
③ 현혹현상
④ 페이드현상

> **해설** 주간 운전 시 어두운 곳에 진입할 때 나타나는 것을 암순응, 어두운 곳에서 밝은 곳으로 나올 때 나타나는 것을 명순응이라 한다.

23 정지시력 식별을 위한 란돌트 고리시표의 색상은?

① 흰 바탕에 적색 표시
② 검정 바탕에 노란색 표시
✓ 흰 바탕에 검정색 표시
④ 검정 바탕에 흰색 표시

> **해설** 란돌트 고리시표는 흰 바탕에 검정색 표시로 이루어져 있다.

24 도로교통법령상 운전면허 취득을 위한 색채 식별과 관계가 없는 색은?

① 적색(붉은색)

☑ 백색(흰색)

③ 황색(노란색)

④ 녹색

> 해설 신호등을 구성하는 적색(붉은색), 녹색, 황색(노란색)의 색채 식별이 가능해야 한다.

25 시야에 대한 설명으로 옳지 않은 것은?

① 정상적인 시야 범위는 180°~200°이다.

② 한쪽 눈의 시야 범위는 약 160°이다.

③ 양쪽 눈으로 색채를 식별할 수 있는 범위는 약 70°이다.

☑ 시축에서 3° 벗어나면 30%, 6° 벗어나면 50%, 12° 벗어나면 70%가 저하된다.

> 해설 정지한 상태에서 눈의 초점을 고정시키고 양쪽 눈으로 볼 수 있는 범위를 시야라고 하며, 시야 범위 안에 있는 대상물이라도 시축에서 벗어나는 시각에 따라 시력이 저하된다. 시축에서 3° 벗어나면 80%, 6° 벗어나면 90%, 12° 벗어나면 99% 저하된다.

26 시야에 대한 설명으로 옳지 않은 것은?
빈출

① 시야 범위는 자동차 속도에 반비례하여 좁아진다.

☑ 시야 범위는 집중의 정도에 비례하여 넓어진다.

③ 속도가 빨라질수록 주시점은 멀어지고 시야는 좁아진다.

④ 속도가 빨라질수록 가까운 곳의 풍경은 더욱 흐려지고 작고 복잡한 대상은 잘 확인되지 않는다.

> 해설 어느 특정한 곳에 주의가 집중되었을 경우 시야 범위는 집중의 정도에 비례하여 좁아지므로 운전 중 불필요한 대상에 주의가 집중되지 않도록 해야 한다.

27 주행시공간의 특성으로 옳은 것은?

☑ 속도가 빨라질수록 주시점은 멀어지고, 시야는 좁아진다.

② 속도가 빨라질수록 주시점은 가까워지고, 시야는 넓어진다.

③ 속도가 빨라질수록 주시점은 가까워지고, 시야는 좁아진다.

④ 속도가 빨라질수록 주시점은 멀어지고, 시야는 넓어진다.

> 해설 주행시공간의 특성은 속도가 빨라질수록 주시점은 멀어지고, 시야는 좁아지며, 가까운 곳의 풍경은 더욱 흐려지고, 작고 복잡한 대상은 잘 확인되지 않는다.

28 교통사고의 심리적 측면을 살펴볼 때 교통사고의 간접적 요인에 해당하는 것은?

① 운전자의 지능

② 사고 직전의 과속

③ 위험 인지의 지연

☑ 운전 전 점검 습관 결여

> 해설 운전자의 지능은 중간적 요인, 사고 직전의 과속 및 위험 인지의 지연은 직접적 요인, 그리고 운전 전 점검 습관 결여, 운전자에 대한 훈련 결여, 안전지식 결여, 무리한 운전 계획 등은 간접적 요인에 해당한다.

29 교통사고 발생의 심리적 요인 중 직접적 요인으로 적절하지 않은 것은?

① 사고 직전 과속 등 법규 위반 행위

② 위험인지의 지연

☑ 무리한 운행계획

④ 운전조작의 잘못 또는 잘못된 위기대처 행동

> 해설 교통사고 발생 심리적 요인은 간접적 요인(홍보활동, 훈련 결여, 운전 전 점검습관, 무리한 운행계획, 인간관계 등)과 중간적 요인(운전자의 지능, 심신기능, 운태태도, 음주 등) 그리고 직접적 요인(사고 직전 과속, 법규 위반, 위험인지 지연, 운전조작 잘못, 위기대처 미흡)으로 구분할 수 있다.

30 사고의 심리적 요인 중 '주시점이 가까운 좁은 시야에서는 빠르게 느껴지고, 비교 대상이 먼 곳에 있을 때는 느리게 느껴진다'는 것이 설명하는 것은?

① 크기의 착각

② 원근의 착각

③ 경사의 착각

✓ 속도의 착각

> 해설 착각의 정도는 사람에 따라 다소 차이가 있지만, 착각은 사람이 태어날 때부터 지닌 감각에 속한 것으로, 지문은 속도의 착각을 설명하고 있다. 추가로 '상대 가속도감(반대 방향), 상대 감속도감(동일 방향)을 느낀다'도 속도의 착각으로 본다.

31 사고의 심리적 요인 중 '어두운 곳에서는 가로 폭보다 세로 폭을 보다 넓은 것으로 판단한다'는 것이 설명하는 것은?

✓ 크기의 착각

② 원근의 착각

③ 경사의 착각

④ 속도의 착각

> 해설 지문은 크기의 착각을 설명하고 있다.

32 운전 중 발생할 수 있는 착각 중 '작은 것은 멀리 있는 것으로, 덜 밝은 것은 멀리 있는 것으로 느껴진다'는 것은?

① 크기의 착각

✓ 원근의 착각

③ 속도의 착각

④ 상반의 착각

> 해설 원근의 착각을 설명하고 있다.

33 운전피로의 3요인 중 운전자 요인에 해당되지 않는 것은?

① 연령조건, 성별조건

✓ 차내·외환경, 운행조건

③ 신체조건, 경험조건

④ 성별조건, 질병

> 해설 운전피로 3요인은 수면·생활환경 등 생활요인, 차내환경·차외환경·운행조건 등 운전작업 중 요인, 신체조건·경험조건·연령조건·성별조건·성격·질병 등의 운전자 요인 등으로 구성된다.

34 운전피로의 3요인 중 생활요인에 해당하는 것은?

✓ 수면, 생활환경

② 차내·외환경, 운행조건

③ 신체조건, 경험조건

④ 성별조건, 질병

> 해설 운전피로 3요인은 생활요인, 운전작업 중 요인, 운전자 요인으로 구별되며 수면과 생활환경은 생활요인에 해당한다.

35 피로가 운전에 미치는 영향에 대한 설명으로 옳지 않은 것은?

✓ 운전피로가 증가하면 작업 타이밍의 균형을 가져온다.

② 심야 시간에서 새벽 시간에 많이 발생한다.

③ 운전 중 발생할 수 있는 착오가 많아진다.

④ 졸음으로 다양한 정보를 입수하지 못해 사고 발생 가능성이 높아진다.

> 해설 운전피로가 증가하면 작업 타이밍의 불균형을 가져와 교통사고 위험성이 높아진다.

36 보행자 교통사고 중 보행자 요인으로 옳지 않은 것은?

✔ 횡단 중 모든 방향 주시

② 동행자와 이야기나 놀이에 집중

③ 도로 횡단거리와 시간을 줄이기

④ 촉박한 시간에 의한 성급함

> **해설** 횡단 중 한쪽 방향 또는 위험상황에 대한 주의가 없는 경우에 교통사고 발생 가능성이 높아진다.

37 음주운전 교통사고의 특징으로 적절하지 않은 것은?

① 주차 중인 자동차와 같은 정지물체에 충돌할 가능성이 높다.

✔ 전신주, 가로수 등 고정물체와 충돌할 가능성이 낮다.

③ 통상적 교통사고보다 치사율이 높다.

④ 음주로 인한 안전운전 비율은 비음주보다 낮다.

> **해설** 정지물체·고정물체 충돌사고, 단독사고, 치사율 모두 높아지는 위험한 상태의 운전이다.

38 고령 운전자의 특징으로 적절하지 않은 것은?
_{빈출}

✔ 반사신경이 둔해지나 돌발사태 대응력은 높아진다.

② 좁은 길에서 대형차와 교행할 때 불안감이 높아진다.

③ 후방으로부터 자극에 대한 동작이 지연된다.

④ 급후진, 대형차 추종운전 등의 불안감이 높아진다.

> **해설** 다양한 경험으로 젊은층에 비해 신중하고 과속을 하지 않는 장점도 있으나, 돌발사태 시 대응력이 미흡해지거나 후방으로부터의 자극에 대한 동작이 지연되는 현상도 나타난다.

39 젊은층에 비하여 상대적으로 고령 운전자의 특징으로 옳은 것은?

① 신중하며, 과속을 하지 않으나 반사신경이 빠르고 돌발사태 시 대응력이 미흡하다.

✔ 신중하며, 과속을 하지 않으나 반사신경이 늦고 돌발사태 시 대응력이 미흡하다.

③ 신중하며, 과속을 자주 하며 반사신경이 늦고 돌발사태 시 대응력이 미흡하다.

④ 신중하며, 과속을 자주 하며 반사신경이 늦고 돌발사태 시 대응력이 뛰어나다.

> **해설** 신중하며, 과속을 하지 않으나 반사신경이 늦고 돌발사태 시 대응력이 미흡하다.

40 고령의 보행자의 보행 특성으로 적절하지 않은 것은?

① 접근하는 차에 주의를 기울이지 않거나 경음기에 반응하지 않는 경향이 증가한다.

✔ 이면도로 등에서 도로의 노면표시가 없으면 도로 좌·우측으로 치우쳐 걷는 경향이 있다.

③ 정면에서 오는 차량 등을 회피할 수 있는 여력을 갖지 못하는 경향이 있다.

④ 주변의 상점이나 간판에 집중하며 걷는 경향이 있다.

> **해설** 이면도로 등에서 도로의 노면표시가 없으면 도로 중앙부를 걷는 경향을 가지고 있으며 주변의 위험 상황에 대한 반응이 느리고, 주의를 충분히 분산시키지 않고 하나에 집중하며 걷는 경향을 가지고 있다.

41 고령 운전자의 교통안전 장애요인으로 적절하지 않은 것은?

① 노화에 따른 근육운동 저하
☑ 인지반응시간의 감소
③ 암순응에 필요한 시간 증가
④ 다중적인 주의력 저하

> **해설** 다양한 상황에 어떻게 대응할지 판단을 내리고 핸들과 브레이크 작동을 하는 데 필요한 시간이 증가하게 되는 교통안전 장애요인으로 작용한다.

42 고령자의 사고·신경능력에 대한 설명으로 틀린 것은?

① 복잡한 상황보다 단순한 상황을 선호한다.
② 선택적 주의력이 저하된다.
③ 다중적인 주의력이 저하된다.
☑ 인지반응시간이 감소한다.

> **해설** 고령 운전자의 경우 인지반응시간이 증가하는 특성을 지니고 있다.

43 어린이의 교통 관련 행동 유형이 아닌 것은?
〈빈출〉

① 도로에 갑자기 뛰어들기
② 도로상에서의 놀이
③ 차량 사이나 후면에서 놀이
☑ 도로 횡단 시 주변 살피기

> **해설** 어린이의 교통 관련 행동 유형은 도로 횡단 시 부주의가 대표적인 행동 특성이다.

44 어린이의 일반적인 교통 행동 특성이 아닌 것은?

① 호기심이 많고 모험심이 강하다.
② 눈에 보이지 않는 것은 없다고 생각한다.
☑ 제한된 주의 및 지각능력이 없다.
④ 자신의 감정을 억제하거나 참아내는 능력이 약하다.

> **해설** 어린이도 제한된 주의 및 지각능력을 가지고 있다. 어린이들은 여러 사물에 적절히 주의를 배분하지 못하고 한 가지 사물만 집중하는 경향을 보인다.

45 어린이의 교통 관련 행동 특성이 아닌 것은?

① 도로상황에 대한 주의력이 부족하다.
☑ 판단력이 부족하나 모방 행동은 하지 않는다.
③ 사고방식이 단순하다.
④ 추상적이거나 복잡한 말은 이해하기 힘들다.

> **해설** 어린이의 교통 관련 행동 특성으로 판단력이 부족한 것은 맞으나 모방 행동으로 학습하는 특성을 가지고 있다. 주변인의 도로 횡단이나 함께 도로 횡단하는 경우를 모방하는 모습으로 교통사고의 위험성이 증대한다.

46 속도, 위치, 방위각, 가속도, 주행거리 및 교통사고 상황 등을 기록하는 자동차의 부속장치 중 하나인 전자식 장치를 말하는 것은?
〈빈출〉

① 전자제어장치
② 차체제어장치
☑ 운행기록장치
④ 영상기록장치

> **해설** 지문은 운행기록장치를 설명하고 있다.

47 교통안전법에 따라 운행기록장치 장착의무자가 운행기록장치에 기록된 운행기록을 보관하여야 하는 기간은?

① 1개월
② 2개월
③ 3개월
✓ 6개월

> **해설** 운행기록장치 장착의무자는 운행기록장치에 기록된 운행기록을 6개월간 보관하여야 한다.

48 운행기록장치 분석 항목이 아닌 것은?

① 자동차의 운행경로에 대한 궤적의 표기
② 운전자별·시간대별 운행속도 및 주행거리의 비교
✓ 교통행정기관의 운행계통 및 운행경로 개선
④ 진로변경 횟수와 사고위험도 측정 등 위험운전 행동 분석

> **해설** ③은 운행기록 분석 결과의 활용에 해당한다.

49 운행기록 분석 결과의 활용 기관이 아닌 것은?

✓ 자동차 제조 회사
② 교통행정기관
③ 한국교통안전공단
④ 운송사업자

> **해설** 자동차 제조 회사는 운행기록 분석 결과 활용 기관으로 볼 수 없다.

50 운행기록 분석 시스템상 위험운전 행동 정의로 옳은 것은?

✓ 급가속은 초당 11km/h 이상 가속 운행한 경우
② 급출발은 정지상태에서 출발하여 초당 5km/h 이상 가속 운행한 경우
③ 급감속은 초당 5km/h 이상 감속 운행한 경우
④ 장기과속은 도로 제한속도보다 10km/h 초과해서 3분 이상 운행한 경우

> **해설** 급출발은 정지상태에서 출발하여 초당 11km/h 이상 가속 운행한 경우, 급감속은 초당 7.5km/h 이상 감속 운행한 경우, 장기과속은 도로 제한속도보다 20km/h 초과해서 3분 이상 운행한 경우이다.

51 운행기록 분석 시스템상 위험운전 행동 11대 유형에 포함되지 않는 것은?

① 장기과속 ② 급진로변경
③ 급U턴 ✓ 연속운전

> **해설** 연속운전은 운행 시간이 4시간 이상 운행, 10분 이하 휴식일 경우 해당하나 11대 위험운전 행동에는 포함되지 않는다.

52 위험운전 행동기준에 대한 설명으로 틀린 것은?

① 과속유형 중 장기과속 : 도로 제한속도보다 20km/h 초과하여 3분 이상 운행한 경우
✓ 급가속유형 중 급가속 : 초당 7.5km/h 이상 가속하여 운행한 경우
③ 급가속유형 중 급출발 : 정지상태에서 출발하여 초당 11km/h 이상 가속운행한 경우
④ 급감속유형 중 급감속 : 초당 7.5km/h 이상 감속운행한 경우

> **해설** 급가속유형 중 급가속은 초당 11km/h 이상 가속하여 운행한 경우에 해당한다.

53 위험운전 행태별 사고 유형 중 급회전 유형이 아닌 것은?

① 급좌회전

② 급우회전

③ 급U턴

☑ 급진로변경

> 해설 급진로변경은 급앞지르기 유형과 함께 급진로 변경 유형에 해당한다.

54 주요 브레이크 장치 중 풋 브레이크에 대한 설명이 아닌 것은?

☑ 가속페달을 놓거나 저단 기어로 바꾸는 방법이다.

② 주행 중 발로 조작하는 주 제동장치이다.

③ 브레이크 페달을 밟으면 브레이크액이 휠 실린더로 전달되어 제동하는 방법이다.

④ 급격하거나 과도한 동작 시 승차감이 좋지 않다.

> 해설 ①은 엔진 브레이크에 대한 설명이다.

55 브레이크 작동 방식 중 ABS에 대한 설명으로 틀린 것은?

☑ ABS는 Auto Break System의 약자로 자동 브레이크 시스템이다.

② 잠김현상을 방지하여 조향성을 확보한다.

③ 스키드 음을 막고 타이어 잠김에 따른 편마모를 방지한다.

④ 조향성 유지로 장애물 회피, 차로 변경 등이 가능하다.

> 해설 ABS는 Anti-lock Breaking System의 약자로 잠김 방지 브레이크 시스템이다. 타이어가 잠기지 않음으로 인하여 조향성 확보가 가능하고, 편마모를 방지하여 타이어 수명을 연장하는 효과를 가지고 있다.

56 자동차의 장치 중 핸들에 의해 앞바퀴의 방향을 조정해 주는 장치는?

① 제동장치

② 주행장치

☑ 조향장치

④ 가속장치

> 해설 핸들에 의해 앞바퀴의 방향을 조정해 주는 장치를 조향장치라 한다.

57 주행장치인 휠의 역할과 조건으로 옳지 않은 것은?

① 타이어와 함께 차량의 중량을 지지하며 구동력과 제동력을 지면에 전달한다.

② 무게가 가볍고 내구성을 가져야 한다.

③ 노면의 충격과 측력에 견딜 수 있는 강성이 있어야 한다.

☑ 타이어에서 발생하는 열을 차단하는 역할을 하여야 한다.

> 해설 휠은 타이어와 함께 주행장치로서 중요한 역할을 하고 있으며, 타이어에서 발생하는 열을 휠이 흡수하여 방출하는 역할도 중요한 역할 중 하나이다.

58 타이어의 역할이 아닌 것은?

① 자동차의 중량을 떠받쳐 준다.

② 지면으로부터 받는 충격을 흡수해 승차감을 좋게 한다.

③ 자동차의 진행 방향을 전환시킨다.

☑ 지면의 열을 흡수하여 자동차에 전달되지 않게 한다.

> 해설 ④는 타이어의 역할이 아니다.

59 조향장치 중 주행 시 앞바퀴에 방향성을 부여하여 차의 롤링을 방지하는 역할을 하는 장치는?

① 토우인(Toe-in)
② 캠버(Camber)
✓③ 캐스터(Caster)
④ 피칭(Pitching)

> **해설** 캐스터의 역할을 설명하는 것으로 이외에도 조향 시 직진 방향으로 되돌아오려는 복원성을 좋게 하는 역할도 제공한다. 피칭은 차체가 Y축을 중심으로 회전운동을 하는 고유진동을 말한다.

60 앞바퀴가 하중을 받았을 때 아래로 벌어지는 것을 방지하는 것으로 핸들 조작을 가볍게 하기 위해 필요하며, 수직 방향 하중에 의해 앞 차축의 휨을 방지하는 기능은?

✓① 캠버
② 캐스터
③ 토우인
④ 쇼바

> **해설** 캠버의 기능과 역할을 설명하고 있다.

61 조향장치 중 주행상태에서 타이어가 바깥쪽으로 벌어지는 것을 방지하는 역할과 함께 바퀴 회전을 원활하게 해 핸들의 조작을 용이하게 하는 장치는?

✓① 토우인(Toe-in)
② 캠버(Camber)
③ 캐스터(Caster)
④ 피칭(Pitching)

> **해설** 토우인의 역할을 설명하는 것으로 이외에도 타이어의 마모 방지 역할과 함께 캠버에 의해 토아웃 되는 것을 방지하며 주행 저항 및 구동력의 반력으로 토아웃 되는 것을 방지하는 역할도 하고 있다.

62 현가장치의 유형이 아닌 것은?

① 판 스프링(Leaf Spring)
② 코일 스프링(Coil Spring)
③ 비틀림 막대 스프링(Torsion Bar Spring)
✓④ 충격 스프링(Shock Spring)

> **해설** 현가장치는 차체가 차축에 얹히지 않도록 하는 역할을 담당하고 있는 장치이다. ①, ②, ③ 외에 공기 스프링, 충격흡수장치 등이 차종에 따라 설치되고 있다.

63 충격흡수장치(Shock Absorber)의 역할이 아닌 것은?

① 노면에서 발생한 스프링의 진동을 흡수한다.
② 승차감을 향상시킨다.
③ 스프링의 피로를 감소시킨다.
✓④ 타이어와 노면의 접착성을 감소시켜 커브길이나 빗길에 차가 튀거나 미끄러지는 현상을 발생시킨다.

> **해설** 충격흡수장치(Shock Absorber)는 타이어와 노면의 접착성을 향상시켜 커브길이나 빗길에 차가 튀거나 미끄러지는 현상을 방지한다. 작동유를 채운 실린더로서 스프링의 동작에 반응하여 피스톤이 위아래로 움직이며 운전자에게 전달되는 반동량을 줄여준다. 현가장치의 결함은 차량의 통제력을 저하시킬 수 있으므로 항상 양호한 상태로 유지되어야 한다.

64 차의 주요장치로서 차량의 무게를 지탱하며 도로의 충격을 흡수하여 유연한 승차를 제공하는 역할을 하는 장치는?

① 주행장치   ② 조향장치
③ 제동장치   ☑ 현가장치

> **해설** 현가장치의 역할을 설명하고 있으며, 차체가 차축에 얹히지 않도록 하는 역할도 담당하고 있는 장치이다. 판 스프링, 코일 스프링, 비틀림 막대 스프링, 공기 스프링, 충격흡수장치 등이 차종에 따라 설치되고 있다.

65 현가장치의 한 종류로서 화물자동차에 주로 사용되고 스프링의 앞과 뒤가 차체에 부착되며, 구조가 간단하지만 내구성이 크고 승차감이 떨어지는 특징을 가진 것은?

☑ 판 스프링
② 코일 스프링
③ 공기 스프링
④ 충격흡수장치(속 업소버)

> **해설** 판 스프링에 대한 설명으로, 이외에도 판 간 마찰력을 이용하여 진동을 억제하나, 작은 진동을 흡수하기에 적합하지 않고, 판 스프링이 너무 부드러우면 차축의 지지력이 부족하여 차체가 불안정하게 되는 특징을 지니고 있다.

66 원의 중심으로부터 벗어나려는 힘으로서 속도의 제곱에 비례하여 변화하는 물리적 힘은?

☑ 원심력
② 구심력
③ 편심력
④ 구동력

> **해설** 원심력에 대한 설명으로, 속도가 빠를수록 원심력에 의하여 밖으로 나가는 힘에 의하여 차량이 전도 또는 전복되는 상황이 발생할 우려가 높다.

67 원심력에 대한 설명으로 틀린 것은?

① 커브가 예각을 이룰수록 원심력은 커진다.
☑ 원심력은 속도에 비례하여 커진다.
③ 차량의 질량이 무거울수록 원심력이 커진다.
④ 원심력이 구심력보다 클 때 자동차는 도로를 이탈하거나 전도될 확률이 높아진다.

> **해설** 원심력 $= \dfrac{mv^2}{r}$ (m=질량, v=속도, r=반경)이므로 속도의 제곱에 비례한다. 구심력은 차량을 추진시키는 힘이고 원심력은 이탈하려는 힘이므로 원심력이 구심력보다 클 때 차량이 도로를 이탈하거나 전도될 확률이 커진다.

68 비탈길을 내려갈 경우 브레이크를 반복 사용하면 마찰열이 라이닝에 축적되어 브레이크 제동력이 저하되는 현상은?

① 수막현상   ☑ 페이드 현상
③ 베이퍼 록 현상   ④ 스탠딩웨이브 현상

> **해설** 페이드 현상에 대한 설명으로, 브레이크 라이닝의 온도 상승으로 인해 라이닝면의 마찰계수가 저하되면서 발생한다. 산길에서 내려오며 풋 브레이크를 자주 지속적으로 사용하는 경우 발생하므로 엔진 브레이크를 사용하며 진행하는 것이 좋다.

69 타이어가 회전하면 이에 따라 타이어의 원주에서는 변형과 복원이 반복되고, 회전 속도가 빨라지면 접지부에서 받은 타이어의 변형(주름)이 다음 접지 시점까지도 복원되지 않고 접지의 뒤쪽에 진동의 물결이 일어나는 현상은?

① 수막현상   ② 페이드 현상
③ 베이퍼 록 현상   ☑ 스탠딩웨이브 현상

> **해설** 지문이 설명하는 것은 스탠딩웨이브 현상이다. 타이어 공기압이 낮을 때 발생할 우려가 높다.

70 비가 자주 오거나 습도가 높은 날 또는 오랜 시간 주차한 후에는 브레이크 드럼에 미세한 녹이 발생하는 현상은?

① 수막현상

② 페이드 현상

③ 베이퍼 록 현상

✔④ 모닝 록 현상

> **해설** 지문이 설명하는 것은 모닝 록(Morning Lock) 현상이다.

71 고속도로에서 고속주행 시 나타나는 현상으로 노면과 좌·우의 나무나 중앙분리대의 풍경이 마치 물이 흐르듯이 흘러서 눈에 들어오는 느낌의 자극을 무엇이라 하는가?

① 수막현상

✔② 유체자극 현상

③ 베이퍼 록 현상

④ 모닝 록 현상

> **해설** 유체자극 현상은 속도가 빠를수록 눈에 들어오는 흐름의 자극은 더해지며, 주변의 경관은 거의 흐르는 선과 같이 되어 눈을 자극하게 된다.

72 물이 고인 노면을 고속으로 진행할 경우 타이어홈의 배수기능이 감소되어 물의 저항에 의해 타이어가 노면에서 떠올라 물 위를 미끄러지듯 되는 현상은?

✔① 수막현상

② 페이드 현상

③ 베이퍼 록 현상

④ 스탠딩웨이브 현상

> **해설** 수막현상에 대한 설명으로 타이어의 지속적 관리, 속도 감소, 타이어 공기압 조절 등으로 수막현상을 예방할 수 있다.

73 앞바퀴의 사이드 슬립 각도가 뒷바퀴의 사이드 슬립 각도보다 클 때의 선회특성을 말하는 것은?

① 노즈 다운

✔② 언더스티어링

③ 내륜차

④ 외륜차

> **해설** 언더스티어링을 설명하고 있다.

74 자동차의 진동 중 차체 후부 진동(Z축 중심 회전운동)을 뜻하는 것은?

① 바운싱

② 피칭

③ 롤링

✔④ 요잉

> **해설** 요잉 현상을 설명하고 있다.

75 대형차일수록 크게 나타나는 것으로, 핸들을 우측으로 돌려 바퀴가 동심원을 그릴 때 앞바퀴의 안쪽과 뒷바퀴의 안쪽과의 회전반경 차이를 말하는 것은?

① 노즈 다운

② 오버스티어링

✔③ 내륜차

④ 외륜차

> **해설** 내륜차에 대한 설명이다. 외륜차는 바깥쪽 바퀴의 회전반경 차이(궤적 차이)를 뜻한다.

76 현가장치 관련 현상 중 피칭 현상에 대한 설명이 아닌 것은?

① 차체가 Y축을 중심으로 회전운동을 하는 고유 진동이다.

② 적재물이 없는 대형 차량의 급제동 시 발생한다.

③ 스키드마크 발생 시 짧게 끊어진 형태로 나타난다.

☑ 차의 좌우 진동을 나타낸다.

> 해설 차의 좌우 진동을 나타내는 현상은 요잉 현상이다.

77 자동차를 제동할 때 바퀴는 정지하려고 하고 차체는 관성에 의해 이동하려는 성질 때문에 앞 범퍼 부분이 내려가는 현상은?

☑ 노즈 다운(다이브 현상)

② 노즈 업(스쿼트 현상)

③ 바운싱

④ 모닝 록 현상

> 해설 노즈 다운을 설명하는 것이다. 노즈 업(스쿼트 현상)은 자동차가 출발할 때 구동 바퀴는 이동하려 하지만 차체는 정지하고 있기 때문에 앞 범퍼 부분이 들리는 현상을 말하고, 바운싱은 차체가 Z축 방향과 평행운동을 하는 고유진동을 말하는 것이며, 모닝 록 현상은 비가 자주 오거나 습도가 높은 날 또는 오랜 시간 주차한 후 브레이크 드럼에 미세한 녹이 발생하는 현상을 말한다.

78 ^{빈출} 내륜차와 외륜차에 대한 설명으로 옳지 않은 것은?

① 내륜차는 앞바퀴의 안쪽과 뒷바퀴의 안쪽과의 차이이다.

② 외륜차는 앞바퀴의 바깥쪽과 뒷바퀴의 바깥쪽의 차이이다.

☑ 대형차일수록 내륜차와 외륜차의 차이가 작다.

④ 내륜차는 차가 전진할 때, 후진할 경우는 외륜차에 의한 교통사고 위험이 높다.

> 해설 대형차일수록 내륜차와 외륜차의 차이가 크다.

79 타이어 마모에 영향을 주는 요소에 대한 설명으로 옳지 않은 것은?

① 공기압이 낮으면 승차감은 좋아지나, 숄더 부분에 마찰력이 집중되기 때문에 수명이 짧아진다.

② 속도가 증가하면 타이어의 온도가 상승하여 트레드 고무의 내마모성이 저하된다.

③ 브레이크를 밟는 횟수가 많을수록, 브레이크 밟기 직전의 속도가 빠를수록 마모가 많아진다.

☑ 비포장도로에서의 수명은 포장도로보다 길다.

> 해설 비포장도로에서의 수명이 포장도로보다 짧으며 대략 60% 정도이고, 타이어 공기압이 높으면 고속주행에는 좋으나 승차감은 나빠지며 트레드 중앙 부분의 마모가 촉진된다. 하중이 커지면 타이어의 굴신이 심해져서 트레드의 접지 면적이 증가하여 트레드의 미끄러짐 정도도 커지면서 마모를 촉진한다.

80 운전자가 브레이크에 발을 올려 브레이크가 작동을 시작하는 순간부터 완전히 정차할 때까지 자동차가 이동한 거리는?

① 지각거리
② 정지거리
③ 공주거리
✔ 제동거리

> 해설 제동거리를 설명하고 있다.

81 브레이크가 작동을 시작하는 순간까지 자동차가 진행한 것을 말하는 것은?

① 제동거리
✔ 공주거리
③ 정지거리
④ 감속거리

> 해설 공주거리를 설명하고 있다. 제동거리는 브레이크가 막 작동을 시작하는 순간부터 자동차가 완전히 정지할 때까지 자동차가 진행한 거리를 말하며 '정지거리=공주거리+제동거리'이다.

82 시속 100km/h 주행 중 공주시간 1초일 때 이동한 거리는?

① 약 17.78m
② 약 21.78m
✔ 약 27.78m
④ 약 32.78m

> 해설 인지 후 행동 전까지의 시간으로 1초인 경우 약 27.78m 공주한다.
> $$\frac{100,000m(100km)}{3,600초(1시간)} = 약\ 27.78m$$

83 차량 점검 시 주의사항에 대한 설명으로 옳지 않은 것은?

✔ 조향핸들의 높이와 조향각도 조정은 운행 중에 하는 것이 정확하다.
② 라디에이터 캡은 고열에 주의한다.
③ 컨테이너 차량의 경우 고정장치가 작동되는지를 확인한다.
④ 파워핸들이 설치되지 않은 트럭의 조향감이 매우 무거우므로 유의하여 조향한다.

> 해설 조향핸들의 높이와 조향각도 조정은 안전을 위해 운행 전 조정하여야 한다.

84 가속 페달을 힘껏 밟는 순간 "끼익" 하는 소리가 나는 경우 고장으로 의심되는 부분은?

① 엔진
✔ 팬벨트
③ 조향장치
④ 현가장치

> 해설 가속 페달을 힘껏 밟는 순간 "끼익" 소리가 나는 것은 팬벨트 또는 V벨트가 이완되어 걸려 있는 풀리(pulley)와의 미끄러짐에 의해 일어난다.

85 주행하기 전에 차체에서 평소와는 다른 이상한 진동이 느껴질 때 고장으로 의심되는 부분은?

✔ 엔진
② 팬벨트
③ 브레이크
④ 클러치

> 해설 주행 전 차체에 이상한 진동이 느껴질 때는 엔진의 고장이 주원인이다. 플러그 배선이 빠지거나 플러그 이상이 나타날 때 이런 현상이 일어난다.

86 혹한기 주행 중 시동 꺼짐 현상이 일어날 때 조치 방법이 아닌 것은?

① 인젝션 펌프 에어 빼기 작업

② 워터 세퍼레이트 수분 제거

✓③ 플라이밍 펌프 내부의 필터 청소

④ 연료 탱크 내 수분 제거

> **해설** 혹한기 주행 중 시동 꺼짐 현상이 일어날 때는 수분 제거나 에어 빼기 작업을 해야 하며, 플라이밍 펌프 내부의 필터 청소는 엔진 시동 불량 시 조치사항이다.

87 농후한 혼합가스가 들어가 불완전 연소되는 경우 배출가스로 나타나는 색은?

① 흰색(백색)

② 청색

✓③ 검은색

④ 녹색

> **해설** 보통 완전연소 때 무색 또는 엷은 청색의 배출가스가 나타나나, 설명과 같은 경우 검은색이 나타나고, 엔진 안에서 다량의 엔진오일이 실린더 위로 올라와 연소되는 경우 백색(흰색)의 배출가스가 나타난다.

88 고장 유형별 조치 방법 중 엔진 시동 꺼짐 점검 사항이 아닌 것은?

✓① 정차 중 엔진 시동 꺼짐 및 재시동 불가

② 연료파이프 누유 및 공기 유입 확인

③ 연료탱크 내 이물질 혼입 여부 확인

④ 워터 세퍼레이터 공기 유입 확인

> **해설** ①은 엔진 시동 꺼짐 현상에 해당하고, 점검사항으로 ②, ③, ④ 외에 연료량 확인이 있다.

89 주행 제동 시 차량 쏠림 현상이 일어날 때 조치 방법이 아닌 것은?

① 타이어의 공기압을 좌우 동일하게 주입

✓② 조향핸들 유격 점검

③ 좌우 브레이크 라이닝 간극 재조정

④ 브레이크 드럼 교환

> **해설** 제동 시 차량 쏠림 현상에 대한 조치 방법은 이외에도 리어 앞 브레이크 커넥터의 장착 불량으로 유압 오작동을 해결하는 방법이 있다. 조향핸들 유격 점검은 제동 시 차체 진동 시 조치 방법이다.

90 수온게이지 작동 불량이 일어날 때 조치 방법이 아닌 것은?

① 온도 메터 게이지 교환

② 수온 센서 교환

③ 배선 및 커넥터 점검

✓④ 턴 시그널 릴레이 교환

> **해설** 턴 시그널 릴레이 교환은 비상등 작동 불량 시 조치 방법이다.

91 엔진 매연(흑색)이 과다 발생되는 현상이 발생할 경우 점검사항이 아닌 것은?

✓① 연료량 확인

② 엔진오일 및 필터 상태 점검

③ 블로바이 가스 발생 여부 확인

④ 에어 클리너 오염 및 덕트 내부 상태 확인

> **해설** ①은 엔진 시동 꺼짐 현상 발생 시 점검사항이다.

92 엔진 시동 꺼짐 현상으로서 정차 중 엔진의 시동이 꺼지거나 재시동이 불가한 현상이 발생할 경우 점검사항이 아닌 것은?

① 연료량 확인
② 연료탱크 내 이물질 혼입 여부 확인
③ 워터 세퍼레이터 공기 유입 확인
☑ 에어 클리너 오염 및 덕트 내부 상태 확인

해설 ④는 엔진 매연 과다 발생 시 점검사항이다.

93 주행 제동 시 차량 쏠림 현상이 발생할 경우 점검사항이 아닌 것은?

☑ P.T.O(Power Take Off, 동력인출장치) 작동 상태 확인
② 좌·우브레이크 라이닝 간극 및 드럼 손상 점검
③ 듀얼 서킷 브레이크(Dual Circuit Brake) 점검
④ 에어 및 오일 파이프라인 이상 확인

해설 ①은 덤프 작동 불량 현상 발생 시 점검 내용이다.

94 혹한기 주행 중 오르막 경사로에서 급가속 시 시동 꺼짐 현상 후 일정 시간 경과 후 재시동 가능한 경우 조치 방법은?

☑ 인젝션 펌프 에어 빼기 작업, 워터 세퍼레이트 수분 제거, 연료탱크 내 수분 제거
② 플라이밍 펌프 작동 시 에어 유입 확인 및 에어 빼기, 플라이밍 펌프 내부의 필터 청소
③ 엔진 피스톤링 교환, 실린더라이너 교환 또는 보링 작업, 개스킷 교환, 에어크리너 청소
④ 냉각수 보충, 팬벨트 장력 조정, 수온조절기 교환

해설 ②는 엔진 시동 불량 시 조치 방법, ③은 엔진 오일 과다 소모에 따른 조치 방법, ④는 엔진 온도 과열 시 조치 방법이다.

95 도로의 조건이 아닌 것은?

☑ 수익성
② 형태성
③ 이용성
④ 공개성

해설 도로의 조건은 형태성, 이용성, 공개성, 교통경찰권 4대 요소로 이루어져 있다.

96 중앙분리대의 종류가 아닌 것은?

① 방호울타리형
② 연석형
✓③ 방음형
④ 교량형

해설 방음형 중앙분리대는 없다.

97 연석형 중앙분리대의 단점인 것은?
빈출

① 좌회전 차로의 제공이나 향후 차로 확장에 쓰일 공간을 확보한다.
✓② 차량과 충돌 시 차량을 본래의 주행 방향으로 복원해 주는 기능이 미약하다.
③ 연석의 중앙에 잔디나 수목을 심어 녹지 공간을 제공한다.
④ 운전자의 심리적 안정감에 기여한다.

해설 ②는 연석형 중앙분리대의 단점에 해당하며 ①, ③, ④는 장점에 해당한다.

98 곡선부 방호울타리의 기능이 아닌 것은?

① 자동차의 차도 이탈 방지
② 탑승자 상해 또는 차의 파손 감소
✓③ 토사유출 방지 및 빗물 저류 방지
④ 운전자의 시선 유도

해설 토사유출 방지 및 빗물 저류 방지는 도로경사와 관련이 있다. 이외에도 자동차를 정상적인 진행 방향으로 복귀할 수 있는 기능이 있다.

99 중앙분리대의 설치로 감소되는 교통사고의 유형은?

① 직각충돌형 사고
② 측면충돌형 사고
✓③ 정면충돌형 사고
④ 후미추돌형 사고

해설 중앙분리대를 설치하는 경우 일반적으로 반대 방향(대향 방향) 진행 차와의 정면충돌형 사고를 방지할 수 있다.

100 길어깨(갓길)의 역할이 아닌 것은?

① 고장차가 본선차도로부터 대피할 수 있어 사고 시 교통 혼잡을 방지한다.
② 측방 여유폭을 가지므로 교통의 안전성과 쾌적성에 기여한다.
③ 보도 등이 없는 도로에서는 보행자 등의 통행 장소로의 기능을 한다.
✓④ 탑승자의 상해 및 자동차의 파손 감소의 기능을 한다.

해설 ④는 방호울타리의 기능이다.

101 도로의 진행 방향 중심선의 길이에 대한 높이의 변화 비율을 말하는 것은?
빈출

① 정지시거
② 횡단경사
✓③ 종단경사
④ 앞지르기시거

해설 종단경사를 설명하고 있다. 시거는 시야가 다른 교통으로 방해받지 않는 상태에서 승용차의 운전자가 차도상의 한 점으로부터 볼 수 있는 거리를 말한다.

102 평면곡선부에 자동차가 원심력에 저항할 수 있도록 하기 위해 설치하는 것은?

① 종단경사   ② 급경사
③ 길어깨   ✓④ 편경사

> **해설** 편경사에 대한 설명이다. 횡단경사는 도로 진행 방향에 직각으로 설치하여 배수를 원활하게 하기 위하여 설치하는 경사이다.

103 도로를 보호하고 비상시에 이용하기 위하여 차도에 접속하여 설치하는 도로의 부분을 말하는 것은?

① 종단경사   ② 급경사
✓③ 길어깨   ④ 편경사

> **해설** 길어깨(갓길)에 대한 설명이다.

104 다음은 방어운전에 대한 설명이다. 틀린 것은?

① 자기 자신이 사고의 원인을 만들지 않는 운전
② 자기 자신이 사고에 말려들어 가지 않게 하는 운전
✓③ 다른 운전자나 보행자가 교통법규를 지키지 않거나 위험한 행동을 하면 위험한 상황을 피하지 않는 운전
④ 타인의 사고를 유발시키지 않는 운전

> **해설** 방어운전이란 운전자가 다른 운전자나 보행자가 교통법규를 지키지 않거나 위험한 행동을 하더라도 이에 대처할 수 있는 운전 자세를 갖추어 미리 위험한 상황을 피하여 운전하는 것, 위험한 상황을 만들지 않고 운전하는 것, 위험한 상황에 직면했을 때는 이를 효과적으로 회피할 수 있도록 운전하는 것을 말한다.

105 방어운전의 방법으로 가장 옳지 않은 것은?

✓① 앞차의 뒷부분에 시야를 둔다.
② 교통신호 변경 후에도 주변 자동차의 움직임을 잘 관찰한다.
③ 교통이 혼잡할 때는 교통흐름에 따르고 끼어들기를 삼간다.
④ 밤에 산모퉁이길 통행 시 전조등으로 자신의 존재를 알린다.

> **해설** 앞차의 전방까지 시야를 멀리 두는 것이 안전하다.

106 방어운전을 위해 운전자가 갖추어야 할 기본사항이 아닌 것은?

✓① 자기중심적 운전 태도
② 능숙한 운전 기술
③ 양보와 배려의 실천
④ 정확한 운전 지식

> **해설** 능숙한 운전 기술, 정확한 운전 지식, 세심한 관찰력, 예측능력과 판단력, 양보와 배려의 실천, 교통상황 정보 수집, 반성의 자세, 무리한 운전 배제 등의 자세가 필요하다.

107 방어운전 방법으로 옳지 않은 것은?

① 운전자는 앞차의 전방까지 시야를 멀리 둔다.
✓② 본인의 차 앞으로 진로 변경을 하지 않도록 거리를 좁힌다.
③ 뒤차가 바짝 따라올 경우 브레이크를 가볍게 밟아 제동등을 켠다.
④ 야간에 모퉁이를 주행할 때는 위치를 알리기 위해 상향등과 하향등을 번갈아 점등하여 자신의 위치를 알린다.

> **해설** 진로 변경을 원하는 다른 차가 있을 때에는 속도를 줄여 안전하게 진입할 수 있도록 배려한다.

108 방어운전의 요령으로 가장 적절하지 않은 것은?

① 차량이 많을 때에는 속도를 유지하면서 다른 차들과 적당한 간격을 유지한다.

☑ 대형차를 뒤따를 때는 신속히 앞지르기하여 대형차 앞으로 이동한다.

③ 뒤에서 다른 차가 접근할 경우 저속주행 차로로 양보하거나 일정 속도로 주행하여 앞지르기할 수 있도록 배려한다.

④ 대형차를 뒤따를 때는 급정거, 낙하물 등의 우려가 있으므로 안전거리를 유지한다.

해설 도로에서 주행 중일 경우 신속히, 빠른 속도로 행동하는 경우 매우 위험한 상황이 발생할 수 있으므로 자제하여야 한다.

109 커브길의 교통사고 위험성이 아닌 것은?

① 도로 외 이탈의 위험이 뒤따른다.

② 중앙선을 침범하여 대향차와 충돌할 위험이 있다.

③ 시야 불량으로 인한 사고의 위험이 있다.

☑ 가속하여 빠르게 통과하는 것이 안전하다.

해설 커브길에서 과속하는 것은 위험성이 커지므로 주의하여야 한다.

110 커브길에서의 안전한 핸들 조작 요령으로 가장 적절한 것은?

☑ 슬로우 인 – 패스트 아웃

② 슬로우 인 – 슬로우 아웃

③ 패스트 인 – 슬로우 아웃

④ 패스트 인 – 패스트 아웃

해설 커브길에서는 슬로우 인 – 패스트 아웃(Slow-in, Fast-out) 원리의 핸들 조작이 안전하다.

111 커브길 핸들 조작 방법 중 슬로우 인 패스트 아웃의 설명은?

☑ 커브길에서 속도를 줄이며 진입하고 빠져나갈 때는 속도를 서서히 높이는 방법

② 커브길에서 속도를 높이며 진입하고 빠져나갈 때는 속도를 서서히 높이는 방법

③ 커브길에서 속도를 줄이며 진입하고 빠져나갈 때는 속도를 서서히 줄이는 방법

④ 커브길에서 속도를 높이며 진입하고 빠져나갈 때는 속도를 서서히 줄이는 방법

해설 슬로우 인 패스트 아웃은 커브길에서 속도를 줄이며 진입하고 빠져나갈 때는 속도를 서서히 높이는 방법이다.

112 운행 시 속도 조절에 대한 설명 중 옳지 않은 것은?

① 교통량이 많은 곳에서는 속도를 줄여 운행한다.

☑ 곡선반경이 큰 도로에서는 속도를 줄여 운행한다.

③ 노면상태가 좋지 않은 곳에서는 속도를 줄여 운행한다.

④ 초행길에서는 속도를 줄여 운행한다.

해설 곡선반경이 작은 도로일수록 속도를 줄여 운행하여야 안전하다.

113 다음은 앞지르기 안전운전 및 방어운전 시 자차가 앞지르기할 때에 대한 설명이다. 틀린 것은?

① 과속은 금물이다. 앞지르기에 필요한 속도가 그 도로의 최고속도 범위 이내일 때 앞지르기를 시도한다.

② 앞지르기에 필요한 충분한 거리와 시야가 확보되었을 때 앞지르기를 시도한다.

③ 앞차가 앞지르기를 하고 있는 때에는 앞지르기를 시도하지 않는다.

✔ 실선의 중앙선을 넘어 앞지르기하는 때에는 대향차의 움직임에 주의한다.

> 해설 ④는 실선이 아니고 점선이다. 이외에도 앞차의 오른쪽으로 앞지르기하지 않는다. 다른 차가 자차를 앞지르기할 때는
> 1) 자차의 속도를 앞지르기를 시도하는 차의 속도 이하로 적절히 감속한다. 앞지르기를 시도하는 차가 안전하고 신속하게 앞지르기를 완료할 수 있도록 함으로써 자차와의 사고 가능성을 줄일 수 있기 때문이다.
> 2) 앞지르기 금지 장소나 앞지르기를 금지하는 때에도 앞지르기하는 차가 있다는 사실을 항상 염두에 두고 주의 운전한다.

114 앞지르기할 때의 방어운전 방법으로 옳지 않은 것은?

① 꼭 필요한 경우에만 허용된 지역에서 앞지르기한다.

✔ 마주 오는 차의 속도가 빠를 때는 더욱 속도를 높여 앞지르기한다.

③ 앞지르기 후 뒤차의 안전을 고려하여 진입한다.

④ 앞지르기 전에 앞차에 신호를 보낸다.

> 해설 마주 오는 차의 속도가 빠를 때 앞지르기는 위험하다.

115 앞지르기 사고의 유형으로 옳지 않은 것은?

① 중앙선을 넘어 앞지르기 시 대향차와의 충돌

✔ 앞차의 감속에 따른 충돌

③ 진행 차로 내의 앞뒤 차량과의 충돌

④ 경쟁 앞지르기에 따른 충돌

> 해설 앞차의 감속은 앞지르기 사고의 유형에 해당하지 않는다.

116 도로상황에 따른 올바른 운전 방법이 아닌 것은?

① 비포장도로는 노면 마찰계수가 낮으므로 포장도로보다 미끄러지기 때문에 주의한다.

② 안갯길은 차간 거리를 충분히 확보하고 앞차의 제동이나 방향지시등의 상태를 예의주시하며 천천히 주행해야 한다.

③ 야간운전은 주간에 비해 시야가 전조등의 범위로 한정되므로 속도를 줄여 운행한다.

✔ 물이 고여 있는 구간을 통과할 때는 속도를 높여 빠르게 운행한다.

> 해설 물이 고여 있는 구간을 통과할 때는 속도를 줄여 배수가 잘 이루어지게 하여야 안전하다.

117 주차할 때의 방어운전 방법이 아닌 것은?

① 차가 노상에서 고장을 일으킨 경우에는 적절한 고장표시를 설치한다.

② 주차가 허용된 지역이나 안전한 지역에 주차한다.

✔ 주행 차로에 차의 일부분이 돌출된 상태라도 차가 큰 경우이므로 주차한다.

④ 기울어진 길에는 바퀴를 고이거나 위험 방지를 위한 조치를 취한 후 안전을 확인하고 차에서 떠난다.

해설 차량이 큰 경우 주차가 허용된 지역의 경우라 하더라도 돌출로 인한 위험한 상황이 발생할 우려가 크므로 주차로 인한 돌출을 피할 수 있는 안전구역에 주차하는 것이 좋다.

119 교통안전시설인 신호기의 장점이 아닌 것은?

① 교통류의 흐름을 질서 있게 한다.

② 교통처리 용량을 증대시킬 수 있다.

③ 교차로에서의 직각충돌사고를 줄일 수 있다.

✔ 과도한 대기로 인한 지체가 발생할 수 있다.

해설 ④는 단점에 해당한다.

120 교차로에서의 방어운전에 해당하지 않는 것은?

① 섣부른 추측운전은 하지 않는다.

② 언제든 정지할 수 있는 준비 태세를 갖춘다.

✔ 신호에 따르는 경우 안전하다.

④ 신호가 바뀌는 순간을 주의한다.

해설 신호에 따르는 경우라 하더라도 방어운전을 위해서는 위반차량에 주의하여야 한다.

118 감정의 통제를 통한 방어운전 방법으로 옳지 않은 것은?

① 졸음이 오는 경우 무리하게 운행하지 않는다.

② 술이나 약물의 영향이 있는 경우 운행하지 않는다.

③ 타인의 운전태도에 감정적으로 반응하지 않는다.

✔ 몸이 불편한 경우 운전하는 것은 영향이 없다.

해설 평소와는 다른 몸의 컨디션이거나 불편한 경우 운전하는 것은 피해야 한다.

121 빈출 교차로 통과 시 안전운전 방법이 아닌 것은?

① 신호는 자기 눈으로 확실히 확인하고 안전을 확인한다.

② 교차로의 대부분이 앞이 잘 보이지 않는 곳임을 알아야 한다.

✔ 신호에 따를 경우 좌회전은 안전하기 때문에 속도를 높여야 한다.

④ 앞차를 따라 안전거리를 유지하며 맹목적으로 따라가지 않고 주변을 잘 살펴야 한다.

해설 신호에 따라 좌회전하는 경우라 하더라도 우회전과 상충되는 장소가 있으므로 주의하며 운전하여야 하며, 1개차로 이상이 좌회전하는 경우 좌·우측의 차량과의 거리 유지도 신경 써야 한다.

122 교통 흐름을 공간적으로 분리하여 교통 소통을 원활하게 하는 것은?

✓① 입체교차로
② 평면교차로
③ 교통신호기
④ 교통안내방송

> 해설 입체교차로는 교통 흐름을 공간적으로 분리하는 역할을 한다.

123 신호기 설치 교차로의 단점으로 볼 수 없는 것은?

① 과도한 대기로 인한 지체가 발생할 수 있다.
② 신호 지시를 무시하는 경향을 조장할 수 있다.
③ 신호기를 피하기 위해 부적절한 노선을 이용할 수 있다.
✓④ 신호기에 따른 정차로 인하여 추돌사고가 감소할 수 있다.

> 해설 신호기에 따른 정차는 후행차량의 잘못된 판단으로 인하여 추돌사고가 다소 증가할 우려가 있다.

124 교차로 황색신호 시 사고 유형이 아닌 것은?

① 교차로 상에서 전신호 차량과 후신호 차량의 충돌
② 횡단보도 전 앞차 정지 시 앞차 추돌
③ 유턴 차량과의 충돌
✓④ 진로변경 차량과의 충돌

> 해설 진로변경 차량과의 충돌은 황색신호와 관련이 없으며, 이외에도 횡단보도 통과 시 보행자, 자전거 또는 이륜차와 충돌하는 사고 유형이 있다.

125 이면도로의 안전운전 방법이 아닌 것은?

① 속도를 낮춘다.
② 어린이나 보행자가 갑자기 뛰어들지 모른다는 생각을 가지고 운전한다.
✓③ 통행 우선순위에 따라 보행자보다 차량의 우선을 생각하며 운전한다.
④ 언제라도 곧 정지할 수 있는 마음의 준비를 갖춘다.

> 해설 이면도로는 보행자가 항상 우선하며 돌발상황에 대비하여 속도를 낮추고 방어운전을 해야 하며, 위험 대상물이 있을 경우 계속 주시하며 운전한다.

126 커브길에서의 안전한 주행 방법이 아닌 것은?

① 풋 브레이크를 사용하여 충분히 속도를 줄인다.
② 저단 기어로 변속한다.
③ 커브의 내각의 연장선에 차량이 이르렀을 때 핸들을 꺾는다.
✓④ 안정적 운전을 위해 차가 커브를 돌기 전 핸들을 되돌리기 시작한다.

> 해설 급커브길에서는 차가 커브를 돌았을 때 핸들을 되돌리기 시작하여야 안전하다.

127 커브길의 안전운전 및 방어운전으로 적절하지 않은 것은?

① 핸들을 조작할 때는 가속이나 감속을 하지 않는다.
✓② 패스트 인 슬로우 아웃(Fast-in Slow-out) 운전으로 커브길을 운전한다.
③ 중앙선을 침범하거나 도로의 중앙으로 치우쳐 운전하지 않는다.
④ 항상 반대 차로에 차가 오고 있는 것을 염두에 두고 차로를 준수하며 운전한다.

> 해설 커브길은 슬로우 인 패스트 아웃으로 운전하는 것이 안전하다.

128 차로 폭에 대한 설명으로 틀린 것은?

① 차로 폭이란 어느 도로의 차선과 차선 사이의 최단거리를 말한다.

② 차로 폭은 도로의 설계속도, 지형조건 등을 고려하여 3.0m~3.5m를 기준으로 한다.

✓ 시내 및 고속도로 등에서는 도로폭이 비교적 좁고, 골목길이나 이면도로는 안전을 고려하여 도로폭은 비교적 넓다.

④ 교량 위, 터널 내, 유턴차로 등에서 부득이한 경우 2.75m로 설치할 수 있다.

> **해설** 시내 및 고속도로 등에서는 도로폭이 비교적 넓고, 골목길이나 이면도로의 도로폭은 비교적 좁다.

129 내리막길 안전운전 및 방어운전으로 적절하지 않은 것은?

✓ 정차 후 출발 시에는 핸드 브레이크를 사용하는 것이 안전하다.

② 내리막길을 내려가기 전에는 미리 감속하여 천천히 내려가며 엔진 브레이크로 속도를 조절하는 것이 바람직하다.

③ 엔진 브레이크를 사용하면 페이드(Fade) 현상을 예방하여 운행 안전도를 더욱 높일 수 있다.

④ 커브 주행 시와 마찬가지로 중간에 불필요하게 속도를 줄인다든지 급제동하는 것은 금물이다.

> **해설** ①의 경우 오르막길에서의 안전운전 방법에 해당한다.

130 오르막길 안전운전 및 방어운전으로 적절하지 않은 것은?

✓ 오르막길에서 앞지르기할 때는 힘과 가속력이 좋은 고단 기어를 사용하는 것이 안전하다.

② 오르막길의 사각지대는 정상 부근이다. 마주 오는 차가 바로 앞에 다가올 때까지는 보이지 않으므로 서행하여 위험에 대비한다.

③ 정차 시에는 풋 브레이크와 핸드 브레이크를 같이 사용한다.

④ 정차할 때는 앞차가 뒤로 밀려 충돌할 가능성을 염두에 두고 충분한 차간 거리를 유지한다.

> **해설** 오르막길에서 앞지르기 시 힘과 가속력이 좋은 저단 기어를 사용하여 안전하게 앞지르기하는 것이 좋다.

131 철길 건널목의 종류로 옳지 않은 것은?

① 1종 건널목은 차단기, 경보기 및 건널목 교통안전 표지를 설치하고 차단기를 주·야간 계속하여 작동시키거나 건널목 안내원이 근무하는 건널목

② 2종 건널목은 경보기와 건널목 교통안전 표지만 설치하는 건널목

③ 3종 건널목은 건널목 교통안전 표지만 설치하는 건널목

✓ 4종 건널목은 특별한 설치사항이나 안내가 없는 건널목

> **해설** 철길 건널목은 1종, 2종, 3종 건널목으로 구성된다.

132 철길 건널목의 안전운전에 대한 설명으로 옳지 않은 것은?

① 일시정지 후 좌·우의 안전을 확인한다.

☑ 건널목 진입 전 열차가 오는 경우 속도를 높여 급출발하여 통과한다.

③ 건널목 통과 시 기어는 변속하지 않는다.

④ 건널목 건너편 여유 공간 확인 후 통과한다.

> **해설** 철길 건널목은 열차와의 충돌이 항상 우려되는 구간이므로 열차가 보일 경우나 경보기가 작동될 경우, 안내원이 안내하는 경우 등에 따라 세심한 운전이 필요하다.

133 고속도로 운행 시 안전운전 방법이 아닌 것은?

☑ 속도의 흐름과 도로 사정, 날씨 등에 관계없이 제한속도로 운전한다.

② 앞차의 움직임뿐 아니라 가능한 한 앞차 앞의 3~4대 차량의 움직임도 살핀다.

③ 주행 차로 운행을 준수하고 두 시간마다 휴식한다.

④ 뒤차가 자기 차를 앞지르기하고 있는 상황에서 경쟁 운전하는 것은 위험하므로 안전한 앞지르기가 가능하도록 배려하며 운전한다.

> **해설** 고속도로는 주변 차량과의 속도의 흐름, 도로 사정, 날씨 등에 따라 속도를 조정하여야 한다. 특히, 이상기후 시 법정속도에 따라 감속 운전하는 것이 안전하다.

134 야간 안전운전 방법으로 적절하지 않은 것은?
_{빈출}

☑ 실내는 항상 밝게 한다.

② 주간보다 속도를 낮추어 주행한다.

③ 해가 저물면 곧바로 전조등을 점등한다.

④ 대향차의 전조등을 바로 보지 않는다.

> **해설** 야간 운전 시 실내는 불필요하게 밝게 하지 않는 것이 시야 확보에 바람직하다.

135 야간 안전운전 방법으로 적절하지 않은 것은?

① 자동차가 교행할 때에는 조명장치를 하향 조정한다.

② 노상에 주·정차를 하지 않는다.

③ 술에 취한 사람이 차도에 뛰어드는 경우를 조심해야 한다.

☑ 문제 발생 시 주행차로를 벗어나지 말고 차내에서 관계기관의 조치 시까지 대기한다.

> **해설** 고장이나 사고에 따른 도로 정차 시 차량을 갓길로 이동하고 차로 밖에서 대기하는 것이 안전하며 이동이 불가능한 경우 고장차량 표시(불꽃신호기, 발광 표시) 후 차로 밖에서 대기하는 것이 적절하다.

136 지반이 약해지는 시기로, 보행량 및 교통량이 증가하고 어린이 교통사고가 증가하며 졸음운전 교통사고가 많이 발생하는 시기는?

✔① 봄철
② 여름철
③ 가을철
④ 겨울철

해설 봄철 교통사고 특징을 설명하고 있다.

137 계절별 운전 방법 중 봄철 특징으로 적절하지 않은 것은?

① 기온이 상승함에 따라 긴장이 풀리고 몸도 나른해져서 춘곤증에 의한 졸음운전 사고가 발생할 우려가 높다.
② 날씨가 풀리면서 겨울 내 얼어 있던 땅이 녹아 지반 붕괴로 인한 도로의 균열이나 낙석의 위험이 크다.
③ 날씨가 풀려 도로변에 보행자의 통행이 급증하므로 장소의 구분 없이 보행자 보호에 주의를 기울여야 한다.
✔④ 신학기를 맞아 학생들의 소풍이나 현장학습 등 야외활동은 줄어드나 행락철을 맞아 교통수요가 증가한다.

해설 신학기의 경우 학생들의 야외활동은 증가하고 행락철 대열운행이 증가하므로 이에 주의하여야 한다.

138 다음은 여름철 자동차 관리에 대한 설명이다. 틀린 것은?

✔① 난방장치 점검
② 와이퍼의 작동 상태 점검
③ 타이어 마모 상태 점검
④ 차량 내부의 습기 제거

해설 ①은 냉각장치 점검이다. 여름철에는 무더위와 장마, 그리고 휴가철을 맞아 장거리 운전하는 경우가 있다는 계절적인 특징이 있으므로 이에 대한 대비를 한다.

139 여름철 자동차 엔진의 과열 예방을 위한 냉각장치 점검사항이 아닌 것은?

① 냉각수의 양은 충분한지 확인한다.
② 냉각수가 새는 부분은 없는지 확인한다.
✔③ 워셔액은 깨끗하고 충분한지 확인한다.
④ 팬벨트의 장력은 적절한지를 수시로 확인한다.

해설 ③은 와이퍼의 작동상태 점검사항이다. 여름철에는 자동차 엔진의 과열 예방을 위한 냉각장치 점검사항은 냉각수의 양은 충분한지, 냉각수가 새는 부분은 없는지, 팬벨트의 장력은 적절한지를 수시로 확인해야 하며, 팬벨트는 여유분을 휴대하는 것이 바람직하다.

140 계절별 운전 방법 중 여름철 특징으로 적절하지 않은 것은?

① 돌발적인 악천후 및 무더위 속 운전은 시각적 변화와 긴장, 흥분, 피로감 등이 복합적 요인으로 작용하여 교통사고가 일어날 수 있으므로 이에 대비하여야 한다.

② 에어컨 작동으로 인한 공기순환 부족으로 졸음운전의 발생 위험이 크다.

③ 기온과 습도 상승으로 불쾌지수가 높아져 이성적 통제가 어려워진 경우 난폭운전, 불필요한 경음기 사용, 사소한 일에 신경질적 반응 등이 일어날 우려가 높다.

☑ 장마철 비에 젖은 도로를 주행할 때 건조한 도로에 비해 마찰력이 높아지므로 미끄럼에 주의하여 운전하여야 한다.

> **해설** 장마철 비에 젖은 도로는 건조한 도로에 비해 마찰력이 낮아져 브레이크 작동 시 미끄럼에 의한 교통사고가 발생할 우려가 있다.

141 우천 시를 대비한 타이어의 마모 한계(트레드 홈 깊이)의 최저 깊이는?

① 3.0mm

② 2.6mm

③ 2.0mm

☑ 1.6mm

> **해설** 과마모 타이어는 빗길에서 잘 미끄러질 뿐만 아니라 제동거리가 길어지므로 교통사고의 위험이 높아진다. 노면과 맞닿는 부분의 요철형 무늬인 타이어의 마모 한계(트레드 홈 깊이)는 1.6mm 이상이 되는지 확인하고 적정 공기압을 유지하도록 상시 점검한다.

142 우천 시 차량 앞 유리의 습기 제거를 위한 적절한 행동은?

① 차량 공기 순환은 내부, 공기 방향은 발밑으로 한다.

☑ 차량 공기 순환은 외부, 공기 방향은 창으로 한다.

③ 차량 공기 순환은 내부, 공기 방향은 창으로 한다.

④ 차량 공기 순환은 외부, 공기 방향은 발밑으로 한다.

> **해설** 차량 앞 유리의 습기 제거를 위해서는 공기 순환은 외부, 공기 방향은 창으로 하는 것이 적절하며, 에어컨을 작동시켜 습기를 제거하는 것도 좋은 방법이다.

143 겨울철 자동차 관리 사항으로 옳지 않은 것은?

① 월동장비를 장착하는 경우 체인 장착은 구동바퀴에 장착하며 시속 50km 이상 주행 시 심한 진동과 소음 그리고 체인 체결이 해제되는 경우가 있으므로 서행 운전한다.

☑ 냉각수의 동결을 방지하기 위해 워셔액의 양 및 점도를 점검한다.

③ 엔진의 온도를 일정하게 유지시켜 주는 써머스탯(써머스타트)을 점검한다.

④ 눈길이나 빙판길의 경우 스노우타이어와 체인을 장착한 경우라도 미끄러진 경우가 많아 차량 제어가 힘든 경우가 많기 때문에 주의하여 운전한다.

> **해설** 냉각의 동결을 방지하는 역할을 담당하는 것은 워셔액이 아닌 부동액이다.

144 위험물의 종류에 해당하지 않는 것은?

① 고압가스

② 화약류

☑ 유리병류

④ 석유류

해설 유리병류는 위험물에 해당하지 않는다.

145 위험물 적재방법으로 적절하지 않은 것은?

① 운반용기와 포장외부에 위험물의 품목 및 화학명, 수량을 표시한다.

② 직사광선 및 빗물 등의 침투를 방지할 수 있는 덮개를 설치한다.

③ 혼재 금지된 위험물의 혼합 적재를 금지한다.

☑ 수납구를 아래로 향하게 적재한다.

해설 위험물 적재 시 수납구는 위로 향하게 적재하는 것이 안전하다.

146 위험물 운반 방법으로 옳지 않은 것은?

① 마찰 및 흔들림을 일으키지 않도록 운반한다.

② 지정 수량 이상의 위험물을 차량으로 운반할 때는 차량의 전면 또는 후면의 보기 쉬운 곳에 표지를 게시한다.

☑ 위험물의 종류에 관계없이 소화설비를 갖춘다.

④ 일시정차 시는 안전한 장소를 택하여 안전에 주의한다.

해설 위험물 운반 시 위험상황을 대비한 소화설비를 갖추어야 하는 바, 위험물의 종류에 상응하는 소화설비를 갖추어야 한다.

147 위험물 운송에 사용되는 차량에 고정된 탱크의 운행 전 점검사항에 해당하는 설명으로 옳지 않은 것은?

① 엔진 관련 냉각 수량의 적정 유무를 점검한다.

② 동력전달장치 관련 접속부의 조임과 헐거움의 정도를 점검한다.

③ 브레이크 관련 브레이크 오일량의 적정 여부를 점검한다.

☑ 조향핸들 관련 스프링의 절손 또는 스프링 부착부의 손상 유무를 점검한다.

해설 ④의 경우 샤시 및 스프링 부분 점검에 대한 설명이다.

148 위험물 탱크로리 취급 시 탱크 및 부속품 등에 대한 확인·점검 사항이 아닌 것은?

① 탱크 본체가 차량에 부착되어 있는 부분에 이완이나 어긋남이 없을 것

☑ 밸브류가 확실히 정확히 닫혀 있어야 하며, 밸브 등의 개폐상태를 표시하는 꼬리표(Tag)가 없을 것

③ 밸브류, 액면계, 압력계 등이 정상적으로 작동하고 그 본체 이음매, 조작부 및 배관 등에 누설부분이 없을 것

④ 호스 접속구에 캡이 부착되어 있을 것

해설 꼬리표(Tag)는 정확히 부착되어 있어야 한다. 이외에도 접지탭, 접지클립, 접지코드 등의 정비상태가 양호해야 한다.

149 탱크로리 위험물 운송 시 안전운송기준으로 옳지 않은 것은?

① 부득이 운행 경로를 변경할 경우 소속사 업소 및 회사 등에 사전 연락하여 비상사태를 대비한다.

② 차량이 육교 또는 교량의 밑을 통과할 때는 통과 높이에 주의하여 서서히 운행하고, 접촉 우려가 있는 경우 다른 길로 돌아서 운행한다.

☑ 취급물질을 출하 운송 시와 같은 점검의 필요성은 없다.

④ 여름철 직사광선에 의한 온도 상승을 방지하기 위해 그늘에 주차하거나 탱크에 덮개를 씌우는 등의 조치를 한다.

> **해설** 위험 취급물질의 경우 탱크 속 잔류가스가 존재할 가능성이 매우 크기 때문에 위험성에 대하여 인지하고 내용물이 적재된 상태와 동일하게 취급 및 점검을 실시한다.

150 탱크로리 위험물 이입작업 할 때 기준 중 반드시 안전관리자의 책임하에 하여야 하는 조치는?

① 정전기 제거용의 접지코드를 기지의 접지텍에 접속하여야 한다.

☑ 이입작업이 종료될 때까지 운전자는 탱크로리 차량의 긴급차단장치 부근에 위치하여야 하고, 긴급사태 발생 시 이에 상응하는 조치를 하여야 한다.

③ 만일의 화재에 대비하여 소화기를 즉시 사용할 수 있도록 준비하여야 한다.

④ 저온 및 초저온가스의 경우 가죽장갑 등을 끼고 작업하여야 한다.

> **해설** ②의 경우 안전관리자의 지시에 따라 신속하게 차량의 긴급차단장치를 작동하거나 차량 이동 등의 조치를 하여야 한다.

151 탱크로리 위험물 이송작업 할 때 기준으로 옳지 않은 것은?

① 이송 전·후에 밸브의 누출 유무를 점검하고 개폐는 서서히 행하여야 한다.

② 저울, 액면계 또는 유량계를 사용하여 과충전에 주의하여야 한다.

☑ 충전소 내에서는 안전관리자의 허가를 득한 경우에 한하여 동시에 2대 이상의 고정된 탱크에서 저장설비로 이송작업을 하여야 한다.

④ 탱크에 설계압력 이상의 압력으로 가스를 충전하지 않아야 한다.

> **해설** ③의 경우 안전관리자의 허가 유무에 관계없이 안전을 위해 동시에 2대 이상의 고정된 탱크에서 저장설비로 이송작업을 하지 않아야 한다.

152 탱크로리 위험물 운송을 종료한 때의 점검사항으로 옳지 않은 것은?

① 밸브 등의 이완이 없어야 한다.

☑ 고정된 용기 프로텍터가 없을 경우 보호캡을 부착한다.

③ 경계표지 및 휴대품 등의 손상이 없어야 한다.

④ 높이검지봉 및 부속배관 등이 적절히 부착되어 있어야 한다.

> **해설** ②의 경우 충전용기 등을 차량에 싣거나 내리는 경우 또는 지면에서 운반 작업을 하는 경우에 해당하는 것이다.

153 충전용기 등의 적재·하역 및 운반 방법 등에 대한 설명으로 옳지 않은 것은?

① 충전용기를 차량에 적재하여 운반하는 때에는 앞뒤 보기 쉬운 곳에 붉은 글씨로 "위험 고압가스"라는 경계 표시를 한다.

② 밸브가 돌출한 충전용기는 고정식 프로텍터 또는 캡을 부착시켜 밸브의 손상을 방지하는 조치를 해야 한다.

③ 충전용기 등을 적재한 차량의 주·정차 시는 가능한 한 언덕길 등 경사진 곳을 피하여야 하며, 엔진을 정지시킨 다음 사이드 브레이크를 걸고 차 바퀴를 고정목으로 고정시켜야 한다.

④ 충전용기 등을 적재한 차량은 제1종 보호시설에서 5m 이상 떨어지고, 제2종 보호시설이 밀착되어 있는 지역은 가능한 한 피하여 주차하여야 한다.

> **해설** 이 경우 제1종 보호시설에서는 15m 이상 떨어져서 주차하여야 한다. 제1종 보호시설은 학교, 유치원, 어린이집, 놀이방, 어린이 놀이터, 청소년 수련시설, 노인정, 학원, 병원(의원 포함), 도서관, 시장, 목욕탕, 호텔, 여관, 극장, 교회 등이 해당한다.

154 충전용기 등의 적재·하역 및 운반작업 등에 대한 설명으로 옳지 않은 것은?

① 충전용기 등을 차에 싣거나 내리는 등의 운반작업 시 충전용기 등의 충격이 완화될 수 있는 조치를 하여야 한다.

② 충전용기 몸체와 차량과의 사이에 헝겊, 고무링 등을 사용하여 마찰을 방지하고 당해 충전용기 등에 흠이나 찌그러짐 등이 생기지 않도록 한다.

③ 고정된 프로텍터가 없는 용기는 충격 보호를 할 수 없으므로 절대 사용하면 안 된다.

④ 가연성 가스와 산소를 동일 차량에 적재하여 운반하는 때에는 그 충전용기의 밸브가 서로 마주보지 않게 적재해야 한다.

> **해설** 고정된 프로텍터가 없는 용기는 보호캡을 부착하여 사용하여야 한다.

155 충전용기 등 차량에 적재할 때의 기준에 해당하지 않는 것은?

① 차량의 최대적재량을 초과하여 적재하지 않아야 한다.

② 차량의 적재함을 초과하여 적재하지 않아야 한다.

③ 운반 중의 충전용기는 항상 50℃ 이하를 유지해야 한다.

④ 차량에 충전용기 등을 적재한 후 당해 차량의 측판 및 뒷판을 정상적인 상태로 닫은 후 확실하게 걸게쇠로 걸어 잠가야 한다.

> **해설** 충전용기는 40℃ 이하를 유지해야 한다.

차량에 고정된 탱크의 이입작업 시의 기준으로 옳지 않은 것은?

① 화재에 대비하여 소화기를 즉시 사용할 수 있도록 할 것

② 정전기 제거용의 접지코드를 기지의 접지텍에 접속할 것

✔ 저온 및 초저온가스의 경우 비닐장갑을 반드시 착용할 것

④ 가스누설을 발견할 경우 긴급차단장치를 작동시키는 등의 신속한 누출방지조치를 할 것

> 해설 동상 방지 및 보호를 위해 가죽장갑을 착용하여야 한다.

157 **고속도로 교통사고의 특징이 아닌 것은?**

① 고속도로는 빠르게 달리는 도로의 특성상 다른 도로에 비해 치사율이 높다.

② 고속도로에서는 운전자 전방주시 태만과 졸음운전으로 인한 2차 사고 발생 가능성이 높다.

✔ 화물차의 적재 불량과 과적은 도로상에 낙하물을 발생시키기는 하나 교통사고의 원인으로 보기는 힘들다.

④ 운전자의 휴대폰 사용 또는 다양한 영상 시청 증가로 전방주시 소홀에 의한 교통사고 발생 가능성이 높다.

> 해설 고속도로에서 적재물의 낙하는 빠른 속도로 진행하는 차량들로 인하여 대형 사고나 치사율 높은 교통사고로 이어질 확률이 높다.

158 **고속도로 운행 중 후부 반사판을 의무적으로 부착해야 하는 차량 기준은?**
빈출

✔ 총중량 7.5톤 이상 화물차 및 특수자동차

② 총중량 5톤 이상 화물차 및 특수자동차

③ 총중량 10톤 이상 화물차 및 특수자동차

④ 총중량 15톤 이상 화물차 및 특수자동차

> 해설 고속도로 운행 시 총중량 7.5톤 이상 화물자동차 및 특수자동차는 후부 반사판을 의무적으로 부착하여 야간에 후방에서 주행 중인 자동차가 전방을 잘 식별할 수 있도록 도와야 한다.

159 **한국도로공사에서 운영하는 고속도로 2504 긴급 견인서비스로, 안전지대(영업소, 휴게소, 쉼터)까지 무료로 견인서비스를 제공하는 대상은?**
빈출

① 승용차, 10인 이하 승합차, 4톤 이하 화물차

✔ 승용차, 16인 이하 승합차, 1.4톤 이하 화물차

③ 승용차, 10인 이하 승합차, 1.4톤 이하 화물차

④ 승용차, 16인 이하 승합차, 4톤 이하 화물차

> 해설 무료 견인서비스는 승용차, 16인 이하 승합차, 1.4톤 이하 화물차에 제공한다.

160 터널에서의 안전운전 방법이 아닌 것은?

① 터널 진입 시 라디오를 켠다.
② 선글라스를 벗고 라이트를 켠다.
✔ 속도를 올려 빠르게 통과한다.
④ 차로를 바꾸지 않는다.

해설 터널에서는 유사시를 대비하여 안전속도를 유지하며 진행하는 것이 좋다.

161 터널 내 화재 시 운전자의 행동요령으로 옳지 않은 것은?

① 운행이 가능한 상태에서 운전자는 차량과 함께 터널 밖으로 신속히 이동한다.
② 터널 밖으로 이동이 불가능한 경우 최대한 갓길 쪽으로 정차한다.
✔ 차량을 두고 피하는 경우 엔진을 끄고 키를 가지고 신속하게 하차하여 안전한 장소로 이동한다.
④ 터널에 비치된 소화기나 설치되어 있는 소화전으로 조기 진화를 시도한다.

해설 차량을 두고 피하는 경우 엔진은 끄고 키를 꽂아둔 채 이동해야 한다.

162 고속도로 과적 제한 사유가 아닌 것은?

① 도로포장 균열
② 교량의 파괴
✔ 고속주행으로 인한 교통소통 지장
④ 핸들 조작의 어려움 및 전후방 주시 곤란

해설 과적의 경우 특히 오르막에서 저속주행으로 인한 교통소통에 지장이 발생할 수 있다.

163 운행제한 차량 통행이 도로포장에 미치는 영향에 대한 설명으로 옳은 것은?

① 축하중 10톤 초과 화물차와 도로파손은 관계가 없다.
② 축하중 11톤 화물차의 경우 승용차 13만 대 통행과 같은 도로파손이다.
③ 축하중 13톤 화물차의 경우 승용차 15만 대 통행과 같은 도로파손이다.
✔ 축하중 15톤 화물차의 경우 승용차 39만 대 통행과 같은 도로파손이다.

해설 축하중 10톤 화물차의 경우 승용차 7만 대, 축하중 11톤 화물차의 경우 승용차 11만 대, 축하중 13톤의 화물차의 경우 승용차 21만 대, 축하중 15톤 화물차의 경우 승용차 39만 대 통행과 같은 도로파손을 일으킨다.

'운송서비스'에서는 15문항이 출제됩니다.

01 직업운전자가 가져야 할 고객응대의 마음가짐이 아닌 것은?

① 공사를 구분하여 공평하게 대한다.
② 투철한 서비스 정신으로 무장한다.
✔ 자신의 입장에서 생각하고 행동한다.
④ 고객만족을 위해 서비스를 제공한다.

> 해설 고객의 입장에서 생각하고 행동한다.

02 고객을 직접 대하는 직원이 바로 회사를 대표하는 중요한 사람이라는 것을 설명하는 용어는?
빈출

✔ 접점제일주의
② 일등제일주의
③ 고객제일주의
④ 신속제일주의

> 해설 접점제일주의를 설명하고 있다.

03 고객이 거래를 중단한 이유 중 가장 높은 비율을 차지하는 것은?

✔ 고객 접점의 종업원
② 제품에 대한 불만
③ 경쟁사의 회유
④ 가격이나 기타 사유

> 해설 고객이 거래를 중단한 이유는 고객 접점의 종업원 68%, 제품에 대한 불만 14%, 경쟁사의 회유 9%, 가격이나 기타 사유 9%로 나타난다. 고객 접점의 종업원 즉, 운전자나 접수자의 친절이 중요하다.

04 고객의 욕구로 볼 수 없는 것은?

① 기억되기를 바라고 환영받고 싶어 한다.
② 관심받고 중요한 사람으로 인식되기를 바란다.
③ 칭찬받고 편안해지고 싶어 한다.
✔ 무조건 저렴한 서비스 가격을 요구한다.

> 해설 단순히 저렴한 서비스 가격이 아닌 합리적인 가격과 그에 맞는 서비스를 요구한다.

05 고객서비스의 특성이 아닌 것은?

① 무형성
② 동시성
③ 이질성
✔ 잔존성

> 해설 서비스는 잔존하는 것이 아니라 즉시 사라지는 소멸성의 특성을 가지고 있다.

06 직업의 3가지 태도가 아닌 것은?

① 애정
② 긍지
③ 열정
✔ 불만

> 해설 애정, 긍지, 열정 등 직업을 바라보는 태도가 중요하다.

07 고객서비스의 특징 중 '서비스는 누릴 수 있으나 소유할 수 없다'는 것을 뜻하는 것은?

① 무형성
② 동시성
③ 소멸성
✓ 무소유성

해설 지문에서 설명하는 것은 무소유성(무소유권)이다.

08 고객서비스의 특징 중 '똑같은 서비스라 하더라도 그것을 행하는 사람에 따라 품질의 차이가 발생하기 쉽다'는 것을 뜻하는 것은?

① 무형성
② 동시성
✓ 인간주체
④ 무소유성

해설 지문에서 설명하는 것은 인간주체(이질성)에 대한 것으로, 제품은 기계나 설비로 얼마든지 균질의 것을 만들어 낼 수 있지만 서비스는 행하는 사람에 따라 품질이 달라지는 성격을 말하고 있다.

09 고객만족을 위한 서비스 품질의 분류가 아닌 것은?

① 상품 품질
② 영업 품질
③ 서비스 품질
✓ 신뢰 품질

해설 고객만족을 위한 서비스 품질은 상품 품질, 영업 품질, 서비스 품질로 구분된다.

10 '고객으로부터 신뢰를 획득하기 위한 휴먼웨어(Human-ware) 품질'을 말하는 것은?

① 상품 품질
② 영업 품질
✓ 서비스 품질
④ 소비 품질

해설 지문에서 설명하는 것은 서비스 품질이다.

11 '고객이 현장사원 등과 접하는 환경과 분위기를 고객만족 방향으로 실현하기 위한 소프트웨어(Software) 품질'을 말하는 것은?

① 상품 품질
✓ 영업 품질
③ 서비스 품질
④ 소비 품질

해설 지문에서 설명하는 것은 영업 품질이다. 이는 고객에게 상품과 서비스를 제공하기까지의 모든 영업활동을 고객 지향적으로 전개하여 고객만족도 향상에 기여하도록 해야 한다.

12 서비스 품질을 평가하는 고객의 기준 중 '정확하고 틀림없다. 약속기일을 확실히 지킨다'의 내용을 담고 있는 것은?

✓ 신뢰성
② 편의성
③ 커뮤니케이션
④ 신용도

해설 지문에서 설명하는 것은 신뢰성이다.

13 고객을 대하는 기본예절로 적절하지 않은 것은?

☑ 계약관계이므로 사무적인 태도로 일관되게 대해야 한다.

② 약간의 어려움을 감수하는 것은 좋은 인간관계 유지를 위한 투자이다.

③ 상대에게 관심을 갖는 것은 상대로 하여금 호감을 갖게 한다.

④ 상대방의 여건, 능력, 개인차를 인정하여 배려한다.

> 해설 계약관계이긴 하나 단순한 계약관계가 아닌 다양한 예의는 서비스의 일종이라 생각하고 진심을 다해야 한다. 즉, 상대방과는 이익 창출의 대상이 아니라 생각해야 한다.

14 고객만족을 위한 행동예절 중 인사의 중요성으로 적절하지 않은 것은?

① 인사는 서비스의 주요 기법이다.

② 인사는 고객에 대한 마음가짐의 표현이다.

③ 인사는 고객에 대한 서비스정신의 표시이다.

☑ 인사는 의례적이고 사무적이어야 예절에 맞는 방법이다.

> 해설 사소한 인사지만 인사는 애사심, 존경심, 우애, 자신의 교양과 인격의 표현이므로 정중한 예절로 쉽게 지나치지 않아야 한다.

15 고객에 대한 가벼운 인사의 방법과 상대방과의 거리로 적절한 것은?

① 상체와 머리를 숙이는 정도는 약 30˚가 적절하며 상대방과는 3m 내외가 적당하다.

② 상체와 머리를 숙이는 정도는 약 45˚가 적절하며 상대방과는 5m 내외가 적당하다.

☑ 상체와 머리를 숙이는 정도는 약 15˚가 적절하며 상대방과는 2m 내외가 적당하다.

④ 상체와 머리를 숙이는 정도는 약 30˚가 적절하며 상대방과는 1m 내외가 적당하다.

> 해설 가벼운 인사의 경우 상체와 머리를 숙이는 정도는 약 15˚가 적절하며 상대방과는 2m 내외가 적당하다. 보통 인사의 경우 30˚, 정중한 인사의 경우 45˚가 적절하다.

16 고객만족을 위한 행동예절 중 인사할 때의 마음가짐으로 적절하지 않은 것은?

☑ 의례적으로 한다.

② 정성과 감사의 마음으로 한다.

③ 밝고 상냥한 미소로 한다.

④ 경쾌하고 겸손한 인사말과 함께 한다.

> 해설 의례적이고 어쩔 수 없이 해야만 하는 인사는 지양해야 한다.

17 고객의 입장에서 꼴불견 인사행동으로 보이지 않는 것은?

① 경황없이 급히 하는 인사
② 상대방의 눈을 보지 않는 인사
✓ ③ 경쾌하고 겸손한 인사
④ 머리만 까딱하는 인사

> **해설** 경쾌하고 겸손한 인사는 기본적인 마음가짐이다.

18 올바른 인사방법이 아닌 것은?

① 정중한 인사는 45° 정도로 머리와 상체를 숙인다.
② 인사하는 지점의 상대방과의 거리는 약 2m 내외가 적당하다.
✓ ③ 턱을 많이 내밀고 인사한다.
④ 항상 밝고 명랑한 표정의 미소를 짓는다.

> **해설** 턱을 지나치게 내밀지 않고 인사하는 것이 적당하다.

19 적절한 악수에 대한 설명으로 옳지 않은 것은?

① 손이 더러울 때는 양해를 구한다.
② 허리는 무례하지 않도록 자연스레 편다.
✓ ③ 계속 손을 잡은 채로 말한다.
④ 손을 너무 세게 쥐거나 힘없이 잡지 않는다.

> **해설** 손을 잡은 채로 말하는 것은 삼가야 한다.

20 고객을 향한 적절한 시선처리가 아닌 것은?

① 자연스럽게 고객을 바라본다.
② 눈동자는 항상 중앙에 위치하도록 한다.
③ 부드러운 시선으로 고객을 바라본다.
✓ ④ 바쁜 경우 위로 치켜뜨거나 곁눈질을 통해 바라본다.

> **해설** 고객이 싫어하는 시선은 위로 치켜뜨는 눈, 곁눈질, 한곳만 응시하는 눈, 위아래로 훑어보는 눈이다.

21 대화를 나눌 때 적절한 언어예절이라 할 수 있는 것은?

① 매사 침묵으로 일관한다.
✓ ② 남이 이야기하는 도중에 분별없이 차단하지 않는다.
③ 쉽게 흥분하거나 감정에 치우쳐서 대화한다.
④ 상대방의 약점을 지적하며 대화한다.

> **해설** 대화 예절 중 남의 이야기는 전체를 다 듣고 그 후 대화를 이어가는 것이 좋다.

22 흡연예절 중 담배꽁초의 적절한 처리 방법은?

✓ ① 재떨이에 버린다.
② 차창 밖으로 버린다.
③ 꽁초를 손가락으로 튕겨 버린다.
④ 화장실 변기에 버린다.

> **해설** 흡연 후 담배꽁초는 재떨이에 버리는 것이 적절한 방법이다. 차창 밖이나 손가락으로 튕겨 버리는 것, 화장실 변기에 버리는 것, 길에 버린 후 발로 비비는 행동 등은 적절하지 못한 행동이다.

23 운전자가 가져야 할 기본적 운전자세가 아닌 것은?

① 주의력 집중
② 교통법규의 이해와 준수
☑ 운전 기술의 과신
④ 심신 상태의 안정

> 해설 운전은 혼자 하는 것이 아니라 많은 다른 운전자와 보행자 사이에서 하는 것이므로 아무리 유능하고 자신 있는 운전자라 하더라도 상대방의 실수로 사고가 일어날 수 있으므로 운전 기술을 과신하는 것은 금물이다.

24 운전자가 지켜야 할 운전예절이 아닌 것은?

① 횡단보도에서의 예절
② 올바른 전조등 사용
③ 여유 있는 교차로 통과
☑ 재빠른 방향 전환 및 차로 변경

> 해설 방향지시등을 켜고 차로 변경 등을 할 경우에는 눈인사를 하면서 양보해 주는 여유를 가지며, 도움이나 양보를 받았을 때 정중하게 손을 들어 답례하는 자세가 좋다.

25 운전자가 삼가야 할 운전행동은?

① 욕설이나 경쟁 없는 운전행위
☑ 신호등이 바뀌기 전 앞차의 출발을 재촉하는 운전행위
③ 적당한 경음기 사용으로 안전을 준수하는 운전행위
④ 급출발 및 급정거 없는 운전행위

> 해설 신호등이 바뀌기 전 또는 신호등이 바뀐 직후 경음기를 이용하여 출발을 재촉하는 행위는 삼가야 한다.

26 화물차량 운전자의 직업상 어려움이 아닌 것은?

① 장시간 운행으로 제한된 작업 공간 부족
☑ 주·야간 운행으로 생활리듬이 규칙적인 생활
③ 공로운행에 따른 교통사고에 대한 위기의식 잠재
④ 화물의 특수운송에 따른 운임에 대한 불안감

> 해설 주·야간 운행으로 생활리듬의 불규칙함이 화물차량 운전자의 직업상 어려움 중 하나이다.

27 화물차량 운전자의 기본적 주의사항 중 법규 및 사내 교통안전 관련 규정에 대한 설명으로 적절한 것은?

① 배차지시 없이 임의운행
② 정당한 사유 없이 지시된 운행경로 임의 변경운행
③ 사전승인 없이 타인을 승차시키는 행위
☑ 사전승인 받아 적재물 특성에 따른 회사 차량의 집단운행

> 해설 기본적으로 회사차량의 불필요한 집단운행은 금지하는 것이 좋으나, 적재물의 특성상 집단운행이 불가피한 경우 관리자 및 관계기관의 사전승인을 받고 사고 예방조치 및 안전조치를 취하고 운행하는 것은 허가된다.

28 운전자의 신상 변동 등의 보고에 대한 설명으로 옳지 않은 것은?

① 결근, 지각, 조퇴가 필요한 경우 회사에 즉시 보고한다.

☑ 운전면허증 기재사항 변경의 경우 회사 보고는 생략한다.

③ 운전면허 행정처분 시 즉시 회사에 보고한다.

④ 질병으로 인한 안전운전 영향이 판단될 시 회사에 보고한다.

해설 운전면허증 기재사항 변경의 경우 회사에 즉시 보고하여야 한다.

29 화물차량 운전자의 운행상 주의사항으로 옳지 않은 것은?
빈출

① 후진 시에는 유도요원을 배치하고, 신호에 따라 안전하게 후진한다.

☑ 내리막길에서는 풋 브레이크만 사용하여 운전한다.

③ 주·정차 후 운행을 개시하고자 할 때, 주변의 안전을 확인 후 운행을 시작한다.

④ 후속차량이 추월하고자 할 때에는 감속 등으로 양보 및 배려운전을 한다.

해설 내리막길에서는 풋 브레이크뿐만 아니라 엔진 브레이크를 적절히 사용하여 운전해야 한다.

30 자기가 맡은 역할을 수행하는 능력을 인정받는 곳이란 의미의 직업관으로 옳은 것은?

① 경제적 의미　② 정신적 의미

☑ 사회적 의미　④ 철학적 의미

해설 경제적 가치를 창출하는 곳은 경제적 의미, 사명감과 소명의식을 갖고 정성과 열성을 쏟을 수 있는 곳은 정신적 의미, 일한다는 인간의 기본적인 리듬을 갖는 곳은 철학적 의미를 가진다.

31 집하 시 행동 방법이 아닌 것은?

① 인사와 함께 밝은 표정으로 정중히 두 손으로 화물을 받는다.

☑ 2개 이상의 화물은 결박화물로 취급하여 1개로 집하한다.

③ 취급제한 물품은 그 취지를 알리고 정중히 집하를 거절한다.

④ 운송장 및 보조송장 도착지란을 정확히 기재하여 터미널 오분류를 방지한다.

해설 2개 이상의 화물은 반드시 분리 집하한다. 결박화물로 집하를 금지한다.

32 고객응대 예절 중 배달 시 행동 방법으로 적절하지 않은 것은?

① 인수증 서명은 반드시 정자로 실명 기재 후 받는다.

② 고객이 부재 시에는 부재중 방문표를 이용한다.

③ 긴급배송을 요하는 화물을 우선 처리하고, 모든 화물은 기일 내 배송한다.

☑ 차량에서 최종 배송지까지 이동거리가 긴 경우 임의 장소에 배송한다.

해설 차량에서 최종 배송지까지 이동거리가 긴 경우라도 최종 목적지까지 배송하여야 한다.

33 1970년대 시기 창고보관, 수송을 신속히 하여 주문처리시간을 줄이는 데 초점을 둔 단계를 말하는 것은?

☑ 경영정보시스템 단계

② 전사적자원관리 단계

③ 공급망관리 단계

④ 인터넷물류관리 단계

해설 1970년대 기업경영에서 의사결정의 유효성을 높이기 위해 경영 내외의 관련 정보를 필요에 따라 즉각적으로 그리고 대량으로 수집, 전달, 처리, 저장, 이용할 수 있도록 편성한 인간과 컴퓨터와의 결합시스템을 말한다.

34 1980년대 시기 정보기술을 이용하여 수송, 제조, 구매, 주문관리기능을 포함하여 합리화하는 로지스틱스 활동이 이루어졌던 단계를 말하는 것은?

① 경영정보시스템 단계
② ✔전사적자원관리 단계
③ 공급망관리 단계
④ 인터넷물류관리 단계

해설 1980년대 기업활동을 위해 사용되는 기업 내의 모든 인적, 물적 자원을 효율적으로 관리하여 궁극적으로 기업의 경쟁력을 강화시켜 주는 역할을 하는 통합정보시스템을 말한다.

35 1990년대 최종 고객까지 포함하여 공급망상의 업체들이 수요, 구매정보 등을 상호 공유하는 통합 단계를 말하는 것은?

① 경영정보시스템 단계
② 전사적자원관리 단계
③ ✔공급망관리 단계
④ 인터넷물류관리 단계

해설 1990년대 중반 이후 고객 및 투자자에게 부가가치를 창출할 수 있도록 최초의 공급업체로부터 최종 소비자에게 이르기까지의 상품·서비스 및 정보의 흐름이 관련된 프로세스를 통합적으로 운영하는 경영전략 단계를 말한다.

36 물류합리화로 불필요한 재고의 미보유 기능을 하는 기업경영에 있어서 물류의 역할은?

① 마케팅에 기여한다.
② ✔적정 재고의 유지로 재고 비용 절감에 기여한다.
③ 물류와 상류 분리를 통한 유통합리화에 기여한다.
④ 판매 기능 촉진에 기여한다.

해설 적정 재고의 유지는 기업경영에 있어 재고 비용 절감에 기여할 수 있다.

37 '발생지에서 소비지까지의 물자의 흐름을 계획, 실행, 통제하는 제반관리 및 경제활동'을 뜻하는 용어는?

① ✔물류
② 전류
③ 상류
④ 하류

해설 지문의 설명은 물류를 설명하고 있다.

38 '검색, 견적, 입찰, 가격 조정, 계약, 지불, 인증, 보험, 회계처리, 서류 발행, 기록 등'을 뜻하는 용어는?

① 물류
② 전류
③ ✔상류
④ 하류

해설 지문의 설명은 상류를 설명하고 있다. 물류와 상류가 합쳐지면 유통이 된다.

39 생산과 소비와의 시간적 차이를 조정하여 시간적 효율을 창출하는 물류의 기능은?

① 운송기능
② 포장기능
③ ✔보관기능
④ 하역기능

해설 지문의 설명은 보관기능에 대한 설명이다.

40 물류관리의 목표를 달성하기 위한 고객서비스 수준의 결정기준은?

① 판매지향적
② 소비지향적
☑ 고객지향적
④ 이익지향적

> 해설 고객서비스 수준의 결정은 고객지향적, 즉 고객을 바라보고 고객을 위한 것이어야 한다.

41 생산된 재화가 최종 고객이나 소비자에게 전달되는 물류과정은?

☑ 유통과정
② 공급과정
③ 소비과정
④ 보관과정

> 해설 지문은 유통과정에 대한 설명이다.

42 물류네트워크 평가와 감사를 위한 일반적 지침이 아닌 것은?

① 수요
② 제품특성
③ 물류비용
☑ 원산지관리

> 해설 물류네트워크 평가와 감사를 위한 일반적 지침은 수요, 고객서비스, 제품특성, 물류비용, 가격결정 정책이 있다.

43 고도의 물류서비스를 소비자에게 제공하여 기업경영의 경쟁력을 강화하는 물류관리는?

☑ 기업 외적 물류관리
② 고객지향적인 물류관리
③ 기업 내적 물류관리
④ 고객서비스 물류관리

> 해설 물류관리의 기능 중 기업 외적 물류관리를 설명하고 있다.

44 물류관리 전략의 필요성 및 중요성에 대한 설명 중 '전략적 물류'의 특성이 아닌 것은?

① 제품 효과 중심
② 부분 최적화 지향
③ 기능별 독립 수행
☑ 효과 중심의 개념

> 해설 효과 중심의 개념은 로지스틱스의 특성이다. 이외에도 코스트 중심, 효율 중심의 개념을 전략적 물류의 특성으로 볼 수 있다.

45 물류관리 전략의 필요성 및 중요성에 대한 설명 중 '로지스틱스'의 특성이 아닌 것은?

① 가치창출 중심
☑ 코스트 중심
③ 시장진출 중심(고객 중심)
④ 전체 최적화 지향

> 해설 코스트 중심은 전략적 물류의 특성이다. 이외에도 기능의 통합화 수행, 효과(성과) 중심의 개념을 로지스틱스의 특성으로 볼 수 있다.

46 로지스틱스 전문가의 자질 중 '경험이나 관리 기술을 바탕으로 물류전략을 입안하는 능력'을 말하는 것은?

① 분석력

② 판단력

✓③ 기획력

④ 창조력

> 해설 지문에서 설명하는 전문가의 자질은 기획력이다.

47 로지스틱스 전문가의 자질 중 '이상적인 물류 인프라 구축을 위하여 실행하는 능력'을 말하는 것은?

① 기술력

✓② 행동력

③ 관리력

④ 이해력

> 해설 설명하는 전문가의 자질은 행동력이다.

48 전략적 물류관리에 비교되는 로지스틱스의 특징은?

① 코스트 중심

② 기능별 독립 수행

③ 부분 최적화 지향

✓④ 시장진출 중심(고객 중심)

> 해설 시장진출 중심은 로지스틱스의 특징으로 볼 수 있다. 이외에도 가치창출 중심, 기능의 통합화 수행, 전체 최적화 지향, 효과(성과) 중심의 개념이 특징이다.

49 로지스틱스 전략관리의 기본요건 중 전문가의 자질에 대한 설명이 틀린 것은?

① 기술력: 정보기술을 물류시스템 구축에 활용하는 능력

② 행동력: 이상적인 물류인프라 구축을 위하여 실행하는 능력

③ 관리력: 신규 및 개발프로젝트를 원만히 수행하는 능력

✓④ 이해력: 물류관련 기술동향을 파악하여 선택하는 능력

> 해설 ④는 판단력에 대한 설명이다. 이해력은 시스템 사용자의 요구를 명확히 파악하는 능력이다.

50 물류정보 활동의 역할에 대한 물류정보 분류 항목이 아닌 것은?

① 재고 정보

② 출하 정보

③ 물류관리 정보

✓④ 화물 운송 정보

> 해설 수주 정보, 재고 정보, 생산 정보, 출하 정보, 물류관리 정보 등으로 분류할 수 있다.

51 전략적 물류관리의 접근대상에 대한 설명으로 틀린 것은?

① 자원 소모, 원가 발생 → 원가경쟁력 확보, 자원 적정 분배

✓② 활동 → 상류 활동 개선

③ 프로세스 → 프로세스 혁신

④ 흐름 → 흐름의 상시 감시

> 해설 전략적 물류관리의 접근대상 중 활동은 부가가치 활동 개선이다.

52 물품 하역작업에 주로 사용되는 장비가 아닌 것은?

① 컨베이어
② 크레인
☑ 렉커차
④ 지게차

> **해설** 컨베이어와 지게차를 이용한 물품 하역작업이 가장 많으나 컨테이너나 팔렛트의 경우 지게차를 이용하여 하역작업을 한다.

53 물류계획 수립 3단계는?

☑ 전략 – 전술 – 운영
② 전술 – 운영 – 전략
③ 운영 – 전술 – 전략
④ 운영 – 전략 – 전술

> **해설** 물류계획 수립 3단계는 전략 – 전술 – 운영으로 구분된다.

54 물류전략의 실행 구조(과정 순환)의 순서로 옳은 것은?

☑ 전략 수립 → 구조 설계 → 기능 정립 → 실행
② 구조 설계 → 전략 수립 → 기능 정립 → 실행
③ 전략 수립 → 기능 정립 → 구조 설계 → 실행
④ 기능 정립 → 구조 설계 → 전략 수립 → 실행

> **해설** 물류전략의 실행 구조(과정 순환)는 전략 수립 → 구조 설계 → 기능 정립 → 실행 순이다.

55 물류전략의 8가지 핵심 영역 중 '기능 정립' 영역에 해당하지 않는 것은?

① 창고 설계 및 운영
② 수송관리
③ 자재관리
☑ 공급망 설계

> **해설** 공급망 설계는 구조 설계에 해당하는 영역이다.

56 물류전략의 8가지 핵심 영역 중 '전략 수립' 영역에 해당하는 것은?

☑ 고객서비스 수준 결정
② 공급망 설계
③ 정보 및 기술 관리
④ 로지스틱스 네트워크전략 구축

> **해설** 전략 수립 영역에 해당하는 것은 고객서비스 수준 결정이다. 구조 설계는 공급망 설계 및 로지스틱스 네트워크전략 구축, 기능 정립은 창고 설계 및 운영, 수송관리, 자재관리, 실행은 정보 및 기술관리, 조직 및 변화관리이다.

57 화주기업이 고객서비스 향상, 물류비 절감 등 물류활동을 효율화할 수 있도록 공급망상의 기능 전체 혹은 일부를 대행하는 업종을 말하는 것은?

① 자사물류
② 물류자회사
☑ 제3자 물류
④ 시스템물류

> **해설** 제3자 물류에 대한 설명이다.

58 외부의 전문물류업체에게 물류업무를 아웃소싱 하는 경우를 칭하는 용어는?

① 자사물류
② 제2자 물류
✓ 제3자 물류
④ 물류자회사

> 해설 제3자 물류, 즉 아웃소싱을 설명하고 있다.

59 일반적인 물류처리의 발전 과정으로 옳은 것은?

① 물류자회사 → 자사물류 → 제3자 물류
✓ 자사물류 → 물류자회사 → 제3자 물류
③ 제3자 물류 → 물류자회사 → 자사물류
④ 자사물류 → 제3자 물류 → 물류자회사

> 해설 일반적인 물류처리의 발전 과정은 자사물류(1차) → 물류자회사(2차) → 제3자 물류(아웃소싱)로 발전하였다.

60 화주기업이 직접 물류활동을 처리하는 자사물류는 무엇인가?

✓ 제1자 물류
② 제2자 물류
③ 제3자 물류
④ 제4자 물류

> 해설 설명하는 것은 제1자 물류이다.

61 제3자 물류의 발전동향과 거리가 먼 것은?

① 국내 물류시장은 최근 공급자와 수요자 양 측면 모두에서 제3자 물류가 활성화될 수 있는 기본적인 여건을 형성하고 있는 중이다.
② 수요자 측면에서는 최근 물류전문업체와의 전략적 제휴·협력을 통해 물류효율화를 추진하고자 하는 화주기업이 점증적으로 증가하고 있다.
③ 고객만족 경영환경 하에서 소비자 수요 변화에 따른 소량 다빈도 배송업무를 효율적으로 실시하기 위해 물류전문업체를 활용하는 화주기업이 크게 증가하고 있다.
✓ 물류산업 구조의 취약성, 물류기업의 내부역량 미흡, 소프트 측면의 물류기반요소 미확충 등의 측면이 이미 구조적으로 해결되었다.

> 해설 물류산업 구조의 취약성, 물류기업의 내부역량 미흡, 소프트 측면의 물류기반요소 미확충, 물류환경의 변화에 부합하지 못하는 물류정책 등 제3자 물류의 발전 및 확산을 저해하는 문제점이 해결되어야 한다.

62 제3자 물류의 도입 이유에 대한 설명이 잘못된 것은?

① 화주기업들은 자가물류를 확충하는 데 너무 치중한 결과 물류시설 확충, 물류자동화·정보화, 물류전문인력 충원 등에 따른 고정투자비 부담이 크게 증가하였다.

② 물류자회사는 노무관리 차원에서 모기업으로부터 인력 퇴출 장소로 활용되어 인건비 상승에 대한 부담이 가중되기도 한다.

③ 고정투자비 부담을 없애고, 경기변동, 수요계절성 등 물동량 변동, 물류경로 변화에 효과적으로 대응할 수 있다. ✓

④ 모기업의 지나친 간섭과 개입으로 자율경영의 추진에 한계가 있다.

> **해설** ③은 제3자 물류의 기대효과이고, 화주기업 측면의 이점으로 볼 수 있다.

63 제3자 물류에 의한 물류혁신 기대효과가 아닌 것은?

① 물류산업의 합리화에 의한 고물류비 구조 혁신

② 고품질 물류서비스의 제공으로 제조업체의 경쟁력 약화 ✓

③ 종합물류서비스의 활성화

④ 공급망관리(SCM) 도입·확산의 촉진

> **해설** 고품질 물류서비스의 제공으로 제조업체의 경쟁력 강화의 기대효과를 가지고 있다.

64 제3자 물류의 기대효과 중 화주기업 측면에 해당하지 않는 것은?

① 조직 내 물류기능 통합화와 공급망상의 기업 간 통합·연계화로 자본, 운영시설, 제고, 인력 등의 경영자원을 효율적으로 활용할 수 있고 또한 리드타임(lead time) 단축과 고객서비스의 향상이 가능하다.

② 고품질의 물류서비스를 개발·제고함에 따라 현재보다 높은 수익률을 확보할 수 있고, 또 서비스 혁신을 위한 신규투자를 더욱 활발하게 추진할 수 있다. ✓

③ 고정투자비 부담을 없애고, 경기변동, 수요계절성 등 물동량 변동, 물류경로 변화에 효과적으로 대응할 수 있다.

④ 물류시설 설비에 대한 투자부담을 분산시킴으로써 유연성 확보와 자가물류에 의한 물류효율화의 한계를 보다 용이하게 해소할 수 있다.

> **해설** ②는 물류업체 측면의 기대효과이다.

65 제3자 물류에 어떤 기능을 추가하면 제4자 물류로 정의할 수 있는가?

① 생산　　　　　② 판매

③ 컨설팅 ✓　　　④ 지원

> **해설** 컨설팅 기능까지 수행할 수 있는 제3자 물류를 제4자 물류로 정의하고 있다.

66 제3자 물류의 기능에 컨설팅 업무를 추가한 것은?

① 자사 물류　　　② 물류자회사

③ 로지스틱스　　 ④ 제4자 물류 ✓

> **해설** 제3자 물류와 컨설팅 업무가 결합된 구조가 제4자 물류이다.

67 공급망 관리 측면에서 제4자 물류의 단계를 순서대로 나열한 것은?

① 전환 – 실행 – 재창조 – 이행
② 실행 – 재창조 – 이행 – 전환
✓③ 재창조 – 전환 – 이행 – 실행
④ 이행 – 재창조 – 전환 – 실행

> 해설 제4자 물류 단계는 재창조 – 전환 – 이행 – 실행의 단계를 거친다.

68 공급망관리에 있어서의 제4자 물류(4PL)의 4단계가 아닌 것은?

① 재창조
② 전환
③ 이행
✓④ 확산

> 해설 제4자 물류(4PL)의 4단계는 재창조(Reinvention) – 전환(Transformation) – 이행(Implementation) – 실행(Execution)의 단계를 가진다.

69 제4자 물류의 단계 중 '비지니스 프로세스 제휴, 조직과 서비스의 경계를 넘은 기술의 통합과 배송운영까지 포함하여 실행하고 인적자원관리가 성공의 중요한 요소로 인식됨'을 포함하는 단계는?

① 재창조
② 전환
✓③ 이행
④ 실행

> 해설 제4자 물류(4PL)의 4단계 중 3단계 이행(Implementation)에 대한 설명이다.

70 화주기업이 직접 물류활동을 처리하는 것은?

✓① 자사 물류
② 물류자회사
③ 제3자 물류
④ 제4자 물류

> 해설 자사 물류 즉, 제1자 물류에 대한 설명이다.

71 물류의 발전 방향과 거리가 먼 것은?

① 비용 절감
② 기업의 성장을 위한 물류전략 수립
③ 요구되는 수준의 서비스 제공
✓④ 재고량 증가에 따른 물품 비축

> 해설 물류는 재고량 감소 즉, 생산, 수요, 판매 등의 물류의 적정성이 그 핵심 발전 방향이다.

72 수송과 배송의 구분에서 배송에 해당하는 것은?

① 장거리 대량 화물의 이동
② 거점과 거점 간 이동
✓③ 지역 내 화물의 이동
④ 1개소의 목적지에 1회에 직송

> 해설 지역 내 화물의 이동은 배송에 해당하며, 단거리 소량 화물의 이동, 기업과 고객 간 이동, 다수의 목적지를 순회하면서 소량 운송도 배송에 해당한다.

73 운송 관련 용어의 해설 중 '한정된 공간과 범위 내에서의 재화의 이동'을 뜻하는 것은?

① 교통
② 운송
☑ 운반
④ 통운

> **해설** 지문은 운반에 대한 설명이다. 교통은 현상적인 시각에서의 재화의 이동, 운송은 서비스 공급 측면에서의 재화의 이동, 운수는 행정상 또는 법률상의 운송, 통운은 소화물 운송을 말하며, 배송은 상거래가 성립된 후 상품을 고객이 지정하는 수하인에게 발송 및 배달하는 것으로 물류센터에서 각 점포나 소매점에 상품을 납입하기 위한 수송을 말한다.

74 운송 관련 용어의 해설 중 '제조공장과 물류거점(물류센터) 간의 장거리 수송으로 컨테이너 또는 파렛트를 이용, 유닛화되어 일정 단위로 취합되어 수송'하는 것을 뜻하는 것은?

① 교통
☑ 간선수송
③ 운반
④ 통운

> **해설** 지문은 간선수송에 대한 설명이다.

75 운송, 보관, 포장의 전후에 부수하는 물품의 취급으로 교통기관과 물류시설에 걸쳐 행해지는 것으로 적입, 적출, 피킹 등의 작업에 해당하는 용어는?

① 보관
② 포장
③ 유통가공
☑ 하역

> **해설** 하역에 대한 설명이다. 하역합리화의 대표적인 수단으로는 컨테이너화와 파렛트화가 있다.

76 화물자동차 운송의 효율성 지표로 사용되지 않는 것은?

☑ 포장률
② 실차율
③ 가동률
④ 공차율

> **해설** 화물자동차 운송의 효율성 지표는 가동률, 실차율, 적재율, 공차율, 공차거리율이다.

77 화물자동차 운송의 효율성 지표 중 최대적재량 대비 적재된 화물의 비율을 뜻하는 것은?

① 가동율
② 실차율
☑ 적재율
④ 공차거리율

> **해설** 적재율에 대한 설명이다.

78 화물자동차 운송의 효율성 지표 중 주행거리에 대해 실제로 화물을 싣고 운행한 거리의 비율을 뜻하는 것은?

① 가동률
☑ 실차율
③ 적재율
④ 공차거리율

> **해설** 실차율에 대한 설명이다. 가동률은 화물자동차가 일정 기간에 걸쳐 실제로 가동한 일수, 공차거리율은 주행거리에 대해 화물을 싣지 않고 운행한 거리의 비율을 말한다.

79 공동수송의 장점이 아닌 것은?

① 물류시설 및 인원의 축소
② 영업용 트럭의 이용 증대
③ 입출하 활동의 계획화
✔ 안정된 수송시장 확보

해설 안정된 수송시장 확보는 공동배송의 장점에 해당한다. 공동배송의 장점으로는 수송효율 향상, 소량화물 혼적으로 규모의 경제효과, 자동차 및 기사의 효율적 활용, 네트워크의 경제효과, 교통혼잡 완화, 환경오염 방지가 있다.

80 공동배송의 단점이 아닌 것은?

✔ 기업 비밀 누출에 대한 우려
② 제조업체의 산재에 따른 문제
③ 물량 파악이 어려움
④ 외부 운송업체의 운임덤핑에 대처 곤란

해설 기업 비밀 누출에 대한 우려는 공동수송의 단점에 해당한다. 공동수송의 단점으로는 영업 부분의 반대, 서비스 차별화의 한계, 서비스 수준의 저하 우려, 수화주와의 의사소통 부족, 상품특성을 살린 판매전략 제약이 있다.

81 수배송활동 3단계에 해당하지 않는 것은?

① 계획
② 실시
③ 통제
✔ 판매

해설 수배송활동 3단계는 계획 – 실시 – 통제의 단계이다.

82 수배송활동 3단계 중 배차 수배, 화물 적재 지시, 배송 지시 등이 해당하는 단계는?

① 계획   ✔ 실시
③ 통제   ④ 판매

해설 배차 수배, 화물 적재 지시, 배송 지시, 발송정보 착하지에의 연락, 반송화물 정보처리, 화물의 추적 파악 등이 해당하는 것은 실시 단계이다.

83 주파수 공용통신(TRS; Trunked Radio System) 도입 효과로 적절하지 않은 것은?
빈출

① 차량의 운행정보 입수와 본부에서 차량으로 정보 전달이 용이하다.
② 차량으로 접수한 정보의 실시간 처리가 가능하다.
✔ 각종 자연재해로부터 사전 대비를 통해 재해를 회피할 수 있다.
④ 화주의 수요에 신속히 대응할 수 있고 화주의 화물 추적이 용이하다.

해설 각종 자연재해로부터 사전 대비가 가능한 효과는 범지구측위시스템(GPS)의 효과이다.

84 GPS의 활용범위와 거리가 먼 것은?

① 각종 자연재해로부터 사전 대비를 통한 재해를 회피할 수 있다.
② 대도시 교통 혼잡 시 도로 상황을 파악할 수 있다.
③ 수송차의 추적 시스템을 통한 관리 및 통제가 가능하다.
✔ 토지조성공사 시 작업자의 사전 지시에 의한 관리가 가능하다.

해설 토지조성공사 시 작업자가 리얼 타임(REAL TIME)으로 신속대응이 가능하다.

85 범지구측위시스템(GPS; Global Positioning System)의 효과가 아닌 것은?

① 교통혼잡 시에 차량에서 행선지 지도와 도로 사정을 파악할 수 있다.

② 운송차량추적시스템을 GPS로 완벽하게 관리 및 통제할 수 있다.

✓③ 차량으로 접수한 정보의 실시간 처리가 가능하다.

④ 토지조성공사 시 지반 침하와 침하량을 측정하여 리얼타임(실시간) 신속대응이 가능하다.

> **해설** 차량으로 접수한 정보의 실시간 처리 가능 효과는 주파수 공용통신(TRS)의 효과이다.

86 관성항법과 더불어 어두운 밤에도 목적지에 유도하는 측위통신망으로서 차량 위치 추적을 통한 물류관리에 이용되는 통신망으로서 인공위성을 이용하여 지구 어느 곳이든 실시간 자기 위치와 타인의 위치 확인이 가능한 것은?

① 주파수 공용통신(TRS)

✓② 범지구측위시스템(GPS)

③ 효율적 고객응대(ECR)

④ 신속대응(QR)

> **해설** 지문이 설명하는 것은 GPS통신망을 이용한 범지구측위시스템(GPS)이다.

87 기존 JIT(Just In Time) 전략보다 신속하고 민첩한 체계를 통해 생산 및 유통의 각 단계에 효율성을 기하여 그 성과를 생산자, 유통관계자, 소비자에게 골고루 분배하는 물류서비스 기법은?

① 전사적 품질관리(TQC)

② 공급망관리(SCM)

③ 효율적 고객응대(ECR)

✓④ 신속대응(QR)

> **해설** 신속하고 민첩한 체계를 활용한 이점을 이용하는 물류서비스는 신속대응이다.

88 신속대응(QR) 전략 중 소비자의 측면의 효과가 아닌 것은?

① 상품의 다양화

✓② 높은 소비 가격

③ 소비패턴 변화에 따른 상품 전략

④ 소비자 요구에 부응하는 품질 개선

> **해설** 낮은 소비 가격을 신속대응의 소비자 측면 효과로 볼 수 있다.

89 제품의 생산에서 유통 그리고 로지스틱의 마지막 단계인 폐기까지 전 과정에 대한 정보를 한 곳에 모으는 통합유통·물류·생산시스템을 말하는 것은?

① 전사적 품질관리(TQC)

② 공급망관리(SCM)

③ 효율적 고객응대(ECR)

✓④ 통합판매·물류·생산시스템(CALS)

> **해설** 설명하는 것은 통합판매·물류·생산시스템(CALS; Computer Aided Logistics Support)이다.

90 통합판매·물류·생산시스템(CALS)의 도입 효과로 볼 수 없는 것은?

① 정보화시대를 맞이하여 기업경영에 필수적인 산업정보화 전략

② 기술정보를 통합 및 공유한 세계화된 실시간 경영실현을 통한 기업통합 효과

③ 민첩생산시스템 및 고객만족시스템 그리고 규모경제를 시간경제로 변화

✓④ 섬유산업에 주로 사용하며 화주의 수요에 신속한 대응 가능

> **해설** ④는 신속대응(섬유산업에 주로 사용)과 주파수 공용통신의 효과로 볼 수 있다. 이외에도 정보시스템 연계를 통한 가상기업 출현으로 기업 내 또는 기업 간 장벽을 허무는 효과도 있다.

91 급변하는 상황에 민첩하게 대응하기 위한 전략적 기업제휴를 의미하는 것은?

☑ 가상기업
② 벤처기업
③ 민간기업
④ 주주기업

해설 지문이 설명하는 것은 가상기업에 대한 설명이다.

92 물류고객서비스의 요소 중 거래 전 요소로 볼 수 없는 것은?

① 접근가능성
② 조직구조
③ 시스템의 유연성
☑ 재고 품절 수준

해설 재고 품절 수준은 거래 시 요소에 해당한다. 거래 전 요소는 ①, ②, ③ 외에도 문서화된 고객서비스 정책 및 고객에 대한 제공, 매니지먼트 서비스가 해당한다.

93 물류고객서비스의 요소 중 거래 중 요소로 볼 수 없는 것은?

① 발주 정보
② 발주의 편리성
☑ 고객의 클레임
④ 시스템의 정확성

해설 고객의 클레임은 거래 후 요소에 해당한다. 거래 중 요소는 ①, ②, ④ 외에도 재고 품절 수준, 주문사이클, 배송 촉진, 환적, 대체 제품, 주문상황 정보가 해당한다. 또한, 거래 후 요소로는 설치, 보증, 변경, 수리, 부품, 제품의 추적, 고객의 클레임, 고충·반품처리, 제품의 일시적 교체, 예비품의 이용가능성을 들 수 있다.

94 재고품으로 주문품을 공급할 수 있는 정도를 나타내는 용어로, 품절, 백오더, 주문충족률, 납품률 등을 통칭하는 용어는?

① 주문 처리 시간
☑ 재고신뢰성
③ 예비품 이용가능성
④ 주문사이클

해설 지문에서 설명하는 것은 재고신뢰성으로, 주문품을 공급할 수 있는 정도를 의미한다.

95 택배화물 배달방법 중 개인 고객에 대한 전화방법으로 잘못된 것은?

① 위치 파악, 방문 예정시간 통보, 착불요금 준비를 위해 2시간 정도의 여유를 갖고 약속한다.
② 전화를 안 받는다고 화물을 안 가지고 배송을 시작하면 안 된다.
☑ 본인이 아닌 경우 화물명을 말하지 않으면 대리인 수령이 안 되는 경우가 있으므로 반드시 화물명을 정확히 밝힌다.
④ 약속시간을 지키지 못할 경우에는 재차 전화하여 예정시간을 정정한다.

해설 보약, 다이어트용 상품, 보석, 성인용품 등 화물명을 말하는 경우 개인생활에 침해가 발생할 우려가 있는 경우 그 화물명을 설명하지 않는 것이 좋다.

96 고객 부재 시 배달 방법으로 적절하지 않은 것은?

☑ 반드시 방문 시간, 송하인, 연락처 등을 기록하여 문밖에서 잘 보이는 곳에 붙여 놓는다.
② 대리인 인수 시는 인수처를 명기하여 찾도록 해야 한다.
③ 대리인 인계가 되었을 때는 귀점 중 다시 전화로 확인 및 귀점 후 재확인한다.
④ 밖으로 불러냈을 때는 사과의 말과 함께 전달하며, 소형 화물 외에는 집까지 배달한다.

해설 고객 부재 시 문밖에 개인정보가 노출되도록 부착해 놓으면 안 된다.

97 선박 및 철도와 비교한 화물자동차 운송의 특징이 아닌 것은?

① 원활한 기동성과 신속한 수배송
② 신속하고 정확한 문전운송
✔ 운송 단위가 대량
④ 에너지 다소비형의 운송기관

> 해설 운송 단위가 소량인 것이 화물자동차 운송의 특징이다.

98 선박 및 철도와 비교한 화물자동차 운송의 장점이 아닌 것은?

① 문전에서 문전으로 배송서비스를 탄력적으로 행할 수 있다.
② 중간 하역이 불필요하여 포장의 간소화·간략화가 가능하다.
③ 다른 수송기관과 연동하지 않고서도 일관된 서비스를 할 수 있어 싣고 부리는 횟수가 적다.
✔ 수송 단위가 작고 연료비나 인건비 등 수송단가가 낮다.

> 해설 화물자동차 운송에 비하여 선박 및 철도 운송은 대량으로 운송이 가능하고 단위가 규정되어 있으며, 수송 시 연료비나 인건비 등 수송단가가 높다.

99 자가용 트럭 운송에 비하여 사업용(영업용) 트럭 운송의 장점으로 볼 수 없는 것은?

① 수송비가 저렴하다.
② 물동량의 변동에 대응한 안정 수송이 가능하다.
✔ 높은 신뢰성이 확보된다.
④ 수송 능력이 높다.

> 해설 ③은 자가용 트럭 운송의 장점에 해당한다. ①, ②, ④ 외에도 사업용(영업용) 트럭 운송의 장점으로는 융통성이 높고, 설비투자 및 인적투자가 필요 없으며, 변동비 처리가 가능하다는 점이 있다. 단점으로는 운임의 안정화가 곤란하며, 관리기능이 저해되고, 기동성이 부족하며, 시스템의 일관성이 없고, 인터페이스가 약하며, 마케팅 사고가 희박하다는 점이 있다.

100 사업용(영업용) 트럭 운송에 비하여 자가용 트럭 운송의 장점으로 볼 수 없는 것은?

① 상거래에 기여한다.
② 작업의 기동성이 높다.
③ 인적 교육이 가능하다.
✔ 변동비 처리가 가능하다.

> 해설 ④는 사업용(영업용) 트럭 운송의 장점에 해당한다. ①, ②, ③ 외에도 자가용 트럭 운송의 장점으로는 안정적 공급이 가능하며, 시스템의 일관성이 유지되고, 리스크가 낮다는 점이 있다. 단점으로는 수송량의 변동에 대응하기 어렵고, 비용의 고정비화, 설비투자 및 인적투자가 필요하며, 수송능력에 한계가 있고, 사용하는 차종·차량에 한계가 있다는 점이 있다.

101 사업용 트럭 운송의 장점이 아닌 것은?

① 수송비가 저렴하다.
✔ 변동비 처리가 불가능하다.
③ 물동량의 변동에 대응하여 안정적인 수송이 가능하다.
④ 수송 능력 및 융통성이 높다.

> 해설 사업용 트럭 운송은 변동비 처리가 가능한 장점이 있다.

102 국내 운송의 대부분을 차지하고 있는 트럭 운송의 전망을 살펴볼 때 나아가야 할 방향에 대한 설명으로 볼 수 없는 것은?

① 고효율화한다.
✔ 왕복실차율을 낮춘다.
③ 컨테이너 및 파렛트 수송을 강화한다.
④ 트레일러 수송과 도킹시스템화를 추진한다.

> 해설 왕복실차율을 높이는 것이 필요하다. 이외에도 바꿔 태우기 수송과 이어타기 수송 그리고 집배수송용 자동차의 개발, 트럭터미널의 복합화 및 시스템화가 필요하다.

PART
2

예상 기출문제

화물운송종사 필기 예상 기출문제 ❶

수험번호 :

수험자명 :

제한 시간 : 80분
남은 시간 : 80분

전체 문제 수 : 80
안 푼 문제 수 :

01 자동차관리법령상 화물자동차의 규모별 종류 및 세부기준에 대한 설명으로 틀린 것은?

① 화물자동차 소형 : 최대적재량이 1톤 이하인 것으로 총중량이 3.5톤 이하인 것

② 화물자동차 대형 : 최대적재량이 5톤 이상이거나 총중량이 10톤 이상인 것

③ 특수자동차 소형 : 총중량이 3.5톤 이하인 것

④ 특수자동차 대형 : 총중량이 15톤 이상인 것

02 교통사고처리특례법 제3조 제2항의 본문의 특례가 적용되는 것은?

① 교차로통행방법 위반 사망사고

② 진로변경방법 위반 중상해 발생사고

③ 안전거리 미확보 중상 발생사고

④ 구호조치의무 위반 경상 발생사고

03 화물자동차 운송사업의 결격사유에 대한 설명으로 틀린 것은?

① 피성년후견인 또는 피한정후견인

② 파산선고를 받고 복권되지 아니한 자

③ 화물자동차 운수사업법을 위반하여 징역 이상의 실형을 선고받고 그 집행이 끝나거나(끝난 것으로 보는 경우 포함) 집행이 면제되는 날부터 3년이 지나지 아니한 자

④ 화물자동차 운수사업법을 위반하여 징역 이상의 형의 집행유예를 선고받고 그 유예기간 중에 있는 자

04 보험등 의무가입자가 적재물 사고를 일으킬 개연성이 높은 경우 다수의 보험회사등이 공동으로 책임보험계약등을 체결할 수 있는 바, 그 사유에 해당하는 것이 아닌 것은?

① 과거 2년 동안 2회 이상 무면허 운전 등의 금지를 위반한 경우
② 과거 2년 동안 2회 이상 음주운전 금지를 위반한 경우
③ 과거 2년 동안 2회 이상 사고 발생 시 조치의무를 위반한 경우
④ 과거 2년 동안 2회 이상 사망사고를 발생시킨 경우

05 화물자동차 운수사업법령상 과태료의 부과 일반기준에 따라 과태료 금액의 2분의 1의 범위에서 그 금액을 줄일 수 있는 경우가 아닌 것은?

① 과태료를 체납하고 있는 위반행위자의 경우
② 위반행위가 사소한 부주의나 오류로 인한 것으로 인정되는 경우
③ 위반행위자의 법 위반상태를 시정하거나 해소하기 위한 노력이 인정되는 경우
④ 위반행위의 정도, 위반행위의 동기와 결과 등을 고려하여 그 금액을 줄일 필요가 있다고 인정되는 경우

06 자동차의 형식이 변경된 경우에 대한 설명으로 틀린 것은?

① 차종 변경된 경우 : 변경승인 후의 차종
② 승차정원이 증가한 경우 : 변경승인 후의 승차정원
③ 차종 변경 없이 승차정원이 감소된 경우 : 변경승인 전의 승차정원
④ 차종 변경 없이 적재중량이 감소된 경우 : 변경승인 후의 적재중량

07 화물자동차 운수사업법령상 과태료 금액으로 옳지 않은 것은?

① 자가용 화물자동차의 사용을 신고하지 않은 경우 50만 원
② 자가용 화물자동차의 사용 제한 또는 금지에 관한 명령을 위반한 경우 100만 원
③ 운송종사자가 매년 1회 실시하는 교육을 받지 않은 경우 50만 원
④ 운수사업자의 위법행위 확인을 위한 검사를 거부·방해·기피한 경우 100만 원

08 5톤 화물자동차를 운전하여 속도 위반(60km/h 초과)의 경우 범칙금액은? (보호구역 제외)

① 13만 원

② 12만 원

③ 10만 원

④ 8만 원

09 화물자동차 운수사업법령상 운송사업의 허가취소 등에 대한 설명으로 옳지 않은 것은?

① 부정한 방법으로 화물자동차 운송사업 허가를 받은 경우 허가는 취소된다.

② 화물운송종사 자격이 없는 자에게 화물을 운송하게 한 경우 1차 위반 시 위반 차량 운행정지 30일을 부과한다.

③ 택시 미터기의 장착 등 국토교통부령으로 정하는 택시유사표시행위를 한 경우 2차 위반 시 감차조치한다.

④ 적재된 화물이 떨어지지 않도록 덮개·포장·고정장치 등 필요한 조치를 하지 않고 운행한 경우 2차 위반 시 위반 차량 감차조치한다.

10 화물운송종사 자격시험에 합격한 사람은 한국교통안전공단에서 실시하는 교육을 총 몇 시간 이수하여야 하는가?

① 4시간

② 6시간

③ 8시간

④ 10시간

11 최대적재량 1.5톤 초과의 화물자동차가 차고지와 지방자치단체의 조례로 정하는 시설 및 장소가 아닌 곳에서 밤샘주차한 경우 화물자동차 운송가맹사업자에게 주어지는 과징금은?

① 10만 원

② 20만 원

③ 30만 원

④ 50만 원

12 10톤 화물자동차의 최고속도가 매시 80km인 도로에서 눈이 20mm 이상 쌓인 경우 화물자동차의 최고제한속도는?

① 매시 30km 이내
② 매시 40km 이내
③ 매시 50km 이내
④ 매시 64km 이내

13 제작연도에 등록된 자동차의 차량기산일로 옳은 것은?

① 제작연도의 초일
② 제작연도의 말일
③ 최초의 신규 등록일
④ 제작자의 차량 출고일

14 시·도지사가 직권으로 자동차 말소등록을 할 수 있는 경우가 아닌 것은?

① 자동차의 차대(차대가 없는 경우 차체)가 등록원부상의 차대와 다른 경우
② 자동차 운행정지 명령에도 불구하고 해당 자동차를 계속 운행하는 경우
③ 자동차를 폐차한 경우
④ 자동차를 수출한 경우

15 튜닝을 한 자동차의 경우 받아야 하는 검사는?

① 신규검사
② 튜닝검사
③ 종합검사
④ 정기검사

답안 표기란

16 ① ② ③ ④
17 ① ② ③ ④
18 ① ② ③ ④
19 ① ② ③ ④
20 ① ② ③ ④

16 차로에 따른 통행차의 기준으로 틀린 것은?

① 고속도로 외의 도로에서 왼쪽 차로는 승용자동차 및 경형·소형·중형 승합자동차가 통행할 수 있다.

② 고속도로 외의 도로에서 오른쪽 차로는 대형 승합자동차, 화물자동차, 특수자동차, 건설기계, 이륜자동차, 원동기장치 자전거가 통행할 수 있다.

③ 편도 2차로 고속도로 중 2차로는 모든 자동차가 통행할 수 있다.

④ 편도 3차로 이상 고속도로 중 오른쪽 차로는 승용자동차 및 경형·소형·중형 승합자동차가 통행할 수 있다.

17 경형·소형 화물자동차에 대한 정기검사 유효기간은?

① 3년 ② 2년

③ 1년 ④ 6월

18 허가를 받은 경우를 제외하고 도로관리청이 운행을 제한할 수 있는 차량 중 축하중과 총중량에 대하여 옳은 것은?

① 축하중 10톤 초과, 총중량 30톤 초과 차량

② 축하중 5톤 초과, 총중량 20톤 초과 차량

③ 축하중 10톤 초과, 총중량 40톤 초과 차량

④ 축하중 5톤 초과, 총중량 30톤 초과 차량

19 개인형이동장치(PM)의 종류가 아닌 것은?

① 전동킥보드

② 전동이륜평행차

③ 전동기의 동력만으로 움직일 수 있는 자전거

④ 외발전동차

20 도로의 교통이 현저히 증가하여 차량의 능률적인 운행에 지장이 있는 경우 또는 일정한 구간에서 원활한 교통소통을 위하여 필요한 경우 지정하는 도로는?

① 고속도로 ② 자동차전용도로

③ 특별도로 ④ 광역도로

21 대기환경보전법령상 용어의 정의에 대한 설명으로 틀린 것은?

① 대기오염물질이란 대기오염의 원인이 되는 가스·입자상물질로서 환경부령으로 정하는 것을 말한다.

② 온실가스란 적외선 복사열을 흡수하거나 다시 방출하여 온실효과를 유발하는 대기 중의 가스상태 물질로서 이산화탄소, 메탄, 아산화질소, 수소불화탄소, 과불화탄소, 육불화황을 말한다.

③ 매연이란 물질이 연소·합성·분해될 때에 발생하거나 물리적 성질로 인하여 발생하는 기체상물질을 말한다.

④ 입자상물질(粒子狀物質)이란 물질이 파쇄·선별·퇴적·이적(移積)될 때, 그 밖에 기계적으로 처리되거나 연소·합성·분해될 때에 발생하는 고체상(固體狀) 또는 액체상(液體狀)의 미세한 물질을 말한다.

22 도로교통법령상 운행상의 안전기준을 넘어 적재한 상태로 운행하기 위하여 필요한 조치는?

① 도착지 경찰서장의 허가

② 출발지 경찰서장의 허가

③ 도착지 시·도경찰청장의 허가

④ 출발지 시·도경찰청장의 허가

23 배출가스로 인한 대기오염 및 연료손실을 줄이고자 원동기를 가동한 상태로 주차하거나 정차하는 행위를 제한하는 것을 위반한 경우 처벌은?

① 1차 : 과태료 5만 원, 2차 : 과태료 5만 원, 3차 : 과태료 5만 원

② 1차 : 과태료 5만 원, 2차 : 과태료 10만 원, 3차 : 과태료 20만 원

③ 1차 : 과태료 5만 원, 2차 : 과태료 15만 원, 3차 : 과태료 30만 원

④ 1차 : 과태료 3만 원, 2차 : 과태료 5만 원, 3차 : 과태료 10만 원

24 '차로와 차로를 구분하기 위하여 그 경계지점을 안전표지로 표시한 선'을 말하는 도로교통법령상 용어는?

① 차로

② 차선

③ 길가장자리구역

④ 중앙선

답안 표기란

25 ① ② ③ ④
26 ① ② ③ ④
27 ① ② ③ ④
28 ① ② ③ ④
29 ① ② ③ ④

25 도로교통법령상 서행해야 할 장소로 규정된 것이 아닌 것은?

① 교통정리를 하고 있지 아니하는 교차로

② 비탈길의 고갯마루 부근

③ 교차로에서 우회전하려는 경우

④ 지하도나 육교 등 도로 횡단시설을 이용할 수 없는 노인이 도로를 횡단하고 있는 경우

26 운송장은 형태에 따른 분류 중 제작비 절감, 취급절차 간소화 목적에 따른 분류가 아닌 것은?

① 기본형 운송장   ② 수기 운송장

③ 보조 운송장   ④ 스티커형 운송장

27 운송장에 기록하는 면책사항 중 수하인의 전화번호가 없을 때 기록하는 것은?

① 파손면책   ② 부패면책

③ 분실면책   ④ 배달지연면책

28 운송장 부착요령에 대한 설명으로 옳지 않은 것은?

① 운송장 부착은 원칙적으로 접수 장소에서 매 건마다 작성하여 화물에 부착한다.

② 운송장은 물품의 정중앙 상단에 뚜렷하게 보이도록 부착한다.

③ 취급주의 스티커의 경우 물품 우측면에 붙여서 눈에 띄게 한다.

④ 운송장이 떨어지지 않도록 손으로 잘 눌러서 부착한다.

29 포장재료의 특성에 따른 분류가 아닌 것은?

① 방수포장

② 반강성포장

③ 유연포장

④ 강성포장

답안 표기란

30	① ② ③ ④
31	① ② ③ ④
32	① ② ③ ④
33	① ② ③ ④
34	① ② ③ ④

30 창고 내에서 화물을 옮길 때 주의사항이 아닌 것은?

① 바닥에 작은 물건이 있는 경우 넘어 다닌다.

② 바닥의 기름이나 물기는 즉시 제거하여 미끄럼 사고를 예방한다.

③ 운반통로에 있는 맨홀이나 홈에 주의해야 한다.

④ 창고의 통로 등에는 장애물이 없도록 조치한다.

31 단독 화물 운반 시 일시작업(시간당 2회 이하)의 경우 성인 남자의 인력 운반중량 권장기준은?

① 25~30kg

② 20~25kg

③ 30~35kg

④ 15~20kg

32 파렛트 화물의 붕괴 방지 방식이 아닌 것은?

① 밴드걸기 방식

② 주연어프 방식

③ 진공포장 방식

④ 슈링크 방식

33 컨테이너 상차 등에 따른 주의사항 중 상차 전의 확인사항이 아닌 것은?

① 샤시 잠금 장치는 안전한지를 확실히 검사한다.

② 다른 라인의 컨테이너를 상차할 때 배차부서로부터 통보받아야 할 사항으로 라인 종류, 상차 장소, 담당자 이름과 직책 등이 있다.

③ 배차부서로부터 화주, 공장 위치, 공장 전화번호, 담당자 이름 등을 통보받는다.

④ 컨테이너 라인을 배차부서로부터 통보받는다.

34 과적차량이 도로에 미치는 영향으로 거리가 먼 것은?

① 축하중 10톤을 기준으로 보았을 때 축하중이 10% 증가하면 도로 파손에 미치는 영향은 50% 상승한다.

② 축하중이 증가할수록 포장의 수명은 급격하게 감소한다.

③ 40톤에 비하여 총중량 50톤의 경우 교량의 손상도는 17배 상승한다.

④ 과적에 따른 도로포장 손상보다 기후 및 환경적인 요인 그리고 포장재료 성질과 시공부주의에 의한 영향이 더 크다.

답안 표기란

35	① ② ③ ④
36	① ② ③ ④
37	① ② ③ ④
38	① ② ③ ④
39	① ② ③ ④

35 화물자동차 유형별 세부기준상 지붕구조의 덮개가 있는 화물운송용인 것은?

① 일반형　　　　　　② 덤프형

③ 밴형　　　　　　　④ 특수용도형

36 트레일러의 구조 형상에 따른 종류가 아닌 것은?

① 저상식

② 스케레탈 트레일러

③ 밴 트레일러

④ 폴 트레일러

37 화물에 시트를 치거나 로프를 거는 작업을 합리화하고, 동시에 포크리프트에 의해 짐부리기를 간이화할 목적으로 개발된 차는?

① 실내 하역기기 장비차

② 측방 개폐차

③ 쌓기 및 내리기 합리화차

④ 시스템 차량

38 이사화물 표준약관상 사업자의 책임으로 인한 계약해제 시 약정 인수일 당일에도 해제를 통지하지 않은 경우 책임은?

① 계약금의 3배

② 계약금의 5배

③ 계약금의 6배

④ 계약금의 10배

39 이사화물 표준약관상 사업자에 대하여 이사화물의 멸실, 훼손, 연착에 대한 책임이 면책되는 경우가 아닌 것은?

① 사업자 책임이 없음을 입증한 이사화물의 결함, 자연적 소모

② 이사화물의 성질에 의한 발화, 폭발, 물그러짐, 변색 등

③ 천재지변 등 불가항력인 사유

④ 개인채무에 대한 압류로 인하여 운송에 지연이 발생한 경우

40 택배 표준약관상 운송물의 일부 멸실 및 훼손 또는 연착에 대한 사업자의 손해배상책임은 수하인의 운송물 수령한 날로부터 (   )이 지나면 소멸한다. 다만, 운송물이 전부 멸실된 경우는 인도예정일을 기준으로 기산한다. (   )에 들어갈 것으로 옳은 것은?

① 3개월
② 6개월
③ 9개월
④ 1년

41 차량요인을 구성하는 것이 아닌 것은?

① 차량구조장치
② 부속품
③ 적하
④ 기상

42 운전자 요인 중 시각 특성에 대한 설명으로 옳지 않은 것은?

① 운전에 필요한 정보의 대부분을 시각을 통해 획득한다.
② 속도가 빨라질수록 시력은 떨어진다.
③ 속도가 빨라질수록 시야 범위가 좁아진다.
④ 속도가 빨라질수록 전방주시점은 가까워진다.

43 운전자 요인의 시각 특성 중 움직이는 물체 또는 움직이면서 다른 물체를 보는 것은?

① 동체시력
② 정지시력
③ 순간시력
④ 야간시력

44 정지시력 식별을 위한 란돌트 고리시표의 색상은?

① 흰 바탕에 적색 표시
② 검정 바탕에 노란색 표시
③ 흰 바탕에 검정색 표시
④ 검정 바탕에 흰색 표시

답안 표기란				
40	①	②	③	④
41	①	②	③	④
42	①	②	③	④
43	①	②	③	④
44	①	②	③	④

답안 표기란

45 ① ② ③ ④
46 ① ② ③ ④
47 ① ② ③ ④
48 ① ② ③ ④
49 ① ② ③ ④

45 사고의 심리적 요인 중 '주시점이 가까운 좁은 시야에서는 빠르게 느껴지고, 비교 대상이 먼 곳에 있을 때는 느리게 느껴진다'는 것이 설명하는 것은?

① 크기의 착각
② 원근의 착각
③ 경사의 착각
④ 속도의 착각

46 보행자 교통사고 중 보행자 요인으로 옳지 않은 것은?

① 횡단 중 모든 방향 주시
② 동행자와 이야기나 놀이에 집중
③ 도로 횡단거리와 시간을 줄이기
④ 촉박한 시간에 의한 성급함

47 고령자의 사고·신경능력에 대한 설명으로 틀린 것은?

① 복잡한 상황보다 단순한 상황을 선호한다.
② 선택적 주의력이 저하된다.
③ 다중적인 주의력이 저하된다.
④ 인지반응시간이 감소한다.

48 운행기록장치 분석 항목이 아닌 것은?

① 자동차의 운행경로에 대한 궤적의 표기
② 운전자별·시간대별 운행속도 및 주행거리의 비교
③ 교통행정기관의 운행계통 및 운행경로 개선
④ 진로변경 횟수와 사고위험도 측정 등 위험운전 행동 분석

49 위험운전 행태별 사고 유형 중 급회전 유형이 아닌 것은?

① 급좌회전
② 급우회전
③ 급U턴
④ 급진로변경

50 조향장치 중 주행상태에서 타이어가 바깥쪽으로 벌어지는 것을 방지하는 역할과 함께 바퀴 회전을 원활하게 해 핸들의 조작을 용이하게 하는 장치는?

① 토우인(Toe-in)
② 캠버(Camber)
③ 캐스터(Caster)
④ 피칭(Pitching)

51 원심력에 대한 설명으로 틀린 것은?

① 커브가 예각을 이룰수록 원심력은 커진다.
② 원심력은 속도에 비례하여 커진다.
③ 차량의 질량이 무거울수록 원심력이 커진다.
④ 원심력이 구심력보다 클 때 자동차는 도로를 이탈하거나 전도될 확률이 높아진다.

52 고속도로에서 고속주행 시 나타나는 현상으로 노면과 좌·우의 나무나 중앙분리대의 풍경이 마치 물이 흐르듯이 흘러서 눈에 들어오는 느낌의 자극을 무엇이라 하는가?

① 수막현상
② 유체자극 현상
③ 베이퍼 록 현상
④ 모닝 록 현상

53 교통안전시설인 신호기의 장점이 아닌 것은?

① 교통류의 흐름을 질서 있게 한다.
② 교통처리 용량을 증대시킬 수 있다.
③ 교차로에서의 직각충돌사고를 줄일 수 있다.
④ 과도한 대기로 인한 지체가 발생할 수 있다.

54 타이어 마모에 영향을 주는 요소에 대한 설명으로 옳지 않은 것은?

① 공기압이 낮으면 승차감은 좋아지나, 숄더 부분에 마찰력이 집중되기 때문에 수명이 짧아진다.
② 속도가 증가하면 타이어의 온도가 상승하여 트레드 고무의 내마모성이 저하된다.
③ 브레이크를 밟는 횟수가 많을수록, 브레이크 밟기 직전의 속도가 빠를수록 마모가 많아진다.
④ 비포장도로에서의 수명은 포장도로보다 길다.

답안 표기란

50	① ② ③ ④
51	① ② ③ ④
52	① ② ③ ④
53	① ② ③ ④
54	① ② ③ ④

답안 표기란	
55	① ② ③ ④
56	① ② ③ ④
57	① ② ③ ④
58	① ② ③ ④
59	① ② ③ ④

55 철길 건널목의 종류로 옳지 않은 것은?

① 1종 건널목은 차단기, 경보기 및 건널목 교통안전 표지를 설치하고 차단기를 주·야간 계속하여 작동시키거나 건널목 안내원이 근무하는 건널목

② 2종 건널목은 경보기와 건널목 교통안전 표지만 설치하는 건널목

③ 3종 건널목은 건널목 교통안전 표지만 설치하는 건널목

④ 4종 건널목은 특별한 설치사항이나 안내가 없는 건널목

56 혹한기 주행 중 시동 꺼짐 현상이 일어날 때 조치 방법이 아닌 것은?

① 인젝션 펌프 에어 빼기 작업

② 워터 세퍼레이트 수분 제거

③ 플라이밍 펌프 내부의 필터 청소

④ 연료 탱크 내 수분 제거

57 다음은 여름철 자동차 관리에 대한 설명이다. 틀린 것은?

① 난방장치 점검　　　② 와이퍼의 작동 상태 점검

③ 타이어 마모 상태 점검　　　④ 차량 내부의 습기 제거

58 다음은 방어운전에 대한 설명이다. 틀린 것은?

① 자기 자신이 사고의 원인을 만들지 않는 운전

② 자기 자신이 사고에 말려들어 가지 않게 하는 운전

③ 다른 운전자나 보행자가 교통법규를 지키지 않거나 위험한 행동을 하면 위험한 상황을 피하지 않는 운전

④ 타인의 사고를 유발시키지 않는 운전

59 이면도로의 안전운전 방법이 아닌 것은?

① 속도를 낮춘다.

② 어린이나 보행자가 갑자기 뛰어들지 모른다는 생각을 가지고 운전한다.

③ 통행 우선순위에 따라 보행자보다 차량의 우선을 생각하며 운전한다.

④ 언제라도 곧 정지할 수 있는 마음의 준비를 갖춘다.

60 내리막길 안전운전 및 방어운전으로 적절하지 않은 것은?

① 정차 후 출발 시에는 핸드 브레이크를 사용하는 것이 안전하다.

② 내리막길을 내려가기 전에는 미리 감속하여 천천히 내려가며 엔진 브레이크로 속도를 조절하는 것이 바람직하다.

③ 엔진 브레이크를 사용하면 페이드(Fade) 현상을 예방하여 운행 안전도를 더욱 높일 수 있다.

④ 커브 주행 시와 마찬가지로 중간에 불필요하게 속도를 줄인다든지 급제동하는 것은 금물이다.

61 야간 안전운전 방법으로 적절하지 않은 것은?

① 자동차가 교행할 때에는 조명장치를 하향 조정한다.

② 노상에 주·정차를 하지 않는다.

③ 술에 취한 사람이 차도에 뛰어드는 경우를 조심해야 한다.

④ 문제 발생 시 주행차로를 벗어나지 말고 차내에서 관계기관의 조치 시까지 대기한다.

62 우천 시를 대비한 타이어의 마모 한계(트레드 홈 깊이)의 최저 깊이는?

① 3.0mm

② 2.6mm

③ 2.0mm

④ 1.6mm

63 위험물 운송에 사용되는 차량에 고정된 탱크의 운행 전 점검사항에 해당하는 설명으로 옳지 않은 것은?

① 엔진 관련 냉각 수량의 적정 유무를 점검한다.

② 동력전달장치 관련 접속부의 조임과 헐거움의 정도를 점검한다.

③ 브레이크 관련 브레이크 오일량의 적정 여부를 점검한다.

④ 조향핸들 관련 스프링의 절손 또는 스프링 부착부의 손상 유무를 점검한다.

답안 표기란				
60	①	②	③	④
61	①	②	③	④
62	①	②	③	④
63	①	②	③	④

64 탱크로리 위험물 이송작업 할 때 기준으로 옳지 않은 것은?

① 이송 전·후에 밸브의 누출 유무를 점검하고 개폐는 서서히 행하여야 한다.

② 저울, 액면계 또는 유량계를 사용하여 과충전에 주의하여야 한다.

③ 충전소 내에서는 안전관리자의 허가를 득한 경우에 한하여 동시에 2대 이상의 고정된 탱크에서 저장설비로 이송작업을 하여야 한다.

④ 탱크에 설계압력 이상의 압력으로 가스를 충전하지 않아야 한다.

65 충전용기 등 차량에 적재할 때의 기준에 해당하지 않는 것은?

① 차량의 최대적재량을 초과하여 적재하지 않아야 한다.

② 차량의 적재함을 초과하여 적재하지 않아야 한다.

③ 운반 중의 충전용기는 항상 50℃ 이하를 유지해야 한다.

④ 차량에 충전용기 등을 적재한 후 당해 차량의 측판 및 뒷판을 정상적인 상태로 닫은 후 확실하게 걸게쇠로 걸어 잠가야 한다.

66 고객의 욕구로 볼 수 없는 것은?

① 기억되기를 바란다.

② 관심을 가져주기를 바란다.

③ 편안해지고 싶어 한다.

④ 기대와 욕구는 거부되기를 바란다.

67 서비스 품질을 평가하는 고객의 기준 중 '정확하고 틀림없다. 약속기일을 확실히 지킨다'의 내용을 담고 있는 것은?

① 신뢰성　　　　　　　　② 편의성

③ 커뮤니케이션　　　　　④ 신용도

68 적절한 악수에 대한 설명으로 옳지 않은 것은?

① 손이 더러울 때는 양해를 구한다.

② 허리는 무례하지 않도록 자연스레 편다.

③ 계속 손을 잡은 채로 말한다.

④ 손을 너무 세게 쥐거나 힘없이 잡지 않는다.

69 운전자가 삼가야 할 운전행동은?

① 욕설이나 경쟁 없는 운전행위

② 신호등이 바뀌기 전 앞차의 출발을 재촉하는 운전행위

③ 적당한 경음기 사용으로 안전을 준수하는 운전행위

④ 급출발 및 급정거 없는 운전행위

70 자기가 맡은 역할을 수행하는 능력을 인정받는 곳이란 의미의 직업관으로 옳은 것은?

① 경제적 의미

② 정신적 의미

③ 사회적 의미

④ 철학적 의미

71 1990년대 최종 고객까지 포함하여 공급망상의 업체들이 수요, 구매정보 등을 상호 공유하는 통합 단계를 말하는 것은?

① 경영정보시스템 단계

② 전사적자원관리 단계

③ 공급망관리 단계

④ 인터넷물류관리 단계

72 물류관리의 목표를 달성하기 위한 고객서비스 수준의 결정기준은?

① 판매지향적

② 소비지향적

③ 고객지향적

④ 이익지향적

73 로지스틱스 전문가의 자질 중 '경험이나 관리기술을 바탕으로 물류전략을 입안하는 능력'을 말하는 것은?

① 분석력   ② 판단력

③ 기획력   ④ 창조력

74 외부의 전문물류업체에게 물류업무를 아웃소싱 하는 경우를 칭하는 용어는?

① 자사물류

② 제2자 물류

③ 제3자 물류

④ 물류자회사

75 운송 관련 용어의 해설 중 '제조공장과 물류거점(물류센터) 간의 장거리 수송으로 컨테이너 또는 파렛트를 이용, 유닛화되어 일정 단위로 취합되어 수송'하는 것을 뜻하는 것은?

① 교통

② 간선수송

③ 운반

④ 통운

76 화물자동차 운송의 효율성 지표 중 주행거리에 대해 실제로 화물을 싣고 운행한 거리의 비율을 뜻하는 것은?

① 가동률

② 실차율

③ 적재율

④ 공차거리율

77 범지구측위시스템(GPS; Global Positioning System)의 효과가 아닌 것은?

① 교통혼잡 시에 차량에서 행선지 지도와 도로 사정을 파악할 수 있다.

② 운송차량추적시스템을 GPS로 완벽하게 관리 및 통제할 수 있다.

③ 차량으로 접수한 정보의 실시간 처리가 가능하다.

④ 토지조성공사 시 지반 침하와 침하량을 측정하여 리얼타임(실시간) 신속대응이 가능하다.

78 통합판매·물류·생산시스템(CALS)의 도입 효과로 볼 수 없는 것은?

① 정보화시대를 맞이하여 기업경영에 필수적인 산업정보화 전략

② 기술정보를 통합 및 공유한 세계화된 실시간 경영실현을 통한 기업통합 효과

③ 민첩생산시스템 및 고객만족시스템 그리고 규모경제를 시간경제로 변화

④ 섬유산업에 주로 사용하며 화주의 수요에 신속한 대응 가능

79 선박 및 철도와 비교한 화물자동차 운송의 특징이 아닌 것은?

① 원활한 기동성과 신속한 수배송

② 신속하고 정확한 문전운송

③ 운송 단위가 대량

④ 에너지 다소비형의 운송기관

80 국내 운송의 대부분을 차지하고 있는 트럭 운송의 전망을 살펴볼 때 나아가야 할 방향에 대한 설명으로 볼 수 없는 것은?

① 고효율화한다.

② 왕복실차율을 낮춘다.

③ 컨테이너 및 파렛트 수송을 강화한다.

④ 트레일러 수송과 도킹시스템화를 추진한다.

전체 문제 수 : 80
안 푼 문제 수 : ☐

01 다음이 설명하는 도로교통법령상 용어는?

> 운전자가 차 또는 노면전차를 즉시 정지시킬 수 있는 정도의 느린 속도로 진행하는 것

① 운전

② 일시정지

③ 서행

④ 주차

02 다음 설명이 말하는 것은?

> 다른 사람의 요구에 응하여 화물자동차를 사용하여 화물을 유상으로 운송하는 사업

① 화물자동차 운송사업

② 화물자동차 운송주선사업

③ 화물자동차 운송가맹사업

④ 화물자동차 운수사업

03 적재물배상 책임보험등의 가입 범위에 대한 설명으로 틀린 것은?

① 운송사업자 : 각 화물자동차별로 가입

② 운송주선사업자 : 각 사업자별로 가입

③ 운송가맹사업자 : 최대적재량이 5톤 이상이거나 총중량이 10톤 이상인 화물자동차 중 일반형·밴형 및 특수용도형 화물자동차와 견인형 특수자동차를 소유한 자는 각 화물자동차별 및 각 사업자별로, 그 외의 자는 각 사업자별로 가입

④ 사고 건당 1천만 원(이사화물 운송주선사업자는 500만 원) 이상의 금액을 지급할 책임을 지는 적재물배상보험등에 가입하여야 한다.

04 도로교통법령상 화물자동차의 운행상의 안전기준을 넘는 화물의 적재 허가를 받은 사람은 그 길이 또는 폭의 양 끝에 너비 (㉠)센티미터, 길이 (㉡)센티미터 이상의 빨간 헝겊으로 된 표지를 달아야 한다. 다만, 밤에 운행하는 경우에는 반사체로 된 표지를 달아야 한다. (㉠)과 (㉡)에 들어갈 것으로 옳은 것은?

	㉠	㉡
①	30	70
②	30	50
③	20	30
④	20	50

05 운수종사자의 준수사항에 대한 설명으로 옳지 않은 것은?
① 정당한 사유 없이 화물을 중도에서 내리게 하는 행위 금지
② 일정한 장소에 오랜 시간 정차하여 화주를 호객하는 행위 금지
③ 부당한 운임 또는 요금을 요구하는 행위 금지
④ 휴게시간 없이 2시간 연속운전한 후에는 20분의 휴게시간을 가질 것

06 차로에 따른 통행차의 기준에 의한 통행 방법에 대한 설명으로 틀린 것은?
① 차마의 운전자는 보도와 차도가 구분된 도로에서는 차도를 통행하여야 한다. 다만 도로 외의 곳으로 출입할 때에는 보도를 횡단하여 통행할 수 있다.
② 도로 외의 곳으로 출입할 때 차마의 운전자는 보도를 횡단하기 직전에 서행하여 좌측과 우측 부분 등을 살핀 후 보행자의 통행을 방해하지 아니하도록 횡단하여야 한다.
③ 차마의 운전자는 안전지대 등 안전표지에 의하여 진입이 금지된 장소에 들어가서는 아니 된다.
④ 도로가 일방통행인 경우 도로의 중앙이나 좌측 부분을 통행할 수 있다.

07 교통안전체험교육은 총 몇 시간으로 구성되어 있는가?
① 10시간　　　　　　② 13시간
③ 16시간　　　　　　④ 20시간

08 운송종사자가 2시간 연속운전한 경우 15분 이상 휴게시간을 보장하지 않은 경우 화물자동차 운송가맹사업자에게 주어지는 과징금은? (연장의 경우 제외)

① 100만 원   ② 150만 원
③ 180만 원   ④ 200만 원

09 5톤 화물자동차의 최고속도가 매시 80km인 도로에서 비가 내려 노면이 젖어 있는 경우 화물자동차의 최고제한속도는?

① 매시 50km 이내
② 매시 55km 이내
③ 매시 64km 이내
④ 매시 70km 이내

10 화물자동차 운수사업법령에 의한 협회의 사업이 아닌 것은?

① 경영자와 운수종사자의 교육훈련
② 화물자동차 운수사업의 경영개선을 위한 지도
③ 화물자동차 운수사업의 건전한 발전과 운수사업자의 공동이익을 도모하는 사업
④ 조합원의 사업용 자동차의 사고로 생긴 배상책임 및 적재물배상에 대한 공제

11 등록된 자동차를 양수받은 자가 시·도지사에게 등록하는 것은 무엇이라 하는가?

① 변경등록
② 신규등록
③ 이전등록
④ 말소등록

답안 표기란

12 ① ② ③ ④
13 ① ② ③ ④
14 ① ② ③ ④
15 ① ② ③ ④
16 ① ② ③ ④

12 제1종 특수면허의 종류가 아닌 것은?

① 대형 견인차
② 중형 견인차
③ 소형 견인차
④ 구난차

13 자동차관리법령에 따른 자동차의 장치에 해당하는 것은?

① 길이·너비 및 높이
② 최저지상고
③ 최대안전경사각도
④ 차체 및 차대

14 검사의 종류 중 전손 처리 자동차를 수리한 후 운행하려는 경우 실시하는 검사는?

① 신규검사
② 튜닝검사
③ 종합검사
④ 수리검사

15 다음 중 위반 행위에 따른 부과되는 벌점이 40점이 아닌 것은?

① 승객의 차내 소란행위 방치운전
② 난폭운전으로 형사입건된 때
③ 어린이통학버스 특별보호 규정을 위반한 때
④ 공동위험행위로 형사입건된 때

16 대기환경보전법령에 따라 자동차 배출가스 검사기준 위반으로 부적합 판정을 받은 경우 며칠 이내 재검사를 받아야 하는가?

① 30일
② 20일
③ 10일
④ 5일

답안 표기란

17 ① ② ③ ④
18 ① ② ③ ④
19 ① ② ③ ④
20 ① ② ③ ④
21 ① ② ③ ④

17 허가를 받은 경우를 제외하고 도로관리청이 운행을 제한할 수 있는 차량 중 차량의 폭과 길이에 대하여 옳은 것은?

① 폭 2.3미터, 길이 16.7미터 초과 차량

② 폭 2.5미터, 길이 15.7미터 초과 차량

③ 폭 2.3미터, 길이 15.7미터 초과 차량

④ 폭 2.5미터, 길이 16.7미터 초과 차량

18 사업용 대형 화물자동차 중 차령 2년 이하에 대한 정기검사 유효기간은?

① 2년

② 1년

③ 6월

④ 3월

19 1.5톤 화물자동차를 운전 중 고속도로 갓길 통행을 위반한 경우 범칙금액은?

① 10만 원

② 8만 원

③ 6만 원

④ 4만 원

20 정기검사 유효기간 만료일로부터 20일이 경과한 후 검사를 실시하여 합격하였다. 이 경우 과태료는?

① 1만 원

② 2만 원

③ 3만 원

④ 4만 원

21 다음 중 무면허 운전 교통사고로 처리되지 않는 것은?

① 운전면허 정지처분 기간 중 운전 중 사고

② 운전면허 시험 합격 후 면허증 교부 전 운전 중 사고

③ 외국인으로 입국하여 1년이 지난 국제운전면허증을 소지하고 운전 중 사고

④ 제2종 보통면허 중 자동변속기 면허로 수동변속기 차량을 운전 중 사고

22 대기환경보전법령상 '물질이 연소·합성·분해될 때에 발생하거나 물리적 성질로 인하여 발생하는 기체상물질'을 말하는 것은?

① 가스
② 먼지
③ 매연
④ 검댕

23 다음 중 속도를 추정하는 방법으로 바르지 않은 것은?

① 스피드건
② 운행기록계
③ 제동흔적
④ 목격자의 진술

24 권한자의 대기질 개선을 위한 저공해자동차로의 전환 또는 개조명령을 위반한 경우 처벌규정은?

① 300만 원 이하의 과태료
② 500만 원 이하의 과태료
③ 6월 이하의 징역이나 500만 원 이하의 벌금
④ 6월 이하의 징역이나 300만 원 이하의 벌금

25 어린이 보호구역에서 1톤 화물자동차가 주차 위반을 한 경우 범칙금액은?

① 6만 원
② 9만 원
③ 12만 원
④ 13만 원

26 운송장의 기능이 아닌 것은?

① 계약서 기능
② 화물인수증 기능
③ 수입금 관리자료 기능
④ 현금영수증 기능

답안 표기란	
22	① ② ③ ④
23	① ② ③ ④
24	① ② ③ ④
25	① ② ③ ④
26	① ② ③ ④

27 동일 수하인에게 다수의 화물을 배달할 때 사용하는 운송장은?

① 기본형 운송장
② 전산 운송장
③ 보조 운송장
④ 스티커형 운송장

28 운송장 부착에 대한 설명으로 옳은 것은?

① 물품박스 우측면에 부착한다.
② 물품박스 좌측면에 부착한다.
③ 물품박스 하단에 부착한다.
④ 물품박스 정중앙 상단에 부착한다.

29 비료, 시멘트, 농약, 공업약품을 포장할 때 사용하는 포장방법은?

① 방수포장
② 방습포장
③ 방청포장
④ 진공포장

30 발판을 활용한 작업 시 주의사항으로 아닌 것은?

① 발판은 경사를 완만하게 하여 사용한다.
② 발판을 이용하여 오르내릴 때에는 효율성을 위해 2명 이상 동시에 작업한다.
③ 발판의 미끄럼 방지조치는 되어 있는지 확인한다.
④ 발판의 넓이와 길이는 작업에 적합하고 자체결함이 없는지 확인한다.

31 물품 운반 방법 중 물품을 들어올릴 때의 자세 및 방법으로 옳은 것은?

① 몸의 균형을 위해 발은 어깨 너비보다 더 벌리고 물품을 든다.

② 물품을 들 때는 허리를 굽혀 몸의 무리를 줄인다.

③ 다리와 어깨의 근육에 힘을 넣고 팔꿈치를 바로 펴서 서서히 물품을 들어올린다.

④ 무릎을 펴는 힘보다는 허리의 힘으로 물품을 들어올린다.

32 독극물 취급 시 주의사항으로 적절하지 않은 것은?

① 취급불명의 독극물은 함부로 다루지 말고, 독극물 취급방법을 확인한 후 취급할 것

② 독극물 저장소, 드럼통, 용기, 배관 등은 내용물 확인이 되지 않도록 할 것

③ 도난 방지 및 오용 방지를 위해 보관을 철저히 할 것

④ 독극물이 들어 있는 용기는 마개를 단단히 닫고 빈 용기와 확실하게 구별하여 놓을 것

33 하역 시의 충격 중 일반적인 수하역의 경우 낙하의 높이에 대한 설명이 아닌 것은?

① 견하역의 경우 100cm 이상이다.

② 요하역의 경우 10cm 정도이다.

③ 파렛트 쌓기의 수하역의 경우 40cm 정도이다.

④ 수하역의 방식과 관계없이 50cm로 일정하다.

34 고속도로를 운행하려는 차량 호송에 대한 설명으로 옳지 않은 것은?

① 차량의 안전운행을 위하여 고속도로순찰대와 협조하여 차량호송을 실시하며 운행자가 호송할 능력이 없거나 호송을 공사에 위탁하는 경우 공사가 이를 대행할 수 있다.

② 적재물을 포함하여 차폭 3.6m 초과하는 차량으로 운행상 호송이 필요하다 인정되는 경우 차량호송을 실시한다.

③ 적재물을 포함하여 길이 20m 초과하는 차량으로 운행상 호송이 필요하다 인정되는 경우 차량호송을 실시한다.

④ 주행속도 60km/h 미만인 차량의 경우 차량호송을 실시한다.

35 인수증 관리에 대한 설명으로 옳지 않은 것은?

① 물품 인도일 기준 3개월 이내 인수근거 요청이 있을 때 입증 자료로 제시할 수 있도록 관리하여야 한다.

② 같은 장소에 여러 박스를 배송할 때에는 인수증에 실제 배달한 수량을 기재받아 차후 시비가 발생하지 않도록 한다.

③ 수령인이 물품의 수하인과 다른 경우 반드시 수하인과의 관계를 기재하여야 한다.

④ 인수증 상에 인수자 서명을 운전자가 임의 기재한 경우 무효로 간주되며, 문제가 발생하면 배송 완료로 인정받을 수 없다.

36 트레일러의 종류 중 기둥, 통나무 등 장척의 적하물 자체가 트랙터와 트레일러의 연결부분을 구성하는 구조의 트레일러는?

① 풀 트레일러(Full Trailer)

② 세미 트레일러(Semi-Trailer)

③ 폴 트레일러(Pole Trailer)

④ 돌리(Dolly)

37 이사화물 표준약관상 고객은 사업자의 귀책사유로 이사화물의 인수가 몇 시간 이상 지연될 경우 계약을 해지하고 손해배상을 청구할 수 있는가?

① 1시간 이상
② 2시간 이상
③ 4시간 이상
④ 6시간 이상

38 이사화물 표준약관상 손해배상 기준 중 사업자의 책임으로 멸실 및 훼손 없이 연착된 경우 적용되는 기준은? (1시간 미만은 산입 제외)

① 계약금의 3배 이내에서 약정 인도 일시로부터 연착된 1시간마다 계약금의 반액을 곱한 금액

② 계약금의 10배 이내에서 약정 인도 일시로부터 연착된 1시간마다 계약금의 반액을 곱한 금액

③ 계약금의 5배 이내에서 약정 인도 일시로부터 연착된 2시간마다 계약금의 반액을 곱한 금액

④ 계약금의 10배 이내에서 약정 인도 일시로부터 연착된 2시간마다 계약금의 반액을 곱한 금액

39 택배 표준약관상 고객이 운송물의 가액을 기재하지 않은 경우 손해배상 한도액은?

① 10만 원
② 30만 원
③ 50만 원
④ 100만 원

40 사업자가 운송물의 일부 멸실 또는 훼손의 사실을 알면서 이를 숨기고 운송물을 인도한 경우 사업자의 손해배상책임은 수하인이 운송물을 수령한 날부터 몇 년간 존속하는가?

① 2년
② 3년
③ 5년
④ 7년

41 교통사고의 3대 요인이 아닌 것은?

① 인적요인
② 단속요인
③ 도로 및 환경요인
④ 차량요인

42 도로교통법령상 제1종 운전면허에 필요한 시력(교정시력)에 대한 설명으로 옳은 것은? (한쪽 눈이 안 보이는 경우 제외)

① 두 눈을 동시에 뜨고 잰 시력이 0.8 이상, 양쪽 눈의 시력이 각각 0.3 이상
② 두 눈을 동시에 뜨고 잰 시력이 0.5 이상, 양쪽 눈의 시력이 각각 0.5 이상
③ 두 눈을 동시에 뜨고 잰 시력이 0.8 이상, 양쪽 눈의 시력이 각각 0.5 이상
④ 두 눈을 동시에 뜨고 잰 시력이 0.5 이상, 양쪽 눈의 시력이 각각 0.3 이상

43 운전 중 발생할 수 있는 착각 중 '작은 것은 멀리 있는 것으로, 덜 밝은 것은 멀리 있는 것으로 느껴진다'는 것은?

① 크기의 착각
② 원근의 착각
③ 속도의 착각
④ 상반의 착각

44 시야에 대한 설명으로 옳지 않은 것은?

① 정상적인 시야 범위는 180°~200°이다.
② 한쪽 눈의 시야 범위는 약 160°이다.
③ 양쪽 눈으로 색채를 식별할 수 있는 범위는 약 70°이다.
④ 시축에서 3° 벗어나면 30%, 6° 벗어나면 50%, 12° 벗어나면 70%가 저하된다.

45 음주운전 교통사고의 특징으로 적절하지 않은 것은?

① 주차 중인 자동차와 같은 정지물체에 충돌할 가능성이 높다.
② 전신주, 가로수 등 고정물체와 충돌할 가능성이 낮다.
③ 통상적 교통사고보다 치사율이 높다.
④ 음주로 인한 안전운전 비율은 비음주보다 낮다.

46 고령의 보행자의 보행 특성으로 적절하지 않은 것은?

① 접근하는 차에 주의를 기울이지 않거나 경음기에 반응하지 않는 경향이 증가한다.
② 이면도로 등에서 도로의 노면표시가 없으면 도로 좌·우측으로 치우쳐 걷는 경향이 있다.
③ 정면에서 오는 차량 등을 회피할 수 있는 여력을 갖지 못하는 경향이 있다.
④ 주변의 상점이나 간판에 집중하며 걷는 경향이 있다.

47 교통사고 발생의 심리적 요인 중 직접적 요인으로 적절하지 않은 것은?

① 사고 직전 과속 등 법규 위반 행위

② 위험인지의 지연

③ 무리한 운행계획

④ 운전조작의 잘못 또는 잘못된 위기대처 행동

48 어린이의 교통 관련 행동 특성이 아닌 것은?

① 도로상황에 대한 주의력이 부족하다.

② 판단력이 부족하나 모방 행동은 하지 않는다.

③ 사고방식이 단순하다.

④ 추상적이거나 복잡한 말은 이해하기 힘들다.

49 브레이크 작동 방식 중 ABS에 대한 설명으로 틀린 것은?

① ABS는 Auto Break System의 약자로 자동 브레이크 시스템이다.

② 잠김현상을 방지하여 조향성을 확보한다.

③ 스키드 음을 막고 타이어 잠김에 따른 편마모를 방지한다.

④ 조향성 유지로 장애물 회피, 차로 변경 등이 가능하다.

50 조향장치 중 주행 시 앞바퀴에 방향성을 부여하여 차의 롤링을 방지하는 역할을 하는 장치는?

① 토우인(Toe-in)
② 캠버(Camber)

③ 캐스터(Caster)
④ 피칭(Pitching)

51 타이어가 회전하면 이에 따라 타이어의 원주에서는 변형과 복원이 반복되고, 회전 속도가 빨라지면 접지부에서 받은 타이어의 변형(주름)이 다음 접지 시점까지도 복원되지 않고 접지의 뒤쪽에 진동의 물결이 일어나는 현상은?

① 수막현상

② 페이드 현상

③ 베이퍼 록 현상

④ 스탠딩웨이브 현상

답안 표기란

47 ① ② ③ ④
48 ① ② ③ ④
49 ① ② ③ ④
50 ① ② ③ ④
51 ① ② ③ ④

답안 표기란
52	① ② ③ ④
53	① ② ③ ④
54	① ② ③ ④
55	① ② ③ ④
56	① ② ③ ④

52 현가장치의 한 종류로서 화물자동차에 주로 사용되고 스프링의 앞과 뒤가 차체에 부착되며, 구조가 간단하지만 내구성이 크고 승차감이 떨어지는 특징을 가진 것은?

① 판 스프링

② 코일 스프링

③ 공기 스프링

④ 충격흡수장치(쇽 업소버)

53 가속 페달을 힘껏 밟는 순간 "끼익" 하는 소리가 나는 경우 고장으로 의심되는 부분은?

① 엔진   ② 팬벨트

③ 조향장치   ④ 현가장치

54 내륜차와 외륜차에 대한 설명으로 옳지 않은 것은?

① 내륜차는 앞바퀴의 안쪽과 뒷바퀴의 안쪽과의 차이이다.

② 외륜차는 앞바퀴의 바깥쪽과 뒷바퀴의 바깥쪽의 차이이다.

③ 대형차일수록 내륜차와 외륜차의 차이가 작다.

④ 내륜차는 차가 전진할 때, 후진할 경우는 외륜차에 의한 교통사고 위험이 높다.

55 도로의 조건이 아닌 것은?

① 수익성   ② 형태성

③ 이용성   ④ 공개성

56 고장 유형별 조치 방법 중 엔진 시동 꺼짐 점검사항이 아닌 것은?

① 정차 중 엔진 시동 꺼짐 및 재시동 불가

② 연료파이프 누유 및 공기 유입 확인

③ 연료탱크 내 이물질 혼입 여부 확인

④ 워터 세퍼레이터 공기 유입 확인

57 중앙분리대의 종류가 아닌 것은?

① 방호울타리형

② 연석형

③ 방음형

④ 교량형

58 커브길 핸들 조작 방법 중 '슬로우 인 패스트 아웃'의 설명은?

① 커브길에서 속도를 줄이며 진입하고 빠져나갈 때는 속도를 서서히 높이는 방법

② 커브길에서 속도를 높이며 진입하고 빠져나갈 때는 속도를 서서히 높이는 방법

③ 커브길에서 속도를 줄이며 진입하고 빠져나갈 때는 속도를 서서히 줄이는 방법

④ 커브길에서 속도를 높이며 진입하고 빠져나갈 때는 속도를 서서히 줄이는 방법

59 방어운전 방법으로 옳지 않은 것은?

① 운전자는 앞차의 전방까지 시야를 멀리 둔다.

② 본인의 차 앞으로 진로 변경을 하지 않도록 거리를 좁힌다.

③ 뒤차가 바짝 따라올 경우 브레이크를 가볍게 밟아 제동등을 켠다.

④ 야간에 모퉁이를 주행할 때는 위치를 알리기 위해 상향등과 하향등을 번갈아 점등하여 자신의 위치를 알린다.

60 주차할 때의 방어운전 방법이 아닌 것은?

① 차가 노상에서 고장을 일으킨 경우에는 적절한 고장표시를 설치한다.

② 주차가 허용된 지역이나 안전한 지역에 주차한다.

③ 주행 차로에 차의 일부분이 돌출된 상태라도 차가 큰 경우이므로 주차한다.

④ 기울어진 길에는 바퀴를 고이거나 위험 방지를 위한 조치를 취한 후 안전을 확인하고 차에서 떠난다.

61 계절별 운전 방법 중 여름철 특징으로 적절하지 않은 것은?

① 돌발적인 악천후 및 무더위 속 운전은 시각적 변화와 긴장, 흥분, 피로감 등이 복합적 요인으로 작용하여 교통사고가 일어날 수 있으므로 이에 대비하여야 한다.

② 에어컨 작동으로 인한 공기순환 부족으로 졸음운전의 발생 위험이 크다.

③ 기온과 습도 상승으로 불쾌지수가 높아져 이성적 통제가 어려워진 경우 난폭운전, 불필요한 경음기 사용, 사소한 일에 신경질적 반응 등이 일어날 우려가 높다.

④ 장마철 비에 젖은 도로를 주행할 때 건조한 도로에 비해 마찰력이 높아지므로 미끄럼에 주의하여 운전하여야 한다.

62 커브길의 안전운전 및 방어운전으로 적절하지 않은 것은?

① 핸들을 조작할 때는 가속이나 감속을 하지 않는다.

② 패스트 인 슬로우 아웃(Fast-in Slow-out) 운전으로 커브길을 운전한다.

③ 중앙선을 침범하거나 도로의 중앙으로 치우쳐 운전하지 않는다.

④ 항상 반대 차로에 차가 오고 있는 것을 염두에 두고 차로를 준수하며 운전한다.

63 위험물 운반 방법으로 옳지 않은 것은?

① 마찰 및 흔들림을 일으키지 않도록 운반한다.

② 지정 수량 이상의 위험물을 차량으로 운반할 때는 차량의 전면 또는 후면의 보기 쉬운 곳에 표지를 게시한다.

③ 위험물의 종류에 관계없이 소화설비를 갖춘다.

④ 일시정차 시는 안전한 장소를 택하여 안전에 주의한다.

64 탱크로리 위험물 이입작업 할 때 기준 중 반드시 안전관리자의 책임하에 하여야 하는 조치는?

① 정전기 제거용의 접지코드를 기지의 접지텍에 접속하여야 한다.

② 이입작업이 종료될 때까지 운전자는 탱크로리 차량의 긴급차단장치 부근에 위치하여야 하고, 긴급사태 발생 시 이에 상응하는 조치를 하여야 한다.

③ 만일의 화재에 대비하여 소화기를 즉시 사용할 수 있도록 준비하여야 한다.

④ 저온 및 초저온가스의 경우 가죽장갑 등을 끼고 작업하여야 한다.

답안 표기란

65	① ② ③ ④
66	① ② ③ ④
67	① ② ③ ④
68	① ② ③ ④
69	① ② ③ ④

65 고속도로 운행 중 후부 반사판을 의무적으로 부착해야 하는 차량 기준은?

① 총중량 7.5톤 이상 화물차 및 특수자동차

② 총중량 5톤 이상 화물차 및 특수자동차

③ 총중량 10톤 이상 화물차 및 특수자동차

④ 총중량 15톤 이상 화물차 및 특수자동차

66 고객서비스의 특징 중 '서비스는 누릴 수 있으나 소유할 수 없다'는 것을 뜻하는 것은?

① 무형성   ② 동시성

③ 소멸성   ④ 무소유성

67 고객만족을 위한 행동예절 중 인사의 중요성으로 적절하지 않은 것은?

① 인사는 서비스의 주요 기법이다.

② 인사는 고객에 대한 마음가짐의 표현이다.

③ 인사는 고객에 대한 서비스정신의 표시이다.

④ 인사는 의례적이고 사무적이어야 예절에 맞는 방법이다.

68 흡연예절 중 담배꽁초의 적절한 처리 방법은?

① 재떨이에 버린다.

② 차창 밖으로 버린다.

③ 꽁초를 손가락으로 튕겨 버린다.

④ 화장실 변기에 버린다.

69 운전자의 신상 변동 등의 보고에 대한 설명으로 옳지 않은 것은?

① 결근, 지각, 조퇴가 필요한 경우 회사에 즉시 보고한다.

② 운전면허증 기재사항 변경의 경우 회사 보고는 생략한다.

③ 운전면허 행정처분 시 즉시 회사에 보고한다.

④ 질병으로 인한 안전운전 영향이 판단될 시 회사에 보고한다.

70 1980년대 시기 정보기술을 이용하여 수송, 제조, 구매, 주문관리기능을 포함하여 합리화하는 로지스틱스 활동이 이루어졌던 단계를 말하는 것은?

① 경영정보시스템 단계   ② 전사적자원관리 단계

③ 공급망관리 단계   ④ 인터넷물류관리 단계

71 생산된 재화가 최종 고객이나 소비자에게 전달되는 물류과정은?

① 유통과정   ② 공급과정

③ 소비과정   ④ 보관과정

72 물류계획 수립 3단계에 해당하지 않는 것은?

① 전략   ② 통제

③ 전술   ④ 운영

73 전략적 물류관리의 접근대상에 대한 설명으로 틀린 것은?

① 자원 소모, 원가 발생 → 원가경쟁력 확보, 자원 적정 분배

② 활동 → 상류 활동 개선

③ 프로세스 → 프로세스 혁신

④ 흐름 → 흐름의 상시 감시

74 화주기업이 직접 물류활동을 처리하는 자사물류는 무엇인가?

① 제1자 물류   ② 제2자 물류

③ 제3자 물류   ④ 제4자 물류

75 공급망관리에 있어서의 제4자 물류(4PL)의 4단계가 아닌 것은?

① 재창조   ② 전환

③ 이행   ④ 확산

답안 표기란				
70	①	②	③	④
71	①	②	③	④
72	①	②	③	④
73	①	②	③	④
74	①	②	③	④
75	①	②	③	④

답안 표기란

76 ① ② ③ ④
77 ① ② ③ ④
78 ① ② ③ ④
79 ① ② ③ ④
80 ① ② ③ ④

76 운송 관련 용어의 해설 중 '한정된 공간과 범위 내에서의 재화의 이동'을 뜻하는 것은?

① 교통　　　　　　　　② 운송
③ 운반　　　　　　　　④ 통운

77 운송, 보관, 포장의 전후에 부수하는 물품의 취급으로 교통기관과 물류시설에 걸쳐 행해지는 것으로 적입, 적출, 피킹 등의 작업에 해당하는 용어는?

① 보관　　　　　　　　② 포장
③ 유통가공　　　　　　④ 하역

78 수배송활동 3단계에 해당하지 않는 것은?

① 계획　　　　　　　　② 실시
③ 통제　　　　　　　　④ 판매

79 제품의 생산에서 유통 그리고 로지스틱의 마지막 단계인 폐기까지 전 과정에 대한 정보를 한곳에 모으는 통합유통·물류·생산시스템을 말하는 것은?

① 전사적 품질관리(TQC)
② 공급망관리(SCM)
③ 효율적 고객응대(ECR)
④ 통합판매·물류·생산시스템(CALS)

80 재고품으로 주문품을 공급할 수 있는 정도를 나타내는 용어로, 품절, 백오더, 주문충족률, 납품률 등을 통칭하는 용어는?

① 주문 처리 시간
② 재고신뢰성
③ 예비품 이용가능성
④ 주문사이클

전체 문제 수 : 80
안 푼 문제 수 : ☐

답안 표기란

01 ① ② ③ ④

02 ① ② ③ ④

03 ① ② ③ ④

01 다음이 설명하는 도로교통법령상 용어는?

> 도로를 횡단하는 보행자나 통행하는 차마의 안전을 위하여 안전표지나 이와 비슷한 인공구조물로 표시한 도로의 부분

① 횡단보도
② 안전지대
③ 안전표지
④ 교차로

02 자동차관리법령상 화물자동차의 유형별 세부기준에 대한 설명으로 틀린 것은?

① 화물자동차 덤프형 : 적재함을 원동기의 힘으로 기울여 적재물을 중력에 의하여 쉽게 미끄러뜨리는 구조의 화물운송용인 것
② 화물자동차 밴형 : 지붕구조의 덮개가 있는 화물운송용인 것
③ 특수자동차 견인형 : 피견인차의 견인을 전용으로 하는 구조인 것
④ 특수자동차 구난형 : 특정한 용도를 위하여 특수한 구조로 하거나 기구를 장치한 것으로서 다른 특수자동차형에도 속하지 아니하는 것

03 화물자동차 안전운송원가 및 화물자동차 안전운임의 심의 시 고려사항이 아닌 것은?

① 인건비, 감가상각비 등 고정비용
② 유류비, 부품비 등 변동비용
③ 화물의 상·하차 대기료
④ 화물의 무게에 따른 부가료

04 도로교통법령상 차량 신호등 중 '적색의 등화'의 뜻이 아닌 것은?

① 차마는 정지선, 횡단보도 및 교차로의 직전에서 정지해야 한다.

② 차마는 우회전하려는 경우 정지선, 횡단보도 및 교차로의 직전에서 정지한 후 신호에 따라 진행하는 다른 차마의 교통을 방해하지 않고 우회전할 수 있다.

③ 차마는 다른 교통 또는 안전표지의 표시에 주의하면서 진행할 수 있다.

④ 우회전을 할 수 있는 상황이라 하더라도 차마는 우회전 삼색등이 적색의 등화인 경우 우회전할 수 없다.

05 화주가 화물자동차에 함께 탈 때(밴형 화물자동차)의 화물의 기준에 대한 설명으로 옳지 않은 것은?

① 화주 1명당 화물의 중량이 20킬로그램 이상일 것

② 화주 1명당 화물의 용적이 2만 세제곱센티미터 이상일 것

③ 혐오감을 주는 동물 또는 식물

④ 합판·각목 등 건축기자재

06 화물자동차 운수사업법령상 운송가맹사업의 허가기준으로 틀린 것은?

① 허가기준 대수 : 400대 이상(8개 시·도 기준 50대 이상 분포)

② 최저보유차고면적 : 화물자동차 1대당 화물자동차의 길이와 너비를 곱한 면적(직접 소유하는 경우 한함)

③ 화물자동차의 종류 : 일반형·덤프형·밴형 및 특수용도형 화물자동차와 견인형·구난형 및 특수용도형 특수자동차(예외사항 제외)

④ 사무실 및 영업소 : 영업에 필요한 면적

07 도로교통법령상 신청에 따른 지정의 절차가 필요한 긴급자동차는?

① 소방차

② 구급차

③ 범죄수사용 경찰차

④ 전파감시 업무에 사용되는 자동차

08 화물운송종사 자격시험의 과목으로 옳지 않은 것은?

① 교통 및 화물자동차 운수사업 관련 법규

② 안전운행에 관한 사항

③ 화물 취급 요령

④ 부상자 응급처치요령

09 다음 중 그 벌칙이 다른 하나는?

① 적재된 화물이 떨어지지 않도록 필요한 조치를 하지 아니하여 사람을 상해 또는 사망에 이르게 한 운송사업자

② 다른 사람에게 자신의 화물운송종사 자격증을 빌려준 사람

③ 다른 사람의 화물운송종사 자격증을 빌린 사람

④ 다른 사람의 화물운송종사 자격증을 빌리는 것을 알선한 사람

10 고의로 자동차등록번호판을 가리거나 알아보기 곤란하게 한 사람에 대한 처벌로 옳은 것은?

① 1년 이하의 징역 또는 1,000만 원 이하의 벌금

② 6월 이하의 징역 또는 500만 원 이하의 벌금

③ 2년 이하의 징역 또는 1,000만 원 이하의 벌금

④ 2년 이하의 징역 또는 500만 원 이하의 벌금

11 일반도로 편도 2차로 이상 도로의 경우 화물자동차의 최저속도는? (개별 제한속도 없음)

① 제한 없음

② 매시 20km 이내

③ 매시 30km 이내

④ 매시 50km 이내

12 시·도(일부 시·군·구)에서 처리하는 화물운송업에 관한 사항이 아닌 것은?

① 화물자동차 운송사업의 허가

② 운송사업자에 대한 개선명령

③ 화물자동차 운송주선사업 허가사항에 대한 변경신고

④ 화물운송종사 자격의 취소 및 효력의 정지

13 자동차 튜닝이 승인되는 경우는?

① 총중량이 증가되는 튜닝
② 자동차의 종류가 변경되는 튜닝
③ 변경 전보다 성능 또는 안전도가 저하될 우려가 있는 경우의 변경
④ 승차정원을 감소시켰던 자동차를 원상회복하는 튜닝

14 종합검사의 검사기간은 검사 유효기간의 마지막날 전후 각각 며칠로 규정하고 있는가?

① 61일   ② 31일
③ 21일   ④ 11일

15 교통정리가 없는 교차로에서의 양보운전에 대한 설명으로 옳지 않은 것은?

① 교차로에 들어가려고 하는 차의 운전자는 이미 교차로에 들어가 있는 다른 차가 있을 때에는 그 차에 진로를 양보해야 한다.
② 교차로에 들어가려고 하는 차의 운전자는 그 차가 통행하고 있는 도로의 폭보다 교차하는 도로의 폭이 넓은 경우에는 서행해야 한다.
③ 교차로에 동시에 들어가려고 하는 차의 운전자는 좌측 도로의 차에 진로를 양보해야 한다.
④ 교차로에서 좌회전하려고 하는 차의 운전자는 그 교차로에서 직진하거나 우회전하려는 다른 차가 있을 때에는 그 차에 진로를 양보해야 한다.

16 차량의 구조나 적재화물의 특수성으로 인하여 관리청의 허가를 받으려는 자가 신청서에 기재하는 내용으로 옳지 않은 것은?

① 운행 기간
② 운행 목적
③ 차량의 제원
④ 승차인원

17 적재량 측정을 위한 도로관리청의 요구에 정당한 사유 없이 따르지 않는 경우 처벌은?

① 1년 이하의 징역이나 1천만 원 이하의 벌금

② 6월 이하의 징역이나 500만 원 이하의 벌금

③ 1년 이하의 징역이나 500만 원 이하의 벌금

④ 6월 이하의 징역이나 1천만 원 이하의 벌금

18 자동차의 변경 등록 신청을 하지 않은 경우 과태료 금액으로 옳은 것은?

① 신청기간 만료일로부터 90일 이내인 때 과태료 2만 원

② 신청기간 만료일로부터 90일을 초과한 경우 매일 과태료 1천 원

③ 신청기간 만료일로부터 174일 이내까지 3일 초과 시마다 과태료 1만 원

④ 신청 지연기간이 175일 이상인 경우 과태료 50만 원

19 벌점·누산점수 초과로 인하여 운전면허 취소처분을 받은 경우 행정처분 감경 제외 사유에 해당하는 것이 아닌 것은?

① 과거 5년 이내에 운전면허 취소처분을 받은 전력이 있는 경우

② 과거 5년 이내에 3회 이상 인적피해 교통사고를 일으킨 경우

③ 과거 5년 이내에 2회 이상 운전면허 정지처분을 받은 전력이 있는 경우

④ 과거 5년 이내에 운전면허 행정처분 이의심의위원회의 심의를 거치거나 행정심판 또는 행정소송을 통하여 행정처분이 감경된 경우

20 대기환경보전법령상 '자동차에서 배출되는 대기오염물질을 줄이기 위하여 자동차에 부착 또는 교체하는 장치로서 환경부령으로 정하는 저감효율에 적합한 장치'를 말하는 것은?

① 저공해자동차

② 배출가스저감장치

③ 저공해엔진

④ 공회전제한장치

21 자동차등의 운전 중 교통사고를 일으킨 때 인적피해 사고결과에 따른 벌점기준으로 틀린 것은?

① 사망 1명마다 벌점 90점

② 중상 1명마다 벌점 15점

③ 경상 1명마다 벌점 4점

④ 부상신고 1명마다 벌점 2점

22 10톤 화물자동차를 운전 중 영상표시장치 조작 위반한 경우 범칙금액은?

① 13만 원　　　　　　② 12만 원

③ 10만 원　　　　　　④ 7만 원

23 도로법령에서 '관할구역에 있는 도로 중 특별시도와 광역시도를 제외한 자치구 안에서 동 사이를 연결하는 도로로 권한자가 그 노선을 인정한 것'을 말하는 도로는?

① 지방도　　　　　　② 일반국도

③ 군도　　　　　　　④ 구도

24 다음 중 음주운전 교통사고에 대한 설명으로 옳은 것은?

① 혈중알코올농도 0.02%의 상태로 운전 중 인적피해 교통사고가 발생한 경우 음주운전 교통사고로 처리된다.

② 도로가 아닌 장소에서 혈중알코올농도 0.123%의 만취상태로 운전 중 인적피해 교통사고가 발생한 경우 형사처벌은 불가하며 행정처분(면허 취소)은 가능하다.

③ 도로가 아닌 장소에서 혈중알코올농도 0.123%의 만취상태로 운전 중 인적피해 교통사고가 발생한 경우 형사처벌과 행정처분(면허 취소) 모두 가능하다.

④ 도로가 아닌 장소에서 혈중알코올농도 0.123%의 만취상태로 운전 중 인적피해 교통사고가 발생한 경우 형사처벌은 가능하며 행정처분(면허 취소)은 불가하다.

답안 표기란

21　① ② ③ ④

22　① ② ③ ④

23　① ② ③ ④

24　① ② ③ ④

25 다음 중 승객추락 방지의무 위반 교통사고로 적용할 수 없는 것은?

① 버스의 경우 승객이 차에서 내리기 전 출발하여 탑승자가 추락한 경우

② 버스의 경우 승객 탑승 후 문이 닫히기 전 출발하여 탑승자가 추락한 경우

③ 택시의 경우 문을 열어 둔 채로 출발하여 탑승자가 추락한 경우

④ 화물차의 경우 적재함에서 탑승자가 추락한 경우

26 운송장에 기록하는 면책사항 중 포장이 불완전할 경우 기록하는 것은?

① 파손면책   ② 부패면책

③ 분실면책   ④ 배달지연면책

27 운송화물의 포장 중 물품 개개의 포장을 뜻하는 것은?

① 내장   ② 개장

③ 외장   ④ 각장

28 비나 눈이 올 때 포장방법으로 가장 옳은 것은?

① 비닐포장 후 박스포장

② 아이스박스를 사용하여 포장

③ 진공시켜 완충포장

④ 여러 개를 합쳐 수축포장

29 컨베이어 사용 시 주의사항으로 아닌 것은?

① 컨베이어 위로는 절대 올라가서는 안 된다.

② 상차 작업자와 컨베이어를 운전하는 작업자는 상호간에 신호를 긴밀히 해야 한다.

③ 컨베이어 주변의 장애물은 컨베이어 작동 시 치우는 것이 안전하다.

④ 상차용 컨베이어를 이용하여 타이어 등을 상차할 때는 타이어 등이 떨어지거나 떨어질 위험이 있는 곳에서 작업을 해서는 안 된다.

답안 표기란

25	① ② ③ ④
26	① ② ③ ④
27	① ② ③ ④
28	① ② ③ ④
29	① ② ③ ④

30 컨테이너를 이용한 위험물의 수납 및 적재방법 그리고 주의사항으로 옳지 않은 것은?

① 컨테이너를 깨끗이 청소하고 잘 건조할 것

② 수납이 완료되면 즉시 문을 폐쇄할 것

③ 컨테이너를 적재 후 반드시 콘(잠금장치)을 잠글 것

④ 품명이 틀린 위험물 또는 위험물과 위험물 이외의 화물의 경우 동일 컨테이너를 사용할 것

31 슬립 멈추기 시트삽입 방식에 대한 설명이 아닌 것은?

① 화물이 갈라지는 것을 방지하기 어렵다.

② 부대화물에는 효과가 있다.

③ 상자는 진동하면 튀어 오르기 쉬운 문제가 있다.

④ 포장과 포장 사이에 미끄럼을 멈추는 시트를 넣는 방식이다.

32 트랙터 운행에 따른 주의사항으로 틀린 것은?

① 고속주행 중의 급제동은 잭나이프 현상 등의 위험을 초래하므로 조심한다.

② 후진할 때에는 반드시 뒤를 확인 후 서행한다.

③ 장거리 운행할 때에는 최소한 3시간 주행마다 20분 이상 휴식하면서 타이어 및 화물 결박 상태를 확인한다.

④ 중량물 및 활대품을 수송하는 경우에는 바인더 잭으로 화물 결박을 철저히 하고, 운행할 때에는 수시로 결박 상태를 확인한다.

33 화주 공장에 도착하였을 때 주의사항으로 틀린 것은?

① 공장 내 운행속도를 준수한다.

② 상·하차할 때 안전을 위해 시동을 켜 둔다.

③ 복장 불량, 폭언 등은 절대 하지 않는다.

④ 각 공장 작업자의 모든 지시 사항을 따른다.

34 화물의 인수요령에 대한 설명으로 적절하지 않은 것은?

① 집하 금지품목의 경우는 그 취지를 알리고 양해를 구한 후 정중히 거절한다.

② 제주도 및 도서지역의 경우 그 지역에 적용되는 부대비용을 수하인에게 징수할 수 있음을 반드시 알려주고 양해를 구한 후 인수한다.

③ 운송인의 책임은 물품을 인수하는 것으로 충분하고 운송장을 교부시점과는 별개이다.

④ 신용업체의 대량화물을 집하할 때 수량 착오가 발생하지 않도록 박스 수량과 운송장에 표기된 수량을 확인한다.

35 화물의 인수요령에 대한 설명으로 옳지 않은 것은?

① 전화로 예약 접수 시 고객의 배송 요구 일자도 확인하여야 한다.

② 언제까지 배달 완료 등의 조건부 운송물품 인수는 추가금을 받고 진행한다.

③ 포장 및 운송장 기재요령을 반드시 숙지하고 인수에 임한다.

④ 운송장을 작성하기 전에 물품의 성질 등을 고객에게 통보하고 상호 동의가 되었을 때 운송장을 작성한다.

36 특별한 목적을 위하여 차체를 특수한 것으로 하거나 특수한 기구를 갖추고 있는 특수자동차인 것은?

① 구급차 ② 소방차

③ 레커차 ④ 덤프차

37 1대의 트럭, 특별차 또는 풀 트레일러용 트랙터와 1대 또는 그 이상의 독립된 풀 트레일러를 결합한 조합의 연결차량은?

① 풀 트레일러 연결차량 ② 세미 트레일러 연결차량

③ 더블 트레일러 연결차량 ④ 폴 트레일러 연결차량

38 이사화물 표준약관상 이사화물의 일부 멸실 또는 훼손에 따른 손해배상 책임은 이사화물 고객인도 후 며칠 이내 그 사실을 사업자에게 통지하지 않으면 소멸되는가?

① 7일 ② 10일

③ 15일 ④ 30일

39 택배 표준약관상 사업자가 운송물의 수탁을 거절할 수 있는 사유가 아닌 것은?

① 밀수품, 군수품, 부정임산물 등 위법한 물건인 경우

② 현금, 카드, 어음, 수표 등 현금화가 가능한 물건인 경우

③ 1포장의 가액이 200만 원 이내인 경우

④ 운송물이 살아 있는 동물, 동물 사체인 경우

40 운송장은 형태에 따른 분류 중 제작비 절감, 취급절차 간소화 목적에 따른 분류가 아닌 것은?

① 기본형 운송장

② 수기 운송장

③ 보조 운송장

④ 스티커형 운송장

41 운전자 요인 중 교통상황을 알아차리는 것을 무엇이라 하는가?

① 인지

② 판단

③ 조작

④ 준비

42 동체시력에 대한 특성이 아닌 것은?

① 물체의 이동속도가 빠를수록 저하된다.

② 연령이 높을수록 저하된다.

③ 장시간 운전에 의한 피로상태에서 저하된다.

④ 정지시력보다 더 높게 나온다.

43 다음은 암순응에 대한 설명이다. 틀린 것은?

① 일광 또는 조명이 밝은 조건에서 어두운 조건으로 변할 때 사람의 눈이 그 상황에 적응하여 시력을 회복하는 것을 말한다.

② 시력 회복이 명순응에 비해 매우 빠르다.

③ 상황에 따라 다르지만 대개의 경우 완전한 암순응에는 30분 혹은 그 이상 걸리며 이것은 빛의 강도에 좌우된다(터널은 5~10초 정도).

④ 주간 운전 시 터널에 막 진입하였을 때 더욱 조심스러운 안전운전이 요구되는 이유이기도 하다.

답안 표기란

39	① ② ③ ④
40	① ② ③ ④
41	① ② ③ ④
42	① ② ③ ④
43	① ② ③ ④

답안 표기란

44	①	②	③	④
45	①	②	③	④
46	①	②	③	④
47	①	②	③	④
48	①	②	③	④

44 사고의 심리적 요인 중 '어두운 곳에서는 가로 폭보다 세로 폭을 보다 넓은 것으로 판단한다'는 것이 설명하는 것은?

① 크기의 착각

② 원근의 착각

③ 경사의 착각

④ 속도의 착각

45 고령 운전자의 교통안전 장애요인으로 적절하지 않은 것은?

① 노화에 따른 근육운동 저하

② 인지반응시간의 감소

③ 암순응에 필요한 시간 증가

④ 다중적인 주의력 저하

46 속도, 위치, 방위각, 가속도, 주행거리 및 교통사고 상황 등을 기록하는 자동차의 부속장치 중 하나인 전자식 장치를 말하는 것은?

① 전자제어장치

② 차체제어장치

③ 운행기록장치

④ 영상기록장치

47 주요 브레이크 장치 중 풋 브레이크에 대한 설명이 아닌 것은?

① 가속페달을 놓거나 저단 기어로 바꾸는 방법이다.

② 주행 중 발로 조작하는 주 제동장치이다.

③ 브레이크 페달을 밟으면 브레이크액이 휠 실린더로 전달되어 제동하는 방법이다.

④ 급격하거나 과도한 동작 시 승차감이 좋지 않다.

48 충격흡수장치(Shock Absorber)의 역할이 아닌 것은?

① 노면에서 발생한 스프링의 진동을 흡수한다.

② 승차감을 향상시킨다.

③ 스프링의 피로를 감소시킨다.

④ 타이어와 노면의 접착성을 감소시켜 커브길이나 빗길에 차가 튀거나 미끄러지는 현상을 발생시킨다.

49 물이 고인 노면을 고속으로 진행할 경우 타이어홈의 배수기능이 감소되어 물의 저항에 의해 타이어가 노면에서 떠올라 물 위를 미끄러지듯 되는 현상은?

① 수막현상
② 페이드 현상
③ 베이퍼 록 현상
④ 스탠딩웨이브 현상

50 브레이크가 작동을 시작하는 순간까지 자동차가 진행한 것을 말하는 것은?

① 제동거리
② 공주거리
③ 정지거리
④ 감속거리

51 수온게이지 작동 불량이 일어날 때 조치 방법이 아닌 것은?

① 온도 메터 게이지 교환
② 수온 센서 교환
③ 배선 및 커넥터 점검
④ 턴 시그널 릴레이 교환

52 엔진 시동 꺼짐 현상으로서 정차 중 엔진의 시동이 꺼지거나 재시동이 불가한 현상이 발생할 경우 점검사항이 아닌 것은?

① 연료량 확인
② 연료탱크 내 이물질 혼입 여부 확인
③ 워터 세퍼레이터 공기 유입 확인
④ 에어 클리너 오염 및 덕트 내부 상태 확인

53 곡선부 방호울타리의 기능이 아닌 것은?

① 자동차의 차도 이탈 방지
② 탑승자의 상해 및 자동차의 파손 감소
③ 운전자의 시선 유도
④ 도로의 미적 요소 증대

답안 표기란				
49	①	②	③	④
50	①	②	③	④
51	①	②	③	④
52	①	②	③	④
53	①	②	③	④

답안 표기란

54	① ② ③ ④
55	① ② ③ ④
56	① ② ③ ④
57	① ② ③ ④
58	① ② ③ ④

54 감정의 통제를 통한 방어운전 방법으로 옳지 않은 것은?

① 졸음이 오는 경우 무리하게 운행하지 않는다.

② 술이나 약물의 영향이 있는 경우 운행하지 않는다.

③ 타인의 운전태도에 감정적으로 반응하지 않는다.

④ 몸이 불편한 경우 운전하는 것은 영향이 없다.

55 평면곡선부에 자동차가 원심력에 저항할 수 있도록 하기 위해 설치하는 것은?

① 종단경사   ② 급경사

③ 길어깨   ④ 편경사

56 방어운전의 요령으로 가장 적절하지 않은 것은?

① 차량이 많을 때에는 속도를 유지하면서 다른 차들과 적당한 간격을 유지한다.

② 대형차를 뒤따를 때는 신속히 앞지르기하여 대형차 앞으로 이동한다.

③ 뒤에서 다른 차가 접근할 경우 저속주행 차로로 양보하거나 일정 속도로 주행하여 앞지르기할 수 있도록 배려한다.

④ 대형차를 뒤따를 때는 급정거, 낙하물 등의 우려가 있으므로 안전 거리를 유지한다.

57 커브길에서의 안전한 주행 방법이 아닌 것은?

① 풋 브레이크를 사용하여 충분히 속도를 줄인다.

② 저단 기어로 변속한다.

③ 커브의 내각의 연장선에 차량이 이르렀을 때 핸들을 꺾는다.

④ 안정적 운전을 위해 차가 커브를 돌기 전 핸들을 되돌리기 시작한다.

58 다음은 앞지르기 안전운전 및 방어운전 시 자차가 앞지르기할 때에 대한 설명이다. 틀린 것은?

① 과속은 금물이다. 앞지르기에 필요한 속도가 그 도로의 최고속도 범위 이내일 때 앞지르기를 시도한다.

② 앞지르기에 필요한 충분한 거리와 시야가 확보되었을 때 앞지르기를 시도한다.

③ 앞차가 앞지르기를 하고 있는 때에는 앞지르기를 시도하지 않는다.

④ 실선의 중앙선을 넘어 앞지르기하는 때에는 대향차의 움직임에 주의한다.

59 앞지르기할 때의 방어운전 방법으로 옳지 않은 것은?

① 꼭 필요한 경우에만 허용된 지역에서 앞지르기한다.

② 마주 오는 차의 속도가 빠를 때는 더욱 속도를 높여 앞지르기한다.

③ 앞지르기 후 뒤차의 안전을 고려하여 진입한다.

④ 앞지르기 전에 앞차에 신호를 보낸다.

60 신호기 설치 교차로의 단점으로 볼 수 없는 것은?

① 과도한 대기로 인한 지체가 발생할 수 있다.

② 신호 지시를 무시하는 경향을 조장할 수 있다.

③ 신호기를 피하기 위해 부적절한 노선을 이용할 수 있다.

④ 신호기에 따른 정차로 인하여 추돌사고가 감소할 수 있다.

61 차로 폭에 대한 설명으로 틀린 것은?

① 차로 폭이란 어느 도로의 차선과 차선 사이의 최단거리를 말한다.

② 차로 폭은 도로의 설계속도, 지형조건 등을 고려하여 3.0m~3.5m를 기준으로 한다.

③ 시내 및 고속도로 등에서는 도로폭이 비교적 좁고, 골목길이나 이면도로는 안전을 고려하여 도로폭은 비교적 넓다.

④ 교량 위, 터널 내, 유턴차로 등에서 부득이한 경우 2.75m로 설치할 수 있다.

62 고속도로 운행 시 안전운전 방법이 아닌 것은?

① 속도의 흐름과 도로 사정, 날씨 등에 관계없이 제한속도로 운전한다.

② 앞차의 움직임뿐 아니라 가능한 한 앞차 앞의 3~4대 차량의 움직임도 살핀다.

③ 주행 차로 운행을 준수하고 두 시간마다 휴식한다.

④ 뒤차가 자기 차를 앞지르기하고 있는 상황에서 경쟁 운전하는 것은 위험하므로 안전한 앞지르기가 가능하도록 배려하며 운전한다.

63 우천 시 차량 앞 유리의 습기 제거를 위한 적절한 행동은?

① 차량 공기 순환은 내부, 공기 방향은 발밑으로 한다.

② 차량 공기 순환은 외부, 공기 방향은 창으로 한다.

③ 차량 공기 순환은 내부, 공기 방향은 창으로 한다.

④ 차량 공기 순환은 외부, 공기 방향은 발밑으로 한다.

답안 표기란

59 ① ② ③ ④
60 ① ② ③ ④
61 ① ② ③ ④
62 ① ② ③ ④
63 ① ② ③ ④

64 위험물 탱크로리 취급 시 탱크 및 부속품 등에 대한 확인·점검 사항이 아닌 것은?

① 탱크 본체가 차량에 부착되어 있는 부분에 이완이나 어긋남이 없을 것

② 밸브류가 확실히 정확히 닫혀 있어야 하며, 밸브 등의 개폐상태를 표시하는 꼬리표(Tag)가 없을 것

③ 밸브류, 액면계, 압력계 등이 정상적으로 작동하고 그 본체 이음매, 조작부 및 배관 등에 누설부분이 없을 것

④ 호스 접속구에 캡이 부착되어 있을 것

65 충전용기 등의 적재·하역 및 운반 방법 등에 대한 설명으로 옳지 않은 것은?

① 충전용기를 차량에 적재하여 운반하는 때에는 앞뒤 보기 쉬운 곳에 붉은 글씨로 "위험 고압가스'라는 경계 표시를 한다.

② 밸브가 돌출한 충전용기는 고정식 프로텍터 또는 캡을 부착시켜 밸브의 손상을 방지하는 조치를 해야 한다.

③ 충전용기 등을 적재한 차량의 주·정차 시는 가능한 한 언덕길 등 경사진 곳을 피하여야 하며, 엔진을 정지시킨 다음 사이드 브레이크를 걸고 차 바퀴를 고정목으로 고정시켜야 한다.

④ 충전용기 등을 적재한 차량은 제1종 보호시설에서 5m 이상 떨어지고, 제2종 보호시설이 밀착되어 있는 지역은 가능한 한 피하여 주차하여야 한다.

66 고객이 거래를 중단한 이유 중 가장 높은 비율을 차지하는 것은?

① 고객 접점의 종업원
② 제품에 대한 불만
③ 경쟁사의 회유
④ 가격이나 기타 사유

67 '고객으로부터 신뢰를 획득하기 위한 휴먼웨어(Human-ware) 품질'을 말하는 것은?

① 상품 품질
② 영업 품질
③ 서비스 품질
④ 소비 품질

68 고객의 입장에서 꼴불견 인사행동으로 보이지 않는 것은?

① 경황없이 급히 하는 인사
② 상대방의 눈을 보지 않는 인사
③ 경쾌하고 겸손한 인사
④ 머리만 까딱하는 인사

69 운전자가 지켜야 할 운전예절이 아닌 것은?

① 횡단보도에서의 예절
② 올바른 전조등 사용
③ 여유 있는 교차로 통과
④ 재빠른 방향 전환 및 차로 변경

70 집하 시 행동 방법이 아닌 것은?

① 인사와 함께 밝은 표정으로 정중히 두 손으로 화물을 받는다.
② 2개 이상의 화물은 결박화물로 취급하여 1개로 집하한다.
③ 취급제한 물품은 그 취지를 알리고 정중히 집하를 거절한다.
④ 운송장 및 보조송장 도착지란을 정확히 기재하여 터미널 오분류를 방지한다.

71 생산과 소비와의 시간적 차이를 조정하여 시간적 효율을 창출하는 물류의 기능은?

① 운송기능
② 포장기능
③ 보관기능
④ 하역기능

72 로지스틱스 전문가의 자질 중 '이상적인 물류인프라 구축을 위하여 실행하는 능력'을 말하는 것은?

① 기술력
② 행동력
③ 관리력
④ 이해력

답안 표기란

68	① ② ③ ④
69	① ② ③ ④
70	① ② ③ ④
71	① ② ③ ④
72	① ② ③ ④

73 일반적인 물류처리의 발전 과정으로 옳은 것은?

① 물류자회사 → 자사물류 → 제3자 물류

② 자사물류 → 물류자회사 → 제3자 물류

③ 제3자 물류 → 물류자회사 → 자사물류

④ 자사물류 → 제3자 물류 → 물류자회사

74 제3자 물류의 도입 이유에 대한 설명이 잘못된 것은?

① 화주기업들은 자가물류를 확충하는 데 너무 치중한 결과 물류시설 확충, 물류자동화·정보화, 물류전문인력 충원 등에 따른 고정투자비 부담이 크게 증가하였다.

② 물류자회사는 노무관리 차원에서 모기업으로부터 인력 퇴출 장소로 활용되어 인건비 상승에 대한 부담이 가중되기도 한다.

③ 고정투자비 부담을 없애고, 경기변동, 수요계절성 등 물동량 변동, 물류경로 변화에 효과적으로 대응할 수 있다.

④ 모기업의 지나친 간섭과 개입으로 자율경영의 추진에 한계가 있다.

75 제4자 물류의 단계 중 '비지니스 프로세스 제휴, 조직과 서비스의 경계를 넘은 기술의 통합과 배송운영까지 포함하여 실행하고 인적자원관리가 성공의 중요한 요소로 인식됨'을 포함하는 단계는?

① 재창조

② 전환

③ 이행

④ 실행

76 공동배송의 단점이 아닌 것은?

① 기업 비밀 누출에 대한 우려

② 제조업체의 산재에 따른 문제

③ 물량 파악이 어려움

④ 외부 운송업체의 운임덤핑에 대처 곤란

77 주파수 공용통신(TRS; Trunked Radio System) 도입 효과로 적절하지 않은 것은?

① 차량의 운행정보 입수와 본부에서 차량으로 정보 전달이 용이하다.

② 차량으로 접수한 정보의 실시간 처리가 가능하다.

③ 각종 자연재해로부터 사전 대비를 통해 재해를 회피할 수 있다.

④ 화주의 수요에 신속히 대응할 수 있고 화주의 화물 추적이 용이하다.

78 기존 JIT(Just In Time) 전략보다 신속하고 민첩한 체계를 통해 생산 및 유통의 각 단계에 효율성을 기하여 그 성과를 생산자, 유통관계자, 소비자에게 골고루 분배하는 물류서비스 기법은?

① 전사적 품질관리(TQC)

② 공급망관리(SCM)

③ 효율적 고객응대(ECR)

④ 신속대응(QR)

79 고객 부재 시 배달 방법으로 적절하지 않은 것은?

① 반드시 방문 시간, 송하인, 연락처 등을 기록하여 문밖에서 잘 보이는 곳에 붙여 놓는다.

② 대리인 인수 시는 인수처를 명기하여 찾도록 해야 한다.

③ 대리인 인계가 되었을 때는 귀점 중 다시 전화로 확인 및 귀점 후 재확인한다.

④ 밖으로 불러냈을 때는 사과의 말과 함께 전달하며, 소형 화물 외에는 집까지 배달한다.

80 사업용(영업용) 트럭 운송에 비하여 자가용 트럭 운송의 장점으로 볼 수 없는 것은?

① 상거래에 기여한다.

② 작업의 기동성이 높다.

③ 인적 교육이 가능하다.

④ 변동비 처리가 가능하다.

수험번호 :

수험자명 :

제한 시간 : 80분
남은 시간 : 80분

전체 문제 수 : 80
안 푼 문제 수 :

답안 표기란

01 ① ② ③ ④

02 ① ② ③ ④

03 ① ② ③ ④

01 화물운송사업자에 대한 허가사항 변경신고의 대상이 아닌 것은?

① 상호의 변경

② 대표자의 변경(법인인 경우)

③ 화물취급소의 설치 또는 폐지

④ 대표자의 연락처 변경

02 화물자동차 운수사업법령상 운송사업자의 준수사항으로 옳지 않은 것은?

① 운송사업자는 위·수탁차주가 다른 운송사업자와 동시에 1년 이상의 운송계약을 체결하는 것을 제한하거나 이를 이유로 불이익을 주어서는 아니 된다.

② 운송사업자는 적재된 화물이 떨어지지 아니하도록 정해진 기준 및 방법에 따라 덮개·포장·고정장치 등 필요한 조치를 하여야 한다.

③ 운송사업자는 자동차관리법령을 위반하여 전기·전자장치(최고속도제한장치에 한함)를 무단으로 해체하거나 조작해서는 아니 된다.

④ 최대적재량 5톤 이하의 화물자동차의 경우에는 주차장, 차고지 또는 지방자치단체의 조례로 정하는 시설 및 장소에서만 밤샘주차가 가능하다.

03 화물자동차 운송사업을 경영하려는 자는 국토교통부장관의 허가를 받아야 한다. 일반화물자동차 운송사업은 (   )대 이상을 사용하며, 개인화물자동차 운송사업은 (   )대를 사용하는 것을 말한다. (   )에 들어갈 것으로 순서대로 옳은 것은?

① 30, 1

② 20, 1

③ 10, 1

④ 5, 1

04 자동차관리법령에 따른 자동차의 분류로 옳지 않은 것은?

① 승용자동차   ② 승합자동차

③ 화물자동차   ④ 원동기장치자전거

05 화물자동차 운수사업법령상 화물운송종사 자격의 취득에도 불구하고 생활물류서비스산업발전법령에 따른 택배서비스사업의 운전업무 종사의 제한으로 옳지 않은 것은?

① 아동·청소년 성보호에 관한 법률 위반(강간·강제추행 등)의 경우 20년

② 마약류 관리에 관한 법률 위반(대마 수출입·제조·매매 등)의 경우 20년(단, 특수목적으로 식품의약품안전처장의 승인을 받은 경우 제외)

③ 특정범죄 가중처벌 등에 관한 법률 위반(보복범죄의 가중처벌 등)의 경우 10년

④ 마약류 관리에 관한 법률 위반(자격 상실자의 마약류 처분)의 경우 2년

06 교통사고를 일으킨 경우 화물운송종사 자격 취소 및 정지에 대한 설명으로 옳지 않은 것은?

① 고의로 교통사고를 일으켜 사람을 사망하게 하거나 다치게 한 경우 자격 취소

② 과실로 교통사고를 일으켜 사망자 1명 또는 중상자 6명 이상인 경우 자격정지 60일

③ 과실로 교통사고를 일으켜 사망자 1명 및 중상자 5명 이상인 경우 자격정지 90일

④ 과실로 교통사고를 일으켜 사망자 2명 이상 발생한 경우 자격 취소

07 도로교통법령상 정차는 운전자가 (　　)을 초과하지 아니하고 차를 정지시키는 것으로서 주차 외의 정지상태를 말한다. (　　)에 옳은 것은?

① 3분   ② 5분

③ 10분   ④ 20분

08 신고한 운송주선약관을 준수하지 않은 경우 화물자동차 운송주선사업자에게 부과되는 과징금은?

① 10만 원 ② 15만 원

③ 20만 원 ④ 30만 원

09 자동차 제작·판매자등에게 반품한 경우(교환 또는 환불 요구에 따라 반품된 경우 포함) 말소등록을 신청하여야 함에도 말소등록을 하지 않은 경우 과태료 금액으로 옳은 것은?

① 신청 지연기간이 10일 이내인 경우 과태료 10만 원

② 신청 지연기간이 10일 초과 54일 이내인 경우 5만 원에서 11일째부터 계산하여 1일마다 1만 원을 더한 금액

③ 신청 지연기간이 55일 이상인 경우 과태료 100만 원

④ 신청 지연기간이 90일 이상인 경우 과태료 200만 원

10 차로에 따른 통행차의 기준에 의하면 차마는 도로의 우측 부분을 통행하여야 하나 도로의 중앙이나 좌측 부분을 통행할 수 있는 경우에 해당하지 않는 것은?

① 도로가 일방통행인 경우

② 도로의 파손, 도로공사나 그 밖의 장애 등으로 도로의 우측 부분을 통행할 수 없는 경우

③ 도로 우측 부분의 폭이 차마의 통행에 충분하지 않은 경우

④ 도로 우측 부분의 폭이 10미터가 되지 않는 도로에서 다른 차를 앞지르려는 경우(제한사항 제외)

11 튜닝검사 신청 서류가 아닌 것은?

① 운전경력증명서

② 튜닝 전후의 주요제원 대비표

③ 튜닝하려는 구조·장치의 설계도

④ 자동차등록증(말소사실증명서)

12 화물자동차 운수사업법령에 따른 중대한 교통사고가 발생한 사업용 자동차에 대하여 명하는 것은?

① 신규검사

② 원상복구 및 임시검사

③ 정기검사 또는 종합검사

④ 임시검사

13 운전적성정밀검사의 기준에 따라 특별검사 대상인 사람은?

① 교통사고를 일으켜 사람을 사망하게 하거나 5주 이상의 치료가 필요한 상해를 입힌 사람

② 65세 이상 70세 미만인 사람(자격유지검사의 적합판정을 받고 3년이 지나지 않은 사람 제외)

③ 화물운송종사 자격증을 취득하려는 사람(단, 3년 이내 신규검사 적합판정을 받은 사람 제외)

④ 해당 검사를 받은 날부터 취업일까지 무사고로 운전한 사람을 제외하고 신규검사 또는 유지검사의 적합판정을 받은 사람으로서 해당 검사를 받은 날부터 3년 이내에 취업하지 아니한 사람

14 도로교통법령상 위험물 등을 운반하는 자동차에 해당하지 않는 것은?

① 화학물질관리법에 따른 유독물질

② 원자력안전법에 따른 방사성물질 또는 그에 따라 오염된 물질

③ 농약관리법에 따른 원제

④ 선박관리법에 따른 대형 선박자제

15 도로교통법령상 서행하여야 할 경우로 규정된 것이 아닌 것은?

① 교차로에서 좌회전하려는 경우

② 교차로에서 우회전하려는 경우

③ 안전지대에 보행자가 있는 경우

④ 도로가 아닌 곳으로 진입하기 위해 보도를 횡단하려는 경우

답안 표기란

16 ① ② ③ ④
17 ① ② ③ ④
18 ① ② ③ ④
19 ① ② ③ ④
20 ① ② ③ ④

16 도로교통법령상 일시정지를 규정한 것이 아닌 것은?

① 도로가 구부러진 부근
② 교통정리를 하고 있지 아니하고 좌우를 확인할 수 없는 교차로를 통과하려는 경우
③ 신호에 따르는 경우를 제외하고 철길 건널목을 통과하려는 경우
④ 어린이 보호구역 내 신호기가 설치되지 아니한 횡단보도를 통과하려는 경우

17 도로교통법령상 어린이 보호구역에서 오전 10시 신호 위반과 보행자 보호 불이행으로 적발된 경우 벌점은?

① 30점   ② 40점
③ 50점   ④ 60점

18 도로교통법령상 자동차등의 운전 중 교통사고를 일으킨 때 벌점기준에 대한 설명으로 틀린 것은?

① 사망은 사고 발생 시부터 48시간 이내에 사망한 때
② 중상은 3주 이상의 치료를 요하는 의사의 진단이 있는 사고
③ 경상은 3주 미만 5일 이상의 치료를 의사의 진단이 있는 사고
④ 부상신고는 5일 미만의 치료를 요하는 의사의 진단이 있는 사고

19 화물자동차 운수사업법령상 운전업무 종사자격으로 옳지 않은 것은?

① 20세 이상일 것
② 운전적성에 대한 정밀검사기준에 맞을 것
③ 제외사항 없이 운전경력이 2년 이상일 것
④ 화물자동차를 운전하기 적합한 운전면허를 가지고 있을 것

20 다음 중 보행자로 볼 수 있는 경우는?

① 이륜차에서 내려 횡단보도를 건너가는 경우
② 자전거를 타고 횡단보도를 건너가는 경우
③ 횡단보도 중간에서 택시를 잡는 경우
④ 아파트 단지 내 횡단보도를 이륜차를 타고 건너가는 경우

21 국가나 지방자치단체가 자동차배출가스 규제를 위해 예산의 범위에서 필요한 자금을 보조하거나 융자할 수 있는 것으로 규정한 것이 아닌 것은?

① 배출가스저감장치를 부착 또는 교체하는 경우

② 자동차의 엔진을 저공해엔진으로 개조 또는 교체하는 경우

③ 권한자의 권고에 따라 자동차를 조기에 폐차하는 경우

④ 머플러를 튜닝하는 경우

22 술에 취한 상태에서 전동킥보드(개인형이동장치)를 운전한 경우 범칙금액은?

① 20만 원

② 15만 원

③ 10만 원

④ 5만 원

23 시·도지사가 공회전 제한장치 부착을 명할 수 있는 대상 화물자동차는?

① 화물자동차 운송사업에 사용되는 최대적재량 1.5톤 이하인 밴형 화물자동차

② 화물자동차 운송사업에 사용되는 최대적재량 1톤 이하인 밴형 화물자동차

③ 화물자동차 운송사업에 사용되는 최대적재량 5톤 이하인 밴형 화물자동차

④ 화물자동차 운송사업에 사용되는 최대적재량 2.5톤 이하인 밴형 화물자동차

24 다음 중 보도침범 또는 보도횡단방법 위반 교통사고로 적용되는 것으로 옳은 것은?

① 자전거를 타고 가던 사람을 보도침범 차량이 충돌한 경우

② 보도횡단 전 일시정지 없이 보도 진입 중 보행자를 충돌한 경우

③ 도로 아닌 아파트 단지 보도를 침범하여 보행자를 충돌한 경우

④ 보도와 차도가 구분이 없는 도로에서 보행자를 충돌한 경우

25 다음 중 중앙선침범 교통사고로 처리되지 않는 것은?

① 유턴 중 중앙선침범 사고

② 빗길 과속으로 중앙선침범 사고

③ 선행 충격에 의한 중앙선침범 사고

④ 황색 실선 구간 좌회전 사고

26 EDI(전자 문서 교환) 시스템이 구축될 수 있는 경우 이용되는 운송장은?

① 기본형 운송장

② 수기 운송장

③ 보조 운송장

④ 스티커형 운송장

27 운송화물에 대하여 포장화물 내부의 포장을 뜻하는 것으로 속포장이라고 하는 것은?

① 내장   ② 개장

③ 외장   ④ 각장

28 포장 유의사항으로 옳지 않은 것은?

① 손잡이가 있는 박스물품의 경우 손잡이를 바깥쪽으로 접어 이동이 편하게 한다.

② 배나 사과 등을 박스에 담아 좌우에서 들 수 있도록 되어 있는 물품의 경우 손잡이 부분의 구멍을 테이프로 막아 내용물의 파손을 방지한다.

③ 휴대폰 및 노트북 등 고가품의 경우 내용물이 파악되지 않도록 별도의 박스로 이중 포장한다.

④ 서류 등 부피가 작고 가벼운 물품의 경우 집하할 때에는 작은 박스에 넣어 포장한다.

29 하역방법으로 옳지 않은 것은?

① 종류가 다른 것을 적치할 때는 가벼운 것을 밑에 놓는다.

② 길이가 고르지 못하면 한쪽 끝이 맞도록 한다.

③ 화물 종류별로 표시된 쌓는 단수 이상으로 적재를 하지 않는다.

④ 상자로 된 화물은 취급표지에 따라 다루어야 한다.

답안 표기란

25 ① ② ③ ④

26 ① ② ③ ④

27 ① ② ③ ④

28 ① ② ③ ④

29 ① ② ③ ④

30 포장의 기능 중 생산 공정을 거쳐 만들어진 물품은 자체 상품뿐만 아니라 포장을 통해 완성된다는 뜻을 지니는 성격은?

① 표시성
② 보호성
③ 편리성
④ 상품성

31 적재함 적재방법에 대한 설명으로 옳은 것은?

① 무거운 화물을 적재함 뒤쪽에 싣는다.
② 가벼운 화물은 높게 적재하는 것이 좋다.
③ 둥글고 구르기 쉬운 물건은 상자 등으로 포장한 후 적재한다.
④ 트랙터 차량의 캡과 적재물의 간격을 100cm 이상으로 유지해야 한다.

32 주유취급소의 위험물 취급기준으로 옳지 않은 것은?

① 자동차 등에 주유할 때는 자동차 등의 원동기를 정지시킨다.
② 유분리 장치에 고인 유류는 넘치지 않도록 수시로 퍼내어야 한다.
③ 자동차 등의 일부 또는 전부가 주유취급소 밖에 나온 채로 주유하지 않는다.
④ 고정주유설비에 유류를 공급하는 배관은 전용탱크 또는 간이탱크로부터 고정주유설비에 간접 연결된 것이어야 한다.

33 고속도로를 운행하려는 차량 중 운행제한 차량 기준으로 옳지 않은 것은?

① 차량의 축하중 : 10톤 초과
② 적재물을 포함한 차량의 폭 : 2.3m 초과
③ 적재물을 포함한 차량의 길이 : 16.7m 초과
④ 차량 총중량 : 40톤 초과

34 화물의 오손 또는 파손을 방지하기 위한 대책이 아닌 것은?

① 인계할 때 인수자 확인은 반드시 인수자가 직접 서명하도록 할 것
② 사고 위험이 있는 물품은 안전박스에 적재하거나 별도 적재 관리할 것
③ 중량물은 하단에, 경량물은 상단에 적재할 것
④ 충격에 약한 화물은 보강포장 및 특기사항을 표기할 것

답안 표기란

35	① ② ③ ④
36	① ② ③ ④
37	① ② ③ ④
38	① ② ③ ④
39	① ② ③ ④

35 트레일러의 종류 중 트레일러의 일부 하중을 트랙터가 부담하여 운행하는 트레일러는?

① 풀 트레일러(Full Trailer)

② 세미 트레일러(Semi-Trailer)

③ 폴 트레일러(Pole Trailer)

④ 돌리(Dolly)

36 이사화물 표준약관상 고객은 사업자의 귀책사유로 이사화물의 인수가 일정 시간 이상 지연되어 청구할 수 있는 손해배상의 금액은?

① 계약금의 2배

② 계약금의 3배

③ 계약금의 4배

④ 계약금의 6배

37 이사화물 표준약관상 이사화물 운송 중 멸실, 훼손 또는 연착된 경우 고객 요청에 의해 사고증명서를 발급할 수 있는 기간은?

① 30일

② 3개월

③ 6개월

④ 1년

38 택배 표준약관상 운송물의 인도일에 대한 설명으로 옳지 않은 것은?

① 운송장에 인도예정일의 기재가 없는 경우 일반지역 3일

② 운송장에 인도예정일의 기재가 없는 경우 도서지역 3일

③ 운송장에 인도예정일의 기재가 없는 경우 산간벽지 3일

④ 운송장에 인도예정일의 기재가 있는 경우 그 기재된 날

39 택배 표준약관상 운송물의 일부 멸실 및 훼손에 대한 사업자의 손해배상 책임은 수하인의 운송물 수령한 날로부터 며칠 이내 사업자에게 통지하지 않으면 소멸되는가?

① 7일

② 10일

③ 14일

④ 30일

40 이사화물 표준약관상 약정 인수일 1일 전까지 고객의 책임으로 계약해제 시 책임은?

① 계약금

② 계약금의 2배

③ 계약금의 3배

④ 계약금의 4배

41 운전자 요인 중 교통사고에 가장 큰 요인을 미치는 순서는?

① 인지 > 조작 > 판단

② 판단 > 인지 > 조작

③ 인지 > 판단 > 조작

④ 조작 > 인지 > 판단

42 동체시력의 특성으로 정지시력이 1.2인 사람이 시속 50km로 운전하면서 대상물을 볼 때 시력은 (㉠) 이하로, 시속 90km라면 시력이 (㉡) 이하로 떨어진다. (㉠)과 (㉡)에 들어갈 것으로 알맞은 것은?

	㉠	㉡
①	0.9	0.7
②	0.7	0.5
③	0.7	0.3
④	0.9	0.5

43 주간 운전 시 터널에 진입하였을 때 일시적으로 일어나는 장애를 나타낸 용어는?

① 명순응현상

② 암순응현상

③ 현혹현상

④ 페이드현상

44 운전피로의 3요인 중 운전자요인에 해당되지 않는 것은?

① 연령조건, 성별조건

② 차내·외환경, 운행조건

③ 신체조건, 경험조건

④ 성별조건, 질병

답안 표기란

40 ① ② ③ ④

41 ① ② ③ ④

42 ① ② ③ ④

43 ① ② ③ ④

44 ① ② ③ ④

답안 표기란
45 ① ② ③ ④
46 ① ② ③ ④
47 ① ② ③ ④
48 ① ② ③ ④
49 ① ② ③ ④

45 어린이의 교통 관련 행동 유형이 아닌 것은?

① 도로에 갑자기 뛰어들기

② 도로상에서의 놀이

③ 차량 사이나 후면에서 놀이

④ 도로 횡단 시 주변 살피기

46 피로가 운전에 미치는 영향에 대한 설명으로 옳지 않은 것은?

① 운전피로가 증가하면 작업 타이밍의 균형을 가져온다.

② 심야 시간에서 새벽 시간에 많이 발생한다.

③ 운전 중 발생할 수 있는 착오가 많아진다.

④ 졸음으로 다양한 정보를 입수하지 못해 사고 발생 가능성이 높아진다.

47 운행기록장치 장착의무자는 교통안전법령에 따라 운행기록장치에 기록된 운행기록 보관 기준은?

① 1개월

② 3개월

③ 6개월

④ 12개월

48 자동차의 장치 중 핸들에 의해 앞바퀴의 방향을 조정해 주는 장치는?

① 제동장치

② 주행장치

③ 조향장치

④ 가속장치

49 현가장치의 유형이 아닌 것은?

① 판 스프링(Leaf Spring)

② 코일 스프링(Coil Spring)

③ 비틀림 막대 스프링(Torsion Bar Spring)

④ 충격 스프링(Shock Spring)

50 비가 자주 오거나 습도가 높은 날 또는 오랜 시간 주차한 후에는 브레이크 드럼에 미세한 녹이 발생하는 현상은?

① 수막현상
② 페이드 현상
③ 베이퍼 록 현상
④ 모닝 록 현상

51 현가장치 관련 현상 중 피칭 현상에 대한 설명이 아닌 것은?

① 차체가 Y축을 중심으로 회전운동을 하는 고유 진동이다.
② 적재물이 없는 대형 차량의 급제동 시 발생한다.
③ 스키드마크 발생 시 짧게 끊어진 형태로 나타난다.
④ 차의 좌우 진동을 나타낸다.

52 차량 점검 시 주의사항에 대한 설명으로 옳지 않은 것은?

① 조향핸들의 높이와 조향각도 조정은 운행 중에 하는 것이 정확하다.
② 라디에이터 캡은 고열에 주의한다.
③ 컨테이너 차량의 경우 고정장치가 작동되는지를 확인한다.
④ 파워핸들이 설치되지 않은 트럭의 조향감이 매우 무거우므로 유의하여 조향한다.

53 엔진 매연(흑색)이 과다 발생되는 현상이 발생할 경우 점검사항이 아닌 것은?

① 연료량 확인
② 엔진오일 및 필터 상태 점검
③ 블로바이 가스 발생 여부 확인
④ 에어 클리너 오염 및 덕트 내부 상태 확인

54 연석형 중앙분리대의 단점인 것은?

① 좌회전 차로의 제공이나 향후 차로 확장에 쓰일 공간을 확보한다.
② 차량과 충돌 시 차량을 본래의 주행 방향으로 복원해 주는 기능이 미약하다.
③ 연석의 중앙에 잔디나 수목을 심어 녹지공간을 제공한다.
④ 운전자의 심리적 안정감에 기여한다.

답안 표기란

50	① ② ③ ④
51	① ② ③ ④
52	① ② ③ ④
53	① ② ③ ④
54	① ② ③ ④

답안 표기란				
55	①	②	③	④
56	①	②	③	④
57	①	②	③	④
58	①	②	③	④
59	①	②	③	④

55 주행 제동 시 차량 쏠림 현상이 발생할 경우 점검사항이 아닌 것은?

① P.T.O(Power Take Off, 동력인출장치) 작동 상태 확인

② 좌·우브레이크 라이닝 간극 및 드럼 손상 점검

③ 듀얼 서킷 브레이크(Dual Circuit Brake) 점검

④ 에어 및 오일 파이프라인 이상 확인

56 도로의 진행 방향 중심선의 길이에 대한 높이의 변화 비율을 말하는 것은?

① 정지시거   ② 횡단경사

③ 종단경사   ④ 앞지르기시거

57 방어운전을 위해 운전자가 갖추어야 할 기본사항이 아닌 것은?

① 자기중심적 운전 태도

② 능숙한 운전 기술

③ 양보와 배려의 실천

④ 정확한 운전 지식

58 오르막길 안전운전 및 방어운전으로 적절하지 않은 것은?

① 오르막길에서 앞지르기할 때는 힘과 가속력이 좋은 고단 기어를 사용하는 것이 안전하다.

② 오르막길의 사각지대는 정상 부근이다. 마주 오는 차가 바로 앞에 다가올 때까지는 보이지 않으므로 서행하여 위험에 대비한다.

③ 정차 시에는 풋 브레이크와 핸드 브레이크를 같이 사용한다.

④ 정차할 때는 앞차가 뒤로 밀려 충돌할 가능성을 염두에 두고 충분한 차간 거리를 유지한다.

59 앞지르기 사고의 유형으로 옳지 않은 것은?

① 중앙선을 넘어 앞지르기 시 대향차와의 충돌

② 앞차의 감속에 따른 충돌

③ 진행 차로 내의 앞뒤 차량과의 충돌

④ 경쟁 앞지르기에 따른 충돌

60 교통 흐름을 공간적으로 분리하여 교통 소통을 원활하게 하는 것은?

① 입체교차로

② 평면교차로

③ 교통신호기

④ 교통안내방송

61 철길 건널목의 안전운전에 대한 설명으로 옳지 않은 것은?

① 일시정지 후 좌·우의 안전을 확인한다.

② 건널목 진입 전 열차가 오는 경우 속도를 높여 급출발하여 통과한다.

③ 건널목 통과 시 기어는 변속하지 않는다.

④ 건널목 건너편 여유 공간 확인 후 통과한다.

62 여름철 자동차 엔진의 과열 예방을 위한 냉각장치 점검사항이 아닌 것은?

① 냉각수의 양은 충분한지 확인한다.

② 냉각수가 새는 부분은 없는지 확인한다.

③ 워셔액은 깨끗하고 충분한지 확인한다.

④ 팬벨트의 장력은 적절한지를 수시로 확인한다.

63 겨울철 자동차 관리 사항으로 옳지 않은 것은?

① 월동장비를 장착하는 경우 체인 장착은 구동바퀴에 장착하며 시속 50km 이상 주행 시 심한 진동과 소음 그리고 체인 체결이 해제되는 경우가 있으므로 서행 운전한다.

② 냉각수의 동결을 방지하기 위해 워셔액의 양 및 점도를 점검한다.

③ 엔진의 온도를 일정하게 유지시켜 주는 써머스탯(써머스타트)을 점검한다.

④ 눈길이나 빙판길의 경우 스노우타이어와 체인을 장착한 경우라도 미끄러진 경우가 많아 차량 제어가 힘든 경우가 많기 때문에 주의하여 운전한다.

답안 표기란				
60	①	②	③	④
61	①	②	③	④
62	①	②	③	④
63	①	②	③	④

64 탱크로리 위험물 운송 시 안전운송기준으로 옳지 않은 것은?

① 부득이 운행 경로를 변경할 경우 소속사업소 및 회사 등에 사전 연락하여 비상사태를 대비한다.

② 차량이 육교 또는 교량의 밑을 통과할 때는 통과 높이에 주의하여 서서히 운행하고, 접촉 우려가 있는 경우 다른 길로 돌아서 운행한다.

③ 취급물질을 출하 운송 시와 같은 점검의 필요성은 없다.

④ 여름철 직사광선에 의한 온도 상승을 방지하기 위해 그늘에 주차하거나 탱크에 덮개를 씌우는 등의 조치를 한다.

65 충전용기 등의 적재·하역 및 운반작업 등에 대한 설명으로 옳지 않은 것은?

① 충전용기 등을 차에 싣거나 내리는 등의 운반작업 시 충전용기 등의 충격이 완화될 수 있는 조치를 하여야 한다.

② 충전용기 몸체와 차량과의 사이에 헝겊, 고무링 등을 사용하여 마찰을 방지하고 당해 충전용기 등에 흠이나 찌그러짐 등이 생기지 않도록 한다.

③ 고정된 프로텍터가 없는 용기는 충격 보호를 할 수 없으므로 절대 사용하면 안 된다.

④ 가연성 가스와 산소를 동일 차량에 적재하여 운반하는 때에는 그 충전용기의 밸브가 서로 마주보지 않게 적재해야 한다.

66 고객서비스의 특징 중 '똑같은 서비스라 하더라도 그것을 행하는 사람에 따라 품질의 차이가 발생하기 쉽다'는 것을 뜻하는 것은?

① 무형성

② 동시성

③ 인간주체

④ 무소유성

답안 표기란

67 ① ② ③ ④
68 ① ② ③ ④
69 ① ② ③ ④
70 ① ② ③ ④
71 ① ② ③ ④

67 고객을 대하는 기본예절로 적절하지 않은 것은?

① 계약관계이므로 사무적인 태도로 일관되게 대해야 한다.

② 약간의 어려움을 감수하는 것은 좋은 인간관계 유지를 위한 투자이다.

③ 상대에게 관심을 갖는 것은 상대로 하여금 내게 호감을 갖게 한다.

④ 상대방의 여건, 능력, 개인차를 인정하여 배려한다.

68 고객을 향한 적절한 시선처리가 아닌 것은?

① 자연스럽게 고객을 바라본다.

② 눈동자는 항상 중앙에 위치하도록 한다.

③ 부드러운 시선으로 고객을 바라본다.

④ 바쁜 경우 위로 치켜뜨거나 곁눈질을 통해 바라본다.

69 운전자가 가져야 할 기본적 운전자세가 아닌 것은?

① 주의력 집중   ② 교통법규의 이해와 준수

③ 운전 기술의 과신   ④ 심신 상태의 안정

70 화물차량 운전자의 기본적 주의사항 중 법규 및 사내 교통안전 관련 규정에 대한 설명으로 적절한 것은?

① 배차지시 없이 임의운행

② 정당한 사유 없이 지시된 운행경로 임의 변경운행

③ 사전승인 없이 타인을 승차시키는 행위

④ 사전승인 받아 적재물 특성에 따른 회사차량의 집단운행

71 1970년대 시기 창고보관, 수송을 신속히 하여 주문처리시간을 줄이는 데 초점을 둔 단계를 말하는 것은?

① 경영정보시스템 단계   ② 전사적자원관리 단계

③ 공급망관리 단계   ④ 인터넷물류관리 단계

답안 표기란

72 ① ② ③ ④
73 ① ② ③ ④
74 ① ② ③ ④
75 ① ② ③ ④
76 ① ② ③ ④

72 '발생지에서 소비지까지의 물자의 흐름을 계획, 실행, 통제하는 제반관리 및 경제활동'을 뜻하는 용어는?

① 물류
② 전류
③ 상류
④ 하류

73 물류네트워크 평가와 감사를 위한 일반적 지침이 아닌 것은?

① 수요
② 제품특성
③ 물류비용
④ 원산지관리

74 물류관리 전략의 필요성 및 중요성에 대한 설명 중 '로지스틱스'의 특성이 아닌 것은?

① 가치창출 중심
② 코스트 중심
③ 시장진출 중심(고객 중심)
④ 전체 최적화 지향

75 물류전략의 8가지 핵심 영역 중 '전략 수립' 영역에 해당하는 것은?

① 고객서비스 수준 결정
② 공급망 설계
③ 정보 및 기술 관리
④ 로지스틱스 네트워크전략 구축

76 제3자 물류에 어떤 기능을 추가하면 제4자 물류로 정의할 수 있는가?

① 생산
② 판매
③ 컨설팅
④ 지원

77 공동수송의 장점이 아닌 것은?

① 물류시설 및 인원의 축소
② 영업용 트럭의 이용 증대
③ 입출하 활동의 계획화
④ 안정된 수송시장 확보

78 관성항법과 더불어 어두운 밤에도 목적지에 유도하는 측위통신망으로서 차량 위치 추적을 통한 물류관리에 이용되는 통신망으로서 인공위성을 이용하여 지구 어느 곳이든 실시간 자기 위치와 타인의 위치 확인이 가능한 것은?

① 주파수 공용통신(TRS)
② 범지구측위시스템(GPS)
③ 효율적 고객응대(ECR)
④ 신속대응(QR)

79 물류고객서비스의 요소 중 거래 중 요소로 볼 수 없는 것은?

① 발주 정보
② 발주의 편리성
③ 고객의 클레임
④ 시스템의 정확성

80 자가용 트럭 운송에 비하여 사업용(영업용) 트럭 운송의 장점으로 볼 수 없는 것은?

① 수송비가 저렴하다.
② 물동량의 변동에 대응한 안정 수송이 가능하다.
③ 높은 신뢰성이 확보된다.
④ 수송 능력이 높다.

수험번호 :

수험자명 :

제한 시간 : 80분
남은 시간 : 80분

전체 문제 수 : 80
안 푼 문제 수 : ☐

답안 표기란

01 ① ② ③ ④

02 ① ② ③ ④

03 ① ② ③ ④

01 다음이 설명하는 도로교통법령상 용어는?

> 자동차만 다닐 수 있도록 설치된 도로

① 자동차전용도로

② 고속도로

③ 차도

④ 보도

02 운송사업자의 책임에 대한 설명으로 틀린 것은?

① 운송사업자의 손해배상 책임에 관하여는 민법을 준용한다.

② 화물이 인도기간이 지난 후 3개월 이내에 인도되지 아니하면 그 화물은 멸실된 것으로 본다.

③ 분쟁조정을 화주가 요청하면 지체 없이 그 사실을 확인하고 손해 내용을 조사한 후 조정안을 작성하여야 한다.

④ 조정안을 당사자 쌍방이 수락하면 당사자 간에 조정안과 동일한 합의가 성립된 것으로 본다.

03 적재물배상 책임보험계약등의 해제 사유에 해당하는 것이 아닌 것은?

① 화물자동차 운송사업을 휴업하거나 폐업한 경우

② 화물자동차 운송사업의 허가가 취소되거나 감차조치 명령을 받은 경우

③ 화물자동차 운송주선사업의 허가사항이 변경된 경우

④ 화물자동차 운송가맹사업의 허가가 취소된 경우

04 다음이 설명하는 교통안전표지는 무엇인가?

> 도로 교통의 안전을 위하여 각종 주의·규제·지시 등의 내용을 노면에 기호·문자 또는 선으로 도로 사용자에게 알리는 표지

① 주의표지
② 노면표시
③ 지시표지
④ 보조표지

05 화물자동차 운수사업법령상 과태료 금액으로 옳지 않은 것은?

① 화물자동차 운전자 채용 기록의 관리를 위반한 경우 50만 원
② 화물운송종사 자격증을 받지 않고 화물자동차 운수사업의 운전업무에 종사한 경우 50만 원
③ 거짓이나 그 밖의 부정한 방법으로 화물운송종사 자격을 취득한 경우 500만 원
④ 운송약관을 국토교통부장관에서 신고하지 않은 경우 50만 원

06 화물자동차 운수사업법령상 과태료 금액으로 옳지 않은 것은?

① 운송사업자가 서명날인한 계약서를 위·수탁차주에게 교부하지 않은 경우 300만 원
② 화물운송 서비스평가를 위한 자료 제출 등의 요구 또는 실지조사를 거부하거나 거짓으로 자료 제출 등을 한 경우 50만 원
③ 국제물류주선업자가 운송주선사업자의 준수사항을 위반한 경우 100만 원
④ 허가사항 변경신고를 하지 않은 경우 100만 원

07 노면표시의 색에 대한 설명으로 틀린 것은?

① 백색은 동일 방향의 교통류 분리 및 경계 표시에 사용한다.
② 황색은 반대 방향의 교통류 분리 또는 도로 이용의 제한 및 지시에 사용한다.
③ 흑색은 지정 방향의 교통류 분리 표시에 사용한다.
④ 적색은 어린이 보호구역 또는 소방시설 주변 주정차금지 표시에 사용한다.

08 화물자동차 운수사업법령상 운전업무에 종사할 수 없는 결격사항으로 옳지 않은 것은?

① 피성년후견인 또는 피한정후견인

② 화물자동차 운수사업법을 위반하여 징역 이상의 형의 집행유예를 선고받고 그 유예기간 중에 있는 자

③ 음주운전 금지를 위반하여 운전면허가 취소되고 5년이 경과하지 않은 자

④ 화물자동차 운수사업법을 위반하여 징역 이상의 실형을 선고받고 그 집행이 끝나거나(끝난 것으로 보는 경우 포함) 집행이 면제된 날부터 3년이 지나지 아니한 자

09 화물운송종사 자격 취소에 대한 설명으로 옳지 않은 것은?

① 거짓이나 그 밖의 부정한 방법으로 화물운송종사 자격을 취득한 경우

② 화물운송종사 자격증을 다른 사람에게 빌려준 경우

③ 화물운송종사 자격 정지 기간 중 화물자동차 운수사업의 운전업무에 종사한 경우

④ 화물자동차 교통사고와 관련하여 거짓으로 보험금을 청구하여 벌금 이상의 형을 선고받고 그 형이 확정된 경우

10 일반도로 주거지역·상업지역 및 공업지역의 경우 화물자동차의 최고속도는? (개별 제한속도 없음)

① 매시 50km 이내

② 매시 60km 이내

③ 매시 70km 이내

④ 매시 80km 이내

11 한국교통안전공단에서 처리하는 업무가 아닌 것은?

① 운전적성에 대한 정밀검사의 시행

② 법령 위반사항에 대한 처분의 건의

③ 화물운송종사 자격시험의 실시·관리 및 교육

④ 화물자동차 안전운임신고센터의 설치·운영

답안 표기란

12 ① ② ③ ④
13 ① ② ③ ④
14 ① ② ③ ④
15 ① ② ③ ④
16 ① ② ③ ④

12 화물자동차 운전자에게 차 안에 화물운송종사 자격증명을 게시하지 않고 운행하게 한 경우 화물자동차 운송사업자(일반)에게 주어지는 과징금은?

① 5만 원
② 10만 원
③ 20만 원
④ 30만 원

13 자동차등록번호판을 가리거나 알아보기 곤란하게 하거나 그러한 자동차를 운행한 경우 과태료로 옳은 것은?

① 1차 : 50만 원, 2차 : 150만 원, 3차 : 250만 원
② 1차 : 30만 원, 2차 : 100만 원, 3차 : 150만 원
③ 1차 : 20만 원, 2차 : 50만 원, 3차 : 100만 원
④ 1차 : 20만 원, 2차 : 30만 원, 3차 : 50만 원

14 제2종 보통면허로 운전이 가능한 차종에 대한 설명으로 틀린 것은? (위험물 또는 견인 제외)

① 승용자동차는 모두 운전할 수 있다.
② 승차정원 12인 이하의 승합자동차를 운전할 수 있다.
③ 적재중량 4톤 이하 화물자동차를 운전할 수 있다.
④ 총중량 3.5톤 이하의 특수자동차(구난차등은 제외)를 운전할 수 있다.

15 자동차관리법령에 따른 국토교통부장관 또는 시·도지사의 임시운행 허가사항 중 신규등록 신청을 위하여 자동차를 운행하려는 경우 임시운행 허가 기간 기준은?

① 5일 이내
② 7일 이내
③ 10일 이내
④ 15일 이내

16 정당한 사유 없이 도로(고속도로 제외)를 파손하고 교통을 방해하거나 교통에 위험을 발생하게 한 자에 대한 처벌 규정으로 옳은 것은?

① 10년 이하의 징역이나 1억 원 이하의 벌금
② 15년 이하의 징역이나 2억 원 이하의 벌금
③ 7년 이하의 징역이나 5천만 원 이하의 벌금
④ 5년 이하의 징역이나 3천만 원 이하의 벌금

답안 표기란

17 ① ② ③ ④
18 ① ② ③ ④
19 ① ② ③ ④
20 ① ② ③ ④
21 ① ② ③ ④

17 제한차량 운행허가 신청서와 함께 제출하는 서류가 아닌 것은?

① 차량검사증 또는 차량등록증
② 자동차보험 가입증명서
③ 차량중량표
④ 구조물 통과 하중 계산서

18 음주운전으로 운전면허 취소처분 또는 정지처분을 받은 경우 행정처분의 감경 제외 사유에 해당하는 것으로 틀린 것은?

① 혈중알코올농도가 0.1퍼센트를 초과하여 운전한 경우
② 음주운전 중 인적피해 교통사고를 야기한 경우
③ 과거 5년 이내에 3회 이상의 인적피해 교통사고의 전력이 있는 경우
④ 과거 10년 이내 음주운전의 전력이 있는 경우

19 운전면허 취소처분에 해당하지 않는 것은?

① 교통사고로 사람을 죽게 하거나 다치게 하고, 구호조치를 하지 아니한 때
② 혈중알코올농도 0.08퍼센트 이상의 상태에서 운전한 때
③ 최고속도보다 100km/h를 초과한 속도로 3회 이상 운전한 때
④ 공동위험행위로 입건된 때

20 자동차 사용자가 국토교통부령이 정하는 항목에 대한 튜닝을 하려는 경우 어느 기관의 승인을 받아야 하는가?

① 관할 경찰서
② 화물차운송연합회
③ 한국교통안전공단
④ 도로교통공단

21 4톤 화물자동차를 운전하여 주차된 차만 손괴하고 인적 사항 제공 의무를 위반한 경우 범칙금액은?

① 13만 원
② 12만 원
③ 10만 원
④ 8만 원

답안 표기란

22 ① ② ③ ④
23 ① ② ③ ④
24 ① ② ③ ④
25 ① ② ③ ④
26 ① ② ③ ④

22 교통사고처리특례법 제3조제2항 단서 각 호(특례의 배제)에 해당하지 않는 것은?

① 신호 위반
② 중앙선침범
③ 보행자보호의무 위반
④ 교차로통행방법 위반

23 환경부령으로 정하는 공회전 제한장치 부착명령 대상 자동차가 아닌 것은?

① 시내버스 운송사업에 사용되는 자동차
② 일반택시 운송사업에 사용되는 자동차
③ 군단위를 사업구역으로 하는 일반택시 운송사업에 사용되는 자동차
④ 화물자동차 운송사업에 사용되는 최대적재량이 1톤 이하인 밴형 화물자동차로서 택배용으로 사용되는 자동차

24 권한자는 자동차에서 배출되는 배출가스가 운행차 배출허용기준에 맞는지 확인하기 위하여 도로나 주차장 등에서 자동차의 배출가스 배출상태를 수시로 점검하는데, 이에 응하지 아니하거나 기피·방해한 경우 처벌은?

① 6월 이하의 징역이나 300만 원 이하의 벌금
② 6월 이하의 징역이나 500만 원 이하의 벌금
③ 과태료 500만 원
④ 과태료 200만 원

25 다음 중 어린이 보호구역 내 어린이 보호의무 위반 교통사고로 적용되는 것으로 옳은 것은?

① 만 15세 어린이가 피해자이다.
② 새벽 2시 어린이 보호구역 내 사고는 적용되지 않는다.
③ 성인과 어린이가 함께 피해자인 경우 각 피해자에 적용되는 조항이 다르다.
④ 선행 차량 내 탑승한 어린이도 그 대상에 포함된다.

26 운송장 중 송하인 기재사항이 아닌 것은?

① 수하인용 송장상의 좌측 하단에 총수량 및 도착점 코드
② 수하인의 주소, 성명, 전화번호
③ 물품의 품명, 수량, 가격
④ 송하인의 주소, 성명 및 전화번호

답안 표기란

27 ① ② ③ ④
28 ① ② ③ ④
29 ① ② ③ ④
30 ① ② ③ ④
31 ① ② ③ ④

27 운송장 기재 시 유의사항으로 옳지 않은 것은?

① 운송장은 꾹꾹 눌러 기재하여 맨 뒷면까지 잘 복사되도록 한다.

② 도착점 코드가 정확히 기재되었는지 확인한다.

③ 화물 인수 시 적합성 여부를 확인한 후, 집하담당자가 직접 운송장 정보를 기입하도록 한다.

④ 특약사항에 대하여 고객에게 고지한 후 특약사항 약관설명 확인필에 서명을 받는다.

28 포장의 기능이 아닌 것은?

① 표시성   ② 보호성

③ 편리성   ④ 화려성

29 포장의 방법 중 물품을 1개 또는 여러 개를 합하여 수축 필름으로 덮고, 이것을 가열 압축 수축시켜 물품을 강하게 고정·유지하는 포장방법은?

① 방수포장   ② 진공포장

③ 방청포장   ④ 수축포장

30 화물취급표지 중 갈고리 금지를 뜻하는 표지는?

①

②

③

④

31 화물더미에서 작업할 때 주의사항으로 옳지 않은 것은?

① 화물더미에 오르내릴 때에는 화물의 쏠림이 발생하지 않도록 주의한다.

② 화물더미의 상층과 하층에서 동시에 작업하는 것이 안전하다.

③ 화물더미의 중간에서 화물을 뽑아내거나 직선으로 깊이 파내는 작업을 하지 않는다.

④ 화물더미 위에서 작업을 할 때에는 힘을 줄 때 발밑을 항상 조심한다.

32 기계작업 운반기준에 적합한 것이 아닌 것은?

① 취급물품이 경량물인 작업
② 표준화되어 있어 지속적으로 운반량이 많은 작업
③ 단순하고 반복적인 작업
④ 취급물품의 형상, 성질, 크기 등이 일정한 작업

33 위험물 탱크로리 취급 시 확인·점검할 사항이 아닌 것은?

① 탱크로리에 커플링은 잘 연결되었는지 확인한다.
② 플랜지 등 연결 부분에 새는 곳은 없는지 확인한다.
③ 인화성물질을 취급할 때에는 소화기를 준비하고, 흡연자가 없는지 확인한다.
④ 누유된 위험물은 회수 없이 현장에 두고 본 탱크로리만 우선 이동한다.

34 통기성이 없고, 고열의 터널을 통과하므로 상품에 따라 이용할 수 없는 경우가 있고, 그 비용이 많이 드는 단점이 있는 파렛트 화물 붕괴 방지 방식은?

① 스트레치 방식
② 주연어프 방식
③ 슈링크 방식
④ 슬립 멈추기 시트삽입 방식

35 운행에 따른 일반적인 주의사항으로 옳지 않은 것은?

① 비포장도로나 위험한 도로에서는 반드시 서행한다.
② 화물은 편중되게 적재하지 않는다.
③ 화물을 적재하고 운행할 때에는 출발 전 화물 적재의 상태를 확인하면 충분하다.
④ 가능한 한 경사진 곳에 주차하지 않는다.

36 과적의 폐해에 대한 설명으로 옳지 않은 것은?

① 윤하중 증가에 따른 타이어 파손 및 타이어 내구 수명 감소로 사고 위험성이 증가한다.
② 과적에 의해 차량이 무거워지면 마찰력 증가로 제동거리가 짧아져 사고의 위험성이 증가한다.
③ 적재중량보다 20%를 초과한 과적의 경우 타이어 내구수명은 30% 감소하고, 50%를 초과한 경우 내구수명은 60% 감소한다.
④ 충돌 시의 충격력은 차량의 중량과 속도에 비례하여 증가한다.

답안 표기란

32	① ② ③ ④
33	① ② ③ ④
34	① ② ③ ④
35	① ② ③ ④
36	① ② ③ ④

37 화물의 인계요령에 대한 설명으로 옳지 않은 것은?

① 산간 오지 및 당일 배송 불가지역의 경우 양해를 구하고, 지점 도착 물품은 당일 배송을 원칙으로 한다.

② 각 영업소로 분류된 물품은 수하인에게 물품의 도착 사실을 알리고 배송 가능한 시간을 약속한다.

③ 방문 시간에 수하인이 부재중일 경우에는 부재중 방문표를 활용하여 방문 근거를 남기되 우편함에 넣거나 문틈으로 밀어 넣어 타인이 볼 수 없도록 한다.

④ 근거리 배송을 위해 차를 떠나는 경우를 제외하고 물품 배송 중발생할 수 있는 도난에 대비하여야 한다.

38 발착지에서의 트레일러 장착이 용이하고 공간을 적게 차지하며 후진이 용이한 특성을 가지고 있는 연결차량은?

① 풀 트레일러 연결차량　　② 세미 트레일러 연결차량
③ 더블 트레일러 연결차량　　④ 폴 트레일러 연결차량

39 이사화물 표준약관상 손해배상 기준 중 고객의 책임으로 이사화물 인수가 지체된 경우 적용되는 기준은? (1시간 미만은 산입 제외)

① 계약금의 2배 이내에서 약정 인도 일시로부터 연착된 1시간마다 계약금의 반액을 곱한 금액

② 계약금의 5배 이내에서 약정 인도 일시로부터 연착된 1시간마다 계약금의 반액을 곱한 금액

③ 계약금의 2배 이내에서 약정 인도 일시로부터 연착된 2시간마다 계약금의 반액을 곱한 금액

④ 계약금의 5배 이내에서 약정 인도 일시로부터 연착된 2시간마다 계약금의 반액을 곱한 금액

40 택배 표준약관상 일부 멸실 및 훼손 없이 연착되는 때 특정 일시에 사용할 운송물의 경우 손해배상 금액 기준은?

① 운송장 기재 운임액의 50% 지급
② 운송장 기재 운임액의 100% 지급
③ 운송장 기재 운임액의 200% 지급
④ 운송장 기재 운임액의 300% 지급

답안 표기란

41	① ② ③ ④
42	① ② ③ ④
43	① ② ③ ④
44	① ② ③ ④
45	① ② ③ ④

41 야간에 사람이 입고 있는 옷에 따른 확인 정도를 나타낼 때 가장 발견하기 쉬운 것부터 나열한 것은?

① 적색 – 백색 – 흑색

② 흑색 – 백색 – 적색

③ 백색 – 적색 – 흑색

④ 백색 – 흑색 – 적색

42 전방에 있는 대상물까지의 거리를 목측하는 것을 나타낸 말은 무엇인가?

① 명순응

② 암순응

③ 심시력

④ 심경각

43 시야에 대한 설명으로 옳지 않은 것은?

① 시야 범위는 자동차 속도에 반비례하여 좁아진다.

② 시야 범위는 집중의 정도에 비례하여 넓어진다.

③ 속도가 빨라질수록 주시점은 멀어지고 시야는 좁아진다.

④ 속도가 빨라질수록 가까운 곳의 풍경은 더욱 흐려지고 작고 복잡한 대상은 잘 확인되지 않는다.

44 운전피로의 3요인 중 생활요인에 해당하는 것은?

① 수면, 생활환경

② 차내·외환경, 운행조건

③ 신체조건, 경험조건

④ 성별조건, 질병

45 고령 운전자의 특징으로 적절하지 않은 것은?

① 반사신경이 둔해지나 돌발사태 대응력은 높아진다.

② 좁은 길에서 대형차와 교행할 때 불안감이 높아진다.

③ 후방으로부터 자극에 대한 동작이 지연된다.

④ 급후진, 대형차 추종운전 등의 불안감이 높아진다.

46 어린이의 일반적인 교통 행동 특성이 아닌 것은?

① 호기심이 많고 모험심이 강하다.
② 눈에 보이지 않는 것은 없다고 생각한다.
③ 제한된 주의 및 지각능력이 없다.
④ 자신의 감정을 억제하거나 참아내는 능력이 약하다.

47 운행기록 분석 결과의 활용 기관이 아닌 것은?

① 자동차 제조 회사
② 교통행정기관
③ 한국교통안전공단
④ 운송사업자

48 운행기록 분석 시스템상 위험운전 행동 11대 유형에 포함되지 않는 것은?

① 장기과속
② 급진로변경
③ 급U턴
④ 연속운전

49 주행장치인 휠의 역할과 조건으로 옳지 않은 것은?

① 타이어와 함께 차량의 중량을 지지하며 구동력과 제동력을 지면에 전달한다.
② 무게가 가볍고 내구성을 가져야 한다.
③ 노면의 충격과 측력에 견딜 수 있는 강성이 있어야 한다.
④ 타이어에서 발생하는 열을 차단하는 역할을 하여야 한다.

50 자동차를 제동할 때 바퀴는 정지하려고 하고 차체는 관성에 의해 이동하려는 성질 때문에 앞 범퍼 부분이 내려가는 현상은?

① 노즈 다운(다이브 현상)
② 노즈 업(스쿼트 현상)
③ 바운싱
④ 모닝 록 현상

답안 표기란

46 ① ② ③ ④
47 ① ② ③ ④
48 ① ② ③ ④
49 ① ② ③ ④
50 ① ② ③ ④

답안 표기란

51 ① ② ③ ④
52 ① ② ③ ④
53 ① ② ③ ④
54 ① ② ③ ④
55 ① ② ③ ④

51 주행하기 전에 차체에서 평소와는 다른 이상한 진동이 느껴질 때 고장으로 의심되는 부분은?

① 엔진

② 팬벨트

③ 브레이크

④ 클러치

52 주행 제동 시 차량 쏠림 현상이 일어날 때 조치 방법이 아닌 것은?

① 타이어의 공기압을 좌우 동일하게 주입

② 조향핸들 유격 점검

③ 좌우 브레이크 라이닝 간극 재조정

④ 브레이크 드럼 교환

53 중앙분리대의 설치로 감소되는 교통사고의 유형은?

① 직각충돌형 사고

② 측면충돌형 사고

③ 정면충돌형 사고

④ 후미추돌형 사고

54 길어깨(갓길)의 역할이 아닌 것은?

① 고장차가 본선차도로부터 대피할 수 있어 사고 시 교통 혼잡을 방지한다.

② 측방 여유폭을 가지므로 교통의 안전성과 쾌적성에 기여한다.

③ 보도 등이 없는 도로에서는 보행자 등의 통행 장소로의 기능을 한다.

④ 탑승자의 상해 및 자동차의 파손 감소의 기능을 한다.

55 방어운전에 해당하지 않는 것은?

① 자기 자신이 사고의 원인을 만들지 않는 운전

② 자기 자신이 사고에 말려들어 가지 않게 하는 운전

③ 타인의 사고를 유발시키지 않는 운전

④ 규정 속도에 관계없이 천천히 서행으로 가는 운전

답안 표기란

56 ① ② ③ ④
57 ① ② ③ ④
58 ① ② ③ ④
59 ① ② ③ ④
60 ① ② ③ ④

56 운행 시 속도 조절에 대한 설명 중 옳지 않은 것은?

① 교통량이 많은 곳에서는 속도를 줄여 운행한다.

② 곡선반경이 큰 도로에서는 속도를 줄여 운행한다.

③ 노면상태가 좋지 않은 곳에서는 속도를 줄여 운행한다.

④ 초행길에서는 속도를 줄여 운행한다.

57 교차로에서의 방어운전에 해당하지 않는 것은?

① 섣부른 추측운전은 하지 않는다.

② 언제든 정지할 수 있는 준비 태세를 갖춘다.

③ 신호에 따르는 경우 안전하다.

④ 신호가 바뀌는 순간을 주의한다.

58 교차로 황색신호 시 사고 유형이 아닌 것은?

① 교차로 상에서 전신호 차량과 후신호 차량의 충돌

② 횡단보도 전 앞차 정지 시 앞차 추돌

③ 유턴 차량과의 충돌

④ 진로변경 차량과의 충돌

59 야간 안전운전 방법으로 적절하지 않은 것은?

① 실내는 항상 밝게 한다.

② 주간보다 속도를 낮추어 주행한다.

③ 해가 저물면 곧바로 전조등을 점등한다.

④ 대향차의 전조등을 바로 보지 않는다.

60 계절별 운전 방법 중 봄철 특징으로 적절하지 않은 것은?

① 기온이 상승함에 따라 긴장이 풀리고 몸도 나른해져서 춘곤증에 의한 졸음운전 사고가 발생할 우려가 높다.

② 날씨가 풀리면서 겨울 내 얼어 있던 땅이 녹아 지반 붕괴로 인한 도로의 균열이나 낙석의 위험이 크다.

③ 날씨가 풀려 도로변에 보행자의 통행이 급증하므로 장소의 구분 없이 보행자 보호에 주의를 기울여야 한다.

④ 신학기를 맞아 학생들의 소풍이나 현장학습 등 야외활동은 줄어드나 행락철을 맞아 교통수요가 증가한다.

61 위험물 운송 시 위험물 적재방법으로 옳지 않은 것은?

① 위험물의 품목, 화학명 수량을 운반용기와 포장 외부에 표시한다.

② 운반 도중 위험물 또는 수납 운반용기가 떨어지거나 파손되지 않도록 적재한다.

③ 수납구를 아래로 향하게 적재한다.

④ 직사광선 및 빗물 등의 침투를 방지할 수 있는 덮개를 설치한다.

62 탱크로리 위험물 운송을 종료한 때의 점검사항으로 옳지 않은 것은?

① 밸브 등의 이완이 없어야 한다.

② 고정된 용기 프로텍터가 없을 경우 보호캡을 부착한다.

③ 경계표지 및 휴대품 등의 손상이 없어야 한다.

④ 높이검지봉 및 부속배관 등이 적절히 부착되어 있어야 한다.

63 고속도로 교통사고의 특징이 아닌 것은?

① 고속도로는 빠르게 달리는 도로의 특성상 다른 도로에 비해 치사율이 높다.

② 고속도로에서는 운전자 전방주시 태만과 졸음운전으로 인한 2차 사고 발생 가능성이 높다.

③ 화물차의 적재 불량과 과적은 도로상에 낙하물을 발생시키기는 하나 교통사고의 원인으로 보기는 힘들다.

④ 운전자의 휴대폰 사용 또는 다양한 영상 시청 증가로 전방주시 소홀에 의한 교통사고 발생 가능성이 높다.

64 터널 내 화재 시 운전자의 행동요령으로 옳지 않은 것은?

① 운행이 가능한 상태에서 운전자는 차량과 함께 터널 밖으로 신속히 이동한다.

② 터널 밖으로 이동이 불가능한 경우 최대한 갓길 쪽으로 정차한다.

③ 차량을 두고 피하는 경우 엔진을 끄고 키를 가지고 신속하게 하차하여 안전한 장소로 이동한다.

④ 터널에 비치된 소화기나 설치되어 있는 소화전으로 조기 진화를 시도한다.

65 운행제한 차량 통행이 도로포장에 미치는 영향에 대한 설명으로 옳은 것은?

① 축하중 10톤 초과 화물차와 도로파손은 관계가 없다.

② 축하중 11톤 화물차의 경우 승용차 13만 대 통행과 같은 도로파손이다.

③ 축하중 13톤 화물차의 경우 승용차 15만 대 통행과 같은 도로파손이다.

④ 축하중 15톤 화물차의 경우 승용차 39만 대 통행과 같은 도로파손이다.

66 고객만족을 위한 서비스 품질의 분류가 아닌 것은?

① 상품 품질

② 영업 품질

③ 서비스 품질

④ 신뢰 품질

67 '고객이 현장사원 등과 접하는 환경과 분위기를 고객만족 방향으로 실현하기 위한 소프트웨어(Software) 품질'을 말하는 것은?

① 상품 품질

② 영업 품질

③ 서비스 품질

④ 소비 품질

68 대화를 나눌 때 적절한 언어예절이라 할 수 있는 것은?

① 매사 침묵으로 일관한다.

② 남이 이야기하는 도중에 분별없이 차단하지 않는다.

③ 쉽게 흥분하거나 감정에 치우쳐서 대화한다.

④ 상대방의 약점을 지적하며 대화한다.

69 화물차량 운전자의 직업상 어려움이 아닌 것은?

① 장시간 운행으로 제한된 작업 공간 부족
② 주·야간 운행으로 생활리듬이 규칙적인 생활
③ 공로운행에 따른 교통사고에 대한 위기의식 잠재
④ 화물의 특수운송에 따른 운임에 대한 불안감

70 화물차량 운전자의 운행상 주의사항으로 옳지 않은 것은?

① 후진 시에는 유도요원을 배치하고, 신호에 따라 안전하게 후진한다.
② 내리막길에서는 풋 브레이크만 사용하여 운전한다.
③ 주·정차 후 운행을 개시하고자 할 때, 주변의 안전을 확인 후 운행을 시작한다.
④ 후속차량이 추월하고자 할 때에는 감속 등으로 양보 및 배려운전을 한다.

71 1990년대 최종 고객까지 포함하여 공급망상의 업체들이 수요, 구매정보 등을 상호 공유하는 통합 단계를 말하는 것은?

① 경영정보시스템 단계
② 전사적자원관리 단계
③ 공급망관리 단계
④ 인터넷물류관리 단계

72 '검색, 견적, 입찰, 가격 조정, 계약, 지불, 인증, 보험, 회계처리, 서류 발행, 기록 등'을 뜻하는 용어는?

① 물류
② 전류
③ 상류
④ 하류

73 물류관리 전략의 필요성 및 중요성에 대한 설명 중 '전략적 물류'의 특성이 아닌 것은?

① 제품 효과 중심
② 부분 최적화 지향
③ 기능별 독립 수행
④ 효과 중심의 개념

74 물류전략의 실행 구조(과정 순환)의 순서로 옳은 것은?

① 전략 수립 → 구조 설계 → 기능 정립 → 실행
② 구조 설계 → 전략 수립 → 기능 정립 → 실행
③ 전략 수립 → 기능 정립 → 구조 설계 → 실행
④ 기능 정립 → 구조 설계 → 전략 수립 → 실행

75 제3자 물류에 의한 물류혁신 기대효과가 아닌 것은?

① 물류산업의 합리화에 의한 고물류비 구조 혁신
② 고품질 물류서비스의 제공으로 제조업체의 경쟁력 약화
③ 종합물류서비스의 활성화
④ 공급망관리(SCM) 도입·확산의 촉진

76 수송과 배송의 구분에서 배송에 해당하는 것은?

① 장거리 대량 화물의 이동
② 거점과 거점 간 이동
③ 지역 내 화물의 이동
④ 1개소의 목적지에 1회에 직송

77 화물자동차 운송의 효율성 지표 중 최대적재량 대비 적재된 화물의 비율을 뜻하는 것은?

① 가동율
② 실차율
③ 적재율
④ 공차거리율

78 급변하는 상황에 민첩하게 대응하기 위한 전략적 기업제휴를 의미하는 것은?

① 가상기업
② 벤처기업
③ 민간기업
④ 주주기업

79 물류고객서비스의 요소 중 거래 전 요소로 볼 수 없는 것은?

① 접근가능성
② 조직구조
③ 시스템의 유연성
④ 재고 품절 수준

80 선박 및 철도와 비교한 화물자동차 운송의 장점이 아닌 것은?

① 문전에서 문전으로 배송서비스를 탄력적으로 행할 수 있다.
② 중간 하역이 불필요하여 포장의 간소화·간략화가 가능하다.
③ 다른 수송기관과 연동하지 않고서도 일관된 서비스를 할 수 있어 싣고 부리는 횟수가 적다.
④ 수송 단위가 작고 연료비나 인건비 등 수송단가가 낮다.

01	02	03	04	05	06	07	08	09	10	11	12	13	14	15	16	17	18	19	20
④	③	③	④	①	④	②	①	④	③	②	②	③	④	②	④	③	③	④	②
21	22	23	24	25	26	27	28	29	30	31	32	33	34	35	36	37	38	39	40
③	②	①	②	④	②	④	③	①	①	①	③	①	④	③	④	②	④	②	④
41	42	43	44	45	46	47	48	49	50	51	52	53	54	55	56	57	58	59	60
④	④	①	③	④	①	④	③	④	②	②	④	④	④	④	③	①	③	③	①
61	62	63	64	65	66	67	68	69	70	71	72	73	74	75	76	77	78	79	80
④	④	④	③	③	④	①	③	②	③	③	③	③	③	②	②	③	④	③	②

01 화물자동차의 규모별 종류는 자동차관리법 시행규칙 별표1에 의하여 구분하는 것으로, ④의 경우 총중량이 10톤 이상인 것으로 규정하고 있다.

02 원인 행위를 불문하고 사망사고는 특례를 적용받지 아니하며, 중상해 발생사고와 구호조치의무 위반 사고와 음주측정 거부의 경우 특례가 적용되지 않는다. 또한, 단서 각 호에서 규정된 12개 항목도 제외된다. 안전거리 미확보를 원인으로 한 중상의 경우 특례가 적용된다.

03 ③의 경우 2년이 지나지 아니한 자로 규정하고 있다.

04 책임보험계약등을 공동으로 체결할 수 있는 경우 "국토교통부령으로 정하는 사유"란 보험등 의무가입자가 다음 각 호의 어느 하나에 해당하는 경우를 말한다.
  1. 운송사업자의 화물자동차 운전자가 그 운송사업자의 사업용 화물자동차를 운전하여 과거 2년 동안 다음 각 목의 어느 하나에 해당하는 사항을 2회 이상 위반한 경력이 있는 경우
    가. 무면허 운전 등의 금지
    나. 술에 취한 상태에서의 운전 금지
    다. 사고 발생 시 조치의무
  2. 보험회사가 허가를 받거나 신고한 적재물배상보험요율과 책임준비금 산출기준에 따라 손해배상책임을 담보하는 것이 현저히 곤란하다고 판단한 경우

05 ①의 과태료를 체납하고 있는 위반행위자의 경우에는 해당되지 않는다.

06 자동차의 형식이 변경된 경우 중 차종이 변경되거나 승차정원 또는 적재중량이 증가한 경우에는 변경승인 후의 차종이나 승차정원 또는 적재중량이 기준이며, 차종의 변경 없이 승차정원 또는 적재중량이 감소된 경우에는 변경승인 전의 승차정원 또는 적재중량으로 적용한다. 다만, 자동차의 구조 또는 장치가 변경된 경우는 변경승인 전의 승차정원 또는 적재중량에 따른다.

07 ②의 경우 과태료 50만 원을 부과한다.

08 4톤 초과 화물자동차는 승합자동차등으로 보아 이 경우 범칙금 13만 원에 해당한다.

09 ④의 경우 1차 위반 시 운행정지 30일, 2차 위반 시 운행정지 60일, 3차 위반 시 감차조치로 규정하고 있다.

10 총 8시간의 교육을 이수하여야 하며, 교통안전체험 연구·교육시설의 교육과정 중 기본교육과정(8시간)을 이수한 경우 교육을 받은 것으로 본다.

11 이 경우 과징금은 20만 원이다. 화물자동차 운송사업자의 경우 일반은 20만 원, 개인은 10만 원의 과징금이 부과된다.

12 이상기후 상태에 따라 20/100을 줄인 속도(비가 내려 노면이 젖어 있는 경우, 눈이 20mm 미만 쌓인 경우)와 50/100을 줄인 속도(폭우·폭설·안개 등으로 가시거리가 100m 이내인 경우, 노면이 얼어붙은 경우, 눈이 20mm 이상 쌓인 경우)로 최고속도가 변경된다.

13 ③으로 규정하고 있으며, 제작연도에 등록되지 아니한 자동차는 제작연도의 말일을 차량기산일로 규정하고 있다.

14 시·도지사의 직권에 의한 말소등록은 ①, ②, ③ 외에도 말소등록을 신청하여야 할 자가 신청하지 아니한 경우, 속임수나 그 밖의 부정한 방법으로 등록된 경우가 해당한다.

15 승인을 받지 아니하고 튜닝한 자동차는 원상복구 및 임시검사를 받아야 한다.

16 편도 3차로 이상 고속도로 중 오른쪽 차로는 대형 승합자동차, 화물자동차, 특수자동차, 건설기계가 통행할 수 있다.

17 경형·소형의 승합자동차와 화물자동차는 차령 관계없이 1년의 정기검사 유효기간이 적용된다.

18 축하중 10톤 초과, 총중량 40톤 초과 차량에 대하여 제한할 수 있다.

19 도로교통법령상 개인형이동장치는 세 가지로 구분하고 있으며, 그 분류는 전동킥보드, 전동이륜평행차, 전동기의 동력만으로 움직일 수 있는 자전거로 구분되어 있다.

20 이 경우 지정하는 도로를 자동차전용도로라고 한다.

21 ③은 가스에 대한 정의이다. 매연이란 연소할 때에 생기는 유리(遊離) 탄소가 주가 되는 미세한 입자상물질을 말한다.

22 운행상의 안전기준을 넘어 적재한 상태로 운행하기 위해서는 출발지 경찰서장의 허가가 필요하다.

23 위반 회차와 관계없이 과태료 5만 원으로 규정하고 있다.

24 설명된 용어는 차선이다. 차로는 차마가 한 줄로 도로의 정하여진 부분을 통행하도록 차선으로 구분한 차도의 부분, 길가장자리구역은 보도와 차도가 구분되지 아니한 도로에서 보행자의 안전을 확보하기 위하여 안전표지 등으로 경계를 표시한 도로의 가장자리 부분을 말한다.

25 ④는 일시정지해야 한다. ①, ②, ③ 외에도 가파른 비탈길의 내리막, 시·도경찰청장이 안전표지로 규정한 장소가 서행하여야 할 장소이다.

26 수기 운송장은 쓰는 형태에 따른 분류로 전산 운송장과 수기 운송장으로 구분할 수 있으나 기본적으로 제작비 절감 및 취급절차 간소화 목적에 따른 경우 기본형, 보조, 스티커형으로 구분한다.

27 수하인의 전화번호가 없을 때는 배달지연면책 또는 배달불능면책을 기록한다.

28 취급주의 스티커는 운송장 바로 우측 옆에 붙여서 눈에 띄게 한다.

29 방수포장은 포장방법(포장기법)별 분류에 해당한다.

30 바닥에 작은 물건이 있더라도 치우도록 한다.

31 일시작업(시간당 2회 이하)의 경우 성인 남자 25~30kg, 성인 여자 15~20kg, 계속작업(시간당 3회 이상)의 경우 성인 남자 10~15kg, 성인 여자 5~10kg을 권장기준으로 하고 있다.

32 진공포장 방식은 내용물에 따른 포장방식이며, 파렛트 화물 붕괴 방지 방식으로는 슬립 멈추기 시트삽입 방식, 풀 붙이기 접착 방식, 수평 밴드걸기 풀 붙이기 방식, 스트레치 방식, 박스 테두리 방식이 있다.

33 ①은 상차할 때의 확인사항이다.

34 기후 및 환경적인 요인, 포장재료 성질과 시공부주의에 의한 영향 그리고 차량의 반복적인 통과 등의 영향도 있으나 과적에 의한 도로포장 손상의 영향이 더 크다.

35 밴형을 설명하고 있다.

36 트레일러의 종류를 구분할 때 폴 트레일러가 포함되며, 구조 형상에 따른 종류는 ①, ②, ③ 외에도 평상식, 중저상식, 오픈 탑 트레일러, 특수용도 트레일러로 구분된다.

37 측방 개폐차에 대한 설명이다. 실내 하역기기 장비차는 적재함 바닥면에 롤러컨베이어, 로더용레일 등 적재함 하역의 합리화를 도모하는 것이고, 쌓기 및 내리기(부리기) 합리화차는 리프트게이트, 크레인 등을 장비하고 쌓기 및 내리기 작업의 합리화를 위한 차량이며, 시스템차량은 트레일러 방식의 소형 트럭을 가리키며 CB(Changeable Body)차 또는 탈착 보디차를 말한다.

38 약정 인수일 2일 전까지 해제 통지 시 계약금의 배액, 1일 전까지 해제 통지한 시 계약금의 4배, 당일 해제 시 6배액을 지급한다.

39 ①, ②, ③의 경우 외에도 법령 또는 공권력의 발동에 의한 운송의 금지, 개봉, 몰수, 압류 또는 제3자에 대한 인도가 해당한다. 이 경우 또한 사업자 책임이 없음을 입증하여야 한다.

40 1년이 경과하면 소멸한다.

41 기상은 환경요인에 포함되며, 특히 자연환경요인으로 구분된다.

42 속도가 빨라질수록 전방주시점은 멀어진다.

43 동체시력에 대한 설명이다.

44 란돌트 고리시표는 흰 바탕에 검정색 표시로 이루어져 있다.

45 착각의 정도는 사람에 따라 다소 차이가 있지만, 착각은 사람이 태어날 때부터 지닌 감각에 속한 것으로, 지문은 속도의 착각을 설명하고 있으며 추가로 '상대 가속도감(반대 방향), 상대 감속도감(동일 방향)을 느낀다'도 속도의 착각으로 본다.

46 횡단 중 한쪽 방향 또는 위험상황에 대한 주의가 없는 경우에 교통사고 발생 가능성이 높아진다.

47 고령 운전자의 경우 인지반응시간이 증가하는 특성을 지니고 있다.

48 ③은 운행기록 분석 결과의 활용에 해당한다.

49 급진로변경은 급앞지르기 유형과 함께 급진로변경 유형에 해당한다.

50 토우인의 역할을 설명하는 것으로 이외에도 타이어의 마모 방지 역할과 함께 캠버에 의해 토아웃 되는 것을 방지하며 주행 저항 및 구동력의 반력으로 토아웃 되는 것을 방지하는 역할도 하고 있다.

51 원심력 = $\frac{mv^2}{r}$(m=질량, v=속도, r=반경)이므로 속도의 제곱에 비례한다. 구심력은 차량을 추진시키는 힘이고 원심력은 이탈하려는 힘이므로 원심력이 구심력보다 클 때 차량이 도로를 이탈하거나 전도될 확률이 커진다.

52 유체자극 현상은 속도가 빠를수록 눈에 들어오는 흐름의 자극은 더해지며, 주변의 경관은 거의 흐르는 선과 같이 되어 눈을 자극하게 된다.

53 ④는 단점에 해당한다.

54 비포장도로에서의 수명이 포장도로보다 짧으며 대략 60% 정도이고, 타이어 공기압이 높으면 고속주행에는 좋으나 승차감은 나빠지며 트레드 중앙부분의 마모가 촉진된다. 하중이 커지면 타이어의 굴신이 심해져서 트레드의 접지 면적이 증가하여 트레드의 미끄러짐 정도도 커지면서 마모를 촉진한다.

55 철길 건널목은 1종, 2종, 3종 건널목으로 구성된다.

56 혹한기 주행 중 시동 꺼짐 현상이 일어날 때는 수분 제거나 에어 빼기 작업을 해야 하며, 플라이밍 펌프 내부의 필터 청소는 엔진 시동 불량 시 조치사항이다.

57 ①은 냉각장치 점검이다. 여름철에는 무더위와 장마, 그리고 휴가철을 맞아 장거리 운전하는 경우가 있다는 계절적인 특징이 있으므로 이에 대한 대비를 한다.

58 방어운전이란 운전자가 다른 운전자나 보행자가 교통법규를 지키지 않거나 위험한 행동을 하더라도 이에 대처할 수 있는 운전 자세를 갖추어 미리 위험한 상황을 피하여 운전하는 것, 위험한 상황을 만들지 않고 운전하는 것, 위험한 상황에 직면했을 때는 이를 효과적으로 회피할 수 있도록 운전하는 것을 말한다.

59 이면도로는 보행자가 항상 우선하며 돌발상황에 대비하여 속도를 낮추고 방어운전을 해야 하며, 위험 대상물이 있을 경우 계속 주시하며 운전한다.

60 ①의 경우 오르막길에서의 안전운전 방법에 해당한다.

61 고장이나 사고에 따른 도로 정차 시 차량을 갓길로 이동하고 차로 밖에서 대기하는 것이 안전하며 이동이 불가능한 경우 고장차량 표시(불꽃신호기, 발광 표시) 후 차로 밖에서 대기하는 것이 적절하다.

62 과마모 타이어는 빗길에서 잘 미끄러질 뿐만 아니라 제동거리가 길어지므로 교통사고의 위험이 높아진다. 노면과 맞닿는 부분의 요철형 무늬인 타이어의 마모 한계(트레드 홈 깊이)는 1.6mm 이상이 되는지 확인하고 적정 공기압을 유지하도록 상시 점검한다.

63 ④의 경우 샤시 및 스프링 부분 점검에 대한 설명이다.

64 ③의 경우 안전관리자의 허가 유무에 관계없이 안전을 위해 동시에 2대 이상의 고정된 탱크에서 저장설비로 이송작업을 하지 않아야 한다.

65 충전용기는 40℃ 이하를 유지해야 한다.

66 기대와 욕구는 수용하여 주기를 바라는 것이 고객의 욕구이다.

67 지문에서 설명하는 것은 신뢰성이다.

68 손을 잡은 채로 말하는 것은 삼가야 한다.

69 신호등이 바뀌기 전 또는 신호등이 바뀐 직후 경음기를 이용하여 출발을 재촉하는 행위는 삼가야 한다.

70 경제적 가치를 창출하는 곳은 경제적 의미, 사명감과 소명의식을 갖고 정성과 열성을 쏟을 수 있는 곳은 정신적 의미, 일한다는 인간의 기본적인 리듬을 갖는 곳은 철학적 의미를 가진다.

71 공급망관리 단계는 1990년대 중반 이후 고객 및 투자자에게 부가가치를 창출할 수 있도록 최초의 공급업체로부터 최종 소비자에게 이르기까지의 상품·서비스 및 정보의 흐름이 관련된 프로세스를 통합적으로 운영하는 경영전략 단계를 말한다.

72 고객서비스 수준의 결정은 고객지향적, 즉 고객을 바라보고 고객을 위한 것이어야 한다.

73 지문에서 설명하는 전문가의 자질은 기획력이다.

74 설명하는 것은 제3자 물류, 즉 아웃소싱을 설명하고 있다.

75 지문은 간선수송에 대한 설명이다.

76 실차율에 대한 설명이다. 가동률은 화물자동차가 일정 기간에 걸쳐 실제로 가동한 일수, 적재율은 최대적재량 대비 적재된 화물의 비율, 공차거리율은 주행거리에 대해 화물을 싣지 않고 운행한 거리의 비율을 말한다.

77 차량으로 접수한 정보의 실시간 처리 가능 효과는 주파수 공용통신(TRS)의 효과이다.

78 ④는 신속대응(섬유산업에 주로 사용)과 주파수 공용통신의 효과로 볼 수 있다. 이외에도 정보시스템 연계를 통한 가상기업 출현으로 기업 내 또는 기업 간 장벽을 허무는 효과도 있다.

79 운송 단위가 소량인 것이 화물자동차 운송의 특징이다.

80 왕복실차율을 높이는 것이 필요하다. 이외에도 바꿔 태우기 수송과 이어타기 수송 그리고 집배 수송용 자동차의 개발, 트럭터미널의 복합화 및 시스템화가 필요하다.

화물운송종사 필기 예상 기출문제 ❷ 정답 및 해설

01	02	03	04	05	06	07	08	09	10	11	12	13	14	15	16	17	18	19	20
③	①	④	②	④	②	③	③	③	④	③	②	④	④	③	③	④	②	③	④
21	22	23	24	25	26	27	28	29	30	31	32	33	34	35	36	37	38	39	40
④	①	④	③	④	③	④	②	③	②	③	②	④	④	①	④	②	②	③	③
41	42	43	44	45	46	47	48	49	50	51	52	53	54	55	56	57	58	59	60
②	④	②	④	②	④	③	②	③	④	①	②	③	①	③	①	④	③	①	③
61	62	63	64	65	66	67	68	69	70	71	72	73	74	75	76	77	78	79	80
④	②	③	②	①	④	④	①	②	②	①	②	②	①	④	③	④	④	④	②

01 설명된 용어는 서행이다. 일시정지는 차 또는 노면전차의 운전자가 그 차의 바퀴를 일시적으로 완전히 정지시키는 것을 뜻한다.

02 설명은 화물자동차 운송사업을 말하는 것이고 운송사업, 운송주선사업, 운송가맹사업을 통틀어 화물자동차 운수사업이라 말한다.

03 ④는 사고 건당 2천만 원이다.
"적재물배상보험등"에 가입하려는 자는 다음 각 호의 구분에 따라 사고 건당 2천만 원(이사화물 운송주선사업자는 500만 원) 이상의 금액을 지급할 책임을 지는 적재물배상보험등에 가입하여야 한다.
1. 운송사업자 : 각 화물자동차별로 가입
2. 운송주선사업자 : 각 사업자별로 가입
3. 운송가맹사업자 : 최대적재량이 5톤 이상이거나 총중량이 10톤 이상인 화물자동차 중 일반형·밴형 및 특수용도형 화물자동차와 견인형 특수자동차를 소유한 자는 각 화물자동차별 및 각 사업자별로, 그 외의 자는 각 사업자별로 가입

04 운행상의 안전기준을 넘는 경우 허가와 함께 너비 30센티미터, 길이 50센티미터 이상의 빨간 헝겊(야간 반사체)의 표지를 달아야 한다.

05 ④의 경우 4시간 이상 연속운전한 후 30분 이상의 휴게시간을 가져야 하며, 특수한 경우 1시간까지 연장 운행이 가능하며 이 경우 45분 이상의 휴게시간을 가져야 한다.

06 도로 외의 곳으로 출입할 때 차마의 운전자는 보도를 횡단하기 직전에 일시정지하여야 한다.

07 교통안전체험교육은 총 16시간으로 구성되어 있고 이론교육과 실기교육으로 구분되며 이론교육은 소양교육, 실기교육은 차량점검 및 운전자세, 긴급제동, 특수로 주행, 위험예측 및 회피, 미끄럼 주행, 화물취급 실습, 탑재장비 운전실습, 종합평가로 구성되어 있다.

08 이 경우 과징금은 180만 원이 부과된다. 일반 운송사업자는 180만 원, 개인 운송사업자는 60만 원의 과징금이 부과된다.

09 이상기후 상태에 따라 20/100을 줄인 속도(비가 내려 노면이 젖어 있는 경우, 눈이 20mm 미만 쌓인 경우)와 50/100을 줄인 속도(폭우·폭설·안개 등으로 가시거리가 100m 이내인 경우, 노면이 얼어붙은 경우, 눈이 20mm 이상 쌓인 경우)로 최고속도가 변경되므로 감속하여 운전하여야 한다.

10 ④의 경우 공제조합의 사업내용이다.

11 이 경우 이전등록이라고 한다.

12 중형 견인차는 특수면허의 종류에 없다.

13 ①, ②, ③은 자동차의 장치가 아닌 구조에 해당한다. 이외에도 총중량, 중량분포, 최소회전반경, 접지부분 및 접지압력이 구조에 해당한다.

14 이 경우 수리검사를 받아야 한다.

15 ③의 경우에는 30점의 벌점을 부과한다.

16 최고속도제한장치의 미설치, 무단 해체·해제 및 미작동 그리고 자동차 배출가스 검사기준을 위반한 경우 10일 이내 재검사를 받아야 한다.

17 폭은 2.5미터, 길이는 16.7미터, 높이는 4미터로 규정하고 있다. 단, 높이는 도로관리청이 인정하여 고시한 노선의 경우 4.2미터로 규정하고 있다.

18 사업용 대형 화물자동차 중 차령 2년 이하는 정기검사 유효기간 1년이며, 차령 2년 초과 자동차는 6월로 규정하고 있다.

19 4톤 이하 화물자동차는 승용자동차등으로 보아 이 경우 범칙금 6만 원에 해당한다.

20 정기검사나 종합검사를 받지 아니한 경우 기간 만료일로부터 30일 이내인 경우 과태료 4만 원, 검사지연 기간이 30일 초과 114일 이내인 경우 4만 원에 31일째부터 계산하여 3일 초과 시마다 2만 원을 더한 금액이 부과되며 검사지연 기간이 115일 이상인 경우 60만 원이다.

21 ④의 경우 조건 위반으로 6월 이하의 징역 또는 200만 원 이하의 벌금 또는 구류로 처벌되나 무면허 운전에 적용되지 않는다. 이외 경우로는 다륜형 원동기장치면허를 가지고 일반 원동기장치자전거를 운전한 경우와 장애인으로 등록되어 조건을 부여받은 운전자가 장애인이 운전하도록 개조된 자동차가 아닌 일반 자동차를 운전한 경우(조건에 부합한 자동차)도 이에 해당한다.

22 설명하는 것은 가스이다. 먼지란 대기 중에 떠다니거나 흩날려 내려오는 입자상물질을 말한다. 매연이란 연소할 때에 생기는 유리(遊離) 탄소가 주가 되는 미세한 입자상물질을 말한다. 검댕이란 연소할 때에 생기는 유리 탄소가 응결하여 입자의 지름이 1미크론 이상이 되는 입자상물질을 말한다.

23 운전자의 진술은 어느 정도 추정하는 것이 가능하나 속도는 의심이 해소될 수 있을 만큼의 명확성을 요하므로 운행기록계, 스피드건, 타고메타, 제동흔적, EDR기록 등으로 추정할 수 있다. 다만, 목격자의 진술은 주관적 속도를 진술하는 것이므로 참고자료로 활용해 볼 수 있다.

24 저공해자동차로의 전환 또는 개조명령, 배출가스저감장치의 부착·교체 명령, 배출가스 관련 부품의 교체명령, 저공해엔진(혼소엔진 포함)으로 개조 또는 교체명령을 위반한 경우 300만 원 이하의 과태료를 부과한다.

25 어린이 보호구역에서 주차 위반을 한 경우 1톤 화물자동차는 승용자동차등으로 보아 12만 원의 범칙금이 부과된다. 다만, 노인·장애인 보호구역에서 주차 위반을 한 경우 범칙금 8만 원이 부과된다. 즉, 어린이 보호구역은 통상적인 범칙금의 3배, 노인·장애인 보호구역은 통상적인 범칙금의 2배를 부과한다.

26 운송장의 기능은 ①, ②, ③의 기능 외에도 운송요금 영수증 기능, 정보처리 기본자료, 배달에 대한 증빙(배송에 대한 증거서류 기능), 행선지 분류정보 제공(작업지시서 기능)을 가지고 있다. 계산서 기능을 하는 것은 아니다.

27 동일 수하인에게 다수 화물을 배달할 때는 보조 운송장을 사용한다.

28 운송장은 물품박스 정중앙 상단에 부착한다.

29 시멘트, 비료, 농약, 건조식품, 의약품, 고수분식품, 식료품, 금속제품, 정밀기기 등의 포장방법은 방습포장이다.

30 발판을 이용하여 오르내릴 때에는 2명 이상 동시에 통행하지 않는다.

31 몸의 균형을 위해 발은 어깨 너비만큼 벌리는 것이 좋고, 허리는 똑바로 펴는 것이며, 물품을 들어올릴 때는 허리의 힘보다 무릎을 펴는 힘으로 물품을 들어올린다.

32 독극물 저장소 드럼통, 용기, 배관 등은 그 내용물을 알 수 있도록 확실하게 표시하여 놓아야 한다.

33 수하역 방식에 따라 낙하의 높이는 다르다.

34 주행속도 50km/h 미만인 경우 차량호송을 실시하며, 구조물통과 하중계산서를 필요로 하는 중량제한차량도 그 대상이다. 이때 안전운행에 지장이 없다 판단되는 경우 제한차량 후면 좌·우측에 자동점멸신호등의 부착 등의 조치를 하여 그 호송을 대신할 수 있다.

35 인수증은 물품 인도일 기준 1년 이내 인수근거 요청이 있을 때 입증자료로 제시할 수 있도록 관리하여야 한다.

36 풀 트레일러는 트랙터와 트레일러가 완전히 분리되어 있고 트랙터 자체도 적재함을 가지고 있는 것을 말한다. 세미 트레일러는 가동 중인 트레일러 중 가장 많고 일반적인 것으로 세미 트레일러용 트랙터에 연결하여, 총하중의 일부분이 견인하는 자동차에 의해서 지탱되도록 설계된 트레일러이다. 돌리는 세미 트레일러와 조합해서 풀 트레일러로 하기 위한 견인구를 갖춘 대차를 말한다.

37 이사화물의 인수가 사업자의 귀책사유로 약정된 시간보다 2시간 이상 지연될 경우 손해배상 청구가 가능하다.

38 계약금의 10배 이내에서 약정 인도 일시로부터 연착된 1시간마다 계약금의 반액을 곱한 금액을 지급한다.
연착 시간 × 계약금 × 1/2

39 운송물의 가액을 기재하지 않은 경우 50만 원 한도이다.

40 사실을 알면서 숨기고 운송물을 인도한 경우 운송물을 수령한 날부터 5년의 기간이 적용된다.

41 교통사고 3대 요인은 인적, 도로 및 환경, 차량으로 분류하며, 4대 요인인 경우 도로와 환경을 구분하여 인적, 차량, 환경, 도로로 구분한다.

42 두 눈을 동시에 뜨고 잰 시력이 0.8 이상, 양쪽 눈의 시력이 각각 0.5 이상이어야 하며, 한쪽 눈을 보지 못하는 사람의 경우 다른 쪽 눈의 시력이 0.8 이상이고, 수평시야가 12도 이상이며, 수직시야가 20도 이상이고, 중심시야 20도 내 암점 또는 반맹이 없어야 한다. 또한, 붉은색, 녹색, 노란색을 구별할 수 있어야 한다.

43 원근의 착각을 설명하고 있다.

44 정지한 상태에서 눈의 초점을 고정시키고 양쪽 눈으로 볼 수 있는 범위를 시야라고 하며, 시야 범위 안에 있는 대상물이라도 시축에서 벗어나는 시각에 따라 시력이 저하된다. 시축에서 3° 벗어나면 80%, 6° 벗어나면 90%, 12° 벗어나면 99% 저하된다.

45 정지물체·고정물체 충돌사고, 단독사고, 치사율 모두 높아지는 위험한 상태의 운전이다.

46 이면도로 등에서 도로의 노면표시가 없으면 도로 중앙부를 걷는 경향을 가지고 있으며 주변의 위험상황에 대한 반응이 느리고, 주의를 충분히 분산시키지 않고 하나에 집중하며 걷는 경향을 가지고 있다.

47 교통사고 발생 심리적 요인은 간접적 요인(홍보활동, 훈련 결여, 운전 전 점검습관, 무리한 운행계획, 인간관계 등)과 중간적 요인(운전자의 지능, 심신기능, 운전태도, 음주 등) 그리고 직접적 요인(사고 직전 과속, 법규 위반, 위험인지 지연, 운전조작 잘못, 위기대처 미흡)으로 구분할 수 있다.

48 어린이의 교통 관련 행동 특성으로 판단력이 부족한 것은 맞으나 모방 행동으로 학습하는 특성을 가지고 있다. 주변인의 도로 횡단이나 함께 도로 횡단하는 경우를 모방하는 모습으로 교통사고의 위험성이 증대한다.

49 ABS는 Anti-lock Breaking System의 약자로 잠김 방지 브레이크 시스템이다. 타이어가 잠기지 않음으로 인하여 조향성 확보가 가능하고, 편마모를 방지하여 타이어 수명을 연장하는 효과를 가지고 있다.

50 캐스터의 역할을 설명하는 것으로 이외에도 조향 시 직진 방향으로 되돌아오려는 복원성을 좋게 하는 역할도 제공한다.

51 지문이 설명하는 것은 스탠딩웨이브 현상이다. 타이어 공기압이 낮을 때 발생할 우려가 높다.

52 판 스프링에 대한 설명으로, 이외에도 판 간 마찰력을 이용하여 진동을 억제하나, 작은 진동을 흡수하기에 적합하지 않고, 판 스프링이 너무 부드러우면 차축의 지지력이 부족하여 차체가 불안정하게 되는 특징을 지니고 있다.

53 가속 페달을 힘껏 밟는 순간 "끼익" 소리가 나는 것은 팬벨트 또는 V벨트가 이완되어 걸려 있는 풀리(pulley)와의 미끄러짐에 의해 일어난다.

54 대형차일수록 내륜차와 외륜차의 차이가 크다.

55 도로의 조건은 형태성, 이용성, 공개성, 교통경찰권 4대 요소로 이루어져 있다.

56 ①은 엔진 시동 꺼짐 현상에 해당하고, 점검사항으로 ②, ③, ④ 외에 연료량 확인이 있다.

57 방음형 중앙분리대는 없다.

58 슬로우 인 패스트 아웃은 커브길에서 속도를 줄이며 진입하고 빠져나갈 때는 속도를 서서히 높이는 방법이다.

59 진로 변경을 원하는 다른 차가 있을 때에는 속도를 줄여 안전하게 진입할 수 있도록 배려한다.

60 차량이 큰 경우 주차가 허용된 지역의 경우라 하더라도 돌출로 인한 위험한 상황이 발생할 우려가 크므로 주차로 인한 돌출을 피할 수 있는 안전구역에 주차하는 것이 좋다.

61 장마철 비에 젖은 도로는 건조한 도로에 비해 마찰력이 낮아져 브레이크 작동 시 미끄럼에 의한 교통사고가 발생할 우려가 있다.

62 커브길은 슬로우 인 패스트 아웃으로 운전하는 것이 안전하다.

63 위험물 운반 시 위험상황을 대비한 소화설비를 갖추어야 하는 바, 위험물의 종류에 상응하는 소화설비를 갖추어야 한다.

64 ②의 경우 안전관리자의 지시에 따라 신속하게 차량의 긴급차단장치를 작동하거나 차량 이동 등의 조치를 하여야 한다.

65 고속도로 운행 시 총중량 7.5톤 이상 화물자동차 및 특수자동차는 후부 반사판을 의무적으로 부착하여 야간에 후방에서 주행 중인 자동차가 전방을 잘 식별할 수 있도록 도와야 한다.

66 지문에서 설명하는 것은 무소유성(무소유권)이다.

67 사소한 인사지만 인사는 애사심, 존경심, 우애, 자신의 교양과 인격의 표현이므로 정중한 예절로 쉽게 지나치지 않아야 한다.

68 흡연 후 담배꽁초는 재떨이에 버리는 것이 적절한 방법이다. 차창 밖이나 손가락으로 튕겨 버리는 것, 화장실 변기에 버리는 것, 길에 버린 후 발로 비비는 행동 등은 적절하지 못한 행동이다.

69 운전면허증 기재사항 변경의 경우 회사에 즉시 보고하여야 한다.

70 1980년대 기업활동을 위해 사용되는 기업 내의 모든 인적, 물적 자원을 효율적으로 관리하여 궁극적으로 기업의 경쟁력을 강화시켜 주는 역할을 하는 통합정보시스템을 말한다.

71 지문은 유통과정에 대한 설명이다.

72 물류계획 수립 3단계는 전략 – 전술 – 운영이다.

73 전략적 물류관리의 접근대상 중 활동은 부가가치 활동 개선이다.

74 설명하는 것은 제1자 물류이다.

75 제4자 물류(4PL)의 4단계는 재창조(Reinvention) – 전환(Transformation) – 이행(Implementation) – 실행(Execution)의 단계를 가진다.

76 지문은 운반에 대한 설명이다. 교통은 현상적인 시각에서의 재화의 이동, 운송은 서비스 공급 측면에서의 재화의 이동, 운수는 행정상 또는 법률상의 운송, 통운은 소화물 운송을 말하며, 배송은 상거래가 성립된 후 상품을 고객이 지정하는 수하인에게 발송 및 배달하는 것으로 물류센터에서 각 점포나 소매점에 상품을 납입하기 위한 수송을 말한다.

77 하역에 대한 설명이다. 하역합리화의 대표적인 수단으로는 컨테이너화와 파렛트화가 있다.

78 수배송활동 3단계는 계획 – 실시 – 통제의 단계이다.

79 설명하는 것은 통합판매·물류·생산시스템(CALS; Computer Aided Logistics Support)이다.

80 지문에서 설명하는 것은 재고신뢰성으로, 주문품을 공급할 수 있는 정도를 의미한다.

01	02	03	04	05	06	07	08	09	10	11	12	13	14	15	16	17	18	19	20
②	④	④	③	②	①	④	④	①	①	①	③	④	②	③	④	①	①	③	②
21	22	23	24	25	26	27	28	29	30	31	32	33	34	35	36	37	38	39	40
③	④	④	④	④	①	②	①	③	④	①	③	②	③	②	①	①	④	③	②
41	42	43	44	45	46	47	48	49	50	51	52	53	54	55	56	57	58	59	60
①	④	②	④	④	②	②	②	④	④	④	④	④	④	④	②	④	④	②	④
61	62	63	64	65	66	67	68	69	70	71	72	73	74	75	76	77	78	79	80
③	①	②	②	④	①	③	③	④	②	③	②	③	④	③	①	③	④	①	④

01 설명된 용어는 안전지대이다. 횡단보도는 보행자가 도로를 횡단할 수 있도록 안전표지로 표시한 도로의 부분이고, 안전표지는 교통 안전에 필요한 주의·규제·지시 등을 표시하는 표지판이나 도로의 바닥에 표시하는 기호·문자 또는 선 등, 교차로는 둘 이상의 도로 가 교차하는 부분이다.

02 특수자동차 구난형은 고장·사고 등으로 운행이 곤란한 자동차를 구난·견인할 수 있는 구조인 것이며, ④는 화물자동차 특수용도형 을 설명하고 있다.

03 ④는 고려사항이 아니다. ①, ②, ③ 외에도 운송사업자의 운송서비스 수준, 운송서비스 제공에 필요한 추가적인 시설 및 장비 사용료 등이 고려사항이다.

04 ③은 황색등화의 점멸의 뜻을 담고 있다.

05 ②의 경우 4만 세제곱센티미터 이상으로 규정하고 있으며, ①, ③, ④ 외에도 불결하거나 악취가 나는 농산물·수산물 또는 축산물, 기계·기구류 등 공산품, 폭발성·인화성 또는 부식성 물품으로 규정하고 있다.

06 ①의 경우 50대 이상으로 규정하고 있다.

07 전파감시 업무에 사용되는 자동차는 사용인의 신청에 의하여 시·도경찰청장이 지정하는 경우에 긴급자동차로 인정된다.

08 ④는 해당하지 않으며 ①, ②, ③ 외 운송서비스에 관한 사항이 시험 과목으로 규정되어 있다.

09 ①의 경우 5년 이하의 징역 또는 2천만 원 이하의 벌금, ②, ③, ④의 경우 1년 이하의 징역 또는 1천만 원 이하의 벌금으로 규정하고 있다.

10 고의인 경우 ①로 규정하고 있다.

11 일반도로의 경우 최저속도 제한은 없다.

12 ③은 협회에서 처리하는 사무로 규정되어 있고, 이외 협회의 업무로는 화물자동차 운송사업 허가사항에 대한 경미한 사항 변경신고, 소유 대수가 1대인 운송사업자의 화물자동차를 운전하는 사람에 대한 경력증명서 발급에 필요한 사항 기록·관리 업무를 담당하고 있다.

13 승차정원 또는 최대적재량의 증가를 가져오는 승차장치 또는 물품적재장치의 튜닝은 승인되지 않으나 ④의 경우, 동일한 형식으로 자기인증되어 제원이 통보된 차종의 승차정원 또는 최대적재량의 범위 안에서 최대적재량을 증가시키는 경우, 차대 또는 차체가 동 일한 승용자동차·승합자동차의 승차정원 중 가장 많은 것의 범위 안에서 해당 자동차의 승차정원을 증가시키는 경우 제외된다.

14 검사 유효기간은 검사기간 마지막날을 기준으로 31일 전후로 규정하고 있으며, 검사기간 연장이나 유예한 경우 그 기간의 마지막 날을 기준으로 31일 전후로 규정한다.

15 교차로에 동시에 들어가려고 하는 차의 운전자는 우측 도로의 차에 그 진로를 양보한다.

16 ①, ②, ③ 외 운행하려는 도로의 종류 및 노선명, 운행 구간 및 그 총 연장, 운행 방법을 규정하고 있다. 승차인원에 대한 것은 규정하 고 있지 않다.

17 정당한 사유 없이 적재량 측정을 위한 요구에 응지 아니한 경우 1년 이하의 징역이나 1천만 원 이하의 벌금으로 규정하고 있다.

18 변경된 날부터 30일 이내는 신청기간이며, 신청기간 만료일부터 90일 이내는 과태료 2만 원, 90일 초과 174일 이내인 경우 2만 원에 91일째부터 계산하여 3일 초과 시마다 과태료 1만 원, 신청 지연기간이 175일 이상인 경우 과태료 30만 원이다.

19 과거 5년 이내 3회 이상 운전면허 정지처분을 받은 전력이 있는 경우 행정처분 감경 제외 사유에 해당한다. 감경된 경우 취소처분은 110점으로, 정지처분은 1/2로 감경한다.

20 지문의 설명은 배출가스저감장치를 말하고 있다.

21 경상 1명마다 벌점 5점이 부과된다.

22 4톤 초과 화물자동차는 승합자동차등으로 보아 이 경우 범칙금 7만 원에 해당한다.

23 이는 구도라 명하고 있다.

24 혈중알코올농도 0.03% 이상의 경우 음주운전 처벌대상이며, 도로가 아닌 장소에서는 형사처벌은 가능하나 행정처분(취소 및 정지)은 불가하다.

25 본 사안에 대하여 차의 종류는 가리지 않으나 택시나 버스의 경우에 가장 많이 적용될 가능성이 있고, 화물차의 경우 적재함에 사람이 타는 것부터 위법하고 그로 인하여 추락한 경우 승객추락 방지의무 위반을 적용할 수 없다.

26 포장이 불완전하거나 파손 가능성이 높은 화물인 때는 파손면책을 기록한다.

27 물품 개개의 포장을 개장이라고 하며, 물품의 상품가치를 높이고 물품을 보호하기 위해 적당한 방법으로 포장한 상태를 말한다.

28 비나 눈이 오는 경우 비닐포장 후 박스포장하는 것이 가장 좋은 방법이다.

29 컨베이어 주변 장애물은 컨베이어 작동 전 치우는 것이 안전하다.

30 품명이 틀린 위험물 또는 위험물과 위험물 이외의 화물의 경우 화물이 상호작용하여 발열 및 가스를 발생시키고, 부식작용이 일어나거나 기타 물리적 화학작용이 일어날 염려가 있을 때에는 동일 컨테이너를 사용하면 안 된다.

31 화물이 갈라지는 것을 방지하기 어려운 방식은 주연어프 방식이다.

32 장거리 운행 시 최소 2시간마다 10분 이상 휴식한다.

33 상·하차할 때는 시동을 반드시 꺼야 한다.

34 운송인의 책임은 물품을 인수하고 운송장을 교부하는 시점에 발생한다.

35 언제까지 배달 완료 등의 조건부 운송물품은 인수 금지한다.

36 ①은 특수용도 자동차(특용차)이고 이외 것은 특수장비차(특장차)이다.

37 세미 트레일러 연결차량은 1대의 세미 트레일러 트랙터와 1대의 세미 트레일러로 이루어지는 조합이고, 폴 트레일러 연결차량은 1대의 폴 트레일러용 트랙터와 1대의 폴 트레일러로 이루어지는 조합이며, 더블 트레일러 연결차량은 1대의 세미 트레일러용 트랙터와 1대의 세미 트레일러 및 1대의 풀 트레일러로 이루는 조합의 연결차량을 말한다.

38 이사화물을 인도받은 날부터 30일 이내 사업자에게 통지하여야 한다.

39 운송물의 1포장 가액이 300만 원을 초과하는 경우 운송물의 수탁을 거절할 수 있다.

40 수기 운송장은 쓰는 형태에 따른 분류로 전산 운송장과 수기 운송장으로 구분할 수 있으나 기본적으로 제작비 절감 및 취급절차 간소화 목적에 따른 경우 기본형, 보조, 스티커형으로 구분한다.

41 판단은 어떻게 운전할 것인지 결정하는 것이고, 조작은 그 결정에 따라 행동하는 것이다.

42 동체시력은 속도가 높아짐에 따라 저하되므로 멈춰 있는 정지시력보다 낮게 나온다.

43 시력 회복이 명순응에 비해 매우 느리다. 상황에 따라 다르지만 명순응에 걸리는 시간은 암순응보다 빨라 수초~1분에 불과하다.

44 착각의 정도는 사람에 따라 다소 차이가 있지만, 착각은 사람이 태어날 때부터 지닌 감각에 속한 것으로, 지문은 크기의 착각을 설명하고 있다.

45 다양한 상황에 어떻게 대응할지 판단을 내리고 핸들과 브레이크 작동을 하는 데 필요한 시간이 증가하게 되는 교통안전 장애요인으로 작용한다.

46 지문은 운행기록장치를 설명하고 있다.

47   ①은 엔진 브레이크에 대한 설명이다.

48   충격흡수장치(Shock Absorber)는 타이어와 노면의 접착성을 향상시켜 커브길이나 빗길에 차가 튀거나 미끄러지는 현상을 방지한다. 작동유를 채운 실린더로서 스프링의 동작에 반응하여 피스톤이 위아래로 움직이며 운전자에게 전달되는 반동량을 줄여준다. 현가장치의 결함은 차량의 통제력을 저하시킬 수 있으므로 항상 양호한 상태로 유지되어야 한다.

49   수막현상에 대한 설명으로 타이어의 지속적 관리, 속도 감소, 타이어 공기압 조절 등으로 수막현상을 예방할 수 있다.

50   공주거리를 설명하고 있다. 제동거리는 브레이크가 막 작동을 시작하는 순간부터 자동차가 완전히 정지할 때까지 자동차가 진행한 거리를 말하며 '정지거리=공주거리+제동거리'이다.

51   턴 시그널 릴레이 교환은 비상등 작동 불량 시 조치 방법이다.

52   ④는 엔진 매연 과다 발생 시 점검사항이다.

53   ④는 해당사항 없으며, ①, ②, ③ 외에도 자동차를 정상적인 진행 방향으로 복귀할 수 있는 기능이 있다.

54   평소와는 다른 몸의 컨디션이거나 불편한 경우 운전하는 것은 피해야 한다.

55   편경사에 대한 설명이다. 횡단경사는 도로 진행 방향에 직각으로 설치하여 배수를 원활하게 하기 위하여 설치하는 경사이다.

56   도로에서 주행 중일 경우 신속히, 빠른 속도로 행동하는 경우 매우 위험한 상황이 발생할 수 있으므로 자제하여야 한다.

57   급커브길에서는 차가 커브를 돌았을 때 핸들을 되돌리기 시작하여야 안전하다.

58   ④는 실선이 아니고 점선이다. 이외에도 앞차의 오른쪽으로 앞지르기하지 않는다. 다른 차가 자차를 앞지르기할 때는
　　　　1) 자차의 속도를 앞지르기를 시도하는 차의 속도 이하로 적절히 감속한다. 앞지르기를 시도하는 차가 안전하고 신속하게 앞지르기를 완료할 수 있도록 함으로써 자차와의 사고 가능성을 줄일 수 있기 때문이다.
　　　　2) 앞지르기 금지 장소나 앞지르기를 금지하는 때에도 앞지르기하는 차가 있다는 사실을 항상 염두에 두고 주의 운전한다.

59   마주 오는 차의 속도가 빠를 때 앞지르기는 위험하다.

60   신호기에 따른 정차는 후행차량의 잘못된 판단으로 인하여 추돌사고가 다소 증가할 우려가 있다.

61   시내 및 고속도로 등에서는 도로폭이 비교적 넓고, 골목길이나 이면도로의 도로폭은 비교적 좁다.

62   고속도로는 주변 차량과의 속도의 흐름, 도로 사정, 날씨 등에 따라 속도를 조정하여야 한다. 특히, 이상기후 시 법정속도에 따라 감속 운전하는 것이 안전하다.

63   차량 앞 유리의 습기 제거를 위해서는 공기 순환은 외부, 공기 방향은 창으로 하는 것이 적절하며, 에어컨을 작동시켜 습기를 제거하는 것도 좋은 방법이다.

64   꼬리표(Tag)는 정확히 부착되어 있어야 한다. 이외에도 접지탭, 접지클립, 접지코드 등의 정비상태가 양호해야 한다.

65   이 경우 제1종 보호시설에서는 15m 이상 떨어져서 주차하여야 한다. 제1종 보호시설은 학교, 유치원, 어린이집, 놀이방, 어린이 놀이터, 청소년 수련시설, 노인정, 학원, 병원(의원 포함), 도서관, 시장, 목욕탕, 호텔, 여관, 극장, 교회 등이 해당한다.

66   고객이 거래를 중단한 이유는 고객 접점의 종업원 68%, 제품에 대한 불만 14%, 경쟁사의 회유 9%, 가격이나 기타 사유 9%로 나타난다. 고객 접점의 종업원 즉, 운전자나 접수자의 친절이 중요하다.

67   지문에서 설명하는 것은 서비스 품질이다.

68   경쾌하고 겸손한 인사는 기본적인 마음가짐이다.

69   방향지시등을 켜고 차로 변경 등을 할 경우에는 눈인사를 하면서 양보해 주는 여유를 가지며, 도움이나 양보를 받았을 때 정중하게 손을 들어 답례하는 자세가 좋다.

70   2개 이상의 화물은 반드시 분리 집하한다. 결박화물로 집하를 금지한다.

71   지문의 설명은 보관기능에 대한 설명이다.

72   설명하는 전문가의 자질은 행동력이다.

73   일반적인 물류처리의 발전 과정은 자사물류(1차) → 물류자회사(2차) → 제3자 물류(아웃소싱)로 발전하였다.

74   ③은 제3자 물류의 기대효과이고, 화주기업 측면의 이점으로 볼 수 있다.

75 제4자 물류(4PL)의 4단계 중 3단계 이행(Implementation)에 대한 설명이다.

76 기업 비밀 누출에 대한 우려는 공동수송의 단점에 해당한다. 공동수송의 단점으로는 영업 부분의 반대, 서비스 차별화의 한계, 서비스 수준의 저하 우려, 수화주와의 의사소통 부족, 상품특성을 살린 판매전략 제약이 있다.

77 각종 자연재해로부터 사전 대비가 가능한 효과는 범지구측위시스템(GPS)의 효과이다.

78 신속하고 민첩한 체계를 활용한 이점을 이용하는 물류서비스는 신속대응이다.

79 고객 부재 시 문밖에 개인정보가 노출되도록 부착해 놓으면 안 된다.

80 ④는 사업용(영업용) 트럭 운송의 장점에 해당한다. ①, ②, ③ 외에도 자가용 트럭 운송의 장점으로는 안정적 공급이 가능하며, 시스템의 일관성이 유지되고, 리스크가 낮다는 점이 있다. 단점으로는 수송량의 변동에 대응하기 어렵고, 비용의 고정비화, 설비투자 및 인적투자가 필요하며, 수송능력에 한계가 있고, 사용하는 차종·차량에 한계가 있다는 점이 있다.

01	02	03	04	05	06	07	08	09	10	11	12	13	14	15	16	17	18	19	20
④	④	②	④	③	③	②	③	②	④	①	④	①	④	④	①	③	①	③	①
21	22	23	24	25	26	27	28	29	30	31	32	33	34	35	36	37	38	39	40
④	③	②	②	③	④	①	①	①	④	③	④	②	①	②	④	④	①	③	①
41	42	43	44	45	46	47	48	49	50	51	52	53	54	55	56	57	58	59	60
③	②	②	③	④	①	③	④	④	④	①	①	②	①	④	①	①	①	②	①
61	62	63	64	65	66	67	68	69	70	71	72	73	74	75	76	77	78	79	80
②	③	②	③	③	③	①	④	③	④	①	①	④	②	①	③	④	②	③	③

01 ①, ②, ③ 외에도 화물자동차의 대폐차, 주사무소·영업소 및 화물취급소의 이전(주사무소의 경우 관할 관청의 행정구역 내에서의 이전만 해당)의 경우 허가사항 변경신고의 대상이다.

02 ④의 경우 1.5톤 이하의 화물자동차로 규정하고 있다.

03 일반화물자동차 운송사업은 20대 이상, 개인화물자동차 운송사업은 1대 이상으로 사업하는 것을 말한다.

04 자동차관리법령에 따른 자동차의 분류는 승용, 승합, 화물, 특수, 이륜자동차로 구분한다.

05 ③의 경우 6년으로 규정하고 있다.

06 ③의 경우 사망자 1명 및 중상자 3명 이상의 경우 자격정지 90일을 부과한다.

07 도로교통법령상 정차는 5분을 초과하지 않는 범위로서 주차 외의 정지상태를 말한다.

08 이 경우 20만 원의 과징금이 부과된다.

09 말소된 날부터 1개월 이내는 신청기간이며, 신청 지연기간이 10일 이내인 경우 과태료 5만 원, 신청 지연기간이 10일 초과 54일 이내인 경우 5만 원에서 11일째부터 계산하여 1일마다 1만 원을 더한 금액, 신청 지연기간이 55일 이상인 경우 과태료 50만 원이다.

10 도로 우측 부분의 폭이 6미터가 되지 않는 도로에서 다른 차를 앞지르려는 경우 도로의 중앙이나 좌측 부분을 통행할 수 있다. 다만, 도로의 좌측 부분을 확인할 수 없는 경우, 반대 방향의 교통을 방해할 우려가 있는 경우, 안전표지 등으로 앞지르기를 금지하거나 제한하고 있는 경우에는 제외한다.

11 ②, ③, ④ 외에도 튜닝 전후의 자동차외관도(외관의 변경이 있는 경우에 한함), 구조·장치 변경 작업완료증명서가 필요하다.

12 이 경우 임시검사를 받아야 한다.

13 ②, ④는 자격유지검사이고, ③은 신규검사이며, ①이 특별검사 대상으로, 이외에도 과거 1년간 운전면허 행정처분 기준에 따라 산출된 누산점수가 81점 이상인 사람도 그 대상이다.

14 ①, ②, ③ 외에도 위험물안전관리법에 따른 지정수량 이상의 위험물, 총포·도검·화약류 등의 안전관리에 관한 법률에 따른 화약류, 폐기물관리법에 따른 지정폐기물과 의료폐기물, 고압가스 안전관리법에 따른 고압가스, 액화석유가스의 안전관리 및 사업법에 따른 액화석유가스, 산업안전보건법에 따른 유해물질이 위험물에 해당한다.

15 ①, ②, ③ 외에도 차로가 설치되지 아니한 좁은 도로에서 보행자의 옆을 지나는 경우, 교통정리가 없는 교차로에 들어가려고 할 때 좁은 도로에서 진입할 경우가 서행하여야 하는 경우로 규정되어 있다.

16 도로가 구부러진 부근은 서행하여야 할 장소로 규정되어 있다.

17 어린이 보호구역 및 노인·장애인 보호구역 안에서 오전 8시부터 오후 8시까지 위반하는 행위에 대하여 벌점 2배를 적용한다.

2배의 벌점이 부과되는 경우		벌점
속도 위반	100km/h 초과	120점
	80km/h 초과 100km/h 이하	
	60km/h 초과 80km/h 이하	60점
	40km/h 초과 60km/h 이하	30점
	20km/h 초과 40km/h 이하	15점
신호·지시 위반		15점
보행자 보호 불이행(정지선 위반 포함)		10점

지문의 경우 15(신호 위반) × 2 + 10(보행자 보호 불이행) × 2 = 50이므로, 50점의 벌점을 부과한다.

18 사망은 사고 발생 시부터 72시간 이내에 사망한 때를 기준으로 하고 있다.

19 ③의 경우 기본적으로 운전경력이 2년 이상이어야 하나, 여객자동차 운수사업용 자동차 또는 화물자동차 운수사업용 자동차를 운전한 경력이 있는 경우 그 운전경력이 1년 이상인 경우 종사자격으로 인정된다.

20 이륜차나 자전거에서 내려 끌고 가는 경우는 보행자로 간주하며 도로가 아닌 장소에 설치된 횡단보도(임의 설치)의 경우 횡단보도 보행자로 보지 않는다. 또한, 횡단보도 중간에서 택시를 잡거나 누워 있고 장난을 치는 행위는 보행자로 판단하지 않는다.

21 ④의 경우는 규정하고 있지 아니하며, 자동차의 배출가스 관련 부품을 교체하는 경우, 그 밖에 배출가스가 매우 적게 배출되는 것으로서 환경부장관이 정하여 고시하는 자동차를 구입하는 경우에 대하여 필요한 자금을 보조하거나 융자할 수 있다.

22 전동킥보드(개인형이동장치)는 자동차등의 음주운전과 다르게 10만 원의 범칙금을 부과한다.

23 1톤 이하인 밴형 화물자동차(화물자동차 운송사업 사용)에 대하여 공회전 제한장치 부착을 명할 수 있으며 이 경우 자금을 보조하거나 융자할 수 있다.

24 도로 아닌 장소는 보도침범이나 보도횡단방법 위반이 적용되지 않으며, 자전거를 끌고 가는 사람은 보행자로 간주하며, 보도와 차도의 구분이 없는 도로는 적용하지 않는다. 보도횡단 전 반드시 일시정지를 의무로 하고 있다.

25 불가항력적 사항, 사고피양, 위험회피, 충격에 의한 경우 등 부득이한 상황에 대하여 중앙선침범을 적용하지 않으나 의도적 침범 또는 현저한 선행과실(예 과속)에 의한 경우 중앙선침범을 적용한다.

26 EDI(전자 문서 교환, Electronic Data Interchange) 시스템이 구축되는 경우 이용 가능한 형태의 운송장은 스티커형 운송장이다.

27 내장을 설명하고 있다.

28 손잡이가 있는 박스물품의 경우 손잡이를 안으로 접어 사각이 되게 한 다음 테이프로 포장한다.

29 종류가 다른 것을 적치할 때는 무거운 것을 밑에 놓아야 안전하다.

30 지문의 설명은 상품성을 뜻하고 있다.

31 무거운 화물은 앞이나 뒤쪽에 싣지 않고 무게를 골고루 분산하도록 적재해야 하며, 가벼운 화물이라 하더라도 높게 적재하는 것은 위험하다. 트랙터 차량의 캡과 적재물의 간격은 120cm 이상으로 유지해야 한다.

32 고정주유설비에 유류를 공급하는 배관은 전용탱크 또는 간이탱크로부터 고정주유설비에 직접 연결된 것이어야 한다.

33 차량의 폭은 적재물을 포함하여 2.5m 초과할 때 제한차량 기준에 해당한다.

34 ①은 분실사고를 위한 대책이다.

35 풀 트레일러는 트랙터와 트레일러가 완전히 분리되어 있고 트랙터 자체도 적재함을 가지고 있는 것을 말한다. 세미 트레일러는 가동 중 트레일러 중 가장 많고 일반적인 것으로 세미 트레일러용 트랙터에 연결하여, 총하중의 일부분이 견인하는 자동차에 의해서 지탱되도록 설계된 트레일러이다. 돌리는 세미 트레일러와 조합해서 풀 트레일러로 하기 위한 견인구를 갖춘 대차를 말한다.

36 계약금액의 반환 및 계약금의 6배의 손해배상을 청구할 수 있다.

37 사고증명서는 1년에 한하여 발행한다.

38 인도예정일이 있는 경우 그 기재된 날이고, 기재가 없는 경우 일반지역은 2일, 도서지역 및 산간벽지는 3일 이내 인도해야 한다.

39 14일 이내 통지하여야 한다.

40 고객의 책임으로 인한 계약 해제의 경우 인수일 1일 전까지는 계약금, 당일 해제는 계약금의 배액을 지급한다.

41 인적요인 중 교통사고에 가장 큰 영향을 미치는 것은 인지, 판단, 조작의 순이다.

42 정지시력이 높은 경우라 하더라도 보통 동체시력은 그보다 낮게 나온다. 정지시력이 1.2인 사람이 시속 50km로 운전하면서 대상물을 볼 때 시력은 0.7 이하로, 시속 90km라면 시력이 0.5 이하로 떨어진다.

43 주간 운전 시 어두운 곳에 진입할 때 나타나는 것을 암순응, 어두운 곳에서 밝은 곳으로 나올 때 나타나는 것을 명순응이라 한다.

44 운전피로 3요인은 수면·생활환경 등 생활요인, 차내환경·차외환경·운행조건 등 운전작업 중 요인, 신체조건·경험조건·연령조건·성별조건·성격·질병 등의 운전자요인 등으로 구성된다.

45 어린이의 교통 관련 행동 유형은 도로 횡단 시 부주의가 대표적인 행동 특성이다.

46 운전피로가 증가하면 작업 타이밍의 불균형을 가져와 교통사고 위험성이 높아진다.

47 운행기록장치 보관의무 기간은 6개월로 규정되어 있다.

48 핸들에 의해 앞바퀴의 방향을 조정해 주는 장치를 조향장치라 한다.

49 현가장치는 차체가 차축에 얹히지 않도록 하는 역할을 담당하고 있는 장치이다. ①, ②, ③ 외에 공기 스프링, 충격흡수장치 등이 차종에 따라 설치되고 있다.

50 지문이 설명하는 것은 모닝 록(Morning Lock) 현상이다.

51 차의 좌우 진동을 나타내는 현상은 요잉 현상이다.

52 조향핸들의 높이와 조향각도 조정은 안전을 위해 운행 전 조정하여야 한다.

53 ①은 엔진 시동 꺼짐 현상 발생 시 점검사항이다.

54 ②는 연석형 중앙분리대의 단점에 해당하며 ①, ③, ④는 장점에 해당한다.

55 ①은 덤프 작동 불량 현상 발생 시 점검 내용이다.

56 종단경사를 설명하고 있다. 시거는 시야가 다른 교통으로 방해받지 않는 상태에서 승용차의 운전자가 차도상의 한 점으로부터 볼 수 있는 거리를 말한다.

57 능숙한 운전 기술, 정확한 운전 지식, 세심한 관찰력, 예측능력과 판단력, 양보와 배려의 실천, 교통상황 정보 수집, 반성의 자세, 무리한 운전 배제 등의 자세가 필요하다.

58 오르막길에서 앞지르기 시 힘과 가속력이 좋은 저단 기어를 사용하여 안전하게 앞지르기하는 것이 좋다.

59 앞차의 감속은 앞지르기 사고의 유형에 해당하지 않는다.

60 입체교차로는 교통 흐름을 공간적으로 분리하는 역할을 한다.

61 철길 건널목은 열차와의 충돌이 항상 우려되는 구간이므로 열차가 보일 경우나 경보기가 작동될 경우, 안내원이 안내하는 경우 등에 따라 세심한 운전이 필요하다.

62 ③은 와이퍼의 작동상태 점검사항이다. 여름철에는 자동차의 엔진의 과열 예방을 위한 냉각장치 점검사항은 냉각수의 양은 충분한지, 냉각수가 새는 부분은 없는지, 팬벨트의 장력은 적절한지를 수시로 확인해야 하며, 팬벨트는 여유분을 휴대하는 것이 바람직하다.

63 냉각의 동결을 방지하는 역할을 담당하는 것은 워셔액이 아닌 부동액이다.

64 위험 취급물질의 경우 탱크 속 잔류가스가 존재할 가능성이 매우 크기 때문에 위험성에 대하여 인지하고 내용물이 적재된 상태와 동일하게 취급 및 점검을 실시한다.

65 고정된 프로텍터가 없는 용기는 보호캡을 부착하여 사용하여야 한다.

66 지문에서 설명하는 것은 인간주체(이질성)에 대한 것으로, 제품은 기계나 설비로 얼마든지 균질의 것을 만들어 낼 수 있지만 서비스는 행하는 사람에 따라 품질이 달라지는 성격을 말하고 있다.

67 계약관계이긴 하나 단순한 계약관계가 아닌 다양한 예의는 서비스의 일종이라 생각하고 진심을 다해야 한다. 즉, 상대방과는 이익 창출의 대상이 아니라 생각해야 한다.

68 고객이 싫어하는 시선은 위로 치켜뜨는 눈, 곁눈질, 한곳만 응시하는 눈, 위아래로 훑어보는 눈이다.

69 운전은 혼자 하는 것이 아니라 많은 다른 운전자와 보행자 사이에서 하는 것이므로 아무리 유능하고 자신 있는 운전자라 하더라도 상대방의 실수로 사고가 일어날 수 있으므로 운전 기술을 과신하는 것은 금물이다.

70 기본적으로 회사차량의 불필요한 집단운행은 금지하는 것이 좋으나, 적재물의 특성상 집단운행이 불가피한 경우 관리자 및 관계기관의 사전승인을 받고 사고 예방조치 및 안전조치를 취하고 운행하는 것은 허가된다.

71 1970년대 기업경영에서 의사결정의 유효성을 높이기 위해 경영 내외의 관련 정보를 필요에 따라 즉각적으로 그리고 대량으로 수집, 전달, 처리, 저장, 이용할 수 있도록 편성한 인간과 컴퓨터와의 결합시스템을 말한다.

72 지문의 설명은 물류를 설명하고 있다.

73 물류네트워크 평가와 감사를 위한 일반적 지침은 수요, 고객서비스, 제품특성, 물류비용, 가격결정 정책이 있다.

74 코스트 중심은 전략적 물류의 특성이다. ①, ③, ④ 외에도 기능의 통합화 수행, 효과(성과) 중심의 개념을 로지스틱스의 특성으로 볼 수 있다.

75 전략 수립 영역에 해당하는 것은 고객서비스 수준 결정이다. 구조 설계는 공급망 설계 및 로지스틱스 네트워크전략 구축, 기능 정립은 창고 설계 및 운영, 수송관리, 자재관리, 실행은 정보 및 기술관리, 조직 및 변화관리이다.

76 컨설팅 기능까지 수행할 수 있는 제3자 물류를 제4자 물류로 정의하고 있다.

77 안정된 수송시장 확보는 공동배송의 장점에 해당한다. 공동배송의 장점으로는 수송효율 향상, 소량화물 흔적으로 규모의 경제효과, 자동차 및 기사의 효율적 활용, 네트워크의 경제효과, 교통혼잡 완화, 환경오염 방지가 있다.

78 지문이 설명하는 것은 GPS통신망을 이용한 범지구측위시스템(GPS)이다.

79 고객의 클레임은 거래 후 요소에 해당한다. 거래 중 요소는 ①, ②, ④ 외에도 재고 품절 수준, 주문사이클, 배송 촉진, 환적, 대체 제품, 주문상황 정보가 해당한다. 또한, 거래 후 요소로는 설치, 보증, 변경, 수리, 부품, 제품의 추적, 고객의 클레임, 고충·반품처리, 제품의 일시적 교체, 예비품의 이용가능성을 들 수 있다.

80 ③은 자가용 트럭 운송의 장점에 해당한다. ①, ②, ④ 외에도 사업용(영업용) 트럭 운송의 장점으로는 융통성이 높고, 설비투자 및 인적투자가 필요 없으며, 변동비 처리가 가능하다는 점이 있다. 단점으로는 운임의 안정화가 곤란하며, 관리기능이 저해되고, 기동성이 부족하며, 시스템의 일관성이 없고, 인터페이스가 약하며, 마케팅 사고가 희박하다는 점이 있다.

01	02	03	04	05	06	07	08	09	10	11	12	13	14	15	16	17	18	19	20
①	①	③	②	③	④	③	④	④	①	②	②	①	②	③	①	②	④	④	③
21	22	23	24	25	26	27	28	29	30	31	32	33	34	35	36	37	38	39	40
②	④	③	④	③	①	③	④	④	③	②	①	④	③	④	②	④	②	①	③
41	42	43	44	45	46	47	48	49	50	51	52	53	54	55	56	57	58	59	60
①	④	②	①	①	③	①	④	④	①	①	②	③	④	④	②	④	④	①	④
61	62	63	64	65	66	67	68	69	70	71	72	73	74	75	76	77	78	79	80
③	④	③	③	④	④	②	②	②	②	③	③	④	①	③	③	③	③	①	④

01 설명된 용어는 자동차전용도로이다. 고속도로는 자동차의 고속 운행에만 사용하기 위하여 지정된 도로, 차도는 연석선, 안전표지 또는 그와 비슷한 인공구조물을 이용하여 경계를 표시하여 모든 차가 통행할 수 있도록 설치된 도로의 부분, 보도는 연석선, 안전표지나 그와 비슷한 인공구조물로 경계를 표시하여 보행자가 통행할 수 있도록 한 도로의 부분이다.

02 운송사업자의 손해배상 책임에 관하여는 상법을 준용한다. 이외 손해배상에 대하여 화주가 요청하면 이에 관한 분쟁을 조정할 수 있으며, 분쟁조정업무를 소비자기본법에 따른 한국소비자원 또는 등록된 소비자단체에 위탁할 수 있다.

03 화물자동차 운송사업과 운송가맹사업은 감차된 경우 해제 사유에 해당하나 운송주선사업의 허가사항이 변경된 경우는 해제 사유에 해당하지 않는다.

04 설명하는 것은 노면표시이다.

05 ③의 경우 과태료 50만 원을 부과한다.

06 ④의 경우 과태료 50만 원을 부과한다.

07 흑색은 노면표시에 사용하지 않고 있다.

08 ④의 경우 2년이 지나지 아니한 자로 규정하고 있다.

09 ④의 경우 금고 이상의 형을 선고받고 그 형이 확정된 경우 취소 사유이다.

10 일반도로 주거지역, 상업지역, 공업지역의 경우 자동차의 종류와 관계없이 최고속도는 매시 50km 이내로 제한되어 있다.

11 ②는 연합회에서 처리하는 업무로, 이외에도 사업자 준수사항에 대한 계도활동, 과적운행, 과로운전, 과속운전의 예방 등 안전한 수송을 위한 지도·계몽 업무를 담당한다. 한국교통안전공단의 업무는 ①, ③, ④ 외 교통안전체험교육의 이론 및 실기교육, 화물운송종사 자격증의 발급, 화물자동차 운전자의 교통사고 및 교통법규 위반사항 제공요청 및 기록·관리, 화물자동차 운전자의 인명사상사고 및 교통법규 위반사항 제공, 화물자동차 운전자 채용 기록·관리 자료의 요청이 그 업무에 해당한다.

12 이 경우 과징금은 10만 원이다. 개인 운송사업자는 5만 원, 운송가맹사업자는 10만 원의 과징금이 부과된다.

13 고의가 아닌 경우 ①로 규정하고 있다.

14 제2종 보통면허로 운전 가능한 승합자동차는 승차정원 10인 이하의 승합자동차에 한한다.

15 신규등록 신청을 위한 임시운행 허가 기간은 10일 이내로 되어 있다.

16 10년 이하의 징역이나 1억 원 이하의 벌금으로 규정하고 있다.

17 자동차보험 가입증명서는 제출하는 서류가 아니다.

18 과거 5년 이내 음주운전 전력이 있는 경우와 이외 경찰관의 음주측정 요구에 불응하거나 도주한 때 또는 단속경찰관을 폭행한 경우는 행정처분 감경 제외 사유에 해당한다.

19 ④의 경우에는 40점의 벌점을 부과한다. 취소처분에 해당하는 경우는 공동위험행위로 구속된 때이다.

20 시장·군수·구청장의 위임을 받은 한국교통안전공단의 승인을 얻어야 한다.

21 4톤 이하 화물자동차는 승용자동차등으로 보아 이 경우 범칙금 12만 원에 해당한다.

22 교차로통행방법 위반은 특례의 배제 대상이 아니다. 배제 대상으로 규정된 단서 각 호는 신호·지시 위반, 중앙선침범, 고속도로에서의 횡단·유턴·후진, 속도 위반(20km/h 초과), 앞지르기 방법·금지시기·금지장소 또는 끼어들기 금지 위반, 철길 건널목 통과방법

위반, 보행자보호의무 위반, 무면허 운전, 주취·약물운전, 보도침범·보도횡단방법 위반, 승객추락 방지의무 위반, 어린이 보호구역 내 어린이 사고, 적재물 추락방지 위반 이상 12개 항목으로 규정되어 있다.

23 ③은 대상 자동차가 아니며, 공회전 제한장치 부착명령 대상 자동차로 "대중교통용 자동차 등 환경부령으로 정하는 자동차"란 다음 각 호의 자동차를 말한다.

 1. 시내버스 운송사업에 사용되는 자동차

 2. 일반택시 운송사업(군단위를 사업구역으로 하는 운송사업은 제외한다)에 사용되는 자동차

 3. 화물자동차 운송사업에 사용되는 최대적재량이 1톤 이하인 밴형 화물자동차로서 택배용으로 사용되는 자동차

24 이 경우 과태료 200만 원을 부과한다.

25 어린이는 만 13세 미만으로 규정하고 있으며, 어린이 보호구역의 운영 시간은 24시간으로 시간에 따른 차이는 없으며, 차량 내 탑승한 어린이의 경우 그 적용대상이 아니다. 성인과 어린이가 함께 피해자인 경우 성인에 대하여 종합보험 또는 합의 시 공소권 없음 대상으로 처리되며 어린이에 대하여만 특례 배제 사항으로 적용된다.

26 ②, ③, ④ 외 송하인은 특약사항 약관설명 확인필 기재 서명, 필요 시 면책확인서 자필 서명을 기재한다. ①은 집하담당자의 기재사항이다.

27 화물 인수 시 적합성 여부를 확인한 후, 고객이 직접 운송장 정보를 기입하도록 한다.

28 포장은 보호성, 표시성, 상품성, 편리성, 효율성, 판매촉진성의 성격을 지니고 있다.

29 설명하는 방법은 수축포장방법이다.

30 ①은 손수레 사용 금지, ②는 위 쌓기, ④는 방사선보호 표시이다.

31 화물더미의 상층과 하층에서 동시에 작업하는 것은 위험하다.

32 취급물품이 중량물인 작업이 기계작업에 적합하다.

33 누유된 위험물의 경우 회수하여 처리하여야 한다.

34 슈링크 방식의 단점에 해당하고, 장점으로는 물이나 먼지도 막아내기 때문에 우천 시의 하역이나 야적보관도 가능하다는 점이 있다.

35 화물 적재 운행 시 출발 전 화물 적재 상태 확인뿐만 아니라 수시로 확인하여야 한다.

36 과적에 의해 차량이 무거워지면 제동거리가 길어져 사고의 위험성이 증가한다.

37 물품 배송 중 발생할 수 있는 도난에 대비하여 근거리 배송이라도 차에서 떠날 때는 반드시 잠금장치를 하여 사고를 미연에 방지하도록 한다.

38 세미 트레일러 연결차량의 특징이다.

39 계약금의 2배 이내에서 약정 인수 일시로부터 연착된 1시간마다 계약금의 반액을 곱한 금액(연착 시간 × 계약금 × 1/2)을 지급한다.

40 이 경우 운송장 기재 운임액의 200%를 지급한다.

41 야간에 무엇인가 인지하기 쉬운 색은 흰색, 엷은 황색, 그리고 흑색의 순이며, 사람이라는 것을 인지하기 쉬운 것은 적색, 백색, 흑색 순이다. 또한, 사람이 움직이는 방향을 인지하는 것으로는 적색이 가장 쉬우며 흑색이 가장 어렵다.

42 지문이 설명하는 것은 심경각이다. 심시력은 그 기능을 말하는 것이고, 심시력의 결함은 입체공간 측정의 결함으로 인한 교통사고를 초래할 수 있다.

43 어느 특정한 곳에 주의가 집중되었을 경우 시야의 범위는 집중의 정도에 비례하여 좁아지므로 운전 중 불필요한 대상에 주의가 집중되지 않도록 해야 한다.

44 운전피로 3요인은 생활요인, 운전작업 중 요인, 운전자 요인으로 구별되며 수면과 생활환경은 생활요인에 해당한다.

45 다양한 경험으로 젊은층에 비해 신중하고 과속을 하지 않는 장점도 있으나, 돌발사태 시 대응력이 미흡해지거나 후방으로부터의 자극에 대한 동작이 지연되는 현상도 나타난다.

46 어린이도 제한된 주의 및 지각능력을 가지고 있다. 어린이들은 여러 사물에 적절히 주의를 배분하지 못하고 한 가지 사물만 집중하는 경향을 보인다.

47 자동차 제조 회사는 운행기록 분석 결과 활용 기관으로 볼 수 없다.

48 연속운전은 운행 시간이 4시간 이상 운행 10분 이하 휴식일 경우 해당하나 11대 위험운전 행동에는 포함되지 않는다.

49 휠은 타이어와 함께 주행장치로서 중요한 역할을 하고 있으며, 타이어에서 발생하는 열을 휠이 흡수하여 방출하는 역할도 중요한 역할 중 하나이다.

50 노즈 다운을 설명하는 것이다. 노즈 업(스쿼트 현상)은 자동차가 출발할 때 구동 바퀴는 이동하려 하지만 차체는 정지하고 있기 때문에 앞 범퍼 부분이 들리는 현상을 말하고, 바운싱은 차체가 Z축 방향과 평행운동을 하는 고유진동을 말하는 것이며, 모닝 록 현상은 비가 자주 오거나 습도가 높은 날 또는 오랜 시간 주차한 후 브레이크 드럼에 미세한 녹이 발생하는 현상을 말한다.

51 주행 전 차체에 이상한 진동이 느껴질 때는 엔진의 고장이 주원인이다. 플러그 배선이 빠지거나 플러그 이상이 나타날 때 이런 현상이 일어난다.

52 제동 시 차량 쏠림 현상에 대한 조치 방법은 ①, ③, ④ 외에도 리어 앞 브레이크 커넥터의 장착 불량으로 유압 오작동을 해결하는 방법이 있다. 조향핸들 유격 점검은 제동 시 차체 진동 시 조치 방법이다.

53 중앙분리대를 설치하는 경우 일반적으로 반대 방향(대향 방향) 진행 차와의 정면충돌형 사고를 방지할 수 있다.

54 ④는 방호울타리의 기능이다.

55 규정 속도에 맞추어 다른 차량과 운행 흐름을 맞추어 운전하는 것이 사고를 방지하는 방법이고 방어운전에 해당한다. 다른 차량에 관계없이 스스로 천천히 서행하는 운전은 차량 간 속도 차가 발생하여 사고를 유발시키는 운전 방법에 해당한다.

56 곡선반경이 작은 도로일수록 속도를 줄여 운행하여야 안전하다.

57 신호에 따르는 경우라 하더라도 방어운전을 위해서는 위반차량에 주의하여야 한다.

58 진로변경 차량과의 충돌은 황색신호와 관련이 없으며, 이외에도 횡단보도 통과 시 보행자, 자전거 또는 이륜차와 충돌하는 사고 유형이 있다.

59 야간 운전 시 실내는 불필요하게 밝게 하지 않는 것이 시야 확보에 바람직하다.

60 신학기의 경우 학생들의 야외활동은 증가하고 행락철 대열운행이 증가하므로 이에 주의하여야 한다.

61 위험물 적재 시 수납구는 위를 향하게 적재하여야 한다.

62 ②의 경우 충전용기 등을 차량에 싣거나 내리는 경우 또는 지면에서 운반 작업을 하는 경우에 해당하는 것이다.

63 고속도로에서 적재물의 낙하는 빠른 속도로 진행하는 차량들로 인하여 대형 사고나 치사율 높은 교통사고로 이어질 확률이 높다.

64 차량을 두고 피하는 경우 엔진은 끄고 키를 꽂아둔 채 이동해야 한다.

65 축하중 10톤 화물차의 경우 승용차 7만 대, 축하중 11톤 화물차의 경우 승용차 11만 대, 축하중 13톤의 화물차의 경우 승용차 21만 대, 축하중 15톤 화물차의 경우 승용차 39만 대 통행과 같은 도로파손을 일으킨다.

66 고객만족을 위한 서비스 품질은 상품 품질, 영업 품질, 서비스 품질로 구분된다.

67 지문에서 설명하는 것은 영업 품질이다. 이는 고객에게 상품과 서비스를 제공하기까지의 모든 영업활동을 고객 지향적으로 전개하여 고객만족도 향상에 기여하도록 해야 한다.

68 대화 예절 중 남의 이야기는 전체를 다 듣고 그 후 대화를 이어가는 것이 좋다.

69 주·야간 운행으로 생활리듬의 불규칙함이 화물차량 운전자의 직업상 어려움 중 하나이다.

70 내리막길에서는 풋 브레이크뿐만 아니라 엔진 브레이크를 적절히 사용하여 운전해야 한다.

71 1990년대 중반 이후 고객 및 투자자에게 부가가치를 창출할 수 있도록 최초의 공급업체로부터 최종 소비자에게 이르기까지의 상품·서비스 및 정보의 흐름이 관련된 프로세스를 통합적으로 운영하는 경영전략 단계를 말한다.

72 지문의 설명은 상류를 설명하고 있다. 물류와 상류가 합쳐지면 유통이 된다.

73 효과 중심의 개념은 로지스틱스의 특성이다. ①, ②, ③ 외에도 코스트 중심, 효율 중심의 개념을 전략적 물류의 특성으로 볼 수 있다.

74 물류전략의 실행 구조(과정 순환)는 전략 수립 → 구조 설계 → 기능 정립 → 실행의 순이다.

75 고품질 물류서비스의 제공으로 제조업체의 경쟁력 강화의 기대효과를 가지고 있다.

76 지역 내 화물의 이동은 배송에 해당하며, 단거리 소량 화물의 이동, 기업과 고객 간 이동, 다수의 목적지를 순회하면서 소량 운송도 배송에 해당한다.

77 적재율에 대한 설명이다.

78 지문이 설명하는 것은 가상기업에 대한 설명이다.

79 재고 품절 수준은 거래 시 요소에 해당한다. 거래 전 요소는 ①, ②, ③ 외에도 문서화된 고객서비스 정책 및 고객에 대한 제공, 매니지먼트 서비스가 해당한다.

80 화물자동차 운송에 비하여 선박 및 철도 운송은 대량으로 운송이 가능하고 단위가 규정되어 있으며, 수송 시 연료비나 인건비 등 수송단가가 높다.

이론편

교통 및 화물자동차 운수사업 관련 법규

01　정의 ★

용어	정의
도로	도로법에 따른 도로, 유료도로법에 따른 유료도로, 농어촌도로 정비법에 따른 농어촌도로, 그 밖에 현실적으로 불특정 다수의 사람 또는 차마가 통행할 수 있도록 공개된 장소로서 안전하고 원활한 교통을 확보할 필요가 있는 장소 ※ 농어촌도로 정비법에 따른 농어촌도로는 농어촌지역 주민의 교통 편익과 생산·유통활동 등에 공용(共用)되는 공로(公路) 중 고시된 도로를 말한다. • 면도 : 군도(郡道) 및 그 상위 등급의 도로(군도 이상의 도로)와 연결되는 읍·면 지역의 기간(基幹)도로 • 이도 : 군도 이상의 도로 및 면도와 갈라져 마을 간이나 주요 산업단지 등과 연결되는 도로 • 농도 : 경작지 등과 연결되어 농어민의 생산활동에 직접 공용되는 도로
자동차 전용도로	자동차만 다닐 수 있도록 설치한 도로
고속도로	자동차의 고속 운행에만 사용하기 위하여 지정된 도로
차도	연석선(차도와 보도를 구분하는 돌 등으로 이어진 선), 안전표지 또는 그와 비슷한 인공구조물을 이용하여 경계(境界)를 표시하여 모든 차가 통행할 수 있도록 설치된 도로의 부분
중앙선	차마의 통행 방향을 명확하게 구분하기 위하여 도로에 황색 실선이나 황색 점선 등의 안전표지로 표시한 선 또는 중앙분리대나 울타리 등으로 설치한 시설물. 다만, 가변차로(可變車路)가 설치된 경우에는 신호기가 지시하는 진행 방향의 가장 왼쪽에 있는 황색 점선
차로	차마가 한 줄로 도로의 정하여진 부분을 통행하도록 차선으로 구분한 차도의 부분
차선	차로와 차로를 구분하기 위하여 그 경계지점을 안전표지로 표시한 선
보도	연석선, 안전표지나 그와 비슷한 인공구조물로 경계를 표시하여 보행자(유모차, 보행보조용 의자차, 노약자용 보행기 등 법령으로 정하는 기구·장치를 이용하여 통행하는 사람 포함)가 통행할 수 있도록 된 도로의 부분
길가장자리구역	보도와 차도가 구분되지 아니한 도로에서 보행자의 안전을 확보하기 위하여 안전표지 등으로 경계를 표시한 도로의 가장자리 부분
교차로	'십'자로, 'ㅜ'자로나 그 밖에 둘 이상의 도로(보도와 차도가 구분되어 있는 도로에서는 차도)가 교차하는 부분
안전지대	도로를 횡단하는 보행자나 통행하는 차마의 안전을 위하여 안전표지나 이와 비슷한 인공구조물로 표시한 도로의 부분

차마	다음의 차와 우마 • 차 : 자동차, 건설기계, 원동기장치자전거, 자전거, 사람 또는 가축의 힘이나 그 밖의 동력(動力)으로 도로에서 운전되는 것. 다만, 철길이나 가설(架設)된 선을 이용하여 운전되는 것, 유모차, 보행보조용 의자차, 노약자용 보행기 등 행정안전부령으로 정하는 기구·장치는 제외 • 우마 : 교통이나 운수(運輸)에 사용되는 가축
자동차	철길이나 가설된 선을 이용하지 아니하고 원동기를 사용하여 운전되는 차로서 다음의 차 ※ 견인되는 자동차도 자동차의 일부로 본다. • 자동차관리법에 따른 승용자동차, 승합자동차, 화물자동차, 특수자동차, 이륜자동차 (다만, 원동기장치자전거는 제외) • 건설기계관리법에 따른 건설기계 : 덤프트럭, 아스팔트살포기, 노상안정기, 콘크리트믹서트럭, 콘크리트펌프, 천공기(트럭 적재식) 등
정차	운전자가 5분을 초과하지 아니하고 차를 정지시키는 것으로서 주차 외의 정지 상태
운전	도로에서 차마 또는 노면전차를 그 본래의 사용 방법에 따라 사용하는 것(조종 또는 자율주행시스템을 사용하는 것 포함) ※ 보행자의 보호, 술에 취한 상태에서의 운전 금지, 과로한 때 등의 운전 금지, 사고 발생 시의 조치, 주·정차된 차만 손괴한 것이 분명한 경우에 피해자에게 인적 사항을 제공하지 아니한 경우 등은 도로 외의 곳을 포함한다.

02 신호기가 표시하는 신호의 종류 및 뜻

구분		신호의 종류	신호의 뜻
차량 신호등	원형 등화	녹색의 등화	• 차마는 직진 또는 우회전할 수 있다. • 비보호좌회전표지 또는 비보호좌회전표시가 있는 곳에서는 좌회전할 수 있다.
		황색의 등화	• 차마는 정지선이 있거나 횡단보도가 있을 때에는 그 직전이나 교차로의 직전에 정지하여야 하며, 이미 교차로에 차마의 일부라도 진입한 경우에는 신속히 교차로 밖으로 진행하여야 한다. • 차마는 우회전할 수 있고 우회전하는 경우에는 보행자의 횡단을 방해하지 못한다.
		적색의 등화	• 차마는 정지선, 횡단보도 및 교차로의 직전에서 정지해야 한다. • 차마는 우회전하려는 경우 정지선, 횡단보도 및 교차로의 직전에서 정지한 후 신호에 따라 진행하는 다른 차마의 교통을 방해하지 않고 우회전할 수 있다. • 차마는 우회전 삼색등이 적색의 등화인 경우 우회전할 수 없다.

		황색등화의 점멸	차마는 다른 교통 또는 안전표지의 표시에 주의하면서 진행할 수 있다.
	원형 등화	적색등화의 점멸	차마는 정지선이나 횡단보도가 있을 때에는 그 직전이나 교차로의 직전에 일시정지한 후 다른 교통에 주의하면서 진행할 수 있다.
		녹색화살표의 등화	차마는 화살표시 방향으로 진행할 수 있다.
차량 신호등	화살표 등화	황색화살표의 등화	화살표시 방향으로 진행하려는 차마는 정지선이 있거나 횡단보도가 있을 때에는 그 직전이나 교차로의 직전에 정지하여야 하며, 이미 교차로에 차마의 일부라도 진입한 경우에는 신속히 교차로 밖으로 진행하여야 한다.
		적색화살표의 등화	화살표시 방향으로 진행하려는 차마는 정지선, 횡단보도 및 교차로의 직전에서 정지하여야 한다.
		적색화살표등화의 점멸	차마는 정지선이나 횡단보도가 있을 때에는 그 직전이나 교차로의 직전에 일시정지한 후 다른 교통에 주의하면서 화살표시 방향으로 진행할 수 있다.
	사각형 등화	녹색화살표의 등화 (하향)	차마는 화살표로 지정한 차로로 진행할 수 있다.
		적색×표 표시의 등화	차마는 ×표가 있는 차로로 진행할 수 없다.

03 안전표지

1 정의

주의, 규제, 지시 등을 표시하는 표지판이나 도로 바닥에 표시하는 기호·문자 또는 선 등을 말한다.

2 종류

구분	내용
주의표지	도로상태가 위험하거나 도로 또는 그 부근에 위험물이 있는 경우에 필요한 안전조치를 할 수 있도록 이를 도로사용자에게 알리는 표지
규제표지	도로교통의 안전을 위하여 각종 제한·금지 등의 규제를 하는 경우에 이를 도로사용자에게 알리는 표지

지시표지	도로의 통행방법·통행구분 등 도로교통의 안전을 위하여 필요한 지시를 하는 경우에 도로사용자가 이를 따르도록 알리는 표지
보조표지	주의표지·규제표지 또는 지시표지의 주기능을 보충하여 도로사용자에게 알리는 표지
노면표시	도로교통의 안전을 위하여 주의·규제·지시 등의 내용을 노면에 기호·문자·선으로 도로사용자에게 알리는 표시

주의표지	규제표지	지시표지	보조표지	노면표시
노면 고르지 못함	경운기·트랙터 및 손수레 통행금지	통행우선	견인지역	오르막 경사면

3 노면표시에 사용되는 기본 색상

색상	의미
백색	동일 방향의 교통류 분류 및 경계 표시
황색	반대 방향의 교통류 분리 또는 도로 이용 제한 및 지시(중앙선 표시, 노상장애물 중 도로중앙장애물 표시, 주차 금지 표시, 정차·주차 금지 표시 및 안전지대 표시)
청색	지정 방향의 교통류 분리 표시(버스전용차로 표시 및 다인승차량전용차선 표시)
적색	어린이 보호구역 또는 주거지역 안에 설치하는 속도 제한 표시의 테두리선 및 소방시설 주변 정차·주차 금지 표시에 사용

4 노면표시에 사용되는 각종 선의 의미

선의 종류	의미
점선	허용
실선	제한
복선	의미의 강조

1 차로에 따른 통행차의 기준(시행규칙 별표9) ★

도로		차로	통행할 수 있는 차종
고속도로 외의 도로		왼쪽 차로	승용자동차 및 경형·소형·중형 승합자동차
		오른쪽 차로	대형 승합자동차, 화물자동차, 특수자동차, 법령에 따른 건설기계, 이륜자동차, 원동기장치자전거(개인형이동장치는 제외)
고속도로	편도 2차로	1차로	앞지르기를 하려는 모든 자동차. 다만, 차량통행량 증가 등 도로상황으로 인하여 부득이하게 시속 80킬로미터 미만으로 통행할 수밖에 없는 경우에는 앞지르기를 하는 경우가 아니라도 통행할 수 있음
		2차로	모든 자동차
	편도 3차로 이상	1차로	앞지르기를 하려는 승용자동차 및 앞지르기를 하려는 경형·소형·중형 승합자동차. 다만, 차량통행량 증가 등 도로상황으로 인하여 부득이하게 시속 80킬로미터 미만으로 통행할 수밖에 없는 경우에는 앞지르기를 하는 경우가 아니라도 통행할 수 있음
		왼쪽 차로	승용자동차 및 경형·소형·중형 승합자동차
		오른쪽 차로	대형 승합자동차, 화물자동차, 특수자동차, 법령에 따른 건설기계

※ 모든 차는 위 표에서 지정된 차로보다 오른쪽에 있는 차로로 통행할 수 있다. ★

왼쪽 차로와 오른쪽 차로

① 왼쪽 차로
- 고속도로 외의 도로의 경우 : 차로를 반으로 나누어 1차로에 가까운 부분의 차로, 차로 수가 홀수인 경우 가운데 차로는 제외
- 고속도로의 경우 : 1차로를 제외한 차로를 반으로 나누어 그 중 1차로에 가까운 부분의 차로, 1차로를 제외한 차로 수가 홀수인 경우 그 중 가운데 차로는 제외

② 오른쪽 차로
- 고속도로 외의 도로의 경우 : 왼쪽 차로를 제외한 나머지 차로
- 고속도로의 경우 : 1차로와 왼쪽 차로를 제외한 나머지 차로

2 차로에 따른 통행차의 기준에 의한 통행방법(법 제13조) ★

차마의 운전자는 도로의 중앙 우측 부분을 통행하여야 한다.

구분	내용
차마의 운전자가 도로의 중앙이나 좌측 부분을 통행할 수 있는 경우	• 도로가 일방통행인 경우 • 도로의 파손, 도로공사나 그 밖의 장애 등으로 도로의 우측 부분을 통행할 수 없는 경우 • 도로 우측 부분의 폭이 6m가 되지 아니하는 도로에서 다른 차를 앞지르려는 경우. 다만, 도로의 좌측 부분을 확인할 수 없는 경우, 반대 방향의 교통을 방해할 우려가 있는 경우, 안전표지 등으로 앞지르기를 금지하거나 제한하고 있는 경우에는 통행할 수 없다. • 도로 우측 부분의 폭이 차마의 통행에 충분하지 아니한 경우 • 가파른 비탈길의 구부러진 곳에서 교통의 위험을 방지하기 위하여 시·도경찰청장이 필요하다고 인정하여 구간 및 통행방법을 지정하고 있는 경우에 그 지정에 따라 통행하는 경우
도로의 오른쪽 가장자리 차로로 통행해야 하는 경우	자전거, 우마, 법 제2조제18호 나목에 따른 건설기계 이외의 건설기계, 지정수량 이상의 위험물 운반차, 화약류 운반차, 유독물 및 의료 폐기물 운반차, 고압가스 및 액화석유가스 운반차, 방사성물질 운반차, 허가대상 유해물질 운반차, 유독성 원제 운반차 등 위험물 등을 운반하는 자동차, 그 밖에 사람 또는 가축의 힘이나 그 밖의 동력으로 도로에서 운행되는 것의 경우

3 운행상의 안전기준 등

(1) 화물자동차의 운행상의 안전기준

적재중량	적재중량의 110퍼센트 이내
길이	자동차 길이의 1/10을 더한 길이(이륜자동차는 그 승차장치의 길이 또는 적재장치의 길이에 30센티미터를 더한 길이)
너비	자동차 후사경으로 뒤쪽을 확인할 수 있는 범위(후사경의 높이보다 화물을 낮게 적재한 경우 그 화물을, 높게 화물을 적재한 경우 뒤쪽을 확인할 수 있는 범위)의 너비
높이	지상으로부터 4미터(고시한 도로노선은 4.2미터), 소형 3륜자동차는 2.5미터, 이륜자동차는 2미터의 높이

(2) 승차 또는 적재의 제한

출발지를 관할하는 경찰서장의 허가를 받은 경우에는 그러하지 아니하다.

(3) 안전기준을 넘는 화물의 적재허가를 받은 사람의 표지부착 의무

그 길이 또는 폭의 양끝에 너비 30센티미터, 길이 50센티미터 이상의 빨간 헝겊으로 된 표지를 달아야 한다. 다만, 밤에 운행하는 경우에는 반사체로 된 표지를 달아야 한다.

1 도로별 차로 등에 따른 속도

도로 구분			최고속도	최저속도
일반 도로	주거지역·상업지역 및 공업지역		매시 50km 이내	제한 없음
	지정한 노선 또는 구간의 일반도로		매시 60km 이내	
	편도 2차로 이상		매시 80km 이내	
	편도 1차로		매시 60km 이내	
고속 도로	편도 2차로 이상	고속도로	• 매시 100km(적재중량 1.5톤 초과 화물자동차) • 매시 80km(특수자동차, 위험물운반자동차, 건설기계)	매시 50km
		지정·고시한 노선 또는 구간의 고속도로	• 매시 120km 이내 • 매시 90km 이내(특수자동차, 위험물운반자동차, 건설기계)	
	편도 1차로		매시 80km	매시 50km
자동차 전용도로			매시 90km	매시 30km

2 이상기후 시의 운행속도

이상기후 상태	운행속도
• 비가 내려 노면이 젖어 있는 경우 • 눈이 20mm 미만 쌓인 경우	최고속도의 20/100을 줄인 속도
• 폭우·폭설·안개 등으로 가시거리가 100m 이내인 경우 • 노면이 얼어붙은 경우 • 눈이 20mm 이상 쌓인 경우	최고속도의 50/100을 줄인 속도

※ 경찰청장 또는 시·도경찰청장이 법에 따라 구역 또는 구간을 지정하여 자동차등과 노면전차의 속도를 제한하려는 경우에는 법령에 따른 설계속도, 실제 주행속도, 교통사고 발생 위험성, 도로주변 여건 등을 고려하여야 한다.

06 서행 및 일시정지 등

1 서행

차 또는 노면전차가 즉시 정지할 수 있는 느린 속도로 진행하는 것을 의미한다(위험 예상한 상황적 대비).

서행하여야 하는 경우	• 교차로에서 좌·우회전할 때 각각 서행 • 교통정리가 없는 교차로에 들어가려고 하는 차의 운전자는 통행하고 있는 도로의 폭보다 교차하는 도로의 폭이 넓은 경우에는 서행 • 운전자는 도로에 설치된 안전지대에 보행자가 있는 경우와 차로가 설치되지 아니한 좁은 도로에서 보행자의 옆을 지나는 경우에는 안전한 거리를 두고 서행
서행하여야 하는 장소	• 교통정리가 없는 교차로 또는 가파른 비탈길의 내리막 • 도로가 구부러진 부근 또는 비탈길의 고갯마루 부근 • 시·도경찰청장이 안전표지로 지정한 곳 등

2 정지

자동차가 완전히 멈추는 상태 즉, 당시의 속도가 0km/h인 상태로서 완전한 정지 상태의 이행을 말한다.

① 차량 신호등이 황색의 등화인 경우 차마는 정지선이 있거나 횡단보도가 있을 때에는 그 직전이나 교차로의 직전에 정지하여야 한다.
② 차량 신호등이 적색의 등화인 경우 차마는 정지선, 횡단보도 및 교차로의 직전에서 정지하여야 한다.

3 일시정지

반드시 차가 멈추어야 하되, 얼마간의 시간 동안 정지 상태를 유지해야 하는 교통상황을 의미한다(정지 상황의 일시적 전개).

① 차마의 운전자는 보도와 차도가 구분된 도로에서 도로 외의 곳을 출입할 때에는 보도를 횡단하기 직전에 일시정지하여야 한다.
② 모든 차의 운전자는 신호기 등이 표시하는 신호가 없는 철길 건널목을 통과하려는 경우에는 철길 건널목 앞에서 일시정지하여야 한다.
③ 모든 차의 운전자는 보행자가 횡단보도를 통행하고 있을 때에는 그 횡단보도 앞(정지선이 설치되어 있는 곳에서는 그 정지선)에서 일시정지하여야 한다.
④ 보행자전용도로의 통행이 허용된 차마의 운전자는 차마를 보행자의 걸음 속도로 운행하거나 일시정지하여야 한다.
⑤ 모든 차의 운전자는 교차로나 그 부근에서 긴급자동차가 접근하는 경우에는 교차로를 피하여 일시정지, 교통정리가 없고 좌우를 확인할 수 없거나 교통이 빈번한 교차로에서는 일시정지하여야 한다.

⑥ 시·도경찰청장이 필요하다고 인정하여 안전표지로 지정한 곳에서는 일시정지하여야 한다.

⑦ 어린이가 보호자 없이 도로를 횡단할 때, 어린이가 도로에서 앉아 있거나 서 있을 때 또는 어린이가 도로에서 놀이를 할 때 등 어린이에 대한 교통사고의 위험이 있는 것을 발견한 경우, 앞을 보지 못하는 사람이 흰색 지팡이를 가지거나 장애인보조견을 동반하는 등의 조치를 하고 횡단하고 있는 경우, 지하도나 육교 등 도로횡단시설을 이용할 수 없는 지체장애인이나 노인 등이 도로를 횡단하고 있는 경우에는 일시정지하여야 한다.

⑧ 차량 신호등이 적색 등화의 점멸인 경우 차마는 정지선이나 횡단보도가 있을 때에는 그 직전이나 교차로의 직전에 일시정지하여야 한다.

07 통행방법

1 교차로 통행방법

좌회전	교차로의 중심 안쪽을 이용하여 좌회전하여야 한다. 다만, 시·도경찰청장이 지정한 곳에서는 교차로의 중심 바깥쪽을 통과할 수 있다.
우회전	• 미리 도로의 우측 가장자리를 서행하면서 우회전하여야 한다. • 신호에 따라 정지하거나 진행하는 보행자 또는 자전거에 주의하여야 한다.

2 교통정리가 없는 교차로에서의 양보운전

① 운전자는 이미 교차로에 들어가 있는 다른 차가 있을 때에는 그 차에게 진로를 양보해야 한다.

② 도로의 폭이 넓은 도로로부터 진입하는 차에 진로를 양보해야 한다.

③ 동시에 진입하는 경우 우측도로에서 진입하는 차에 진로를 양보해야 한다.

④ 좌회전하려고 하는 경우에는 직진하거나 우회전하려는 차에 진로를 양보해야 한다.

3 긴급자동차의 우선통행 등

(1) 긴급자동차의 우선통행

① 긴급하고 부득이한 경우에는 도로의 중앙이나 좌측 부분을 통행할 수 있다.

② 법에 따른 명령에 따라 정지하여야 하는 경우에도 불구하고 긴급하고 부득이한 경우에는 정지하지 아니할 수 있고 긴급하고 부득이한 경우에 교통안전에 특히 주의하면서 통행하여야 한다.

③ 교차로나 그 부근에서 긴급자동차가 접근하는 경우에는 교차로를 피하여 일시정지하여야 한다.

④ 교차로나 그 부근 외의 곳에서 긴급자동차가 접근한 경우에는 긴급자동차가 우선통행할 수 있도록 진로를 양보하여야 한다.

⑤ 소방차·구급차·혈액 공급차량 등의 자동차 운전자는 해당 자동차를 그 본래의 긴급한 용도로 운행하지 아니하는 경우에는 경광등을 켜거나 사이렌을 작동하여서는 아니 된다. 다만, 대통령령으로 정하는 바에 따라 범죄 및 화재 예방 등을 위한 순찰·훈련 등을 실시하는 경우에는 그러하지 아니하다.

(2) 긴급자동차에 대한 특례

긴급자동차에 대하여는 다음의 사항을 적용하지 아니한다. 다만, ④부터 ⑫까지의 사항은 긴급자동차 중 제2조제22호 가목부터 다목까지의 자동차와 대통령령으로 정하는 경찰용 자동차에 대해서만 적용하지 아니한다.

① 자동차의 속도 제한, ② 앞지르기 금지, ③ 끼어들기 금지, ④ 신호위반, ⑤ 보도침범, ⑥ 중앙선 침범, ⑦ 횡단 등의 금지, ⑧ 안전거리 확보 등, ⑨ 앞지르기 방법 등, ⑩ 정차 및 주차의 금지, ⑪ 주차금지, ⑫ 고장 등의 조치

※ 다만, ①에서 긴급자동차에 대하여 속도를 제한한 경우에는 속도 제한 규정을 적용한다.

08 자동차의 정비 및 점검

1 자동차의 정비

① 모든 차의 사용자, 정비책임자 또는 운전자는 법이나 법에 따른 명령에 의한 장치가 정비되어 있지 아니한 차(이하 "정비불량차")를 운전하도록 시키거나 운전하여서는 아니 된다.

② 운송사업용 자동차 또는 화물자동차 등으로서 행정안전부령이 정하는 자동차의 운전자는 그 자동차를 운전할 때에는 다음 중 어느 하나에 해당하는 행위를 하여서는 아니 된다. 다만, 승차를 거부하는 행위는 사업용 승합자동차와 노면전차의 운전자에 한정한다.

- 운행기록계가 설치되어 있지 아니하거나 고장 등으로 사용할 수 없는 운행기록계가 설치된 자동차를 운전하는 행위
- 운행기록계를 원래의 목적대로 사용하지 아니하고 자동차를 운전하는 행위
- 승차를 거부하는 행위

2 자동차의 점검

① 경찰공무원은 정비불량차에 해당한다고 인정하는 차가 운행되고 있는 경우에는 우선 그 차를 정지시킨 후, 운전자에게 그 차의 자동차등록증 또는 자동차운전면허증을 제시하도록 요구하고 그 차의 장치를 점검할 수 있다.

② 경찰공무원은 ①에 따라 점검한 결과 정비불량 사항이 발견된 경우에는 정비불량 상태의 정도에 따라 그 차의 운전자로 하여금 응급조치를 하게 한 후에 운전을 하도록 하거나 도로 또는 교통 상황을 고려하여 통행구간, 통행로와 위험방지를 위한 필요한 조건을 정한 후 그에 따라 운전을 계속하게 할 수 있다.

③ 시·도경찰청장은 ②에도 불구하고 정비 상태가 매우 불량하여 위험발생의 우려가 있는 경우에는 그 차의 자동차등록증을 보관하고 운전의 일시정지를 명할 수 있다. 이 경우 필요하면 10일의 범위에서 정비기간을 정하여 그 차의 사용을 정지시킬 수 있다.

- 국가경찰공무원이 ③ 전단에 따라 운전의 일시정지를 명하는 경우에는 정비불량표지를 자동차 등의 앞면 창유리에 붙이고, 정비명령서를 교부하여야 한다.

- 국가경찰공무원이 운전의 일시정지를 명하였을 경우에는 시·도경찰청장에게 지체없이 그 사실을 보고하여야 한다.
- 누구든지 자동차 등에 붙인 정비불량표지를 찢거나 훼손하여 못쓰게 하여서는 아니 되며, 시·도경찰청장의 정비확인을 받지 아니하고는 이를 떼어내지 못한다.

④ ①부터 ③까지의 규정에 따른 장치의 점검 및 사용의 정지에 필요한 사항은 대통령령으로 정한다.

09 운전할 수 있는 차의 종류

운전면허		운전할 수 있는 차량
종별	구분	
제1종	대형면허	• 승용자동차　• 승합자동차　• 화물자동차 • 건설기계 　– 덤프트럭, 아스팔트살포기, 노상안정기 　– 콘크리트믹서트럭, 콘크리트펌프, 천공기(트럭 적재식) 　– 콘크리트믹서트레일러, 아스팔트콘크리트재생기 　– 도로보수트럭, 3톤 미만의 지게차 • 특수자동차[대형견인차, 소형견인차 및 구난차(이하 "구난차등")는 제외] • 원동기장치자전거
	보통면허	• 승용자동차　• 승차정원 15명 이하의 승합자동차 • 적재중량 12톤 미만의 화물자동차 • 건설기계(도로를 운행하는 3톤 미만의 지게차로 한정) • 총중량 10톤 미만의 특수자동차(구난차등은 제외) • 원동기장치자전거
	소형면허	• 3륜화물자동차　• 3륜승용자동차　• 원동기장치자전거
	특수면허 대형 견인차	• 견인형 특수자동차　• 제2종 보통면허로 운전할 수 있는 차량
	특수면허 소형 견인차	• 총중량 3.5톤 이하의 견인형 특수자동차 • 제2종 보통면허로 운전할 수 있는 차량
	특수면허 구난차	• 구난형 특수자동차　• 제2종 보통면허로 운전할 수 있는 차량
제2종	보통면허	• 승용자동차　• 승차정원 10인 이하의 승합자동차 • 적재중량 4톤 이하 화물자동차 • 총중량 3.5톤 이하의 특수자동차(구난차등은 제외) • 원동기장치자전거
	소형면허	• 이륜자동차(운반차 포함)　• 원동기장치자전거
	원동기장치자전거면허	원동기장치자전거

10 처분 기준

1 취소처분 개별기준

위반사항	내용
1. 교통사고를 일으키고 구호조치를 하지 아니한 때	교통사고로 사람을 죽게 하거나 다치게 하고, 구호조치를 하지 아니한 때
2. 술에 취한 상태에서 운전한 때	• 술에 취한 상태의 기준(혈중알코올농도 0.03퍼센트 이상)을 넘어서 운전을 하다가 교통사고로 사람을 죽게 하거나 다치게 한 때 • 혈중알코올농도 0.08퍼센트 이상의 상태에서 운전한 때 • 술에 취한 상태의 기준을 넘어 운전하거나 술에 취한 상태의 측정에 불응한 사람이 다시 술에 취한 상태(혈중알코올농도 0.03퍼센트 이상)에서 운전한 때
3. 술에 취한 상태의 측정에 불응한 때	술에 취한 상태에서 운전하거나 술에 취한 상태에서 운전하였다고 인정할 만한 상당한 이유가 있음에도 불구하고 경찰공무원의 측정 요구에 불응한 때
6. 약물을 사용한 상태에서 자동차등을 운전한 때	약물(마약·대마·향정신성 의약품 및 화학물질관리법 시행령 제11조에 따른 환각물질)의 투약·흡연·섭취·주사 등으로 정상적인 운전을 하지 못할 염려가 있는 상태에서 자동차등을 운전한 때
6의2. 공동위험행위	공동위험행위로 구속된 때
6의3. 난폭운전	난폭운전으로 구속된 때
6의4. 속도위반	최고속도보다 100km/h를 초과한 속도로 3회 이상 운전한 때
12의2. 자동차등을 이용하여 형법상 특수상해 등을 행한 때(보복운전)	자동차등을 이용하여 형법상 특수상해, 특수폭행, 특수협박, 특수손괴를 행하여 구속된 때
16. 운전자가 단속 경찰공무원 등에 대한 폭행	단속하는 경찰공무원 등 및 시·군·구 공무원을 폭행하여 형사입건된 때

2 정지처분 개별기준

(1) 이 법이나 이 법에 의한 명령을 위반한 때

위반사항	벌점
1. 속도위반(100km/h 초과)	100
2. 술에 취한 상태의 기준을 넘어서 운전한 때(혈중알코올농도 0.03퍼센트 이상 0.08퍼센트 미만)	
2의2. 자동차등을 이용하여 형법상 특수상해 등(보복운전)을 하여 입건된 때	
3. 속도위반(80km/h 초과 100km/h 이하)	80
3의2. 속도위반(60km/h 초과 80km/h 이하)	60
4. 정차·주차위반에 대한 조치불응(단체에 소속되거나 다수인에 포함되어 경찰공무원의 3회 이상의 이동명령에 따르지 아니하고 교통을 방해한 경우에 한한다)	40
4의2. 공동위험행위로 형사입건된 때	
4의3. 난폭운전으로 형사입건된 때	
5. 안전운전의무위반(단체에 소속되거나 다수인에 포함되어 경찰공무원의 3회 이상의 안전운전 지시에 따르지 아니하고 타인에게 위험과 장해를 주는 속도나 방법으로 운전한 경우에 한한다)	
6. 승객의 차내 소란행위 방치운전	
8. 통행구분 위반(중앙선 침범에 한함)	30
9. 속도위반(40km/h 초과 60km/h 이하)	
10. 철길 건널목 통과방법 위반	
10의2. 회전교차로 통행방법 위반(통행 방향 위반에 한정한다)	
10의3. 어린이통학버스 특별보호 위반	
10의4. 어린이통학버스 운전자의 의무위반(좌석안전띠를 매도록 하지 아니한 운전자는 제외한다)	
11. 고속도로·자동차전용도로 갓길통행	
12. 고속도로 버스전용차로·다인승전용차로 통행위반	
13. 운전면허증 등의 제시의무위반 또는 운전자 신원확인을 위한 경찰공무원의 질문에 불응	

항목	벌점
14. 신호·지시위반	
15. 속도위반(20km/h 초과 40km/h 이하)	
15의2. 속도위반(어린이보호구역 안에서 오전 8시부터 오후 8시까지 사이에 제한속도를 20km/h 이내에서 초과한 경우에 한정한다)	
16. 앞지르기 금지시기·장소위반	15
16의2. 적재 제한 위반 또는 적재물 추락 방지 위반	
17. 운전 중 휴대용 전화 사용	
17의2. 운전 중 운전자가 볼 수 있는 위치에 영상 표시	
17의3. 운전 중 영상표시장치 조작	
18. 운행기록계 미설치 자동차 운전금지 등의 위반	
20. 통행구분 위반(보도침범, 보도 횡단방법 위반)	
21. 차로통행 준수의무 위반, 지정차로 통행위반(진로변경 금지장소에서의 진로변경 포함)	
22. 일반도로 전용차로 통행위반	
23. 안전거리 미확보(진로변경 방법위반 포함)	
24. 앞지르기 방법위반	
25. 보행자 보호 불이행(정지선위반 포함)	10
26. 승객 또는 승하차자 추락방지조치위반	
27. 안전운전 의무 위반	
28. 노상 시비·다툼 등으로 차마의 통행 방해행위	
30. 돌·유리병·쇳조각이나 그 밖에 도로에 있는 사람이나 차마를 손상시킬 우려가 있는 물건을 던지거나 발사하는 행위	
31. 도로를 통행하고 있는 차마에서 밖으로 물건을 던지는 행위	

(2) 자동차등의 운전 중 교통사고를 일으킨 때

사고 결과 구분		벌점	내용
인적피해 교통사고	사망 1명마다	90	사고 발생 시부터 72시간 이내에 사망한 때
	중상 1명마다	15	3주 이상의 치료를 요하는 진단이 있는 사고
	경상 1명마다	5	5일 이상 3주 미만의 치료를 요하는 진단이 있는 사고
	부상신고 1명마다	2	5일 미만의 치료를 요하는 진단이 있는 사고

Chapter 2 교통사고처리특례법

01 처벌의 특례

1 특례의 적용

① 차의 운전자가 교통사고로 인하여 형법 제268조(업무상과실·중과실치사상)의 죄를 범한 경우에는 5년 이하의 금고 또는 2천만 원 이하의 벌금에 처한다.

※ 다른 사람의 건조물이나 그 밖의 재물을 손괴한 경우에는 2년 이하 금고나 500만 원 이하 벌금

② 차의 교통으로 업무상과실치상죄 또는 중과실치상죄와 도로교통법 제151조(다른 사람의 건조물이나 그 밖의 재물을 손괴한 경우)의 죄를 범한 운전자에 대하여는 피해자의 명시적인 의사에 반하여 공소를 제기할 수 없다.

2 특례의 배제

차의 운전자가 업무상과실치상죄 또는 중과실치상죄를 범하고도 피해자를 구호하는 등 도로교통법에 따른 조치를 하지 아니하고 도주하거나 피해자를 사고 장소로부터 옮겨 유기하고 도주한 경우, 같은 죄를 범하고 도로교통법을 위반하여 음주측정 요구에 따르지 아니한 경우(운전자가 채혈 측정을 요청하거나 동의한 경우는 제외)와 다음 중 어느 하나에 해당하는 행위로 인하여 같은 죄를 범한 경우에는 단서규정에 따라 특례의 적용을 배제한다.

① 신호·지시위반 사고
② 중앙선침범, 고속도로나 자동차전용도로에서의 횡단·유턴 또는 후진 위반 사고
③ 속도위반(20km/h 초과) 과속사고
④ 앞지르기의 방법·금지시기·금지장소 또는 끼어들기 금지 위반 사고
⑤ 철길 건널목 통과방법 위반 사고
⑥ 보행자보호의무 위반 사고
⑦ 무면허운전사고
⑧ 주취운전·약물복용운전 사고
⑨ 보도침범·보도횡단방법 위반 사고
⑩ 승객추락방지의무 위반 사고
⑪ 어린이 보호구역 내 안전운전의무 위반으로 어린이의 신체를 상해에 이르게 한 사고
⑫ 자동차의 화물이 떨어지지 아니하도록 필요한 조치를 하지 아니하고 운전한 경우

1 사망사고

① 교통안전법령에서 규정된 교통사고에 의한 사망은 교통사고가 주된 원인이 되어 교통사고 발생 시부터 30일 이내에 사람이 사망한 사고를 말한다.

② 사망사고는 사고차량이 보험이나 공제에 가입되어 있더라도 이를 반의사불벌죄의 예외로 규정하여 형법에 따라 처벌한다.

③ 도로교통법령상 교통사고 발생 후 72시간 내 사망하면 벌점 90점이 부과된다.

2 도주사고

교통사고를 야기하고 도주한 운전은 도로교통법만으로 규율하기에는 미흡하여 이에 대한 가중처벌과 예방적 효과를 위하여 특정범죄 가중처벌 등에 관한 법률의 규정을 적용하여 처벌을 가중한다.

(1) 특정범죄 가중처벌 등에 관한 법률 제5조의3(도주차량 운전자의 가중처벌)

① 도로교통법에 규정된 자동차·원동기장치자전거 또는 건설기계관리법 제26조제1항 단서에 따른 건설기계 외의 건설기계(이하 "자동차등")의 교통으로 인하여 형법 제268조의 죄를 범한 해당 차량의 사고운전자가 피해자를 구호하는 등 도로교통법에 따른 조치를 하지 아니하고 도주한 경우에는 다음의 구분에 따라 가중처벌한다.

- 피해자를 사망에 이르게 하고 도주하거나, 도주 후에 피해자가 사망한 경우에는 무기 또는 5년 이상의 징역에 처한다.
- 피해자를 상해에 이르게 한 경우에는 1년 이상의 유기징역 또는 500만 원 이상 3천만 원 이하의 벌금에 처한다.

② 사고운전자가 피해자를 사고 장소로부터 옮겨 유기하고 도주한 경우에는 다음의 구분에 따라 가중처벌한다.

- 피해자를 사망에 이르게 하고 도주하거나, 도주 후에 피해자가 사망한 경우에는 사형, 무기 또는 5년 이상의 징역에 처한다.
- 피해자를 상해에 이르게 한 경우에는 3년 이상의 유기징역에 처한다.

(2) 도주(뺑소니)사고의 성립요건

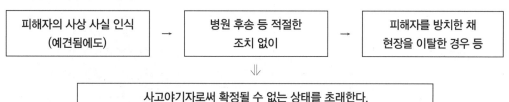

(3) 도주사고 적용사례 ★

① 사상 사실을 인식하고도 가버린 경우

② 피해자를 방치한 채 사고현장을 이탈 도주한 경우

③ 사고현장에 있었어도 사고사실을 은폐하기 위해 거짓진술·신고한 경우

④ 부상피해자에 대한 적극적인 구호조치 없이 가버린 경우

⑤ 피해자가 이미 사망했다고 하더라도 사체 안치 후송 등 조치 없이 가버린 경우

⑥ 피해자를 병원까지만 후송하고 계속 치료 받을 수 있는 조치 없이 도주한 경우

⑦ 운전자를 바꿔치기 하여 신고한 경우

(4) 도주가 적용되지 않는 경우 ★

① 피해자가 부상 사실이 없거나 극히 경미하여 구호조치가 필요치 않는 경우

② 가해자 및 피해자 일행 또는 경찰관이 환자를 후송 조치하는 것을 보고 연락처 주고 가버린 경우

③ 가해운전자가 심한 부상을 입어 타인에게 의뢰하여 피해자를 후송 조치한 경우

④ 사고 장소가 혼잡하여 정지할 수 없어 일부 진행한 후 정지하고 되돌아와 조치한 경우

03 사고의 성립요건

1 신호·지시위반 사고 성립요건

구분	내용	예외사항
장소적 요건	• 신호기가 설치되어 있는 교차로나 횡단보도 • 경찰관 등의 수신호 • 지시표지판(규제표지 중 통행금지·진입금지·일시정지표지)이 설치된 구역 내	• 진행 방향에 신호기가 설치되지 않은 경우 • 신호기의 고장이나 황색 점멸신호 등의 경우 • 기타 지시표지판(규제표지 중 통행금지·진입금지·일시정지표지 제외)이 설치된 구역
피해자적 요건	신호·지시위반 차량에 충돌되어 인적피해를 입은 경우	대물피해만 입는 경우는 공소권 없음 처리
운전자의 과실	• 고의적 과실 • 부주의에 의한 과실	• 불가항력적 과실 • 만부득이한 과실 • 교통상 적절한 행위는 예외
시설물의 설치요건	특별시·광역시장 또는 시장·군수가 설치한 신호기나 안전표지	아파트단지 등 특정구역 내부의 소통과 안전을 목적으로 자체적으로 설치된 경우는 제외

2 중앙선 침범 사고 성립요건

구분	내용	예외사항
장소적 요건	• 황색 실선이나 점선의 중앙선이 설치되어 있는 도로 • 자동차전용도로나 고속도로에서의 횡단·유턴·후진	• 아파트단지 내 및 군부대 내의 사설 중앙선 • 일반도로에서의 횡단·유턴·후진
피해자적 요건	• 중앙선침범 차량에 충돌되어 인적피해를 입는 경우 • 자동차전용도로나 고속도로에서의 횡단·유턴·후진차량에 충돌되어 인적피해를 입는 경우	대물피해만 입는 경우는 공소권 없음 처리
운전자의 과실	• 고의적 과실 • 현저한 부주의에 의한 과실	• 불가항력적 과실 • 만부득이한 과실
시설물의 설치요건	시·도경찰청장이 설치한 중앙선	아파트단지 등에서 자체적으로 설치된 경우는 제외

3 속도위반(20km/h 초과) 과속 사고

(1) 과속의 개념
① 일반적인 과속 : 도로교통법에서 규정된 법정속도와 지정속도를 초과한 경우
② 교통사고처리특례법상의 과속 : 도로교통법에서 규정된 법정속도와 지정속도를 매시 20km 초과한 경우

(2) 경찰에서 사용 중인 속도추정 방법
① 운전자의 진술   ② 스피드 건   ③ 타코그래프(운행기록계)   ④ 제동흔적

(3) 과속 사고(20km/h 초과) 성립요건

구분	내용	예외사항
장소적 요건	도로나 불특정 다수의 사람 또는 차마의 통행을 위하여 공개된 장소로서 안전하고 원활한 교통을 확보할 필요가 있는 장소에서의 사고	도로교통법령상 도로에 해당되지 않는 곳에서의 사고
피해자적 요건	과속 차량(20km/h 초과)에 충돌되어 인적 피해를 입는 경우	제한 속도 20km/h 이하 과속 차량에 인적 피해를 입은 경우

운전자의 과실	제한 속도 20km/h 초과하여 과속 운행 중 사고 야기한 경우 • 고속도로(일반도로 포함)나 자동차전용도로에서 제한 속도 20km/h 초과한 경우 • 속도 제한 표지판 설치 구간에서 제한 속도 20km/h를 초과한 경우 • 악천후 시 감속운행 기준 20km/h 초과한 경우 • 총중량 2,000kg에 미달자동차를 3배 이상의 자동차로 견인하는 때 30km/h에서 20km/h를 초과한 경우 • 이륜자동차가 견인하는 때 25km/h에서 20km/h를 초과한 경우	제한 속도 20km/h 초과하여 과속 운행 중 대물 피해만 발생한 경우
시설물의 설치요건	시·도경찰청장이 설치한 안전표지 중 • 규제표지 일련번호 224호(최고속도제한표지) • 노면표시 일련번호 517~518호(속도제한표시)	동 안전표지 중 • 규제표지 226호(서행표지) • 보조표지 409호(안전속도표지) • 노면표시 519~520호(서행표시)의 위반사고에 대하여는 과속사고가 적용되지 않음

4 앞지르기의 방법·금지 위반 사고

구분	내용	예외사항
장소적 요건	앞지르기 금지 장소(교차로, 터널 안, 다리 위, 도로의 구부러진 곳 등 시·도경찰청장이 안전표지에 의하여 지정한 곳)	앞지르기 금지 장소 외 지역
피해자적 요건	앞지르기 방법·금지 위반 차량에 충돌되어 인적 피해를 입은 경우	불가항력적, 만부득이한 경우 인적 피해를 입은 경우

운전자의 과실	• 앞지르기 금지 위반 행위
	  − 병진 시 또는 앞차의 좌회전 시 앞지르기
	  − 위험방지를 위한 정지·서행 시 앞지르기
	  − 앞지르기 금지 장소 또는 실선의 중앙선침범 앞지르기
	• 앞지르기 방법 위반 행위
	  − 우측 또는 2개 차로 사이로 앞지르기
		불가항력, 만부득이한 경우 앞지르기하던 중 사고

※ 병진 : 앞차의 좌측에 다른 차가 앞차와 나란히 가고 있는 경우★

5 철길 건널목 통과방법 위반 사고 성립요건

구분	내용	예외사항
장소적 요건	철길 건널목(1, 2, 3종 불문)	역구내 철길 건널목의 경우
피해자적 요건	철길 건널목 통과방법 위반 사고로 인적 피해를 입은 경우	철길 건널목 통과방법 위반 사고로 대물 피해만을 입은 경우
운전자의 과실	철길 건널목 통과방법을 위반한 과실 • 철길 건널목 직전 일시정지 불이행 • 안전미확인 통행 중 사고 • 고장 시 승객대피, 차량이동 조치 불이행	철길 건널목 신호기, 경보기 등의 고장으로 일어난 사고 ※ 신호기 등이 표시하는 신호에 따르는 때에는 일시정지하지 아니하고 통과할 수 있다.

6 횡단보도 보행자 보호의무 위반 사고 성립요건

구분	내용	예외사항
장소적 요건	횡단보도 내	보행자신호가 정지신호(적색등화) 때의 횡단보도
피해자적 요건	횡단보도를 건너던 보행자가 자동차에 충돌되어 인적 피해를 입은 경우	• 보행자신호가 정지신호(적색등화) 때 횡단보도 건너던 중 사고 • 횡단보도를 건너는 것이 아니고 드러누워 있는 등 보행의 경우가 아닌 때
운전자의 과실	• 횡단보도를 건너는 보행자를 충돌한 경우 • 횡단보도 전에 정지한 차량을 추돌, 앞차가 밀려나가 보행자를 충돌한 경우 • 보행신호(녹색등화)에 횡단보도 진입, 건너던 중 주의신호(녹색등화의 점멸) 또는 정지신호(적색등화)가 되어 마저 건너고 있는 보행자를 충돌한 경우	• 보행자가 횡단보도를 정지신호(적색등화)에 건너던 중 사고 • 보행자가 횡단보도를 건너던 중 신호가 변경되어 중앙선에 서 있던 중 사고 • 보행자가 주의신호(녹색등화의 점멸)에 뒤늦게 횡단보도에 진입하여 건너던 중 정지신호(적색등화)로 변경된 후 사고
시설물의 설치요건	• 횡단보도로 진입하는 차량에 의해 보행자가 놀라거나 충돌을 회피하기 위해 도망가다 넘어져 그 보행자를 다치게 한 경우(비접촉사고) • 시·도경찰청장이 설치한 횡단보도 ※ 횡단보도 노면표시가 있고 표지판이 설치되지 아니한 경우 횡단보도로 간주한다.	아파트 단지나 학교, 군부대 등 특정구역 내부의 소통과 안전을 목적으로 자체 설치된 경우는 제외

7 무면허 운전 사고 성립요건

구분	내용	예외사항
장소적 요건	도로나 공개된 장소로서 안전하고 원활한 교통을 확보할 필요가 있는 장소(교통경찰권이 미치는 장소)	도로나 공개된 장소 아닌 곳에서의 운전(특정인만 출입하는 장소로 교통경찰권이 미치지 않는 장소)
피해자적 요건	• 무면허 운전 자동차에 충돌되어 인적 사고를 입는 경우 • 대물 피해만 입는 경우도 보험면책으로 합의되지 않는 경우	대물 피해만 입는 경우로 보험면책으로 합의된 경우
운전자의 과실	무면허 상태에서 자동차를 운전하는 경우	취소사유 상태이나 취소처분(통지) 전 운전

8 음주운전 사고 성립요건

구분	내용	예외사항
장소적 요건	• 도로나 그 밖에 공개된 장소로서 안전하고 원활한 교통을 확보할 필요가 있는 장소 • 공장, 관공서, 학교, 사기업 등의 정문 안쪽 통행로와 같이 문, 차단기에 의해 도로와 차단되고 별도로 관리되는 장소 • 주차장 또는 주차선 안	※ 도로가 아닌 곳에서의 음주운전도 처벌 대상 ※ 도로가 아닌 곳에서의 음주운전은 형사처벌의 대상이나, 운전면허에 대한 행정처분 대상은 아니다.
피해자적 요건	음주운전 자동차에 충돌되어 인적 사고를 입는 경우	대물 피해만 입은 경우(보험에 가입되어 있다면 공소권 없음으로 처리)
운전자의 과실	• 음주한 상태로 자동차를 운전하여 일정거리 운행한 때 • 혈중알코올농도가 0.03% 이상일 때 음주 측정에 불응한 경우	혈중알코올농도가 0.03% 미만일 때 음주 측정에 불응한 경우

9 보도침범·보도횡단방법 위반 사고

(1) 보도침범에 해당하는 경우

도로교통법의 규정에 위반하여 보도가 설치된 도로를 차체의 일부분만이라도 보도에 침범하거나 동법의 규정에 의한 보도통행방법에 위반하여 운전한 경우

(2) 보도침범 사고 성립요건

구분	내용	예외사항
장소적 요건	보·차도가 구분된 도로에서 보도 내의 사고 • 보도침범 사고 • 통행방법 위반	보·차도 구분이 없는 도로
피해자적 요건	보도상에서 보행 중 제차에 충돌되어 인적 피해를 입은 경우	자전거, 오토바이를 타고 가던 중 보도침범 통행 차량에 충돌된 경우
운전자의 과실	고의적 과실·현저한 부주의에 의한 과실	• 불가항력적 과실 • 만부득이한 과실 • 단순 부주의에 의한 과실
시설물의 설치요건	보도설치 권한이 있는 행정관서에서 설치 관리하는 보도	학교, 아파트단지 등 특정구역 내부의 소통과 안전을 목적으로 자체적으로 설치된 경우

10 승객추락 방지의무 위반 사고(개문발차 사고) 성립요건

구분	내용	예외사항
자동차적 요건	승용, 승합, 화물, 건설기계 등 자동차에만 적용	이륜, 자전거 등은 제외
피해자적 요건	탑승객이 승하차 중 개문된 상태로 발차하여 승객이 추락함으로써 인적 피해를 입은 경우	적재되었던 화물이 추락하여 발생한 경우
운전자의 과실	차의 문이 열려 있는 상태로 발차한 행위	차량정차 중 피해자의 과실사고와 차량 뒤 적재함에서의 추락사고의 경우

11 어린이 보호의무 위반 사고 성립요건

구분	내용	예외사항
장소적 요건	어린이 보호구역으로 지정된 장소	어린이 보호구역이 아닌 장소
피해자적 요건	어린이가 상해를 입은 경우	성인이 상해를 입은 경우
운전자의 과실	어린이에게 상해를 입힌 경우	성인에게 상해를 입힌 경우

12 적재물 추락 방지의무 위반 사고

모든 차의 운전자는 운전 중 실은 화물이 떨어지지 아니하도록 덮개를 씌우거나 묶는 등 확실하게 고정될 수 있도록 필요한 조치를 하여야 한다.

Chapter 3 화물자동차 운수사업법령

01 목적

화물자동차 운수사업을 효율적으로 관리하고 건전하게 육성하여 화물의 원활한 운송을 도모함으로써 공공복리의 증진에 기여함을 목적으로 한다.

02 정의

용어	정의
화물자동차 운수사업	• 화물자동차 운송사업 • 화물자동차 운송주선사업 • 화물자동차 운송가맹사업
화물자동차 운송사업	다른 사람의 요구에 응하여 화물자동차를 사용하여 화물을 유상으로 운송하는 사업
화물자동차 운송주선사업	다른 사람의 요구에 응하여 유상으로 화물운송계약을 중개·대리하거나 화물자동차 운송사업 또는 화물자동차 운송가맹사업을 경영하는 자의 화물 운송수단을 이용하여 자기의 명의와 계산으로 화물을 운송하는 사업(화물이 이사화물인 경우에는 포장 및 보관 등 부대서비스를 함께 제공하는 사업을 포함)
화물자동차 운송가맹사업	• 다른 사람의 요구에 응하여 자기 화물자동차를 사용하여 유상으로 화물을 운송하는 사업 • 화물정보망(인터넷 홈페이지 및 이동통신단말장치에서 사용되는 응용프로그램을 포함)을 통하여 소속 화물자동차 운송가맹점(운송사업자 및 화물자동차 운송사업의 경영의 일부를 위탁받은 사람인 운송가맹점)에 의뢰하여 화물을 운송하게 하는 사업
운수종사자	• 화물자동차 운전자 • 화물의 운송 또는 운송주선에 관한 사무를 취급하는 사무원 및 이를 보조하는 보조원 • 그 밖에 화물자동차 운수사업에 종사하는 자
공영차고지	화물자동차 운수사업에 제공되는 차고지로서 다음 중 어느 하나에 해당하는 자가 설치한 것 • 특별시장·광역시장·특별자치시장·도지사·특별자치도지사 • 시장·군수·구청장(자치구의 구청장) • 공공기관의 운영에 관한 법률에 따른 공공기관 중 대통령령으로 정하는 공공기관 • 지방공기업법에 따른 지방공사

용어	정의
화물자동차 휴게소	화물자동차의 운전자가 화물의 운송 중 휴식을 취하거나 화물의 하역(荷役)을 위하여 대기할 수 있도록 도로 등 화물의 운송경로나 물류시설 등 물류거점에 휴게시설과 차량의 주차·정비·주유(注油) 등 화물운송에 필요한 기능을 제공하기 위하여 건설하는 시설물
화물차주	화물을 직접 운송하는 자로서 다음 중 어느 하나에 해당하는 자 • 개인화물자동차 운송사업의 허가를 받은 자(개인 운송사업자) • 운송사업자로부터 경영의 일부를 위탁받은 사람(위·수탁차주)

03 화물자동차 운송사업

1 화물자동차 운송사업의 허가(법 제3조)

① 화물자동차 운송사업을 경영하려는 자는 국토교통부장관의 허가를 받아야 한다.
  • 일반화물자동차 운송사업 : 20대 이상의 범위에서 20대 이상의 화물자동차를 사용하여 화물을 운송하는 사업
  • 개인화물자동차 운송사업 : 화물자동차 1대를 사용하여 화물을 운송하는 사업으로서 대통령령으로 정하는 사업

② 화물자동차 운송가맹사업의 허가를 받은 자는 ①에 따른 허가를 받지 아니한다.

③ 운송사업자가 허가사항을 변경하려면 국토교통부장관의 변경허가를 받아야 한다. 다만, 대통령령으로 정하는 경미한 사항을 변경하려면 국토교통부장관에게 신고하여야 한다.

> **허가사항 변경신고의 대상 ★**
> • 상호의 변경
> • 대표자의 변경(법인인 경우만 해당한다)
> • 화물취급소의 설치 또는 폐지
> • 화물자동차의 대폐차(代廢車)
> • 주사무소·영업소 및 화물취급소의 이전. 다만, 주사무소의 경우 관할 관청의 행정구역 내에서의 이전만 해당한다.

④ ① 및 ③ 본문에 따른 화물자동차 운송사업의 허가 또는 증차(增車)를 수반하는 변경허가의 기준
  • 국토교통부장관이 화물의 운송 수요를 고려하여 화물자동차 운송사업의 종류에 따라 업종별로 고시하는 공급기준에 맞을 것. 다만, 다음의 어느 하나에 해당하는 경우는 제외한다.
    – 6개월 이내로 기간을 한정하여 허가를 하는 경우
    – 허가를 신청하는 경우

– 환경친화적 자동차의 개발 및 보급 촉진에 관한 법률에 따른 전기자동차 또는 연료전지자동차로서 국토교통부령으로 정하는 최대적재량 이하인 화물자동차에 대하여 해당 차량과 그 경영을 다른 사람에게 위탁하지 아니하는 것을 조건으로 허가 또는 변경허가를 신청하는 경우

• 화물자동차의 대수, 차고지 등 운송시설, 그 밖에 국토교통부령으로 정하는 기준에 맞을 것

⑤ 운송사업자는 ①에 따라 허가받은 날부터 5년마다 허가기준에 관한 사항을 국토교통부장관에게 신고하여야 한다.

2 화물자동차 운송사업의 허가 결격사유(법 제4조)

다음 중 어느 하나에 해당하는 자는 국토교통부장관으로부터 화물자동차 운송사업의 허가를 받을 수 없다. 법인의 경우 그 임원 중 다음 어느 하나에 해당하는 자가 있는 경우에도 또한 같다.

① 피성년후견인 또는 피한정후견인 또는 파산선고를 받고 복권되지 아니한 자

② 화물자동차 운수사업법을 위반하여 징역 이상의 실형을 선고받고 그 집행이 끝나거나(집행이 끝난 것으로 보는 경우 포함) 집행이 면제된 날부터 2년이 지나지 아니한 자

③ 화물자동차 운수사업법을 위반하여 징역 이상의 형의 집행유예를 선고받고 그 유예기간 중에 있는 자

④ 허가를 받은 후 6개월간의 운송실적이 국토교통부령으로 정하는 기준에 미달한 경우, 허가기준을 충족하지 못하게 된 경우, 5년마다 허가기준에 관한 사항을 신고하지 아니하였거나 거짓으로 신고한 경우 등에 따라 허가가 취소된 후 2년이 지나지 아니한 자

※ 피성년후견인 또는 피한정후견인 또는 파산선고를 받고 복권되지 아니한 자에 해당하여 '법인의 임원 중 화물자동차 운송사업의 허가 결격사유 어느 하나에 해당하는 자가 있는 경우에 3개월 이내에 그 임원을 개임(改任)하면 허가를 취소하지 아니한다'에 따라 허가가 취소된 경우는 제외한다.

⑤ 부정한 방법으로 허가를 받은 경우 또는 부정한 방법으로 변경허가를 받거나, 변경허가를 받지 아니하고 허가사항을 변경한 경우에 해당하여 허가가 취소된 후 5년이 지나지 아니한 자

3 운송사업자의 준수사항(법 제11조)

① 운송사업자는 허가받은 사항의 범위에서 사업을 성실하게 수행하여야 하며, 부당한 운송조건을 제시하거나 정당한 사유 없이 운송계약의 인수를 거부하거나 그 밖에 화물운송 질서를 현저하게 해치는 행위를 하여서는 아니 된다.

② 운송사업자는 화물자동차 운전자의 과로를 방지하고 안전운행을 확보하기 위하여 운전자를 과도하게 승차근무하게 하여서는 아니 된다.

③ 운송사업자는 제2조제3호 후단에 따른 화물의 기준에 맞지 아니하는 화물을 운송하여서는 아니 된다.

> **법 제22조제3호 ★**
>
> 화주(貨主)가 화물자동차에 함께 탈 때의 화물은 중량, 용적, 형상 등이 여객자동차 운송사업용 자동차에 싣기 부적합한 것으로서 그 기준 및 대상차량 등은 국토교통부령으로 정한다.
>
> ① 법 제2조제3호 후단에 따른 화물의 기준은 다음 각 호의 어느 하나에 해당하는 것으로 한다.
>
>   1. 화주 1명당 화물의 중량이 20킬로그램 이상일 것
>
>   2. 화주 1명당 화물의 용적이 4만 세제곱센티미터 이상일 것
>
>   3. 화물이 다음 각 목의 어느 하나에 해당하는 물품일 것
>
>   가. 불결하거나 악취가 나는 농산물·수산물 또는 축산물
>
>   나. 혐오감을 주는 동물 또는 식물
>
>   다. 기계·기구류 등 공산품
>
>   라. 합판·각목 등 건축기자재
>
>   마. 폭발성·인화성 또는 부식성 물품
>
> ② 법 제2조제3호 후단에 따른 대상차량은 밴형 화물자동차로 한다.

④ 운송사업자는 고장 및 사고차량 등 화물의 운송과 관련하여 자동차관리법에 따른 자동차관리사업자와 부정한 금품을 주고받아서는 아니 된다.

⑤ 운송사업자는 해당 화물자동차 운송사업에 종사하는 운수종사자가 법 제12조에 따른 운수종사자의 준수사항을 성실히 이행하도록 지도·감독하여야 한다.

⑥ 운송사업자는 화물운송의 대가로 받은 운임 및 요금의 전부 또는 일부에 해당되는 금액을 부당하게 화주, 다른 운송사업자 또는 화물자동차 운송주선사업을 경영하는 자에게 되돌려 주는 행위를 하여서는 아니 된다.

⑦ 운송사업자는 택시(여객자동차 운수사업법 제3조제1항제2호에 따른 구역 여객자동차운송사업에 사용되는 승용자동차를 말한다. 이하 같다) 요금미터기의 장착 등 국토교통부령으로 정하는 택시 유사표시행위를 하여서는 아니 된다.

⑧ 운송사업자는 운임 및 요금과 운송약관을 영업소 또는 화물자동차에 갖추어 두고 이용자가 요구하면 이를 내보여야 한다.

⑨ 운송사업자는 적재된 화물이 떨어지지 아니하도록 국토교통부령으로 정하는 기준 및 방법에 따라 덮개·포장·고정장치 등 필요한 조치를 하여야 한다.

4 국토교통부령으로 정하는 운송사업자의 준수사항(시행규칙 제21조)

화물운송 질서 확립, 화물자동차 운송사업의 차고지 이용 및 운송시설에 관한 사항과 그 밖에 수송의 안전 및 화주의 편의를 위하여 운송사업자가 준수하여야 할 사항은 다음과 같다.

① 개인화물자동차 운송사업자의 경우 주사무소가 있는 특별시·광역시·특별자치시 또는 도와 이와 맞닿은 특별시·광역시·특별자치시 또는 도 외의 지역에 상주하여 화물자동차 운송사업을 경영하지 아니할 것

② 밤샘주차(0시부터 4시까지 사이에 하는 1시간 이상의 주차)하는 경우에는 다음 중 어느 하나에 해당하는 시설 및 장소에서만 할 것
  - 해당 운송사업자의 차고지
  - 다른 운송사업자의 차고지
  - 공영차고지
  - 화물자동차 휴게소
  - 화물터미널
  - 그 밖에 지방자치단체의 조례로 정하는 시설 또는 장소

③ 최대적재량 1.5톤 이하의 화물자동차의 경우에는 주차장, 차고지 또는 지방자치단체의 조례로 정하는 시설 및 장소에서만 밤샘주차할 것

④ 신고한 운임 및 요금 또는 화주와 합의된 운임 및 요금이 아닌 부당한 운임 및 요금을 받지 아니할 것

⑤ 화주로부터 부당한 운임 및 요금의 환급을 요구받았을 때에는 환급할 것

⑥ 신고한 운송약관을 준수할 것

⑦ 사업용 화물자동차의 바깥쪽에 일반인이 알아보기 쉽도록 해당 운송사업자의 명칭(개인화물자동차 운송사업자인 경우에는 그 화물자동차 운송사업의 종류)을 표시할 것. 이 경우 밴형 화물자동차를 사용해서 화주와 화물을 함께 운송하는 사업자는 "화물"이라는 표기를 한국어 및 외국어(영어, 중국어 및 일본어)로 표시할 것

⑧ 화물자동차 운전자의 취업 현황 및 퇴직 현황을 보고하지 아니하거나 거짓으로 보고하지 아니할 것

⑨ 교통사고로 인한 손해배상을 위한 대인보험이나 공제사업에 가입하지 아니한 상태로 화물자동차를 운행하거나 그 가입이 실효된 상태로 화물자동차를 운행하지 아니할 것

⑩ 적재물배상 책임보험 또는 공제에 가입하지 아니한 상태로 화물자동차를 운행하거나 그 가입이 실효된 상태로 화물자동차를 운행하지 아니할 것

⑪ 자동차관리법에 따른 검사를 받지 아니하고 화물자동차를 운행하지 아니할 것

⑫ 화물자동차 운전자에게 차 안에 화물운송종사 자격증명을 게시하고 운행하도록 할 것

⑬ 화물자동차 운전자에게 운행기록장치가 설치된 운송사업용 화물자동차를 그 장치 또는 기기가 정상적으로 작동되는 상태에서 운행하도록 할 것

⑭ 개인화물자동차 운송사업자는 자기 명의로 운송계약을 체결한 화물에 대하여 다른 운송사업자에게 수수료나 그 밖의 대가를 받고 그 운송을 위탁하거나 대행하게 하는 등 화물운송질서를 문란하게 하는 행위를 하지 말 것

⑮ 허가를 받은 자는 집화등 외의 운송을 하지 말 것

⑯ 구난형 특수자동차를 사용하여 고장·사고차량을 운송하는 운송사업자의 경우 고장·사고차량 소유자 또는 운전자의 의사에 반하여 구난을 지시하거나 구난하지 아니할 것. 다만, 다음 중 어느 하나에 해당하는 경우는 제외한다.

- 고장·사고차량 소유자 또는 운전자가 사망·중상 등으로 의사를 표현할 수 없는 경우
- 교통의 원활한 흐름 또는 안전 등을 위하여 경찰공무원이 차량의 이동을 명한 경우

⑰ 구난형 특수자동차를 사용하여 고장·사고차량을 운송하는 운송사업자는 구난 작업 전에 차량의 소유자 또는 운전자에게 구두 또는 서면으로 총 운임·요금을 통지하거나 소속 운수종사자로 하여금 통지하도록 지시할 것. 다만, 고장·사고차량의 소유자 또는 운전자의 사망·중상 등 부득이한 사유로 통지할 수 없는 경우는 제외한다.

⑱ 밴형 화물자동차를 사용하여 화주와 화물을 함께 운송하는 운송사업자는 운송을 시작하기 전에 화주에게 구두 또는 서면으로 총 운임·요금을 통지하거나 소속 운수종사자로 하여금 통지하도록 지시할 것

⑲ 휴게시간 없이 4시간 연속운전한 운수종사자에게 30분 이상의 휴게시간을 보장할 것. 다만, 다음 중 어느 하나에 해당하는 경우에는 1시간까지 연장운행을 하게 할 수 있으며 운행 후 45분 이상의 휴게시간을 보장하여야 한다.
- 운송사업자 소유의 다른 화물자동차가 교통사고, 차량고장 등의 사유로 운행이 불가능하여 이를 일시적으로 대체하기 위하여 수송력 공급이 긴급히 필요한 경우
- 천재지변이나 이에 준하는 비상사태로 인하여 수송력 공급을 긴급히 증가할 필요가 있는 경우

⑳ 화물자동차 운전자가 도로교통법을 위반해서 난폭운전을 하지 않도록 운행관리를 할 것

㉑ 밴형 화물자동차를 사용해 화주와 화물을 함께 운송하는 사업자는 법 제12조제1항제5호의 행위를 하거나 소속 운수종사자로 하여금 같은 호의 행위를 하도록 지시하지 말 것

5 적재화물 이탈방지 기준(시행규칙 별표 1의 3)

(1) 덮개·포장 및 고정방법
① 차량의 주행(급정지, 급출발, 회전 등)과 외부충격 등에 의해 실은 화물이 떨어지거나 날리지 않도록 덮개·포장을 해야 한다. 다만, 다음에 해당하는 화물로서 덮개·포장을 하는 것이 곤란한 경우에는 덮개 또는 포장을 하지 않을 수 있다.
- 건설기계관리법에 따른 건설기계
- 자동차관리법에 따른 자동차(이륜자동차는 제외)
- 코일
- 대형 식재용 나무
- 유리판, 콘크리트 벽 등 대형 평면 화물
- 그 밖에 위와 유사한 화물로서 덮개 또는 포장을 하는 것이 곤란한 화물
② 차량의 주행(급정지, 급출발, 회전 등)과 외부충격 등에 의해 실은 화물이 떨어지지 않도록 고임목, 체인, 벨트, 로프 등으로 충분히 고정해야 한다. 다만, ①의 단서에 따라 덮개·포장을 하지 않을 수 있는 화물의 경우에는 다음의 사항을 고려해 충분히 고정해야 한다.

건설기계관리법에 따른 건설기계	최소 4개의 고정점을 사용하고 하중 분배를 고려해 기계를 배치해야 한다.
자동차관리법에 따른 자동차(이륜자동차는 제외)	운송 중에 화물이 이탈하지 않도록 적재부에 고정해야 한다.
코일	코일의 미끄럼, 구름, 기울어짐 등을 방지하기 위해 강철 구조물 또는 쐐기 등을 사용해 고정해야 한다.
대형 식재용 나무	화물을 차량의 길이 방향으로 적재하고 적재된 화물은 차량의 너비를 초과하지 않아야 하며, 화물의 하중을 고려해 한쪽으로 쏠리지 않게 적재해야 한다.
유리판, 콘크리트 벽 등 대형 평면 화물	화물은 고정틀(마주보는 면 사이의 간격이 위쪽은 좁고 아래쪽은 넓은 형태)을 활용해 적재하고, 차량의 움직임에 의해 평면 화물이 흔들리거나 파손되지 않도록 벨트 또는 로프 등으로 고정해야 한다.
그 밖에 위와 유사한 경우로서 덮개·포장을 하는 것이 곤란한 경우	위의 고정방법과 유사한 방법으로 고정하되, 화물의 특성 등을 고려해 고정해야 한다.

6 운수종사자의 준수사항(법 제12조)

① 화물자동차 운송사업에 종사하는 운수종사자는 다음 중 어느 하나에 해당하는 행위를 하여서는 아니 된다.
- 정당한 사유 없이 화물을 중도에서 내리게 하는 행위
- 정당한 사유 없이 화물의 운송을 거부하는 행위
- 부당한 운임 또는 요금을 요구하거나 받는 행위
- 고장 및 사고차량 등 화물의 운송과 관련하여 자동차관리사업자와 부정한 금품을 주고받는 행위
- 일정한 장소에 오랜 시간 정차하여 화주를 호객(呼客)하는 행위
- 문을 완전히 닫지 아니한 상태에서 자동차를 출발시키거나 운행하는 행위
- 택시 요금미터기의 장착 등 국토교통부령으로 정하는 택시 유사표시행위
- 제11조제20항에 따른 조치를 하지 아니하고 화물자동차를 운행하는 행위
- 전기·전자장치(최고속도제한장치에 한정한다)를 무단으로 해체하거나 조작하는 행위

② 국토교통부장관은 ①에 따른 준수사항 외에 안전운행을 확보하고 화주의 편의를 도모하기 위하여 운수종사자가 지켜야 할 사항을 국토교통부령으로 정할 수 있다.

국토교통부령으로 정하는 운수종사자의 준수사항 ★

안전운행의 확보와 편의를 도모하기 위하여 운수종사자가 준수하여야 할 사항은 다음과 같다.

① 운행하기 전에 일상점검 및 확인을 할 것

② 구난형 특수자동차를 사용하여 고장·사고차량을 운송하는 운수종사자의 경우 고장·사고차량 소유자 또는 운전자의 의사에 반하여 구난하지 아니할 것. 다만, 다음 중 어느 하나에 해당하는 경우는 제외한다.

  • 고장·사고차량 소유자 또는 운전자가 사망·중상 등으로 의사를 표현할 수 없는 경우
  • 교통의 원활한 흐름 또는 안전 등을 위하여 경찰공무원이 차량의 이동을 명한 경우

③ 구난형 특수자동차를 사용하여 고장·사고차량을 운송하는 운수종사자는 구난 작업 전에 차량의 소유자 또는 운전자에게 구두 또는 서면으로 총 운임·요금을 통지할 것. 다만, 고장·사고차량 소유자 또는 운전자의 사망·중상 등 부득이한 사유로 통지할 수 없는 경우는 제외한다.

④ 휴게시간 없이 4시간 연속운전한 후에는 30분 이상의 휴게시간을 가질 것. 다만, 제21조제23호 각 목의 어느 하나에 해당하는 경우에는 1시간까지 연장운행을 할 수 있으며 운행 후 45분 이상의 휴게시간을 가져야 한다.

⑤ 도로교통법의 준수사항을 위반해서 운전 중 휴대용 전화를 사용하거나 영상표시장치를 시청·조작 등을 하지 말 것

7 운송사업의 종류

일반화물자동차 운송사업	일정 대수 이상의 화물자동차를 사용하여 화물을 운송하는 사업
개별화물자동차 운송사업	화물자동차 1대를 사용하여 화물을 운송하는 사업
용달화물자동차 운송사업	소형의 화물자동차를 사용하여 화물을 운송하는 사업

8 운송사업자에 대한 개선명령(법 제13조)

국토교통부장관은 안전운행을 확보하고, 운송 질서를 확립하며, 화주의 편의를 도모하기 위하여 필요하다고 인정되면 운송사업자에게 다음의 사항을 명할 수 있다.

① 운송약관의 변경

② 화물자동차의 구조변경 및 운송시설의 개선

③ 화물의 안전운송을 위한 조치

④ 적재물배상 책임보험 또는 공제의 가입과 자동차손해배상 보장법에 따라 운송사업자가 의무적으로 가입하여야 하는 보험·공제에 가입 등

9 업무개시 명령(법 제14조)

① 국토교통부장관은 운송사업자나 운수종사자가 정당한 사유 없이 집단으로 화물운송을 거부하여 화물운송에 커다란 지장을 주어 국가경제에 매우 심각한 위기를 초래하거나 초래할 우려가 있다고 인정할 만한 상당한 이유가 있으면 그 운송사업자 또는 운수종사자에게 업무개시를 명할 수 있다.

② 국토교통부장관은 ①에 따라 운송사업자 또는 운수종사자에게 업무개시를 명하려면 국무회의의 심의를 거쳐야 한다.

③ 국토교통부장관은 ①에 따라 업무개시를 명한 때에는 구체적 이유 및 향후 대책을 국회 소관 상임위원회에 보고하여야 한다.

④ 운송사업자 또는 운수종사자는 정당한 사유 없이 ①에 따른 명령을 거부할 수 없다.

10 과징금의 부과(법 제21조)

① 국토교통부장관은 운송사업자가 법 제19조(화물자동차 운송사업의 허가 취소 등)제1항 각 호의 어느 하나에 해당하여 사업정지처분을 하여야 하는 경우로서 그 사업정지처분이 해당 화물자동차 운송사업의 이용자에게 심한 불편을 주거나 그 밖에 공익을 해칠 우려가 있으면 대통령령으로 정하는 바에 따라 사업정지처분을 갈음하여 2천만 원 이하의 과징금을 부과·징수할 수 있다.

② 과징금의 용도
  • 화물 터미널의 건설 및 확충
  • 공동차고지(사업자단체, 운송사업자 또는 운송가맹사업자가 운송사업자 또는 운송가맹사업자에게 공동으로 제공하기 위하여 설치하거나 임차한 차고지)의 건설과 확충
  • 경영개선이나 그 밖에 화물에 대한 정보 제공사업 등 화물자동차 운수사업의 발전을 위하여 필요한 사항

> **경영개선이나 그 밖에 화물에 대한 정보 제공사업 등 화물자동차 운수사업의 발전을 위하여 필요한 사업에서 과징금의 용도**
> ① 공영차고지의 설치·운영사업
> ② 특별시장·광역시장·특별자치시장·도지사 또는 특별자치도지사(이하 "시·도지사")가 설치· 운영하는 운수종사자의 교육시설에 대한 비용의 보조사업
> ③ 법에 따른 사업자단체가 법에 따라 실시하는 교육훈련 사업

  • 신고포상금의 지급

11 화물자동차 운송사업의 허가취소 등(법 제19조)

국토교통부장관은 운송사업자가 다음 중 어느 하나에 해당하면 그 허가를 취소하거나 6개월 이내의 기간을 정하여 그 사업의 전부 또는 일부의 정지를 명령하거나 감차 조치를 명할 수 있다. 다만, ①과 ⑤ 또는 ⑬의 경우에는 그 허가를 취소하여야 한다.

① 부정한 방법으로 화물자동차 운송사업 허가를 받은 경우

①-2) 허가를 받은 후 6개월 간의 운송실적이 국토교통부령으로 정하는 기준에 미달한 경우

② 부정한 방법으로 화물자동차 운송사업의 변경허가를 받거나, 변경허가를 받지 아니하고 허가사항을 변경한 경우

③ 화물자동차 운송사업의 허가 또는 증차를 수반하는 변경허가에 따른 기준을 충족하지 못하게 된 경우

④ 법 제3조(화물자동차 운송사업의 허가 등)제9항에 따른 신고를 하지 아니하였거나 거짓으로 신고한 경우

④-2) 화물자동차 소유 대수가 2대 이상인 운송사업자가 법 제3조제11항에 따른 영업소 설치 허가를 받지 아니하고 주사무소 외의 장소에서 상주하여 영업한 경우

④-3) 화물자동차 운송사업의 허가에 따른 조건 또는 기한을 위반한 경우

⑤ 법 제4조(결격사유) 각 호의 어느 하나에 해당하게 된 경우. 다만, 법인의 임원 중 제4조 각 호의 어느 하나에 해당하는 자가 있는 경우 3개월 이내에 그 임원을 개임하면 허가를 취소하지 아니한다.

⑥ 화물운송종사 자격이 없는 자에게 화물을 운송하게 한 경우

⑦ 제11조에 따른 준수사항을 위반한 경우

⑦-2) 직접운송 의무 등을 위반한 경우

⑦-3) 1대의 화물자동차를 본인이 직접 운전하는 운송사업자, 운송사업자가 채용한 운수종사자 또는 위·수탁차주가 일정한 장소에 오랜 시간 정차하여 화주를 호객하는 행위를 하여 과태료 처분을 1년 동안 3회 이상 받은 경우

⑧ 정당한 사유 없이 제13조(개선명령)에 따른 개선명령을 이행하지 아니한 경우

⑨ 정당한 사유 없이 제14조(업무개시 명령)에 따른 업무개시 명령을 이행하지 아니한 경우

⑨-2) 제16조제9항을 위반하여 사업을 양도한 경우

⑩ 이 조에 따른 사업정지처분 또는 감차 조치 명령을 위반한 경우

⑪ 중대한 교통사고 또는 빈번한 교통사고로 1명 이상의 사상자를 발생하게 한 경우

중대한 교통사고 등의 범위 ★

① 중대한 교통사고는 다음 각 호의 어느 하나에 해당하는 사유로 별표 1 제2호 개별기준의 제18호 가목에 따른 사상자가 발생한 경우로 한다. (※ 사상의 정도 : 중상 이상)

　1. 교통사고처리특례법 제3조제2항 단서의 규정에 해당하는 사유

　2. 화물자동차의 정비불량

　3. 화물자동차의 전복(顚覆) 또는 추락. 다만, 운수종사자에게 귀책사유가 있는 경우만 해당

② 법에 따른 빈번한 교통사고는 사상자가 발생한 교통사고가 별표 1 제18호 나목에 따른 교통사고 지수 또는 교통사고 건수에 이르게 된 경우로 한다.

　1. 5대 이상의 차량을 소유한 운송사업자 : 해당 연도의 교통사고지수가 3 이상인 경우

　　(교통사고지수 = 교통사고 건수 / 화물자동차의 대수 × 10)

　2. 5대 미만의 차량을 소유한 운송사업자 : 해당 사고 이전 최근 1년 동안에 발생한 교통사고가 2 건 이상인 경우

---

⑫ 보조금의 지급이 정지된 자가 그 날부터 5년 이내에 다시 같은 항 각 호의 어느 하나에 해당하게 된 경우

⑫-2) '운송사업자(개인 운송사업자는 제외), 운송주선사업자 및 운송가맹사업자는 국토교통부령으로 정하는 바에 따라 운송 또는 주선 실적을 관리하고 이를 국토교통부장관에서 신고하여야 한다'에 따른 신고를 하지 아니하였거나 거짓으로 신고한 경우

⑫-3) '직접운송 의무가 있는 운송사업자는 국토교통부령으로 정하는 기준 이상으로 화물을 운송하여야 한다. 이 경우 기준내역에 관하여는 국토교통부령으로 정한다'에 따른 기준을 충족하지 못하게 된 경우

⑬ 화물자동차 교통사고와 관련하여 거짓이나 그 밖의 부정한 방법으로 보험금을 청구하여 금고 이상의 형을 선고받고 그 형이 확정된 경우

보조금 지급 정지 사유 ★

① 특별시장·광역시장·특별자치시장·특별자치도지사·시장 또는 군수는 운송사업자등이 다음 각 호의 어느 하나에 해당하면 대통령령으로 정하는 바에 따라 5년의 범위에서 보조금의 지급을 정지하여야 한다.

1. 석유판매업자 또는 액화석유가스 충전사업자(이하 "주유업자등")로부터 세금계산서를 거짓으로 발급받아 보조금을 지급받은 경우
2. 주유업자등으로부터 유류의 구매를 가장하거나 실제 구매금액을 초과하여 신용카드, 직불카드, 선불카드 등으로서 보조금의 신청에 사용되는 카드(이하 "유류구매카드")로 거래를 하거나 이를 대행하게 하여 보조금을 지급받은 경우
3. 화물자동차 운수사업이 아닌 다른 목적에 사용한 유류분에 대하여 보조금을 지급받은 경우
4. 다른 운송사업자등이 구입한 유류 사용량을 자기가 사용한 것으로 위장하여 보조금을 지급받은 경우
5. 대통령령으로 정하는 사항을 위반하여 보조금을 지급받은 경우
6. 소명서 및 증거자료의 제출요구에 따르지 아니하거나, 같은 항에 따른 검사나 조사를 거부·기피 또는 방해한 경우

---

04 화물자동차 운송주선사업

1 화물자동차 운송주선사업의 허가 등(법 제24조)

① 화물자동차 운송주선사업을 경영하려는 자는 국토교통부령이 정하는 바에 따라 국토교통부장관의 허가를 받아야 한다. 다만 법 제29조제1항에 따라 화물자동차 운송가맹사업의 허가를 받은 자는 허가를 받지 아니한다.

② ①에 따라 화물자동차 운송주선사업의 허가를 받은 자(이하 "운송주선사업자")가 허가사항을 변경하려면 국토교통부령으로 정하는 바에 따라 국토교통부장관에게 신고하여야 한다.

③ ①에 따른 화물자동차 운송주선사업의 허가기준은 다음과 같다.
- 국토교통부장관이 화물의 운송주선 수요를 감안하여 고시하는 공급기준에 맞을 것
- 사무실의 면적 등 국토교통부령으로 정하는 기준에 맞을 것
  ※ 사무실 : 영업에 필요한 면적. 다만, 관리사무소 등 부대시설이 설치된 민영 노외주차장을 소유하거나 그 사용계약을 체결한 경우에는 사무실을 확보한 것으로 본다.

④ 운송주선사업자의 허가기준에 관한 사항의 신고에 관하여는 제3조제9항을 준용한다.

⑤ 운송주선사업자는 주사무소 외의 장소에서 상주하여 영업하려면 국토교통부령으로 정하는 바에 따라 국토교통부장관의 허가를 받아 영업소를 설치하여야 한다.

2 운송주선사업자의 준수사항(법 제26조)

① 운송주선사업자는 자기의 명의로 운송계약을 체결한 화물에 대하여 그 계약금액 중 일부를 제외한 나머지 금액으로 다른 운송주선사업자와 재계약하여 이를 운송하도록 하여서는 아니 된다. 다만, 화물운송을 효율적으로 수행할 수 있도록 위·수탁차주나 1대 사업자에게 화물운송을 직접 위탁하기 위하여 다른 운송주선사업자에게 중개 또는 대리를 의뢰하는 때에는 그러하지 아니하다.

② 운송주선사업자는 화주로부터 중개 또는 대리를 의뢰받은 화물에 대하여 다른 운송주선사업자에게 수수료나 그 밖의 대가를 받고 중개 또는 대리를 의뢰하여서는 아니 된다.

③ 운송주선사업자는 운송사업자에게 화물의 종류·무게 및 부피 등을 거짓으로 통보하거나 도로법 제77조 또는 도로교통법 제39조에 따른 기준을 위반하는 화물의 운송을 주선하여서는 아니 된다.

④ 운송주선사업자가 운송가맹사업자에게 화물의 운송을 주선하는 행위는 ① 및 ②에 따른 재계약·중개 또는 대리로 보지 아니한다.

⑤ ①부터 ④까지에서 규정한 사항 외에 화물운송질서의 확립 및 화주의 편의를 위하여 운송주선사업자가 지켜야 할 사항은 국토교통부령으로 정한다.

3 국토교통부령으로 정하는 운송주선사업자의 준수사항

① 신고한 운송주선약관을 준수할 것

② 적재물배상보험 등에 가입한 상태에서 운송주선사업을 영위할 것

③ 자가용 화물자동차의 소유자 또는 사용자에게 화물운송을 주선하지 아니할 것

④ 허가증에 기재된 상호만 사용할 것

⑤ 운송주선사업자가 이사화물운송을 주선하는 경우 화물운송을 시작하기 전에 다음의 사항이 포함된 견적서 또는 계약서(전자문서 포함. 이하 이 호에서 같다)를 화주에게 발급할 것. 다만, 화주가 견적서 또는 계약서의 발급을 원하지 아니하는 경우는 제외한다.
- 운송주선사업자의 성명 및 연락처
- 화주의 성명 및 연락처
- 화물의 인수 및 인도 일시, 출발지 및 도착지
- 화물의 종류, 수량
- 운송 화물자동차의 종류 및 대수, 작업인원, 포장 및 정리 여부, 장비사용 내역
- 운임 및 그 세부내역(포장 및 보관 등 부대서비스 이용 시 해당 부대서비스의 내용 및 가격을 포함)

⑥ 운송주선사업자가 이사화물 운송을 주선하는 경우에 포장 및 운송 등 이사 과정에서 화물의 멸실, 훼손 또는 연착에 대한 사고확인서를 발급할 것(화물의 멸실, 훼손 또는 연착에 대하여 사업자가 고의 또는 과실이 없음을 증명하지 못한 경우로 한정)

1 화물자동차 운송가맹사업의 허가 등(법 제29조)

① 화물자동차 운송가맹사업을 경영하려는 자는 국토교통부령으로 정하는 바에 따라 국토교통부장관에게 허가를 받아야 한다.

② ①에 따라 허가를 받은 운송가맹사업자는 허가사항을 변경하려면 국토교통부령으로 정하는 바에 따라 국토교통부장관의 변경허가를 받아야 한다. 다만, 대통령령으로 정하는 경미한 사항을 변경하려면 국토교통부령으로 정하는 바에 따라 국토교통부장관에게 신고하여야 한다.

> **대통령령으로 정하는 경미한 사항**
> 변경신고를 하여야 하는 사항은 다음과 같다.
> ① 대표자의 변경(법인인 경우만 해당)
> ② 화물취급소의 설치 및 폐지
> ③ 화물자동차의 대폐차(화물자동차를 직접 소유한 운송가맹사업자만 해당)
> ④ 주사무소·영업소 및 화물취급소의 이전
> ⑤ 화물자동차 운송가맹계약의 체결 또는 해제·해지

③ ① 및 ② 본문에 따른 화물자동차 운송가맹사업의 허가 또는 증차를 수반하는 변경허가의 기준은 다음과 같다.

• 국토교통부장관이 화물의 운송수요를 고려하여 고시하는 공급기준에 맞을 것
• 화물자동차의 대수(운송가맹점이 보유하는 화물자동차의 대수를 포함), 운송시설, 그 밖에 국토교통부령으로 정하는 기준에 맞을 것

화물자동차 운송가맹사업의 허가기준 ★

항목	허가기준
허가기준 대수	50대 이상(운송가맹점이 소유하는 화물자동차 대수를 포함하되, 8개 이상의 시·도에 각각 5대 이상 분포되어야 함)
사무실 및 영업소	영업에 필요한 면적
최저보유차고면적	화물자동차 1대당 그 화물자동차의 길이와 너비를 곱한 면적(화물자동차를 직접 소유하는 경우만 해당)
화물자동차의 종류	시행규칙 제3조에 따른 화물자동차(화물자동차를 직접 소유하는 경우만 해당)
그 밖의 운송시설	화물운송전산망을 갖출 것(화물운송전산망은 운송가맹사업자와 운송가맹점이 그 전산망을 통하여 물량배정 여부, 공차 위치 등을 확인할 수 있어야 하며, 운임 지급 등의 결재시스템이 구축되어야 함)

※ 운송사업자가 화물자동차 운송가맹사업 허가를 신청하는 경우 운송사업자의 지위에서 보유하고 있던 화물자동차 운송사업용 화물자동차는 화물자동차 운송가맹사업의 허가기준 대수로 겸용할 수 없다.

④ 운송가맹사업자의 허가기준에 관한 사항의 신고에 관하여는 제3조제9항을 준용한다.

⑤ 운송가맹사업자는 주사무소 외의 장소에서 상주하여 영업하려면 국토교통부령으로 정하는 바에 따라 국토교통부장관의 허가를 받아 영업소를 설치하여야 한다.

06 화물운송종사 자격시험·교육

1 화물자동차 운수사업의 운전업무 종사자격(법 제8조)

1) 화물자동차 운수사업의 운전업무에 종사하려는 자는 ① 및 ②의 요건을 갖춘 후 ③ 또는 ④의 요건을 갖추어야 한다.

① 국토교통부령으로 정하는 연령·운전경력 등 운전업무에 필요한 요건을 갖출 것

② 국토교통부령으로 정하는 운전적성에 대한 정밀검사기준에 맞을 것

> **운전적성에 대한 정밀검사기준 ★**
> 신규검사 : 화물운송종사 자격증을 취득하려는 사람. 다만, 자격시험 실시일 또는 교통안전체험 교육 시작일을 기준으로 최근 3년 이내에 신규검사의 적합 판정을 받은 사람은 제외한다.

③ 화물자동차 운수사업법령, 화물취급요령 등에 관하여 국토교통부장관이 시행하는 시험에 합격하고 정하여진 교육을 받을 것

④ 교통안전법령에 따른 교통안전체험에 관한 연구·교육시설에서 교통안전체험, 화물취급요령 및 화물자동차 운수사업법령 등에 관하여 국토교통부장관이 실시하는 이론 및 실기 교육을 이수할 것

2) 국토교통부장관은 1)에 따른 요건을 갖춘 자에게 화물자동차 운수사업의 운전업무에 종사할 수 있음을 표시하는 자격증(화물운송종사 자격증)을 내주어야 한다.

3) 1)과 2)에 따른 시험·교육·자격증의 교부 등에 필요한 사항은 국토교통부령으로 정한다.

※ 1) ~ 2)의 사항은 한국교통안전공단에 위탁한다.

2 화물자동차 운수사업의 운전업무 종사자격 결격사유(법 제9조)

다음 중 어느 하나에 해당하는 자는 화물운송종사 자격을 취득할 수 없다.

① 결격사유에 해당하는 자
  - 피성년후견인 또는 피한정후견인
  - 화물자동차 운수사업법을 위반하여 징역 이상의 실형을 선고받고 그 집행이 끝나거나(집행이 끝난 것으로 보는 경우 포함) 집행이 면제된 날부터 2년이 지나지 아니한 자
  - 화물자동차 운수사업법을 위반하여 징역 이상의 형의 집행유예를 선고받고 그 유예기간 중에 있는 자

② 화물운송종사 자격이 취소(화물운송종사 자격을 취득한 자가 허가가 취소된 경우는 제외) 된 날부터 2년이 지나지 아니한 자

③ 시험일 전 또는 교육일 전 5년간 다음 어느 하나에 해당하는 사람
- 운전면허가 취소된 사람
- 운전면허를 받지 아니하거나 운전면허의 효력이 정지된 상태로 자동차등을 운전하여 벌금형 이상의 형을 선고받거나 운전면허가 취소된 사람
- 운전 중 고의 또는 과실로 3명 이상이 사망(사고 발생일부터 30일 이내에 사망한 경우 포함)하거나 20명 이상의 사상자가 발생한 교통사고를 일으켜 도로교통법에 따라 운전면허가 취소된 사람

④ 시험일 전 또는 교육일 전 3년간 공동위험행위 및 난폭운전으로 운전면허가 취소된 사람

3 화물자동차 운수사업의 운전업무 종사의 제한(법 제9조의2)

다음 중 어느 하나에 해당하는 사람은 제8조에 따른 화물운송종사 자격의 취득에도 불구하고 화물을 집화·분류·배송하는 형태의 화물자동차 운송사업의 운전업무에는 종사할 수 없다.

① 다음 중 어느 하나에 해당하는 죄를 범하여 금고(禁錮) 이상의 실형을 선고받고 그 집행이 끝나거나(집행이 끝난 것으로 보는 경우 포함) 면제된 날부터 최대 20년의 범위에서 범죄의 종류, 죄질, 형기의 장단 및 재범위험성 등을 고려하여 대통령령으로 정하는 기간이 지나지 아니한 사람

② ①에 따른 죄를 범하여 금고 이상의 형의 집행유예를 선고받고 그 유예기간 중에 있는 사람

> **화물자동차 운수사업의 운전업무 종사의 제한 ★**
> ① 특정강력범죄의 처벌에 관한 특례법 제2조제1항 각 호에 따른 죄 : 20년
> ② 특정범죄 가중처벌 등에 관한 법률 제5조의2, 제5조의4, 제5조의5, 제5조의9(제4항은 제외) 및 제11조에 따른 죄 : 20년
> ③ 특정범죄 가중처벌 등에 관한 법률 제5조의9제4항에 따른 죄 : 6년
> ④ 마약류 관리에 관한 법률 제58조부터 제60조까지의 규정에 따른 죄 : 20년
> ⑤ 마약류 관리에 관한 법률 제61조제1항 각 호에 따른 죄 및 같은 조 제3항에 따른 그 각 미수죄(같은 조 제1항제2호, 제3호 및 제9호의 미수범은 제외) : 10년
> ⑥ 마약류 관리에 관한 법률 제61조제2항에 따른 죄 및 같은 조 제3항에 따른 그 각 미수죄(같은 조 제1항제2호, 제3호 및 제9호의 미수범은 제외) : 15년
> ⑦ 마약류 관리에 관한 법률 제62조제1항 각 호에 따른 죄 및 같은 조 제3항에 따른 그 각 미수죄 : 6년
> ⑧ 마약류 관리에 관한 법률 제62조제2항에 따른 죄 및 같은 조 제3항에 따른 그 각 미수죄 : 9년
> ⑨ 마약류 관리에 관한 법률 제63조제1항 각 호에 따른 죄 및 같은 조 제3항에 따른 그 각 미수죄(같은 조 제1항제2호부터 제5호까지, 제11호 및 제12호에 따른 죄의 미수범에 한정) : 4년
> ⑩ 마약류 관리에 관한 법률 제63조제2항에 따른 죄 및 같은 조 제3항에 따른 그 각 미수죄(같은 조 제2항에 따른 죄의 미수범에 한정) : 6년
> ⑪ 마약류 관리에 관한 법률 제64조 각 호에 따른 죄 : 2년
> ⑫ 성폭력범죄의 처벌 등에 관한 특례법 제2조제1항제2호부터 제4호까지, 제3조부터 제9조까지 및 제15조(제14조의 미수범은 제외)에 따른 죄 : 20년
> ⑬ 아동·청소년의 성보호에 관한 법률 제2조제2호에 따른 죄 : 20년

4 운전적성정밀검사의 기준

운전적성에 대한 정밀검사기준에 맞는지에 관한 검사(이하 "운전적성정밀검사")는 기기형 검사와 필기형 검사로 구분된다.

구분	대상
신규검사	화물운송종사 자격증을 취득하려는 사람. 다만, 다음에 해당하는 날을 기준으로 최근 3년 이내에 신규검사의 적합판정을 받은 사람은 제외한다. • 국토교통부장관이 시행하는 시험(이하 "자격시험") 실시일 • 국토교통부장관이 실시하는 이론 및 실기교육(이하 "교통안전체험교육") 시작일
자격유지검사	다음 중 어느 하나에 해당하는 사람 • 여객자동차 운송사업용 자동차 또는 화물자동차 운송사업용 자동차의 운전업무에 종사하다가 퇴직한 사람으로서 신규검사 또는 유지검사를 받은 날부터 3년이 지난 후 재취업하려는 사람. 다만, 재취업일까지 무사고로 운전한 사람은 제외한다. • 신규검사 또는 유지검사의 적합판정을 받은 사람으로서 해당 검사를 받은 날부터 3년 이내에 취업하지 아니한 사람. 다만, 해당검사를 받은 날부터 취업일까지 무사고로 운전한 사람은 제외한다. • 65세 이상 70세 미만인 사람. 다만, 자격유지검사의 적합판정을 받고 3년이 지나지 않은 사람은 제외한다. • 70세 이상인 사람. 다만, 자격유지검사의 적합판정을 받고 1년이 지나지 않은 사람은 제외한다.
특별검사	다음 중 어느 하나에 해당하는 사람 • 교통사고를 일으켜 사람을 사망하게 하거나 5주 이상의 치료가 필요한 상해를 입힌 사람 • 과거 1년간 운전면허행정처분기준에 따라 산출된 누산점수가 81점 이상인 사람

5 화물운송종사 자격증의 발급·재발급 및 화물운송종사 자격증명의 게시 등

(1) 화물운송종사 자격증의 발급 등

교통안전체험교육 또는 자격시험에 합격하고 교육을 이수한 사람이 화물운송종사 자격증의 발급을 신청할 때에는 화물운송종사 자격증 발급 신청서에 사진 1장을 첨부하여 한국교통안전공단에 제출하여야 한다.

(2) 화물운송종사 자격증 등의 재발급

화물운송종사 자격증 또는 화물운송종사 자격증명(이하 "화물운송종사 자격증등")의 기재사항에 착오나 변경이 있어 이의 정정을 받으려는 자 또는 화물운송종사 자격증등을 잃어버리거나 헐어 못쓰게 되어 재발급을 받으려는 자는 화물운송종사 자격증(명) 재발급 신청서에 다음의 구분에 따른 서류를 첨부하여 한국교통안전공단 또는 협회에 제출하여야 한다.

화물운송종사 자격증 재발급을 신청하는 경우	• 화물운송종사 자격증(자격증을 잃어버린 경우는 제외) • 사진 1장
화물운송종사 자격증명 재발급을 신청하는 경우	• 화물운송종사 자격증명(자격증명을 잃어버린 경우는 제외) • 사진 2장

(3) 화물운송종사 자격증명의 게시 등

운송사업자는 화물자동차 운전자에게 화물운송종사 자격증명을 화물자동차 밖에서 쉽게 볼 수 있도록 운전석 앞창의 오른쪽 위에 항상 게시하고 운행하도록 하여야 한다.

6 화물운송종사 자격 취소

1) 국토교통부장관은 화물운송종사 자격을 취득한 자가 다음 중 어느 하나에 해당하면 그 자격을 취소하거나 6개월 이내의 기간을 정하여 그 자격의 효력을 정지시킬 수 있다. 다만, ①·②·⑤·⑥·⑦·⑨ 및 ⑩의 경우에는 그 자격을 취소하여야 한다.

① 제9조제1호에서 준용하는 제4조 각 호의 어느 하나에 해당하게 된 경우

② 거짓이나 그 밖의 부정한 방법으로 화물운송종사 자격을 취득한 경우

③ 업무개시 명령을 거부한 경우

④ 화물운송 중에 고의나 과실로 교통사고를 일으켜 사람을 사망하게 하거나 다치게 한 경우

⑤ 화물운송종사 자격증을 다른 사람에게 빌려준 경우

⑥ 화물운송종사 자격 정지기간 중에 화물자동차 운수사업의 운전업무에 종사한 경우

⑦ 화물자동차를 운전할 수 있는 운전면허가 취소된 경우

⑦의2) 화물자동차를 운전할 수 있는 운전면허가 정지된 경우

⑧ 부당한 운임 또는 요금을 요구하거나 받는 행위·택시 요금미터기의 장착 등 국토교통부령으로 정하는 택시 유사표시행위 및 전기·전자장치(최고속도제한장치에 한정한다)를 무단으로 해체하거나 조작하는 행위를 위반한 경우

⑨ 화물자동차 교통사고와 관련하여 거짓이나 그 밖의 부정한 방법으로 보험금을 청구하여 금고 이상의 형을 선고받고 그 형이 확정된 경우

⑩ 제9조의2제1항을 위반한 경우

제9조의2(화물자동차 운수사업의 운전업무 종사의 제한)

① 다음 각 호의 어느 하나에 해당하는 사람은 제8조에 따른 화물운송종사 자격의 취득에도 불구하고 생활물류서비스산업발전법 제2조제3호가목에 따른 택배서비스사업의 운전업무에는 종사할 수 없다.

1. 다음 각 목의 어느 하나에 해당하는 죄를 범하여 금고(禁錮) 이상의 실형을 선고받고 그 집행이 끝나거나(집행이 끝난 것으로 보는 경우를 포함) 면제된 날부터 최대 20년의 범위에서 범죄의 종류, 죄질, 형기의 장단 및 재범위험성 등을 고려하여 대통령령으로 정하는 기간이 지나지 아니한 사람

    가. 특정강력범죄의 처벌에 관한 특례법 제2조제1항 각 호에 따른 죄

    나. 특정범죄 가중처벌 등에 관한 법률 제5조의2, 제5조의4, 제5조의5, 제5조의9 및 제11조에 따른 죄

    다. 마약류 관리에 관한 법률에 따른 죄

    라. 성폭력범죄의 처벌 등에 관한 특례법 제2조제1항제2호부터 제4호까지, 제3조부터 제9조까지 및 제15조(제14조의 미수범은 제외)에 따른 죄

    마. 아동·청소년의 성보호에 관한 법률 제2조제2호에 따른 죄

2. 제1호에 따른 죄를 범하여 금고 이상의 형의 집행유예를 선고받고 그 유예기간 중에 있는 사람

2) 1)에 따른 처분의 기준 및 절차에 필요한 사항은 국토교통부령으로 정한다.

화물운송종사 자격의 취소 등

① 법에 따른 화물운송종사 자격의 취소 및 효력정지의 처분기준은 별표 3의2와 같다.

② 관할관청은 화물운송종사 자격의 효력정지 처분을 하는 경우에는 위반행위의 동기·횟수 등을 고려하여 처분기준 일수의 2분의 1의 범위에서 줄이거나 늘릴 수 있다. 다만, 늘리는 경우에는 위반행위를 한 날을 기준으로 최근 1년 이내에 같은 위반행위를 2회 이상 한 경우만 해당한다.

③ 관할관청은 화물운송종사 자격의 취소 또는 효력정지 처분을 하였을 때에는 그 사실을 처분 대상자, 한국교통안전공단 및 협회에 각각 통지하고 처분 대상자에게 화물운송종사 자격증을 반납하게 하여야 한다.

④ 관할관청은 화물운송종사 자격의 효력정지기간이 끝났을 때에는 반납받은 화물운송종사 자격증을 해당 화물자동차 운전자에게 반환하여야 한다.

⑤ 한국교통안전공단은 화물운송종사 자격 취소처분사실을 통보받았을 때에는 화물운송종사 자격 등록을 말소하고 화물운송종사 자격 등록대장에 그 말소 사실을 적어야 한다.

1 협회

(1) 협회의 설립

운수사업자는 화물자동차 운수사업의 건전한 발전과 운수사업자의 공동이익을 도모하기 위하여 국토교통부장관의 인가를 받아 화물자동차 운수사업의 종류별 또는 특별시·광역시·특별자치시·도·특별자치도별로 협회를 설립할 수 있다.

(2) 협회의 사업 ★

① 화물자동차 운수사업의 건전한 발전과 운수사업자의 공동이익을 도모하는 사업
② 화물자동차 운수사업의 진흥 및 발전에 필요한 통계의 작성 및 관리, 외국 자료의 수집·조사 및 연구사업
③ 경영자와 운수종사자의 교육훈련
④ 화물자동차 운수사업의 경영개선을 위한 지도
⑤ 화물자동차 운수사업법에서 협회의 업무로 정한 사항
⑥ 국가나 지방자치단체로부터 위탁받은 업무
⑦ ①부터 ⑤까지의 사업에 따르는 업무

2 연합회

운송사업자로 구성된 협회와 운송주선사업자로 구성된 협회 및 운송가맹사업자로 구성된 협회는 그 공동 목적을 달성하기 위하여 국토교통부령으로 정하는 바에 따라 각각 연합회를 설립할 수 있다. 이 경우 운송사업자로 구성된 협회와 운송주선사업자로 구성된 협회 및 운송가맹사업자로 구성된 협회는 각각 그 연합회의 회원이 된다.
※ 연합회 설립 및 사업에 관하여는 법 제48조(협회의 설립) 및 법 제49조(협회의 사업)를 준용한다.

3 공제사업

운수사업자가 설립한 협회의 연합회는 대통령령으로 정하는 바에 따라 국토교통부장관의 허가를 받아 운수사업자의 자동차 사고로 인한 손해배상 책임의 보장사업 및 적재물배상 공제사업 등을 할 수 있다.

(1) 공제조합의 설립

운수사업자는 상호간의 협동조직을 통하여 조합원이 자주적인 경제활동을 영위할 수 있도록 지원하고 조합원의 자동차 사고로 인한 손해배상책임의 보장사업 및 적재물배상 공제사업을 하기 위하여 대통령령으로 정하는 바에 따라 국토교통부장관의 인가를 받아 공제조합을 설립할 수 있다.

(2) 공제조합사업

① 조합원의 사업용 자동차의 사고로 생긴 배상 책임 및 적재물배상에 대한 공제

② 조합원이 사업용 자동차를 소유·사용·관리하는 동안 발생한 사고로 그 자동차에 생긴 손해에 대한 공제

③ 운수종사자가 조합원의 사업용 자동차를 소유·사용·관리하는 동안에 발생한 사고로 입은 자기 신체의 손해에 대한 공제

④ 공제조합에 고용된 자의 업무상 재해로 인한 손실을 보상하기 위한 공제

⑤ 공동이용시설의 설치·운영 및 관리, 그 밖에 조합원의 편의 및 복지 증진을 위한 사업

⑥ 화물자동차 운수사업의 경영 개선을 위한 조사·연구 사업

⑦ ①부터 ⑥까지의 사업에 딸린 사업으로서 정관으로 정하는 사업

---

08 자가용 화물자동차의 사용

1 자가용 화물자동차 사용신고

화물자동차 운송사업과 화물자동차 운송가맹사업에 이용되지 아니하고 자가용으로 사용되는 화물자동차로서 대통령령으로 정하는 화물자동차를 사용하려는 자는 국토교통부령으로 정하는 사항을 시·도지사에게 신고하여야 한다. 신고한 사항을 변경하고자 하는 때에도 또한 같다.

> **대통령령으로 정하는 사용신고대상 화물자동차** ★
> 다음 중 어느 하나에 해당하는 화물자동차를 말한다.
> ① 자동차관리법 시행규칙 별표 1에 따른 특수자동차
> ② 특수자동차를 제외한 화물자동차로서 최대적재량이 2.5톤 이상인 화물자동차
> ※ 자가용 화물자동차의 소유자는 그 자가용 화물자동차에 신고확인증을 갖추어 두고 운행하여야 한다.

2 자가용 화물자동차의 유상운송 금지

자가용 화물자동차의 소유자 또는 사용자는 자가용 화물자동차를 유상(그 자동차의 운행에 필요한 경비 포함)으로 화물운송용으로 제공하거나 임대하여서는 아니 된다. 다만, 국토교통부령으로 정하는 사유에 해당되는 경우로서 시·도지사의 허가를 받으면 화물운송용으로 제공하거나 임대할 수 있다.

> **국토교통부령으로 정한 유상운송의 허가사유** ★
> 다음 중 어느 하나에 해당하는 경우를 말한다.
> ① 천재지변이나 이에 준하는 비상사태로 인하여 수송력 공급을 긴급히 증가시킬 필요가 있는 경우
> ② 사업용 화물자동차·철도 등 화물운송수단의 운행이 불가능하여 이를 일시적으로 대체하기 위한 수송력 공급이 긴급히 필요한 경우
> ③ 농어업경영체 육성 및 지원에 관한 법률에 따라 설립된 영농조합법인이 그 사업을 위하여 화물자동차를 직접 소유·운영하는 경우

3 자가용 화물자동차 사용의 제한 또는 금지

시·도지사는 자가용 화물자동차의 소유자 또는 사용자가 다음 중 어느 하나에 해당하면 6개월 이내의 기간을 정하여 그 자동차의 사용을 제한하거나 금지할 수 있다.

① 자가용 화물자동차를 사용하여 화물자동차 운송사업을 경영한 경우
② 자가용 화물자동차 유상운송 허가사유에 해당되는 경우이지만 허가를 받지 아니하고 자가용 화물자동차를 유상으로 운송에 제공하거나 임대한 경우

09 보칙 및 벌칙 등

1 운수종사자의 교육

1) 화물자동차의 운전업무에 종사하는 운수종사자는 시·도지사가 실시하는 다음의 사항에 관한 교육을 매년 1회 이상 받아야 한다.

① 화물자동차 운수사업 관계 법령 및 도로교통 관계 법령
② 교통안전에 관한 사항
③ 화물운수와 관련한 업무수행에 필요한 사항
④ 그 밖에 화물운수 서비스 증진 등을 위하여 필요한 사항

> 🚚 **운수종사자 교육**
>
> ① 운수종사자 교육을 실시하는 때에는 운수종사자 교육계획을 수립하여 운수사업자에게 교육을 시작하기 1개월 전까지 통지하여야 한다.
> ② 제1항에 따른 운수종사자 교육의 교육시간은 4시간으로 한다. 다만, 운수종사자 준수사항을 위반하여 법에 따른 벌칙 또는 과태료 부과처분을 받은 자 및 이 규칙에 따른 특별검사 대상자와 이동통신 단말장치를 장착해야 하는 위험물질 운송차량을 운전하는 사람에 대한 교육시간은 8시간으로 한다.
> ③ 제1항에 따른 운수종사자 교육은 교육을 실시하는 해의 전년도 10월 31일을 기준으로 도로교통법에 따른 무사고·무벌점 기간이 10년 미만인 운수종사자를 대상으로 한다. 다만, 교육을 실시하는 해에 법에 따른 교육을 이수한 운수종사자는 제외한다.
> ④ 교육 방법 및 절차 등 교육 실시에 필요한 사항은 관할관청이 정한다.

2) 교육을 효율적으로 실시하기 위하여 필요하면 그 시·도의 조례로 정하는 바에 따라 운수종사자 연수기관을 직접 설립·운영하거나 이를 지정할 수 있으며, 운수종사자 연수기관의 운영에 필요한 비용을 지원할 수 있다.

2 화물자동차 운수사업의 지도·감독 ★

국토교통부장관은 화물자동차 운수사업의 합리적인 발전을 도모하기 위하여 화물자동차 운수사업법에서 시·도지사의 권한으로 정한 사무를 지도·감독한다.

벌칙	위반 행위
5년 이하의 징역 또는 2천만 원 이하의 벌금 (법 제66조)	① 적재된 화물이 떨어지지 아니하도록 정하는 기준 및 방법에 따라 덮개·포장·고정장치 등 필요한 조치를 하지 아니하여 사람을 상해(傷害) 또는 사망에 이르게 한 운송사업자 ② ①과 같이 필요한 조치를 하지 아니하고 화물자동차를 운행하여 사람을 상해 또는 사망에 이르게 한 운수종사자
3년 이하의 징역 또는 3천만 원 이하의 벌금 (법 제66조의2)	① 운송사업자 또는 운수종사자가 정당한 사유 없이 업무개시명령을 위반한 자 ② 거짓이나 부정한 방법으로 법에 따른 보조금을 교부 받은 자 ③ 세금계산서를 거짓으로 발급받아 보조금을 지급받은 경우 등 법에 해당하는 위반행위에 가담하였거나 이를 공모한 주유업자등
1년 이하의 징역 또는 1천만 원 이하의 벌금 (법 제68조)	① 다른 사람에게 자신의 화물운송종사 자격증을 빌려준 사람 ② 다른 사람의 화물운송종사 자격증을 빌린 사람 ③ 다른 사람의 화물운송종사 자격증을 빌려주거나 빌리는 행위를 알선한 사람
1천만 원 이하의 과태료 (법 제70조)	① 법에 따른 허가사항 변경신고를 하지 아니한 자 ② 법에 따른 운임 및 요금에 관한 신고를 하지 아니한 자 ③ 법에 따른 약관의 신고를 하지 아니한 자 ④ 화물운송종사 자격증을 받지 아니하고 화물자동차 운수사업의 운전업무에 종사한 자 ⑤ 거짓이나 그 밖의 부정한 방법으로 화물운송종사 자격을 취득한 자 ⑥ 화물자동차 운전자 채용 기록의 관리를 위반한 자 ⑦ 화물자동차 운전자의 교통안전 기록·관리 위반하여 자료를 제공하지 아니하거나 거짓으로 제공한 자 ⑧ 법에 따른 준수사항을 위반한 운송사업자(제66조제1호에 따라 형벌을 받은 자는 제외) ⑨ 법에 따른 준수사항을 위반한 운수종사자(제66조제2호에 따라 형벌을 받은 자는 제외) ⑩ 법을 위반하여 조사를 거부·방해 또는 기피한 자 ⑪ 법에 따른 개선명령(같은 조 제5호 및 제7호에 따른 개선명령은 제외)을 이행하지 아니한 자(제28조에서 준용하는 경우 포함) ⑫ 법에 따른 양도·양수, 합병 또는 상속의 신고를 하지 아니한 자 ⑬ 법에 따른 휴업·폐업신고를 하지 아니한 자 ※ 기타 과태료 부과 기준은 법 제70조 참조

4 **과징금 부과기준**

(금액단위: 만 원)

위반내용	처분내용			
	화물자동차 운송사업		화물 운송 주선 사업	화물 자동차 운송 가맹사업
	일반	개인		
1. 최대적재량 1.5톤 초과의 화물자동차가 차고지와 지방자치단체의 조례로 정하는 시설 및 장소가 아닌 곳에서 밤샘주차한 경우	20	10	–	20
2. 최대적재량 1.5톤 이하의 화물자동차가 주차장, 차고지 또는 지방자치 단체의 조례로 정하는 시설 및 장소가 아닌 곳에서 밤샘주차한 경우	20	5	–	20
3. 신고한 운임 및 요금 또는 화주와 합의된 운임 및 요금이 아닌 부당 한 운임 및 요금을 받은 경우	40	20	–	40
4. 화주로부터 부당한 운임 및 요금의 환급을 요구받고 환급하지 않은 경우	60	30	–	60
5. 신고한 운송약관 또는 운송가맹약관을 준수하지 않은 경우	60	30	–	60
6. 사업용 화물자동차의 바깥쪽에 일반인이 알아보기 쉽도록 해당 운 송사업자의 명칭(개인화물자동차 운송사업자인 경우에는 그 화물 자동차 운송사업의 종류)을 표시하지 않은 경우	10	5	–	10
7. 화물자동차 운전자의 취업 현황 및 퇴직 현황을 보고하지 않거나 거짓으로 보고한 경우	20	10	–	10
8. 화물자동차 운전자에게 차 안에 화물운송종사 자격증명을 게시하 지 않고 운행하게 한 경우	10	5	–	10
9. 화물자동차 운전자에게 운행기록계가 설치된 운송사업용 화물자 동차를 해당 장치 또는 기기가 정상적으로 작동되지 않는 상태에서 운행하도록 한 경우	20	10	–	20
10. 개인화물자동차 운송사업자가 자기 명의로 운송계약을 체결한 화 물에 대하여 다른 운송사업자에게 수수료나 그 밖의 대가를 받고 그 운송을 위탁하거나 대행하게 하는 등 화물운송 질서를 문란하 게 하는 행위를 한 경우	180	90	–	–
11. 운수종사자에게 휴게시간을 보장하지 않은 경우	180	60	–	180
12. 밴형 화물자동차를 사용해 화주와 화물을 함께 운송하는 운송사 업자가 법 제12조제1항제5호의 행위를 하거나 소속 운수종사자 로 하여금 같은 호의 행위를 지시한 경우	60	30	–	60
13. 신고한 운송주선약관을 준수하지 않은 경우	–	–	20	–
14. 허가증에 기재되지 않은 상호를 사용한 경우	–	–	20	–
15. 화주에게 견적서 또는 계약서를 발급하지 않은 경우(화주가 견적 서 또는 계약서의 발급을 원하지 않는 경우는 제외)	–	–	20	–
16. 화주에게 사고확인서를 발급하지 않은 경우(화물의 멸실, 훼손 또 는 연착에 대하여 사업자가 고의 또는 과실이 없음을 증명하지 못 한 경우로 한정)	–	–	20	–

5 화물운송업 관련 업무 처리 ★

처리 기관 및 단체	처리 업무
시·도 (일부 업무는 시·군·구에서 처리될 수 있음)	• 화물자동차 운송사업의 허가 및 허가사항 변경·임시·영업소의 허가 • 화물자동차 운송사업의 허가기준에 관한 사항의 신고 또는 운송약관의 신고 및 변경신고 • 운송사업자에 대한 개선명령 • 화물자동차 운송사업에 대한 상속의 신고 및 양도·양수 또는 합병의 신고 및 사업의 휴업 및 폐업 신고, 허가취소, 사업정지처분 및 감차 조치 명령 • 화물자동차 사용 정지에 따른 화물자동차의 자동차등록증과 자동차등록번호판의 반납 및 반환 • 운송사업자에 대한 과징금의 부과·징수 및 과징금 운용계획의 수립·시행 • 화물자동차 운수사업의 허가 취소·화물운송종사 자격의 취소 및 효력의 정지에 따른 청문 • 화물운송종사 자격의 취소 및 효력의 정지 • 화물자동차 운송주선사업의 허가와 허가취소 및 사업정지처분 • 화물자동차 운송가맹사업의 허가와 변경허가 및 변경신고와 허가취소, 사업정지처분 및 감차 조치 명령 • 개선명령 • 적재물배상 책임보험 또는 공제 계약이 끝난 후 새로운 계약이 체결되지 아니하였다는 통지의 수령 • 화물자동차 운수사업의 종류별 또는 시·도별 협회의 설립인가, 협회사업에 대한 지도·감독 • 자료제공 요청(화물운송종사 자격의 취소나 호력의 정지에 필요한 자료만 해당) • 운송사업자 및 운수종사자에 대한 과태료의 부과 및 징수 • 자가용 화물자동차의 사용신고 및 유상운송 허가
협회	• 화물자동차 운송사업 허가사항에 대한 경미한 사항 변경신고 • 화물자동차 운송주선사업 허가사항에 대한 변경신고 • 소유 대수가 1대인 운송사업자의 화물자동차를 운전하는 사람에 대한 경력증명서 발급에 필요한 사항 기록·관리
연합회	• 사업자 준수사항에 대한 계도활동 • 과적(過積) 운행, 과로 및 과속 운전의 예방 등 안전한 수송을 위한 지도·계몽 • 법령 위반사항에 대한 처분의 건의
한국교통안전공단	• 화물자동차 안전운임신고센터의 설치·운영 및 운전적성에 대한 정밀검사의 시행 • 화물운송종사 자격시험의 실시·관리 및 교육, 교통안전체험교육의 이론 및 실기교육 • 화물운송종사 자격증의 발급 및 화물자동차 운전자 채용 기록·관리 자료의 요청 • 화물자동차 운전자의 교통사고 및 교통법규 위반사항 제공요청 및 기록·관리 • 화물자동차 운전자의 인명사상사고 및 교통법규 위반사항 제공

Chapter 4 | 자동차관리법령

01 목적

자동차의 등록, 안전기준, 자기인증, 제작결함 시정, 점검, 정비, 검사 및 자동차관리사업 등에 관한 사항을 정하여 자동차를 효율적으로 관리하고 자동차의 성능 및 안전을 확보함으로써 공공의 복리를 증진하는 것을 목적으로 한다.

02 정의 ★

용어	정의
운행	사람 또는 화물의 운송 여부에 관계없이 자동차를 그 용법(用法)에 따라 사용하는 것
자동차사용자	자동차 소유자 또는 자동차 소유자로부터 자동차의 운행 등에 관한 사항을 위탁받은 자
자동차의 차령기산일	• 제작연도에 등록된 자동차 : 최초의 신규등록일 • 제작연도에 등록되지 아니한 자동차 : 제작연도의 말일

03 자동차의 종류 ★

종류	내용
승용자동차	10인 이하를 운송하기에 적합하게 제작된 자동차
승합자동차	11인 이상을 운송하기에 적합하게 제작된 자동차. 다만, 다음 중 어느 하나에 해당하는 자동차는 승차인원에 관계없이 이를 승합자동차로 본다. • 내부의 특수한 설비로 인하여 승차인원이 10인 이하로 된 자동차 • 국토교통부령으로 정하는 경형자동차로서 승차정원이 10인 이하인 전방조종자동차
화물자동차	화물을 운송하기에 적합한 화물적재공간을 갖추고, 화물적재공간의 총적재화물의 무게가 운전자를 제외한 승객이 승차공간에 모두 탑승했을 때의 승객의 무게보다 많은 자동차(화물을 운송하기 적합하게 바닥 면적이 최소 2제곱미터 이상, 소형·경형화물자동차로서 이동용 음식판매 용도인 경우에는 0.5제곱미터 이상인 화물적재공간을 갖춘 자동차)
특수자동차	다른 자동차를 견인하거나 구난작업 또는 특수한 작업을 수행하기에 적합하게 제작된 자동차로서 승용자동차·승합자동차 또는 화물자동차가 아닌 자동차
이륜자동차	총배기량 또는 정격출력의 크기와 관계없이 1인 또는 2인의 사람을 운송하기에 적합하게 제작된 이륜의 자동차 및 그와 유사한 구조로 되어 있는 자동차

1 **등록**

자동차(이륜자동차는 제외)는 자동차등록원부(이하 "등록원부")에 등록한 후가 아니면 이를 운행할 수 없다. 다만, 임시운행허가를 받아 허가 기간 내에 운행하는 경우에는 그러하지 아니 하다.

2 **자동차등록번호판**

① 시·도지사는 자동차등록번호판(이하 "등록번호판")을 붙이고 봉인을 하여야 한다. 다만, 자 동차 소유자 또는 자동차 소유자를 갈음하여 등록을 신청하는 자가 직접 등록번호판의 부 착 및 봉인을 하려는 경우에는 등록번호판의 부착 및 봉인을 직접 하게 할 수 있다.
 ※ 자동차소유자 또는 자동차소유자에 갈음하여 자동차등록을 신청하는 자가 직접 자동차등록번호판 을 붙이고 봉인을 하여야 하는 경우에 이를 이행하지 아니한 경우 : 과태료 50만 원

② ①에 따라 붙인 등록번호판 및 봉인은 시·도지사의 허가를 받은 경우와 다른 법률에 특별한 규정이 있는 경우를 제외하고는 떼지 못한다.

③ 자동차 소유자는 등록번호판이나 봉인이 떨어지거나 알아보기 어렵게 된 경우에는 시·도지 사에게 ①에 따른 등록번호판의 부착 및 봉인을 다시 신청하여야 한다.

④ 등록번호판의 부착 또는 봉인을 하지 아니한 자동차는 운행하지 못한다. 다만, 임시운행허 가번호판을 붙인 경우에는 그러하지 아니하다.

⑤ 누구든지 등록번호판을 가리거나 알아보기 곤란하게 하여서는 아니 되며, 그러한 자동차를 운행하여서는 아니 된다.
 ※ 자동차등록번호판을 가리거나 알아보기 곤란하게 하거나, 그러한 자동차를 운행한 경우 : 과태료 1 차 50만 원, 2차 150만 원, 3차 250만 원
 ※ 고의로 자동차등록번호판을 가리거나 알아보기 곤란하게 한 자는 1년 이하의 징역 또는 1,000만 원 이하의 벌금

⑥ 누구든지 등록번호판을 가리거나 알아보기 곤란하게 하기 위한 장치를 제조·수입하거나 판 매·공여하여서는 아니 된다.

⑦ 자동차 소유자는 자전거 운반용 부착장치 등 국토교통부령으로 정하는 외부장치를 자동차 에 부착하여 등록번호판이 가려지게 되는 경우에는 시·도지사에게 외부장치용 등록번호판 의 부착을 신청하여야 한다. 외부장치용 등록번호판에 대하여는 ①부터 ⑥까지를 준용한다.

⑧ 시·도지사는 등록번호판 및 그 봉인을 회수한 경우에는 다시 사용할 수 없는 상태로 폐기하 여야 한다.

⑨ 누구든지 등록번호판 영치업무를 방해할 목적으로 등록번호판의 부착 및 봉인 이외의 방법 으로 등록번호판을 부착하거나 봉인하여서는 아니 되며, 그러한 자동차를 운행하여서도 아 니 된다.

3 변경등록

자동차 소유자는 등록원부의 기재 사항이 변경(이전등록 및 말소등록에 해당되는 경우는 제외)된 경우에는 시·도지사에게 변경등록을 신청하여야 한다. 다만, 경미한 등록 사항을 변경하는 경우에는 그러하지 아니하다.

> 🚗 **자동차의 변경등록신청을 하지 않은 경우 과태료** ★
> ① 신청기간만료일부터 90일 이내인 때 : 과태료 2만 원
> ② 90일을 초과 174일 이내인 경우 : 2만 원에 91일째부터 계산하여 3일 초과 시마다 과태료 1만 원
> ③ 신청 지연기간이 175일 이상인 경우 : 30만 원

4 이전등록

① 등록된 자동차를 양수받는 자는 대통령령으로 정하는 바에 따라 시·도지사에게 자동차 소유권의 이전등록을 신청하여야 한다.

② 자동차를 양수한 자가 다시 제3자에게 양도하려는 경우에는 양도 전에 자기 명의로 ①에 따른 이전등록을 하여야 한다.

③ 자동차를 양수한 자가 ①에 따른 이전등록을 신청하지 아니한 경우에는 그 양수인을 갈음하여 양도자(이전등록을 신청할 당시 자동차등록원부에 적힌 소유자)가 신청할 수 있다.

5 말소등록

1) 자동차 소유자(재산관리인 및 상속인 포함)는 등록된 자동차가 다음 중 어느 하나의 사유에 해당하는 경우에는 자동차등록증, 자동차등록번호판 및 봉인을 반납하고 시·도지사에게 말소등록을 신청하여야 한다. 다만, ⑥ 및 ⑦의 사유에 해당하는 경우에는 말소등록을 신청할 수 있다.

① 자동차해체재활용업을 등록한 자에게 폐차를 요청한 경우

② 자동차제작·판매자등에게 반품한 경우(자동차의 교환 또는 환불 요구에 따라 반품된 경우 포함)

③ 여객자동차 운수사업법에 따른 차령이 초과된 경우

④ 법에 따라 면허·등록·인가 또는 신고가 실효(失效)되거나 취소된 경우

⑤ 천재지변·교통사고 또는 화재로 자동차 본래의 기능을 회복할 수 없게 되거나 멸실된 경우

> **자동차 말소등록을 신청하여야 하는 자동차 소유자가 ①~⑤까지에 해당하는 경우 말소등록 신청을 하지 않은 경우 과태료**
> ① 신청 지연기간이 10일 이내인 경우 : 과태료 5만 원
> ② 10일 초과 54일 이내인 경우 : 5만 원에서 11일째부터 계산하여 1일마다 1만 원을 더한 금액
> ③ 55일 이상인 경우 : 50만 원

⑥ 제14조의 압류등록을 한 후에도 환가(換價)절차 등 후속 강제집행 절차가 진행되고 있지 아니하는 차량 중 차령 등 환가가치가 남아 있지 아니하다고 인정되는 경우. 이 경우, 시·도지사가 해당 자동차 소유자로부터 말소등록 신청을 접수하였을 때에는 즉시 그 사실을 압류등록을 촉탁(囑託)한 법원 또는 행정관청과 등록원부에 적힌 이해관계인에게 알려야 한다.

⑦ 자동차를 교육·연구의 목적으로 사용하는 등 대통령령으로 정하는 사유에 해당하는 경우

2) 시·도지사는 다음 중 어느 하나에 해당하는 경우에는 직권으로 말소등록을 할 수 있다.

① 말소등록을 신청하여야 할 자가 신청하지 아니한 경우

② 자동차의 차대[차대가 없는 자동차의 경우에는 차체(車體)]가 등록원부상의 차대와 다른 경우 또는 자동차를 폐차한 경우

③ 자동차 운행정지 명령에도 불구하고 해당 자동차를 계속 운행하는 경우

④ 속임수나 그 밖의 부정한 방법으로 등록된 경우

6 임시운행

(1) 임시운행 허가기간 ★

운행하는 경우	기간
신규등록신청을 위하여 자동차를 운행하려는 경우	10일 이내
자동차의 차대번호 또는 원동기형식의 표기를 지우거나 그 표기를 받기 위하여 자동차를 운행하려는 경우	
신규검사 또는 임시검사를 받기 위하여 자동차를 운행하려는 경우	
자동차를 제작·조립·수입 또는 판매하는 자가 판매사업장·하치장 또는 전시장에 보관·전시하기 위하여 운행하려는 경우	
자동차를 제작·조립·수입 또는 판매하는 자가 판매한 자동차를 환수하기 위하여 운행하려는 경우	
자동차운전학원 및 자동차운전전문학원을 설립·운영하는 자가 검사를 받기 위하여 기능교육용 자동차를 운행하려는 경우	
수출하기 위하여 말소등록한 자동차를 점검·정비하거나 선적하기 위하여 운행하려는 경우	20일 이내
자동차자기인증에 필요한 시험 또는 확인을 받기 위하여 자동차를 운행하려는 경우	40일 이내
자동차를 제작·조립 또는 수입하는 자가 자동차에 특수한 설비를 설치하기 위하여 다른 제작 또는 조립장소로 자동차를 운행하려는 경우	

운행하는 경우	기간
자가 시험·연구의 목적으로 자동차를 운행하려는 경우	2년의 범위에서 해당 시험·연구에 소요되는 기간 ※ 다만, 전기자동차 등 친환경·첨단미래형 자동차의 개발·보급을 위하여 필요하다고 국토교통부장관이 인정하는 자의 경우 5년

(2) 운행정지 중인 자동차의 임시운행

① 법에 따른 운행정지처분을 받아 운행정지 중인 자동차

①-2) 법에 따라 등록번호판이 영치된 자동차

② 화물자동차 운송사업의 허가 취소 등에 따른 사업정지처분을 받아 운행정지 중인 자동차

③ 자동차세의 납부의무를 이행하지 아니하여 자동차등록증이 회수되거나 등록번호판이 영치된 자동차

④ 압류로 인하여 운행정지 중인 자동차

⑤ 의무보험에 가입되지 아니하여 자동차의 등록번호판이 영치된 자동차

⑥ 자동차의 운행·관리 등에 관한 질서위반행위 중 대통령령으로 정하는 질서위반행위로 부과받은 과태료를 납부하지 아니하여 등록번호판이 영치된 자동차

05 자동차의 구조 및 장치 등

자동차는 대통령령으로 정하는 구조 및 장치가 안전운행에 필요한 성능과 기준에 적합하지 아니하면 이를 운행하지 못한다.

1 자동차의 구조

① 길이, 너비 및 높이

② 최저지상고

③ 총중량

④ 중량분포

⑤ 최대안전경사각도

⑥ 최소회전반경

⑦ 접지부분 및 접지압력

2 자동차의 튜닝

① 자동차의 구조·장치 중 국토교통부령으로 정하는 것을 변경하려는 경우에는 그 자동차의 소유자가 시장·군수·구청장의 승인을 받아야 한다.

② 시장·군수 또는 구청장은 튜닝 승인에 관한 권한을 한국교통안전공단에 위탁한다.

③ 자동차 튜닝이 승인되지 않는 경우
- 총중량이 증가되는 튜닝
- 승차정원 또는 최대적재량의 증가를 가져오는 승차장치 또는 물품적재장치의 튜닝
- 자동차의 종류가 변경되는 튜닝
- 변경 전보다 성능 또는 안전도가 저하될 우려가 있는 경우의 변경

④ 튜닝검사의 신청서류
- 말소등록사실증명서, 튜닝승인서, 튜닝 전·후의 주요제원 대비표
- 튜닝 전·후의 자동차외관도(외관의 변경이 있는 경우에 한함), 튜닝하려는 구조·장치의 설계도

06 자동차의 검사

1 자동차검사 ★

자동차 소유자(아래의 경우에는 신규등록 예정자)는 해당 자동차에 대하여 다음의 구분에 따라 국토교통부장관이 실시하는 검사를 받아야 한다.

신규검사	신규등록을 하려는 경우 실시하는 검사
정기검사	신규등록 후 일정 기간마다 정기적으로 실시하는 검사
튜닝검사	자동차를 튜닝한 경우에 실시하는 검사
임시검사	법에 따른 명령이나 자동차 소유자의 신청을 받아 비정기적으로 실시하는 검사
수리검사	전손 처리 자동차를 수리한 후 운행하려는 경우에 실시하는 검사

※ 자동차검사는 한국교통안전공단이 대행하고 있으며, 정기검사는 지정정비사업자도 대행할 수 있다.

2 자동차 정기검사 유효기간

차종\n차령	비사업용승용자동차 및 피견인 자동차	사업용 승용 자동차	경형·소형의 승합 및 화물자동차	사업용 대형화물자동차		그 밖의 자동차	
				2년 이하	2년 초과	5년 이하	5년 초과
유효 기간	2년 (최초 4년)	1년 (최초 2년)	1년	1년	6월	1년	6월

3 **자동차 종합검사**

종합검사를 받은 경우에는 정기검사, 정밀검사, 특정경유자동차검사를 받은 것으로 본다.

(1) 자동차 종합검사의 분야

① 자동차의 동일성 확인 및 배출가스 관련 장치 등의 작동 상태 확인을 관능검사(官能檢査, 사람의 감각기관으로 자동차의 상태를 확인하는 검사) 및 기능검사로 하는 공통 분야

② 자동차 안전검사 분야

③ 자동차 배출가스 정밀검사 분야

(2) 종합검사의 대상과 유효기간 ★

검사 대상		적용 차령	검사 유효기간
승용자동차	비사업용	차령이 4년 초과인 자동차	2년
	사업용	차령이 2년 초과인 자동차	1년
경형·소형의 승합 및 화물자동차	비사업용	차령이 3년 초과인 자동차	1년
	사업용	차령이 2년 초과인 자동차	1년
사업용 대형화물자동차		차령이 2년 초과인 자동차	6개월
그 밖의 자동차	비사업용	차령이 3년 초과인 자동차	차령 5년까지는 1년, 이후부터는 6개월
	사업용	차령이 2년 초과인 자동차	차령 5년까지는 1년, 이후부터는 6개월

※ 검사 유효기간이 6개월인 자동차의 경우 종합검사 중 법에 따른 자동차 배출가스 정밀검사 분야의 검사는 1년마다 받는다. ★

(3) 자동차 종합검사 기간이 지난 자에 대한 독촉

시·도지사는 종합검사기간이 지난 자동차의 소유자에게 그 기간이 끝난 다음 날부터 10일 이내와 20일 이내에 각각 다음의 사항을 알리고 종합검사를 받을 것을 독촉하여야 한다.

① 종합검사 기간이 지난 사실

② 종합검사의 유예가 가능한 사유와 그 신청 방법

③ 종합검사를 받지 아니하는 경우에 부과되는 과태료의 금액과 근거 법규

정기검사나 종합검사를 받지 아니한 경우 과태료 ★

① 검사 지연기간이 30일 이내인 경우 : 4만 원

② 검사 지연기간이 30일 초과 114일 이내인 경우 : 4만 원에 31일째부터 계산하여 3일 초과 시마다 2만 원을 더한 금액

③ 검사 지연기간이 115일 이상인 경우 : 60만 원

※ 자동차정기검사의 기간은 검사유효기간만료일 전후 각각 31일 이내로 하며, 이 기간 내에 자동차정기검사에서 적합판정을 받은 경우에는 검사유효기간만료일에 자동차정기검사를 받은 것으로 본다. ★

Chapter 5 도로법령

01 개요

1 목적

도로망의 계획수립, 도로노선의 지정, 도로공사의 시행과 도로의 시설 기준, 도로의 관리·보전 및 비용 부담 등에 관한 사항을 규정하여 국민이 안전하고 편리하게 이용할 수 있는 도로의 건설과 공공복리 향상에 이바지함을 목적으로 한다.

2 도로의 정의

용어	정의
대통령령으로 정하는 시설	• 차도·보도·자전거도로 및 측도 • 터널·교량·지하도 및 육교(해당 시설에 설치된 엘리베이터를 포함) • 궤도 • 옹벽·배수로·길도랑·지하통로 및 무넘기시설 • 도선장 및 도선의 교통을 위하여 수면에 설치하는 시설
도로법 제10조의 도로	고속국도(고속국도의 지선 포함), 일반국도(일반국도의 지선 포함), 특별시도(特別市道)·광역시도(廣域市道), 지방도, 시도(市道), 군도(郡道), 구도(區道)
도로의 부속물	도로관리청이 도로의 편리한 이용과 안전 및 원활한 도로교통의 확보, 그 밖에 도로의 관리를 위하여 설치하는 시설 또는 공작물 • 주차장, 버스정류시설, 휴게시설 등 도로이용 지원시설 • 시선유도표지, 중앙분리대, 과속방지시설 등 도로안전시설 • 통행료 징수시설, 도로관제시설, 도로관리사업소 등 도로관리시설 • 도로표지 및 교통량 측정시설 등 교통관리시설 • 낙석방지시설, 제설시설, 식수대 등 도로에서의 재해 예방 및 구조 활동, 도로환경의 개선·유지 등을 위한 도로부대시설 • 그 밖에 도로의 기능 유지 등을 위한 시설로서 대통령령으로 정하는 시설

3 종류와 등급

도로의 종류는 다음과 같고 그 등급은 다음에 열거한 순위에 의한다.

종류	내용
고속국도	주요 도시를 연결하는 도로로서 자동차 전용의 고속교통에 사용되는 도로 노선을 정하여 지정·고시한 도로
일반국도	주요 도시, 지정항만, 주요 공항, 국가산업단지 또는 관광지 등을 연결하여 고속국도와 함께 국가간선도로망을 이루는 도로 노선을 정하여 지정·고시한 도로
특별시도(特別市道)·광역시도(廣域市道)	특별시, 광역시의 관할구역에 있는 주요 도로망을 형성하는 도로
지방도	지방의 간선도로망을 이루는 도청 소재지에서 시청 또는 군청 소재지에 이르는 도로
시도(市道)	특별자치시, 시 또는 행정시의 관할구역에 있는 도로
군도(郡道)	군청 소재지에서 읍사무소 또는 면사무소 소재지에 이르는 도로
구도(區道)	관할구역에 있는 도로 중 특별시도와 광역시도를 제외한 자치구 안에서 동(洞) 사이를 연결하는 도로로서 관할 구청장이 그 노선을 인정한 것

02 도로의 보전 및 공용부담

1 도로에 관한 금지행위

누구든지 정당한 사유 없이 도로에 대하여 다음에 해당하는 행위를 하여서는 아니 된다.

① 도로를 파손하는 행위

② 도로에 토석(土石), 입목·죽(竹) 등 장애물을 쌓아놓는 행위

③ 그 밖에 도로의 구조나 교통에 지장을 주는 행위

※ 정당한 사유 없이 도로(고속국도 제외)를 파손하여 교통을 방해하거나 교통에 위험을 발생하게 한 자 : 10년 이하의 징역이나 1억 원 이하의 벌금 ★

2 차량의 운행제한

① 도로관리청은 도로 구조를 보전하고 도로에서의 차량 운행으로 인한 위험을 방지하기 위하여 필요하면 대통령령으로 정하는 바에 따라 도로에서의 차량 운행을 제한할 수 있다. 다만, 차량의 구조나 적재화물의 특수성으로 인하여 도로관리청의 허가를 받아 운행하는 차량의 경우에는 그러하지 아니하다.

① 축하중(軸荷重)이 10톤을 초과하거나 총중량이 40톤을 초과하는 차량

② 차량의 폭이 2.5미터, 높이가 4.0미터(도로구조의 보전과 통행의 안전에 지장이 없다고 도로관리청이 인정하여 고시한 도로노선의 경우에는 4.2미터), 길이가 16.7미터를 초과하는 차량

③ 도로관리청이 특히 도로구조의 보전과 통행의 안전에 지장이 있다고 인정하는 차량

※ 차량의 구조나 적재화물의 특수성으로 인하여 관리청의 허가를 받으려는 자는 신청서에 다음의 사항을 기재하여 도로 관리청에 제출하여야 한다.
① 운행하려는 도로의 종류 및 노선명 ② 운행구간 및 그 총 연장 ③ 차량의 제원(諸元) ④ 운행기간 ⑤ 운행목적 ⑥ 운행방법

※ 제한차량 운행허가 신청서에는 다음의 서류를 첨부하여야 한다. ★
① 차량검사증 또는 차량등록증 ② 차량 중량표 ③ 구조물 통과 하중 계산서

② 도로관리청은 ①에 따른 운행제한에 대한 위반 여부를 확인하기 위하여 관계 공무원으로 하여금 차량에 승차하거나 차량의 운전자(건설기계의 조종사 포함)에게 관계 서류의 제출을 요구하는 등의 방법으로 차량의 적재량을 측정하게 할 수 있다. 이 경우 차량의 운전자는 정당한 사유가 없으면 이에 따라야 한다.

※ 정당한 사유 없이 적재량 측정을 위한 도로관리청의 요구에 따르지 아니한 자 : 1년 이하의 징역이나 1천만 원 이하의 벌금 ★

③ 도로관리청은 ①의 단서에 따라 차량의 운행허가를 하려면 미리 출발지를 관할하는 경찰서장과 협의한 후 차량의 조건과 운행하려는 도로의 여건을 고려하여 대통령령으로 정하는 절차에 따라 운행허가를 하여야 하며, 운행허가를 할 때에는 운행노선, 운행시간, 운행방법 및 도로 구조물의 보수·보강에 필요한 비용부담 등에 관한 조건을 붙일 수 있다. 이 경우 운행허가를 받은 자는 도로교통법에 따른 허가를 받은 것으로 본다.

※ 운행 제한을 위반한 차량의 운전자, 운행 제한 위반의 지시·요구 금지를 위반한 자 : 500만 원 이하의 과태료 ★

3 자동차전용도로의 지정

① 도로관리청은 도로의 교통이 현저히 증가하여 차량의 능률적인 운행에 지장이 있는 경우 또는 도로의 일정한 구간에서 원활한 교통소통을 위하여 필요한 경우에는 자동차전용도로 또는 전용구역(이하 "자동차전용도로")을 지정할 수 있다. 이 경우 자동차전용도로로 지정하려는 도로에 둘 이상의 도로관리청이 있으면 관계되는 도로관리청이 공동으로 자동차전용도로를 지정하여야 한다.

② 도로관리청이 ①에 따라 자동차 전용도로를 지정할 때에는 해당 구간을 연결하는 일반 교통용의 다른 도로가 있어야 한다.

③ ①에 따라 자동차전용도로를 지정할 때 도로관리청이 국토교통부장관이면 경찰청장의 의견을, 특별시장·광역시장·도지사 또는 특별자치도지사이면 관할 시·도경찰청장의 의견을, 특별자치시장·시장·군수 또는 구청장이면 관할 경찰서장의 의견을 각각 들어야 한다.

④ 도로관리청은 ①에 따른 지정을 하는 때에는 대통령령으로 정하는 바에 따라 이를 공고하여야 한다. 그 지정을 변경하거나 해제할 때에도 같다.

⑤ 자동차전용도로의 구조 및 시설기준 등 자동차전용도로의 지정에 필요한 사항은 국토교통부령으로 정한다.

자동차전용도로의 지정 공고 등 ★

도로관리청은 자동차전용도로를 지정·변경 또는 해제할 때에는 다음의 사항을 공고하고, 지체 없이 국토교통부장관에게 보고하여야 한다.

① 도로의 종류·노선번호 및 노선명
② 도로 구간
③ 통행의 방법(해제의 경우는 제외한다)
④ 지정·변경 또는 해제의 이유
⑤ 해당 구간에 있는 일반교통용의 다른 도로 현황(해제의 경우는 제외한다)
⑥ 그 밖에 필요한 사항

---

4 자동차전용도로의 통행방법

자동차전용도로에서는 차량만을 사용해서 통행하거나 출입하여야 한다.

※ 차량을 사용하지 아니하고 자동차전용도로를 통행하거나 출입한 자 : 1년 이하의 징역이나 1천만 원 이하의 벌금 ★

Chapter 6 대기환경보전법령

01 목적

대기오염으로 인한 국민건강 및 환경상의 위해를 예방하고 대기환경을 적정하고 지속가능하게 관리·보전하여 모든 국민이 건강하고 쾌적한 환경에서 생활할 수 있게 하는 것을 목적으로 한다.

02 정의 ★

용어	정의
대기오염물질	대기오염의 원인이 되는 가스·입자상물질로서 환경부령으로 정하는 것
온실가스	적외선 복사열을 흡수하거나 다시 방출하여 온실효과를 유발하는 대기 중의 가스상태 물질로서 이산화탄소, 메탄, 아산화질소, 수소불화탄소, 과불화탄소, 육불화황을 말함
가스	물질이 연소·합성·분해될 때에 발생하거나 물리적 성질로 인하여 발생하는 기체상물질
입자상물질 (粒子狀物質)	물질이 파쇄·선별·퇴적·이적(移積)될 때, 그 밖에 기계적으로 처리되거나 연소·합성·분해될 때에 발생하는 고체상(固體狀) 또는 액체상(液體狀)의 미세한 물질
먼지	대기 중에 떠다니거나 흩날려 내려오는 입자상물질
매연	연소할 때에 생기는 유리(遊離) 탄소가 주가 되는 미세한 입자상물질
검댕	연소할 때에 생기는 유리 탄소가 응결하여 입자의 지름이 1미크론 이상이 되는 입자상물질
저공해자동차	대기오염물질의 배출이 없는 자동차 또는 제작차의 배출허용기준보다 오염물질을 적게 배출하는 자동차
배출가스 저감장치	자동차에서 배출되는 대기오염물질을 줄이기 위하여 자동차에 부착 또는 교체하는 장치로서 환경부령으로 정하는 저감효율에 적합한 장치
저공해엔진	자동차에서 배출되는 대기오염물질을 줄이기 위한 엔진(엔진 개조에 사용하는 부품 포함)으로서 환경부령으로 정하는 배출허용기준에 맞는 엔진
공회전제한장치	자동차에서 배출되는 대기오염물질을 줄이고 연료를 절약하기 위하여 자동차에 부착하는 장치로서 환경부령으로 정하는 기준에 적합한 장치

1 저공해자동차의 운행 등

시·도지사 또는 시장·군수는 관할 지역의 대기질 개선 또는 기후·생태계 변화유발물질 배출감소를 위하여 필요하다고 인정될 경우 그 지역에서 운행하는 자동차 중 차령과 대기오염물질 또는 기후·생태계 변화유발물질 배출정도 등에 관하여 환경부령으로 정하는 요건을 충족하는 자동차의 소유자에게 조례에 따라 그 자동차에 대하여 다음의 어느 하나에 해당하는 조치를 하도록 명령하거나 조기에 폐차할 것을 권고할 수 있다.

① 저공해자동차로의 전환 또는 개조

② 배출가스저감장치의 부착 또는 교체 및 배출가스 관련 부품의 교체

③ 저공해엔진(혼소엔진을 포함)으로의 개조 또는 교체

※ 저공해자동차로의 전환 또는 개조 명령, 배출가스저감장치의 부착·교체 명령 또는 배출가스 관련 부품의 교체 명령, 저공해엔진(혼소엔진을 포함)으로의 개조 또는 교체 명령을 이행하지 아니한 자 : 300만 원 이하의 과태료(법 제94조제2항) ★

2 공회전의 제한

① 시·도지사는 자동차의 배출가스로 인한 대기오염 및 연료 손실을 줄이기 위하여 필요하다고 인정하면 조례가 정하는 바에 따라 터미널, 차고지, 주차장 등의 장소에서 자동차의 원동기를 가동한 상태로 주차하거나 정차하는 행위를 제한할 수 있다.

   ※ 자동차의 원동기 가동제한을 위반한 자동차의 운전자 : 1차 위반(과태료 5만 원), 2차 위반(과태료 5만 원), 3차 이상 위반(과태료 5만 원) ★

② 시·도지사는 대중교통용 자동차 등 환경부령으로 정하는 자동차에 대하여 조례에 따라 공회전제한장치의 부착을 명령할 수 있다.

> **대중교통용 자동차 등 환경부령으로 정하는 자동차** ★
> ① 시내버스운송사업에 사용되는 자동차
> ② 일반택시운송사업에 사용되는 자동차
> ③ 화물자동차운송사업에 사용되는 최대적재량이 1톤 이하인 밴형 화물자동차로서 택배용으로 사용되는 자동차 .

③ 국가나 지방자치단체는 ②에 따른 부착 명령을 받은 자동차 소유자에게 예산의 범위에서 필요한 자금을 보조하거나 융자할 수 있다.

3 운행차의 수시 점검

① 환경부장관, 특별시장·광역시장·특별자치시장·특별자치도지사·시장·군수·구청장은 자동차에서 배출되는 배출가스가 운행차 배출허용기준에 맞는지 확인하여야 한다. 도로나 주차장 등에서 자동차의 배출가스 배출상태를 수시로 점검하여야 한다.

② 자동차 운행자는 ①에 따른 점검에 협조하여야 하며 이에 응하지 아니하거나 기피 또는 방해하여서는 아니 된다.

※ 운행차의 수시점검을 불응하거나 기피·방해한 자 : 200만 원 이하의 과태료 ★

③ ①에 따른 점검방법 등에 관하여 필요한 사항은 환경부령으로 정한다.

📖 운행차의 수시점검 ★

운행차의 수시점검방법 등	환경부장관 등은 점검대상 자동차를 선정한 후 배출가스를 점검하여야 한다. 다만, 원활한 차량소통과 승객의 편의 등을 위하여 필요한 경우에는 운행 중인 상태에서 원격측정기 또는 비디오카메라를 사용하여 점검할 수 있다.
운행차 수시점검의 면제	환경부장관 등은 다음 어느 하나에 해당하는 자동차에 대하여는 운행차의 수시 점검을 면제할 수 있다. ① 환경부장관이 정하는 저공해자동차 ② 도로교통법령에 따른 긴급자동차 ③ 군용 및 경호업무용 등 국가의 특수한 공용 목적으로 사용되는 자동차

PART
2

화물취급요령

Chapter 1 화물취급

01 개요 ★

1 화물을 과적 시 차량에 미치는 영향

① 엔진, 차량 자체 및 운행하는 도로 등에 악영향을 미친다.
② 자동차의 핸들 조작, 제동장치 조작, 속도 조절 등을 어렵게 한다.
③ 무거운 중량의 화물을 적재한 차량은 경사진 도로에서 적재물 쏠림 위험이 있다.

2 화물 적재방법

① 적재함 가운데부터 좌·우로 적재한다.
② 앞쪽이나 뒤쪽으로 무게중심이 치우치지 않도록 한다.
③ 적재함의 아래쪽에 상대적으로 무거운 화물을 적재한다.

3 화물을 싣고 운행 시 운전자의 유의사항

2시간 또는 200km 정도 운행 후 휴식하며 적재화물의 상태를 확인한다.
※ 운전자의 책임 : 화물 검사, 과적 식별, 적재화물의 균형 유지 및 안전하게 묶고 덮는 것 등 ★

4 컨테이너의 차량 밖 이탈방지

① 컨테이너의 잠금장치를 차량의 해당 홈에 안전하게 걸어 고정시킨다.
② 화물이 낙하하여 사람을 다치게 하거나 악천후(비 등)로 인한 피해를 막기 위해 덮개를 씌운다.

5 일반화물이 아닌 색다른 화물을 운송하는 화물차량의 운행 시 유의사항

① 드라이 벌크 탱크 차량은 일반적으로 무게중심이 높고, 적재물이 이동하기 쉬워 커브길, 급회전할 때 주의해야 한다.
② 가축운반차량은 무게중심이 이동되어 전복될 우려가 높아 커브길 등에서 주의하여 운전한다.
③ 냉동차량은 냉동설비 등으로 인해 무게중심이 높기 때문에 급회전할 때 특별한 주의 및 서행운전이 필요하다.
④ 길이가 긴 화물, 폭이 넓은 화물 또는 부피에 비하여 중량이 무거운 화물 등 비정상화물(oversized loads)을 운반하는 때에는 적재물의 특성을 알리는 특수장비를 갖추거나 경고표시를 하는 등 운행에 특별히 주의한다.

Chapter 2 운송장 작성과 화물 포장

01 운송장 ★

1 운송장의 기능

① 계약서 기능
② 화물인수증 기능
③ 운송요금 영수증 기능
④ 정보처리 기본자료
⑤ 배달에 대한 증빙(배송에 대한 증거서류 기능)
⑥ 수입금 관리자료
⑦ 행선지 분류정보 제공(작업지시서 기능)
※ 운송장은 화물을 수탁시켰다는 증빙 기능·상업적 계약서 기능이 있다.

2 운송장의 형태

① **기본형 운송장(포켓타입)** : 송하인용, 전산처리용, 수입관리용, 배달표용, 수하인용으로 구성
　※ 수입관리용이 빠지는 경우도 있다.
② **보조운송장** : 간단한 기본적인 내용과 원운송장을 연결시키는 내용만 기록
③ **스티커형 운송장** : 배달표형, 바코드 절취형으로 구성

3 운송장의 기록과 운영

① 운송장 번호와 바코드
② 송하인 주소, 성명 및 전화번호
③ 수하인 주소, 성명 및 전화번호
④ 주문번호 또는 고객번호
⑤ 화물명
⑥ 화물의 가격
⑦ 화물의 크기(중량, 사이즈)
⑧ 운임의 지급방법
⑨ 운송요금
⑩ 발송지(집하점)
⑪ 도착지(코드)
⑫ 집하자
⑬ 인수자 날인
⑭ 특기사항
⑮ 면책사항(파손, 배달지연, 배달불능, 부패)
⑯ 화물의 수량

4 운송장 기재요령

운송장 기재사항	내용
송하인 기재사항	• 송하인의 주소, 성명(또는 상호) 및 전화번호 • 수하인의 주소, 성명, 전화번호(거주지 또는 핸드폰번호) • 물품의 품명, 수량, 가격 및 특약사항 약관설명 확인필 자필 서명 • 파손품 또는 냉동 부패성 물품의 경우 : 면책확인서 자필 서명
집하담당자 기재사항	• 접수일자, 발송점, 도착점, 배달 예정일 및 운송료 • 수하인용 송장상의 좌측 하단에 총수량 및 도착점 코드 • 집하자 성명과 전화번호 및 기타 물품의 운송에 필요한 사항
운송장 기재 시 유의사항	• 화물 인수 시 적합성 여부를 확인한 다음, 고객이 직접 운송장 정보를 기입하 도록 한다. • 운송장은 꼭꼭 눌러 기재하여 맨 뒷면까지 잘 복사되도록 한다. • 수하인의 주소 및 전화번호가 맞는지 재차 확인한다. • 도착점 코드가 정확히 기재되었는지 확인한다. • 특약사항을 고객에게 고지한 후 약관설명 확인필에 서명을 받는다. • 파손, 부패, 변질 등 문제가 있는 경우 면책확인서를 받는다. • 고가품에 대하여는 그 품목과 물품 가격을 정확히 확인하여 기재하고, 할증료 를 청구하여야 하며, 할증료를 거절하는 경우에는 특약사항을 설명하고 보상 한도에 대해 서명을 받는다. • 같은 장소로 2개 이상 보내는 물품에 대해서는 보조송장을 기재할 수 있으며, 보조송장도 주송장과 같이 정확한 주소와 전화번호를 기재한다. • 산간 오지, 섬 지역 등은 지역특성을 고려하여 배송예정일을 정한다.

5 운송장 부착요령

① 운송장 부착은 원칙적으로 접수 장소에서 매 건마다 작성하여 화물에 부착하고, 운송장이
떨어지지 않도록 손으로 잘 눌러서 부착한다.
② 운송장은 물품의 정중앙 상단에 뚜렷하게 보이도록 하고, 운송장과 물품이 정확히 일치하
는지 확인하고 부착한다.
③ 물품 정중앙 상단에 부착이 어려운 경우 최대한 잘 보이는 곳에 부착한다.
④ 박스 모서리나 후면 또는 측면에 부착하여 혼동을 주어서는 안 된다.
⑤ 운송장을 화물포장 표면에 부착할 수 없는 소형, 변형화물은 박스에 넣어 수탁한 후 부착하
고, 작은 소포의 경우에도 운송장 부착이 가능한 박스에 포장하여 수탁한 후 부착한다.
⑥ 박스 물품이 아닌 쌀, 매트, 카펫 등은 물품의 정중앙에 운송장을 부착하며, 테이프 등을 이
용하여 운송장이 떨어지지 않도록 조치하되, 운송장의 바코드가 가려지지 않도록 한다.
⑦ 운송장이 떨어질 우려가 큰 물품의 경우 송하인의 동의를 얻어 포장재에 수하인 주소 및 전
화번호 등 필요한 사항을 기재하도록 한다.

⑧ 월불(月拂) 거래처의 경우 물품 상자를 재사용하는 경우가 많아, 운송장이 2개 부착된 물품이 도착되었을 때에는 바로 집하지점에 통보하여 확인하도록 한다.

⑨ 기존에 사용하던 박스를 사용하는 경우 구 운송장은 제거하고 새로운 운송장을 부착하여 1개의 화물에 2개의 운송장이 부착되지 않도록 한다.

⑩ 취급주의 스티커의 경우 운송장 바로 우측 옆에 붙여서 눈에 띄게 한다.

02 운송화물의 포장

1 포장 ★

구분	내용
개념	물품의 수송, 보관, 취급, 사용 등에 있어 물품의 가치 및 상태를 보호하기 위해 사용하는 기술 또는 그 상태를 말한다. • 개장(個裝, 물품 개개의 포장) • 내장(內裝, 포장화물 내부의 포장) • 외장(外裝, 포장화물 외부의 포장)
기능	① 보호성 ② 표시성 ③ 상품성 ④ 편리성 ⑤ 효율성 ⑥ 판매촉진성
분류	① 상업포장 : 소비자포장, 판매포장 ② 공업포장 : 수송포장 ③ 포장재료의 특성에 의한 분류 : 유연, 강성, 반강성포장 ④ 포장방법(포장기법)별 분류 : 방수, 방습, 방청, 완충, 진공, 압축, 수축포장 ※ 강성포장 : 포장된 물품 또는 단위 포장물이 포장재료나 용기의 경직성으로 형태가 변화되지 않고 고정되는 포장으로 유리제 및 플라스틱제의 병이나 통(桶), 목제(木製) 및 금속제의 상자나 통 등 강성을 가진 포장

2 화물 포장에 관한 일반적 유의사항

운송화물의 포장이 부실하거나 불량한 경우 포장을 보강하도록 고객에게 양해를 구하며, 포장비는 별도로 받고, 재료비는 실비로 수령한다.

3 특별 품목에 대한 포장 유의사항

① 손잡이가 있는 박스 물품의 경우 손잡이를 안으로 접어 사각이 되게 한 다음 테이프로 포장한다.

② 휴대폰 등 고가품의 경우 내용물이 파악되지 않도록 별도의 박스로 이중 포장한다.

③ 배나 사과 등을 박스에 담아 좌우에서 들 수 있도록 되어 있는 물품의 경우 손잡이 부분의 구멍을 테이프로 막아 내용물의 파손을 방지한다.

④ 꿀 등을 담은 병제품의 경우 가능한 플라스틱 병으로 대체하거나 병이 움직이지 않도록 포장재를 보강하여 낱개로 포장한 뒤 박스로 포장하여 집하한다. 부득이 병으로 집하하는 경우 면책확인서를 받고, 내용물 간의 충돌로 파손되는 경우가 없도록 박스 안의 빈 공간에 폐지 또는 스티로폼 등으로 채워 집하한다.

⑤ 식품류(김치 등)의 경우 스티로폼으로 포장하는 것을 원칙으로 하되, 스티로폼이 없을 경우 비닐로 내용물이 손상되지 않도록 포장한 후 두꺼운 골판지 박스 등으로 포장하여 집하한다.

⑥ 가구류의 경우 박스포장하고 모서리부분을 에어 캡으로 포장처리 후 면책확인서를 받아 집하한다.

⑦ 가방류 등의 경우 풀어서 내용물을 확인할 수 있는 물품들은 개봉이 되지 않도록 안전장치를 강구한 후 박스로 이중 포장하여 집하한다.

⑧ 포장된 박스가 낡은 경우 박스를 교체하거나 보강하여 포장한다.

⑨ 서류 등 부피가 작고 가벼운 물품의 경우 집하할 때에는 작은 박스에 넣어 포장한다.

⑩ 비나 눈이 올 경우 비닐포장 후 박스포장을 원칙으로 한다.

⑪ 부패 또는 변질되기 쉬운 물품의 경우 아이스박스를 사용한다.

4 집하 시의 유의사항

① 물품의 특성을 파악하여 물품의 종류에 따라 포장방법을 달리하여 취급하여야 한다.

② 집하할 때에는 물품의 포장상태를 확인한다.

5 일반 화물의 취급 표지(한국산업표준 KS T ISO 780)

(1) 취급 표지의 표시

취급 표지는 포장에 직접 스텐실 인쇄하거나 라벨을 이용하여 부착하는 방법 중 적절한 것을 사용하여 표시한다. 페인트로 그리거나 인쇄 또는 다른 여러 가지 방법으로 이 표준에 정의되어 있는 표지를 사용하는 것을 장려하며 국경 등의 경계에 구애받을 이유는 없다.

(2) 취급 표지의 색상

표지의 색은 기본적으로 검은색을 사용한다. 포장의 색이 검은색 표지가 잘 보이지 않는 색이라면 흰색과 같이 적절한 대조를 이룰 수 있는 색을 부분 배경으로 사용한다. 위험물 표지와 혼동을 가져올 수 있는 색의 사용은 피해야 한다. 적색, 주황색, 황색 등의 사용은 이들 색의 사용이 규정화되어 있는 지역 및 국가 외에서는 사용을 피하는 것이 좋다.

(3) 취급 표지의 크기

일반적인 목적으로 사용하는 취급 표지의 전체 높이는 100mm, 150mm, 200mm의 세 종류가 있다. 그러나 포장의 크기나 모양에 따라 표지의 크기는 조정할 수 있다.

(4) 취급 표지의 수와 위치

① 하나의 포장 화물에 사용되는 동일한 취급 표지의 수는 그 포장 화물의 크기나 모양에 따라 다르다.

표지	내용
깨지기 쉬움, 취급 주의 ★	4개의 수직면에 모두 표시해야 하며 위치는 각 변의 왼쪽 윗부분이다.
위 쌓기 ★	"깨지기 쉬움, 취급 주의" 표지와 같은 위치에 표시하여야 하며 이 두 표지가 모두 필요할 경우 "위" 표지를 모서리에 가깝게 표시한다.
무게 중심 위치 ★	가능한 한 여섯 면 모두에 표시하는 것이 좋지만 그렇지 않은 경우 최소한 무게 중심의 실제 위치와 관련 있는 4개의 측면에 표시한다.
지게차 꺾쇠 취급 표시 ★	클램프를 이용하여 취급할 화물에 사용한다. 마주보고 있는 2개의 면에 표시하여 클램프 트럭 운전자가 화물에 접근할 때 표지를 인지할 수 있도록 운전자의 시각 범위 내에 두어야 한다. 이 표지는 클램프가 직접 닿는 면에는 표시해서는 안 된다.
거는 위치 ★	최소 2개의 마주보는 면에 표시되어야 한다.

② 수송 포장 화물을 단위 적재 화물화하였을 경우에는 취급 표지를 잘 보일 수 있는 곳에 적절히 표시하여야 한다.

③ 표지의 정확한 적용을 위해 주의를 기울여야 하며 잘못된 적용은 부정확한 해석을 초래할 수 있다. "무게 중심 위치" 표지와 "거는 위치" 표지는 그 의미를 정확하고 완벽하게 전달하기 위해 각 화물의 적절한 위치에 표시되어야 한다.

④ "적재 단수 제한" 표지에서의 n은 위에 쌓을 수 있는 최대한의 포장 화물 수를 말한다.

호칭	표지	내용	비고
깨지기 쉬움, 취급주의 (FRAGILE, HANDLE WITH CARE)		내용물이 깨지기 쉬운 것이므로 주의하여 취급할 것	적용 예시 :
갈고리 금지 (USE NO HAND HOOKS)		갈고리를 사용해서는 안 됨	
위 쌓기 (THIS WAY UP)		화물의 올바른 위 방향을 표시	적용 예시 :
직사광선 금지 (KEEP AWAY FROM SUNLIGHT)		태양의 직사광선에 화물을 노출시켜서는 안 됨	
방사선 보호 (PROTECT FROM RADIOACTIVE SOURCES)		방사선에 의해 상태가 나빠지거나 사용할 수 없게 될 수 있는 내용물 표시	

호칭	표지	내용	비고
젖음 방지 (KEEP AWAY FROM WATER)		비를 맞으면 안 되는 포장 화물	
무게 중심 위치 (CENTRE OF GRAVITY)		취급되는 최소 단위 화물 의 무게 중심을 표시	적용 예시 :
굴림 방지 (DO NOT ROLL)		굴려서는 안 되는 화물을 표시	
손수레 사용 금지 (DO NOT USE HAND TRUCK HERE)		손수레를 끼우면 안 되는 면 표시	
지게차 취급 금지 (USE NO FORKS)		지게차를 사용한 취급 금지	
조임쇠 취급 표시 (CLAMP AS INDICATED)		이 표시가 있는 면의 양쪽 면이 클램프의 위치라는 표시	
조임쇠 취급 제한 (DO NOT CLAMP AS INDICATED)		이 표지가 있는 면의 양쪽 에는 클램프를 사용하면 안 된다는 표시	
적재 제한 (STAKING LIMIT BY MASS)	...kg max	위에 쌓을 수 있는 최대 무 게를 표시	
적재 단수 제한 (STACKING LIMIT BY NUMBER)	n	• 위에 쌓을 수 있는 동일 한 포장 화물의 수 표시 • "n"은 한계 수	
적재 금지 (DO NOT STACK)		포장의 위에 다른 화물을 쌓으면 안 된다는 표시	
거는 위치 (SLING HERE)		슬링을 거는 위치를 표시	적용 예시 :
온도 제한 (TEMPERATURE LIMITS)		포장 화물의 저장 또는 유 통 시 온도 제한을 표시	적용 예시 : ...℃ max. ...℃ min. ...℃ min. ...℃ max.

※ 이 표준은 어떤 종류의 화물에도 적용할 수 있으나 위험물의 취급 표지로는 사용할 수 없다. ★

Chapter 3 화물의 상·하차

01 화물 취급 전 준비사항 ★

① 위험물, 유해물을 취급할 때는 보호구를 착용하고 안전모는 턱끈을 매고 착용한다.
② 유해, 유독화물을 철저히 확인하고 위험에 대비한 약품, 세척용구 등을 준비한다.
③ 화물의 낙하, 분탄화물의 비산 등의 위험을 사전에 제거하고 작업을 시작한다.

02 창고 내 및 입·출고 작업요령

구분	작업요령
창고 내 작업 시 주의사항	어떠한 경우라도 흡연을 금지하고 화물적하장소 무단출입을 금지한다.
창고 내에서 화물을 옮길 때 주의사항	• 작업 안전통로를 충분히 확보한다. • 운반통로의 맨홀이나 홈에 주의한다.
화물더미에서 작업 시 주의사항	• 화물 출하 시에는 화물더미 위에서부터 순차적으로 층계를 지으면서 헐어낸다. • 화물더미의 상층과 하층에서 동시에 작업하지 않는다. • 화물더미 위로 오르고 내릴 때에는 승강시설을 이용한다.
컨베이어를 이용하여 화물을 연속적 이동 시 주의사항	• 타이어 등을 상차 시 떨어지거나 떨어질 위험이 있는 곳에서 작업하지 않는다. • 상차 작업자와 컨베이어를 운전하는 작업자는 상호간에 신호를 긴밀히 하여야 한다.
화물 운반 시 주의사항	• 운반하는 물건이 시야를 가리지 않도록 한다. • 원기둥형 화물을 굴릴 때는 앞으로 밀어 굴리고 뒤로 끌어서는 아니 된다.
발판을 활용한 작업 시 주의사항	• 발판을 이용하여 오르내릴 때에는 2명 이상 동시 통행을 삼가한다. • 발판이 움직이지 않도록 상·하에 고정조치를 철저히 한다.

03 화물 취급방법 ★

1 화물 하역방법

① 종류가 다른 것을 적치할 때는 무거운 것을 밑에 쌓고, 작은 화물 위에 큰 화물을 놓지 말아야 한다.

② 부피가 큰 것을 쌓을 때는 무거운 것을 밑에, 가벼운 것은 위에 쌓는다.

③ 길이가 고르지 못하면 한쪽 끝이 맞도록 하고, 같은 종류 및 동일규격끼리 적재해야 한다.

④ 바닥으로부터 높이가 2m 이상 되는 화물더미와 인접 화물더미 사이의 간격은 밑부분을 기준으로 10cm 이상으로 하고, 제재목을 적치할 때는 건너지르는 대목을 3개소에 놓아야 한다.

2 화물 적재함 적재방법

① 한쪽으로 기울지 않게 쌓고, 적재하중을 초과하면 안 된다.

② 무거운 화물을 적재함 뒤쪽에 실으면 앞바퀴가 들려서 조향이 마음대로 되지 않아 위험하다.

③ 무거운 화물을 적재함 앞쪽에 실으면 조향이 무겁고, 제동 시 뒷바퀴가 먼저 제동되어 좌·우로 틀어지는 경우가 발생한다.

④ 무게가 골고루 분산될 수 있도록 하고, 무거운 화물은 적재함 중간 부분에 적재한다.

⑤ 가축은 화물칸에서 이리저리 움직여 차량이 흔들릴 수 있어, 가축을 한데로 몰아 움직임을 제한하는 임시 칸막이를 사용한다.

⑥ 적재함보다 긴 물건을 적재할 때는 적재함 밖으로 나온 부위에 위험 표시를 한다.

⑦ 트랙터 차량의 캡과 적재물의 간격은 120cm 이상 유지한다.

3 화물 운반방법 ★

① 공동작업 시에는 상호간 신호를 정확히 하고 진행 속도를 맞춘다.

② 물건을 들어올릴 때의 자세 및 방법
  • 발은 어깨 너비만큼 벌리고 물품으로 향한다.
  • 허리를 똑바로 펴고, 팔꿈치를 바로 펴서 서서히 물품을 들어올린다.
  • 물품은 허리의 힘으로 드는 것이 아니고 무릎을 굽혀 펴는 힘으로 든다.

③ 단독작업으로 화물 운반 시 인력운반중량 권장기준(인력운반 안전작업에 관한 지침)
  • 일시작업(시간당 2회 이하) : 성인 남자 25~30kg, 성인 여자 15~20kg
  • 계속작업(시간당 3회 이상) : 성인 남자 10~15kg, 성인 여자 5~10kg

④ 물품을 어깨에 메고 운반 시 자세 및 방법
  • 물품을 받아 어깨에 멜 때는 어깨를 낮추고 몸을 약간 기울인다.
  • 호흡을 맞추어 어깨로 받아 화물 중심과 몸 중심을 맞춘다.
  • 진행 방향의 안전을 확인하면서 운반한다.
  • 물품을 어깨에 메거나 받아들 때 한쪽으로 쏠리거나 꼬이더라도 충돌하지 않도록 공간을 확보하고 작업한다.

4 화물 기타작업

① 화물은 가급적 세우지 말고 눕혀 놓는다.

② 화물을 바닥에 놓는 경우 화물의 가장 넓은 면이 바닥에 놓이도록 한다.

③ 바닥이 약하거나 원형 물건 등 평평하지 않은 화물은 지지력이 있고 평평한 면적을 가진 받침을 이용한다.

④ 사람의 손으로 하는 작업은 가능한 한 줄이고, 기계를 이용한다.

⑤ 화물을 하역하기 위해 로프를 풀고 문을 열 때는 짐이 무너질 위험이 있으므로 주의한다.

⑥ 동일거래처의 제품이 자주 파손될 때에는 반드시 개봉하여 포장상태를 점검한다.

⑦ 수작업 운반과 기계작업 운반의 기준 ★

수작업 운반기준	• 두뇌작업이 필요한 작업 – 분류, 판독, 검사 • 얼마 동안 시간 간격을 두고 되풀이되는 소량 취급 작업 • 취급물품의 형상, 성질, 크기 등이 일정하지 않은 작업 • 취급물품이 경량물인 작업
기계작업 운반기준	• 단순하고 반복적인 작업 – 분류, 판독, 검사 • 표준화되어 있어 지속적으로 운반량이 많은 작업 • 취급물품의 형상, 성질, 크기 등이 일정한 작업 • 취급물품이 중량물인 작업

04 고압가스 취급요령 ★

① 고압가스의 명칭, 성질 및 이동 중의 재해방지를 위한 주의사항을 운반책임자 또는 운전자에게 휴대하도록 한다.

② 차량의 고장 등 부득이한 경우를 제외하고 장시간 정차하지 않아야 하며, 운반책임자와 운전자가 차량에서 동시 이탈하지 않는다.

③ 200km 이상의 거리를 운행하는 경우 중간에 충분한 휴식을 취한 후 운전한다.

④ 노면이 나쁜 도로는 가능한 한 운행하지 말아야 한다.

⑤ 부득이 나쁜 도로를 운행할 때에는 운행 개시 전에 적재상황을 재검사하여 이상 유무를 확인하고, 운행한 후에도 일시정지하여 적재상황, 용기밸브, 로프 등의 풀림 등이 없는가를 확인한다.

05 컨테이너의 취급 ★

1 컨테이너의 구조

컨테이너는 해당 위험물 운송에 충분히 견딜 수 있는 구조와 강도를 가져야 하며, 영구히 반복하여 사용할 수 있도록 견고하게 제조되어야 한다.

2 위험물의 수납방법 및 주의사항

위험물의 수납 전 위험물의 성질, 성상, 취급방법, 방제대책을 충분히 조사하는 동시에 해당 위험물의 적화방법 및 주의사항을 지켜야 한다.

① 컨테이너에 위험물을 수납하기 전에 철저히 점검하여 그 구조와 상태 등이 불안한 컨테이너를 사용해서는 안 되며, 특히 개폐문의 방수상태를 점검한다.
② 컨테이너를 깨끗이 청소하고 잘 건조한다.
③ 수납되는 위험물 용기의 포장 및 표찰이 불완전한 것은 수납을 금지시킨다.
④ 수납에 있어서는 화물의 이동, 전도, 충격, 마찰, 누설 등에 의한 위험이 생기지 않도록 충분한 깔판 및 각종 고임목을 사용하여 화물을 보호하는 동시에 단단히 고정시킨다.
⑤ 수납이 완료되면 즉시 문을 폐쇄한다.
⑥ 품명이 틀린 위험물 또는 위험물과 위험물 이외의 화물이 상호작용하여 부식작용이 일어나거나 기타 물리적 화학작용이 일어날 염려가 있을 때에는 동일 컨테이너에 수납해서는 안 된다.

3 위험물의 표시

컨테이너에 수납되어 있는 위험물의 분류명, 표찰 및 컨테이너 번호를 외측부 가장 잘 보이는 곳에 표시한다.

4 적재방법

① 위험물이 수납되어 있는 컨테이너가 이동하는 동안에 전도, 손상, 찌그러지는 현상 등이 생기지 않도록 적재한다.
② 위험물이 수납되어 수밀의 금속제 컨테이너를 적재하기 위해 설비를 갖추고 있는 선창 또는 구획에 적재할 경우는 상호 관계를 참조하여 적재하도록 한다.
③ 컨테이너를 적재 후 반드시 콘(잠금장치)을 잠근다.

06 위험물 탱크로리 취급 시 확인·점검 ★

① 탱크로리에 커플링(coupling)은 잘 연결되었는지, 접지는 연결시켰는지 확인한다.
② 플랜지(flange) 등 연결부분에 새는 곳은 없는지, 플렉서블 호스(flexible hose)는 고정시켰는지 확인한다.
③ 누유된 위험물은 회수하여 처리하고, 인화성물질을 취급할 때에는 소화기를 준비하고 흡연자가 없는지 확인한다.
④ 담당자 이외에는 손대지 않도록 조치하고 주위에 위험표지를 설치하고, 주위 정리정돈 상태는 양호한지 점검한다.

07 주유취급소의 위험물 취급기준 ★

① 자동차 등에 주유할 때에는 자동차 등의 원동기를 정지시키고 고정주유설비를 사용하여 직접 주유한다.
② 유분리 장치에 고인 유류는 넘치지 않도록 수시로 퍼내어야 한다.
③ 자동차 등의 일부 또는 전부가 주유취급소 밖에 나온 채로 주유하지 않는다.
④ 주유취급소의 전용탱크 또는 간이탱크에 위험물을 주입할 때는 그 탱크에 연결되는 고정주유설비의 사용을 중지하여야 하며, 자동차 등을 그 탱크의 주입구에 접근시켜서는 아니 된다.
⑤ 고정주유설비에 유류를 공급하는 배관은 전용탱크 또는 간이탱크로부터 고정주유설비에 직접 연결된 것이어야 한다.

08 독극물 취급 시 주의사항 ★

① 독극물을 취급하거나 운반할 때는 소정의 안전한 용기, 도구, 운반구 및 운반차를 이용한다.
② 취급불명의 독극물은 함부로 다루지 말고, 독극물 취급방법을 확인한 후 취급한다.
③ 독극물을 보호할 수 있는 조치를 취하고 적재 및 적하 작업 전에는 주차 브레이크를 사용하여 차량이 움직이지 않도록 조치한다.
④ 용기가 깨어질 염려가 있는 것은 나무상자나 플라스틱상자 속에 넣어 보관하고, 쌓아둔 것은 울타리나 철망 등으로 둘러싸서 보관한다.
⑤ 취급하는 독극물의 물리적, 화학적 특성을 충분히 알고, 그 성질에 따른 방호수단을 알고 있다.

09 상·하차 작업 시 확인사항 ★

① 작업원에게 화물의 내용, 특성 등을 잘 주지시켰는가?
② 받침목, 지주, 로프 등 필요한 보조용구는 준비되어 있는가?
③ 위험한 승강과 던지기 및 굴려 내리기를 하고 있지 않는가?
④ 적재량을 초과하지 않고 차량에 구름막이는 되어 있는가?
⑤ 적재화물의 높이, 길이, 폭 등의 제한은 지키고 있는가?
⑥ 화물의 붕괴를 방지하기 위한 조치는 취해져 있는가?
⑦ 위험물이나 긴 화물은 소정의 위험표지를 하였는가?
⑧ 작업 신호에 따라 작업이 잘 행하여지고 있는가?

Chapter 4 ‖ 적재물 결박·덮개 설치

01 파렛트(pallet) 화물의 붕괴 방지요령 ★

1. 파렛트 화물의 붕괴 방지요령의 방식

① 밴드걸기 방식   ② 주연어프 방식

③ 슬립 멈추기 시트삽입 방식   ④ 풀 붙이기 접착 방식

⑤ 수평 밴드걸기 풀 붙이기 방식   ⑥ 슈링크 방식

⑦ 스트레치 방식   ⑧ 박스 테두리 방식

> **▣ 주연어프 방식과 슈링크 방식 ★**
>
> ① **주연어프 방식** : 파렛트의 가장자리를 높게 하여 포장화물을 안쪽으로 기울여서 화물이 갈라지는 것을 방지하는 방법으로, 부대화물에 효과가 있다(다른 방법과 병용).
>
> ② **슈링크 방식** : 열수축성 플라스틱 필름을 파렛트에 씌우고, 슈링크 터널을 통과시킬 때 가열하여 필름을 수축시켜서 파렛트와 밀착시키는 방식이다.
> - 장점 : 우천 시 하역이나 야적보관도 가능하다.
> - 단점 : 통기성이 없고, 상품에 따라 이용 불가하며, 비용이 많이 든다.

02 화물 붕괴 방지요령

1. 파렛트 화물 사이에 생기는 틈바구니를 메우는 재료

① 합판   ② 발포 스티롤판   ③ 에어백(공기가 든 부대)

2. 차량에 특수장치를 설치하는 방법

① 화물 붕괴 방지와 짐을 싣고 내리는 작업성을 생각하여 차량에 특수한 장치를 설치하는 방법이 있다.

② 파렛트 화물의 높이가 일정하다면 적재함의 천장이나 측벽에서 파렛트 화물이 붕괴되지 않도록 누르는 장치를 설치한다.

③ 청량음료 전용차와 같이 적재공간이 파렛트 화물 치수에 맞추어 작은 칸으로 구분되는 장치를 설치한다.

03 포장화물 운송과정의 외압과 보호요령 ★

포장화물은 운송과정에서 각종 충격, 진동 또는 압축하중을 받는다. 따라서 포장방법에 따라 물품의 보호, 보장이 뒷받침되고 있으나, 화물 보호를 위해서는 다음과 같은 운송과정상의 외압을 이해하고 있어야 한다.

하역 시의 충격	• 하역 시의 충격 중 가장 큰 충격은 낙하충격이다.
	• 일반적으로 수하역의 경우 낙하의 높이
	  – 견하역 : 100cm 이상
	  – 요하역 : 10cm 정도
	  – 파렛트 쌓기의 수하역 : 40cm 정도

수송 중의 충격 및 진동	• 트랙터와 트레일러를 연결할 때 발생하는 수평충격은 낙하충격에 비하면 적은 편이다. • 화물은 수평충격과 함께 수송 중에는 항상 진동을 받고 있다. 진동에 의한 장해로 제품의 포장면이 서로 닿아서 상처 및 표면이 상하는 것 등을 생각할 수 있다. • 트럭수송에서 비포장 도로 등을 달리는 경우에는 상하진동이 발생하게 되므로 화물을 고정시켜 진동으로부터 화물을 보호한다.
보관 및 수송 중 의 압축하중	• 포장화물은 보관 중 또는 수송 중에 밑에 쌓은 화물이 반드시 압축하중을 받는다. 통상 높이는 창고에서는 4m, 트럭이나 화차에서는 2m지만, 주행 중에는 상하진동을 받으므로 압축하중을 2배 정도로 받게 된다. • 내하중은 포장 재료에 따라 상당히 다르다. 나무상자는 강도의 변화가 거의 없으나 골판지는 시간이나 외부 환경에 의해 변화를 받기 쉬우므로 골판지의 경우에는 외부의 온도와 습기, 방치시간 등에 특히 유의하여야 한다.

Chapter 5 운행요령

01 컨테이너 상차 전 확인사항 ★

① 배차지시
② 보세 면장번호(번호 4자리)
③ 화주, 공장 위치, 공장 전화번호, 담당자 이름
④ 상차지, 도착시간
⑤ 컨테이너 중량

02 고속도로 운행 ★

1 고속도로 제한차량

① 축하중 : 10톤 초과
② 총중량 : 40톤 초과
③ 길이 : 16.7m 초과(적재물 포함)
④ 폭 : 2.5m 초과(적재물 포함)
⑤ 높이 : 한 차량의 높이가 4.0m 초과(적재물 포함)
　※ 도로 구조의 보전과 통행의 안전에 지장이 없다고 도로관리청이 인정하여 고시한 도로의 경우 4.2m
⑥ 저속 : 정상 운행속도 50km/h 미만 차량
⑦ 이상기후일 때(적설량 10cm 이상 또는 영하 20℃ 이하) 연결화물차량(풀카고, 트레일러 등)
⑧ 적재불량 차량
　• 화물 적재가 편중되어 전도 우려가 있는 차량
　• 모래, 흙, 골재류, 쓰레기 등을 운반하면서 덮개를 미설치하거나 없는 차량
　• 스페어 타이어 고정상태 및 덮개를 하지 않고 묶지 않아 결속상태가 불량한 차량
　• 적재함 청소상태가 불량한 차량 또는 액체 적재물 방류 또는 유출 차량
　• 사고 차량을 견인하면서 파손품의 낙하 및 기타 적재불량으로 적재물 낙하 우려가 있는 차량

2 제한차량의 표시 및 공고

도로법에 의한 운행제한의 표지는 다음의 사항을 기재하여 그 운행을 제한하는 구간의 양측과 그밖에 필요한 장소에 설치하고 그 내용을 공고하여야 한다.
① 해당도로의 종류, 노선번호 및 노선명
② 차량운행이 제한되는 구간 및 기간
③ 운행이 제한되는 차량 및 차량운행을 제한하는 사유
④ 그 밖에 차량운행의 제한에 필요한 사항

3 운행허가기간

운행허가기간은 해당 운행에 필요한 일수로 한다. 다만, 제한제원이 일정한 차량(구조물 보강을 요하는 차량 제외)이 일정기간 반복하여 운행하는 경우에는 신청인의 신청에 따라 그 기간을 1년 이내로 할 수 있다.

4 차량호송

① 운행허가기관의 장은 다음 사항에 해당하는 제한차량의 운행을 허가하고자 할 때에는 차량의 안전운행을 위하여 고속도로순찰대와 협조하여 차량호송을 실시토록 한다. 다만, 운행자가 호송할 능력이 없거나 호송을 공사에 위탁하는 경우에는 공사가 이를 대행할 수 있다.
  - 적재물을 포함하여 차폭 3.6m 또는 길이 20m를 초과하는 차량으로서 운행상 호송이 필요하다고 인정되는 경우
  - 구조물통과 하중계산서를 필요로 하는 중량제한차량
  - 주행속도 50km/h 미만인 차량의 경우
② 특수한 도로상황이나 제한차량의 상태를 감안하여 운행허가기관의 장이 필요하다고 인정하는 경우에는 ①의 규정에도 불구하고 그 호송기준을 강화하거나 다른 특수한 호송방법을 강구하게 할 수 있다.
③ ①의 규정에도 불구하고 안전운행에 지장이 없다고 판단되는 경우에는 제한차량 후면 좌우측에 "자동점멸신호등"의 부착 등의 조치를 함으로써 그 호송을 대신할 수 있다.

03 과적

1 과적차량 단속근거

① 단속의 필요성 : 관리청은 도로의 구조를 보전하고 운행의 위험을 방지하기 위하여 필요하다고 인정하면 대통령령으로 정하는 바에 따라 차량의 운행을 제한할 수 있다.
② 위반에 따른 벌칙(도로법 제115조, 제117조) ★

위반항목	벌칙
• 총중량 40톤, 축하중 10톤, 높이 4.0m, 길이 16.7m, 폭 2.5m 초과 • 운행제한을 위반하도록 지시하거나 요구한 자 • 임차한 화물적재차량이 운행제한을 위반하지 않도록 관리하지 아니한 임차인	500만 원 이하의 과태료
• 적재량의 측정 및 관계서류의 제출요구 거부 시 • 적재량 측정 방해(축조작)행위 및 재측정 거부 시 • 적재량 측정을 위한 도로관리원의 차량 승차요구 거부 시	1년 이하 징역이나 1천만 원 이하의 벌금

※ 화주, 화물자동차 운송사업자, 화물자동차 운송주선 사업자 등의 지시 또는 요구에 따라서 운행제한을 위반한 운전자가 그 사실을 신고하여 화주 등에게 과태료를 부과한 경우 운전자에게는 과태료를 부과하지 않음(도로법 제117조 제5항)

2 과적의 폐해 ★

(1) 과적차량의 안전운행 취약 특성

① 윤하중 증가에 따른 타이어 파손 및 타이어 내구 수명 감소로 사고 위험성이 증가한다.

② 적재중량보다 20%를 초과한 과적차량의 경우 타이어 내구수명은 30% 감소, 50% 초과의 경우 내구 수명은 60% 감소한다.

③ 과적에 의해 차량이 무거워지면 제동거리가 길어져 사고의 위험성이 증가한다.

④ 과적에 의한 차량의 무게중심 상승으로 인해 차량이 균형을 잃어 전도될 가능성도 높아지며, 특히 나들목이나 분기점 램프와 같이 심한 곡선부에서는 약간의 과속으로도 승용차에 비해 전도될 위험성이 매우 높아진다.

⑤ 충돌 시의 충격력은 차량의 중량과 속도에 비례하여 증가한다.

(2) 과적차량이 도로에 미치는 영향

① 도로포장은 기후 및 환경적인 요인에 의한 파손, 포장재료의 성질과 시공 부주의에 의한 손상 그리고 차량의 반복적인 통과 및 과적차량의 운행에 따른 손상들이 복합적으로 영향을 끼치며, 이중 과적에 의한 축하중은 도로포장 손상에 직접적으로 가장 큰 영향을 미치는 원인이다.

② 도로법 운행제한기준인 축하중 10톤을 기준으로 보았을 때 축하중이 10%만 증가하여도 도로파손에 미치는 영향은 50%가 상승한다.

③ 축하중이 증가할수록 포장의 수명은 급격하게 감소한다.

④ 총중량의 증가는 교량의 손상도를 높이는 주요 원인으로 총중량 50톤의 과적차량의 손상도는 도로법 운행제한기준인 40톤에 비하여 17배나 증가하는 것으로 나타난다.

3 과적재 방지 방법 ★

(1) 과적재의 주요 원인 및 현황

① 운전자는 과적재하고 싶지 않지만 화주의 요청으로 어쩔 수 없이 하는 경우

② 과적재를 하지 않으면 수입에 영향을 주므로 어쩔 수 없이 하는 경우

③ 과적재는 교통사고나 교통공해 등을 유발하여 자신과 타인의 생활을 위협하는 요인으로 작용

(2) 과적재 방지를 위한 노력

운전자	• 과적재를 하지 않겠다는 운전자의 의식 변화 • 과적재 요구에 대한 거절의사 표시
운송사업자, 화주	• 과적재로 인해 발생할 수 있는 각종 위험요소 및 위법행위에 대한 올바른 인식을 통해 안전운행 확보 • 화주는 과적재를 요구해서는 안 되며, 운송사업자는 운송차량이나 운전자의 부족 등의 사유로 과적재 운행계획 수립은 금물 • 사업자와 화주와의 협력체계 구축 • 중량계 설치를 통한 중량증명 실시 등

01 화물의 인수 · 적재 · 인계 · 관리요령 ★

구분	내용
화물의 인수요령	① 포장 및 운송장 기재 요령을 반드시 숙지하고 인수에 임한다. ② 집하 자제품목 및 집하 금지품목(화약류 및 인화물질 등 위험물)의 경우는 그 취지를 알리고 양해를 구한 후 정중히 거절한다. ③ 집하물품의 도착지와 고객의 배달요청일이 배송 소요 일수 내에 가능한지 필히 확인하고, 기간 내에 배송 가능한 물품을 인수한다. ※ ○월 ○일 ○시까지 배달 등 조건부 운송물품 인수 금지 ④ 제주도 및 도서지역인 경우 그 지역에 적용되는 부대비용(항공료, 도선료)을 수하인에게 징수할 수 있음을 반드시 알려주고, 이해를 구한 후 인수한다. ⑤ 도서지역의 경우 차량이 직접 들어갈 수 없는 지역은 착불로 거래 시 운임을 징수할 수 없으므로 소비자의 양해를 얻어 운임 및 도선료는 선불로 처리한다. ⑥ 항공을 이용한 운송의 경우 항공기 탑재 불가 물품(총포류, 화약류, 기타 공항에서 정한 물품)과 공항유치물품(가전제품, 전자제품)은 집하시 고객에게 이해를 구한 다음 집하를 거절함으로써 고객과의 마찰을 방지한다. ※ 만약 항공료가 착불일 경우 기타란에 항공료 착불이라고 기재하고 합계란은 공란으로 비워둔다. ⑦ 운송인의 책임은 물품을 인수하고 운송장을 교부한 시점부터 발생한다.
화물의 적재요령	① 긴급을 요하는 화물(부패성 식품 등)은 우선적으로 배송될 수 있도록 쉽게 꺼낼 수 있게 적재한다. ② 취급주의 스티커 부착 화물은 적재함 별도공간에 위치하도록 하고, 중량화물은 적재함 하단에 적재하여 타 화물이 훼손되지 않도록 주의한다. ③ 다수화물이 도착하였을 때에는 미도착 수량이 있는지 확인한다.
화물의 인계요령	① 수하인의 주소 및 수하인이 맞는지 확인 후 인계한다. ② 지점에 도착된 물품은 당일배송을 원칙으로 한다. ③ 인수물품 중 부패성 물품 및 긴급을 요하는 물품은 우선적으로 배송한다. ④ 영업소(취급소)는 택배물품을 배송할 때 물품뿐만 아니라, 고객의 마음까지 배달한다는 자세로 성심껏 배송한다. ⑤ 방문시간에 수하인 부재 시 부재중 방문표 활용으로 방문근거(화물인도 일시, 회사명, 문의 전화번호 등)를 남기되 우편함에 넣거나 문틈으로 밀어 넣어 타인이 볼 수 없도록 조치한다.
인수증 관리요령	① 인수증은 반드시 인수자 확인란에 수령인이 누구인지 인수자가 자필로 적도록 한다. ② 물품 인도일 기준으로 1년 이내 인수근거 요청 시 입증자료를 제시할 수 있어야 한다. ③ 수령인이 물품의 수하인과 다른 경우 관계(동거인 등)를 기재하여야 한다.

02 고객 확인 요구 물품 ★

① 중고 가전제품 및 A/S용 물품
② 기계류, 장비 등 중량 고가물로 40kg 초과 물품
③ 포장 부실 물품 및 무포장 물품(비닐포장 또는 쇼핑백 등)
④ 파손 우려 물품 및 내용검사가 부적당하다고 판단되는 부적합 물품

03 화물사고의 원인과 대책 ★

오손사고 (더럽혀지고 손상됨)	원인	• 김치, 젓갈, 한약류 등 수량에 비해 포장이 약한 경우 • 화물을 적재할 때 중량물을 상단에 적재하여 하단 화물의 오손피해가 발생한 경우
	대책	• 상습적으로 오손이 발생하는 화물은 안전박스에 적재하여 위험으로부터 격리 • 중량물은 하단, 경량물은 상단에 적재한다는 규정 준수
파손사고 (깨어져 못쓰게 됨)	원인	• 화물 집하 시 포장상태 미확인한 경우 • 화물 적재 시 무분별한 적재로 압착되는 경우
	대책	• 집하 시 포장상태 확인 • 충격에 약한 화물은 보강포장 및 특기사항 표기
분실사고 (물건 따위를 잃어버림)	원인	• 대량화물 취급 시 수량 미확인 및 송장이 2개 부착된 화물을 집하한 경우 • 집배송을 위해 차량에서 이석 시 차량 내 화물이 도난당한 경우 • 화물 인계 시 인수자 확인(서명 등)이 부실한 경우
	대책	• 집하 시 화물 수량 및 운송장 부착 여부 확인 등 분실 원인 제거 • 차량에서 벗어날 때 시건장치 확인 철저(지점 및 사무소 등 방범시설 확인) • 인계 시 인수자 확인은 반드시 인수자가 직접 서명하도록 할 것

🚚 **화물사고 발생 시 영업사원의 역할 ★**

① 회사를 대표하여 사고처리를 위한 고객과의 최접점의 위치에 있다.
② 영업사원의 조치가 회사 전체를 대표하는 행위이다.
③ 영업사원은 고객의 서비스 만족 성향을 좌우한다는 신념으로 적극적인 업무자세가 필요하다.

 **Chapter 7** 화물자동차의 종류

01 자동차관리법령상 화물자동차 유형별 세부기준 ★

화물자동차	일반형, 덤프형, 밴형(덮개가 있는 화물운송용인 것), 특수용도형(특수 구조나 기구 장치)
특수자동차	견인형, 구난형, 특수작업형

02 산업현장의 일반적인 화물자동차 호칭 ★

호칭	내용
보닛 트럭 (cab-behind-engine truck)	원동기부의 덮개가 운전실의 앞쪽에 나와 있는 트럭
캡 오버 엔진 트럭 (cab-over-engine truck)	원동기의 전부 또는 대부분이 운전실의 아래쪽에 있는 트럭
밴(van)	상자형 화물실을 갖추고 있는 트럭. 다만, 지붕이 없는 것(오픈 톱형)도 포함
픽업(pickup)	화물실의 지붕이 없고, 옆판이 운전대와 일체로 되어 있는 화물자동차
특수자동차 (special vehicle)	• 다음의 목적을 위하여 설계 및 장비된 자동차 　– 특별한 장비를 한 사람 및 물품의 수송전용 　– 특수한 작업 전용 　– 위의 조건을 겸하여 갖춘 것(예 차량 운반차, 쓰레기 운반차, 모터 캐러반, 탈착 보디 부착 트럭, 컨테이너 운반차 등) • 종류 ※ 특수 용도 자동차(특용차): 특별한 목적을 위하여 보디(차체)를 특수한 것으로 하고, 또는 특수한 기구를 갖추고 있는 특수 자동차(예 선전자동차, 구급차, 우편차, 냉장차 등) ※ 특수장비차(특장차): 특별한 기계를 갖추고, 그것을 자동차의 원동기로 구동할 수 있도록 되어 있는 특수 자동차. 별도의 적재 원동기로 구동하는 것도 있다.(예 탱크차, 덤프차, 믹서 자동차, 위생 자동차, 소방차, 레커차, 냉동차, 트럭 크레인, 크레인붙이트럭 등) • 보통 트럭을 제외한 트레일러, 전용특장차, 합리화 특장차는 모두 특별차에 해당되는데, 트레일러나 전용특장차는 특별용도차에, 합리화 특장차는 특별장비차에 주로 해당한다.

호칭	내용
냉장차 (insulated vehicle)	수송물품을 냉각제를 사용하여 냉장하는 설비를 갖추고 있는 특수 용도 자동차
탱크차 (tank truck, tank lorry, tanker)	탱크모양의 용기와 펌프 등을 갖추고, 오로지 물, 휘발유와 같은 액체를 수송하는 특수 장비차
덤프차 (tipper, dump truck, dumper)	화물대를 기울여 적재물을 중력으로 쉽게 미끄러지게 내리는 구조의 특수 장비 자동차(예 리어 덤프, 사이드 덤프, 삼전 덤프 등)
믹서 자동차 (truck mixer, agitator)	시멘트, 골재(모래·자갈), 물을 드럼 내에서 혼합 반죽하여(믹싱해서) 콘크리트로 하는 특수 장비 자동차. 특히, 생 콘크리트를 교반하면서 수송하는 것을 애지테이터(agitator)라 함
레커차 (wrecker truck, break down lorry)	크레인 등을 갖추고, 고장차의 앞 또는 뒤를 매달아 올려서 수송하는 특수 장비 자동차
트럭 크레인 (truck crane)	크레인을 갖추고 크레인 작업을 하는 특수 장비 자동차. 다만, 레커차는 제외
크레인붙이트럭	차에 실은 화물의 쌓기·내리기용 크레인을 갖춘 특수 장비 자동차
트레일러 견인 자동차 (trailer–towing vehicle)	• 주로 풀 트레일러를 견인하도록 설계된 자동차 • 풀 트레일러를 견인하지 않는 경우는 트럭으로서 사용할 수 있음
세미 트레일러 견인 자동차 (semi–trailer–towing vehicle)	세미 트레일러를 견인하도록 설계된 자동차
폴 트레일러 견인 자동차 (pole trailer–towing vehicle)	폴 트레일러를 견인하도록 설계된 자동차

03 트레일러

1 정의

① 트레일러는 동력을 갖추지 않고, 모터비이클에 의하여 견인되고, 사람 및 물품을 수송하는 목적을 위하여 설계되어 도로상을 주행하는 차량을 말한다.

② 트레일러는 자동차를 동력 부분과 적하 부분으로 나누었을 때 적하 부분을 지칭한다.

※ 동력 부분 : 견인차 또는 트랙터

※ 적하 부분 : 피견인차

2 종류 ★

(1) 3대 분류

① 풀 트레일러(Full Trailer)

② 세미 트레일러(Semi-Trailer)

③ 폴 트레일러(Pole Trailer)

※ 돌리(Dolly)를 추가하여 4가지로 구분하기도 한다.

종류	내용
풀 트레일러	• 트랙터를 갖춘 트레일러이다. • 돌리와 조합된 세미 트레일러는 풀 트레일러로 해석된다. • 적재량, 용적 모두 세미 트레일러보다 유리하다.
세미 트레일러	• 가동 중의 트레일러 중 가장 많고 일반적인 트레일러이다. • 용도 　– 잡화 수송 : 밴형 세미 트레일러 　– 중량물 수송 : 중량용 세미 트레일러 또는 중저상식 트레일러 • 탈착이 용이하고, 공간을 적게 차지하여 후진하기에 용이하다.
폴 트레일러	기둥, 통나무, 파이프, H형강 등 장척물 수송 목적으로 사용된다.
돌리	세미 트레일러와 조합해서 풀 트레일러로 하기 위한 견인구를 갖춘 대차이다.

(2) 구조 형상에 따른 종류

① 평상식 : 프레임 상면이 평면의 하대를 가진 구조로, 일반화물, 강재 등 수송에 적합함

② 저상식 : 불도저, 기중기 등 운반에 적합함

③ 중저상식 : 중앙하대부가 오목하게 낮고, 대형 핫코일(hot coil), 중량 블록화물 등 중량화물의 운반에 편리함

④ 스케레탈, 밴, 오픈 탑, 특수용도 트레일러 등

3 트레일러의 장점 ★

① 트랙터의 효율적 이용 : 트랙터와 트레일러의 분리가 가능하여 트레일러가 적하, 하역 중이더라도 트랙터 부분이 사용 가능하므로 회전율을 높임

② 효과적인 적재량 : 합계 40톤 적재수송

③ 탄력적인 작업 : 트레일러 별도 분리 후 적재나 하역 가능

④ 트랙터와 운전자의 효율적 운영 : 트랙터 1대로 복수의 트레일러 운영 가능

⑤ 일시보관 기능의 실현 : 일시적으로 화물을 보관 가능하고, 여유 있는 하역작업 가능

⑥ 중계지점에서의 탄력적인 작업 : 중계지점을 중심으로 기점에서 중계점까지 왕복운송

> 🚚 **풀 트레일러의 장점** ★
>
> ① 보통 트럭보다 적재량을 늘릴 수 있다.
> ② 트랙터와 운전자의 효율적 운용을 도모할 수 있다.
> ③ 각기 다른 발송지별 또는 품목별 화물을 수송 가능하다.

4 연결차량의 대표적인 종류 ★

종류	내용
풀 트레일러 연결차량	1대의 트럭, 특별차 또는 풀 트레일러용 트랙터와 1대 또는 그 이상의 독립된 풀 트레일러를 결합한 조합으로, 어느 차량도 특수하거나 그렇지 않아도 좋다. 차량 자체의 중량과 화물의 전중량을 자기의 전·후 차축만으로 흡수할 수 있는 구조를 가진 트레일러가 붙어 있는 트럭으로 트랙터와 트레일러가 완전히 분리되어 있고, 트랙터 자체도 보디를 가지고 있다.
세미 트레일러 연결차량	1대의 세미 트레일러 트랙터와 1대의 세미 트레일러로 이루는 조합으로, 세미 트레일러는 특수하거나 그렇지 않아도 좋다. 자체 차량중량과 적하의 총중량 중 상당부분을 연결장치가 끼워진 세미 트레일러 트랙터에 지탱시키는 하나 이상의 자축을 가진 트레일러를 갖춘 트럭으로, 트레일러의 일부 하중을 트랙터가 부담하는 형태이다. 잡화수송에는 밴형 세미 트레일러, 중량물에는 중량형 세미 트레일러 또는 중저상식 트레일러 등이 사용되고 있다.
폴 트레일러 연결차량	1대의 폴 트레일러용 트랙터와 1대의 폴 트레일러로 이루어 조합한다. 대형 파이프, 교각, 대형 목재 등 장척화물을 운반하는 트레일러가 부착된 트럭으로, 트랙터에 장치된 턴테이블에 폴 트레일러를 연결하고, 하대와 턴테이블에 적재물을 고정시켜서 수송한다.

※ 예외로, 더블 트레일러 연결차량과 단차는 대표적인 연결차량이 아니다.

5 적재함 구조에 의한 화물자동차의 종류 ★

(1) 카고 트럭

1) 개요

① 일반적으로 트럭 또는 카고 트럭이라고 부른다.

② 우리나라에서 가장 보유 대수가 많고 일반화되어 있다.

③ 차종은 적재량 1톤 미만의 소형차로부터 12톤 이상의 대형차까지 그 수가 많다.

2) 하대(구조)
   ① 귀틀(세로귀틀, 가로귀틀)이라고 불리는 받침 부분
   ② 화물을 얹는 바닥 부분
   ③ 무너짐을 방지하는 문짝

(2) 전용 특장차

1) 정의

특장차란 차량의 적재함을 특수한 화물에 적합하도록 구조를 갖추거나 특수한 작업이 가능하도록 기계장치를 부탁한 차량을 말한다.

2) 종류

덤프트럭, 믹서차, 벌크차량(분립체 수송차), 액체 수송차, 냉동차, 기타 특정 화물 수송차 등이 있다.

※ 콜드 체인 : 신선식품을 냉동, 냉장, 저온상태에서 생산자로부터 소비자의 손까지 전달하는 구조

※ 기타 특정 화물 수송차 : 승용차 수송 운반차, 목재 운반차, 컨테이너 수송차, 프레하브 전용차, 보트·가축·말 운반차, 지육 수송차, 병 운반차, 파렛트 전용차, 행거차

(3) 합리화 특장차

1) 정의

화물을 싣거나 부릴 때에 발생하는 하역을 합리화하는 설비기기를 차량 자체에 장비하고 있는 차를 말한다.

2) 종류

   ① 실내 하역기기 장비차
   ② 측방 개폐차
   ③ 짐부리기 합리화차(쌓기·부리기 합리화차)
   ④ 시스템 차량(트레일러 방식의 소형트럭)

Chapter 8 화물운송의 책임한계

01 이사화물 표준약관의 규정 ★

1 인수거절 가능 화물

① 현금, 유가증권, 귀금속, 예금통장, 신용카드, 인감 등 귀중품

② 위험물, 불결한 물품 등

③ 동식물, 미술품, 골동품 등

④ 이사화물의 운송에 적합토록 포장 요청을 하였으나 고객이 이를 거부한 물품

※ ①~④까지의 화물에 대하여 특별한 조건을 고객과 합의한 경우에는 이를 인수할 수 있다. ★

2 계약해제

(1) 고객의 책임 있는 사유로 계약해제한 경우 손해배상

① 이사화물 인수일 당일에 해제를 통지한 경우 : 계약금의 배액

② 이사화물 인수일 1일 전까지 해제를 통지한 경우 : 계약금

(2) 사업자의 책임 있는 사유로 계약해제한 경우 손해배상

① 이사화물의 인수일 당일에 해제를 통지한 경우 : 계약금의 6배액

② 이사화물의 인수일 1일 전까지 해제를 통지한 경우 : 계약금의 4배액

③ 이사화물의 인수일 2일 전까지 해제를 통지한 경우 : 계약금의 배액

④ 이사화물의 인수일 당일에도 해제를 통지하지 않은 경우 : 계약금의 10배액

(3) 사업자의 귀책 사유로 약정된 인수일시로부터 2시간 이상 지연된 경우

고객은 계약해제, 계약금의 반환 및 계약금의 6배액 손해배상을 청구할 수 있다.

3 손해배상

(1) 사업자(사용인 기타 이사화물 운송을 위해 사용한 자 포함)는 이사화물의 포장, 운송 등에 관하여 주의를 게을리 하지 않았음을 증명하지 못하는 한 고객에 대하여 손해배상의 책임

① 연착되지 않은 경우

전부 또는 일부 멸실된 경우	약정된 인도일과 도착 장소에서의 이사화물의 가액을 기준으로 산정한 손해액 지급
훼손된 경우	• 수선 가능한 경우 : 수선해 줌 • 수선이 불가능한 경우 : 약정된 인도일과 도착 장소에서의 이사화물 가액을 기준으로 산정한 손해액 지급

② 연착된 경우

멸실 및 훼손되지 않은 경우	계약금의 10배액 한도에서 연착 시간 수×계약금×$\frac{1}{2}$의 금액 지급(1시간 미만은 삽입 않음)
일부 멸실된 경우	①의 전부 또는 일부 멸실된 경우의 금액 및 ②의 멸실 및 훼손되지 않은 경우의 금액 지급
훼손된 경우	• 수선 가능한 경우 : 수선해 줌, ②의 멸실 및 훼손되지 않은 경우의 금액 지급 • 수선이 불가능한 경우 : ②의 일부 멸실된 경우의 금액 지급

③ 위의 ①, ②의 실제 손해액을 고객이 입증한 경우에는 민법 제393조의 규정에 따라 그 손해를 배상한다.

(2) 고객의 책임 있는 사유로 이사화물의 인수가 지체된 경우 손해배상

① (지체 시간 수×계약금×$\frac{1}{2}$)의 금액을 손해배상액으로 사업자에게 지급한다.

② 이사화물 인수가 약정된 인수일시로부터 2시간 이상 지체된 경우
사업자는 계약해제, 계약금의 배액을 손해배상으로 청구할 수 있다.

4 이사화물 운송사업자의 면책사유

① 이사화물의 결함, 자연적 소모
② 이사화물의 성질에 의한 발화, 폭발, 물그러짐, 곰팡이 발생, 부패, 변색 등
③ 공권력이나 법령에 의한 운송 금지, 개봉, 몰수, 압류, 제3자에 대한 인도
④ 천재지변 등 불가항력적인 사유

5 이사화물 운송 책임의 특별소멸 사유와 시효

① 고객이 이사화물의 일부 멸실 또는 훼손으로 이사화물을 인도받은 날로부터 30일 이내에 사업자에게 통지하지 않으면 소멸한다.
② 이사화물의 멸실, 훼손 또는 연착에 대하여는 고객이 이사화물을 인도받은 날로부터 1년이 경과하면 소멸한다.
※ 사업자 또는 사용인이 일부 멸실, 훼손 사실을 알면서 숨기고 인도한 경우에는 적용되지 않고, 이사화물을 인도받은 날로부터 5년간 존속한다.

6 사고 증명서 발행 유효기간

이사화물 운송 중 발생한 사고(멸실, 훼손, 연착)의 경우 멸실·훼손 또는 연착된 날로부터 1년에 한하여 사고 증명서를 발행할 수 있다.

1 손해배상

(1) 고객이 운송장에 운송물의 가액을 기재한 경우 사업자의 손해배상

전부 또는 일부 멸실된 때	운송장에 기재된 운송물의 가액을 기준으로 산정한 손해액의 지급
훼손된 때	• 수선이 가능한 경우 : 수선해 줌 • 수선이 불가능한 경우 : 운송장에 기재된 운송물의 가액을 기준으로 산정한 손해액의 지급
연착되고 일부 멸실 및 훼손되지 않은 때	• 일반적인 경우 : 인도예정일 초과 일수×운송장 기재 운임액×50%의 금액 지급(운송장 기재 운임액의 200%를 한도로 함) • 특정 일시에 사용할 운송물의 경우 : 운송장 기재 운임액의 200%의 지급

(2) 고객이 운송장에 운송물의 가액을 기재하지 않은 경우 사업자의 손해배상

① 손해배상 한도액은 50만 원으로 한다.

② 할증요금을 지급하는 경우 손해배상 한도액은 각 운송가액 구간별 운송물의 최고가액으로 한다.

전부 멸실된 때	인도예정일의 인도 예정 장소에서의 운송물 가액을 기준으로 산정한 손해액 지급
일부 멸실된 때	인도일의 인도 장소에서의 운송물 가액을 기준으로 산정한 손해액 지급
훼손된 때	• 수선 가능한 경우 : 수선해 줌 • 수선이 불가능한 경우 : 인도일의 인도 장소에서의 운송물 가액을 기준으로 산정한 손해액 지급
연착되고 일부 멸실 및 훼손되지 않은 때	• 일반적인 경우 : 인도예정일 초과 일수×운송장 기재 운임액×50%의 금액 지급(200% 한도) • 특정 일시에 사용할 운송물의 경우 : 운송장 기재 운임액의 200% 지급
연착되고 일부 멸실 또는 훼손된 때	• 인도예정일의 인도 장소에서 운송물 가액을 기준으로 산정한 손해액 지급 • 수선 가능한 경우 : 수선해 줌 • 수선이 불가능한 경우 : 인도예정일의 인도 장소에서 운송물 가액을 기준으로 산정한 손해액 지급

2 운송물 운송 책임의 특별소멸 사유와 시효

① 운송물의 일부 멸실 또는 훼손에 대한 사업자의 손해배상은 수하인이 운송물을 수령한 날로부터 14일 이내에 그 사실을 사업자에게 통지하지 아니하면 소멸한다.

② 운송물의 일부 멸실 또는 훼손, 연착에 대한 사업자의 손해배상은 수하인이 운송물을 수령한 날로부터 1년이 경과하면 소멸한다.

※ 운송물이 전부 멸실된 경우에는 그 인도예정일로부터 기산한다.

※ 사업자나 그 사용인이 일부 멸실, 훼손 사실을 알면서 숨기고 인도한 경우에는 적용되지 않고, 수하인이 운송물을 수령한 날로부터 5년간 존속한다.

PART **3**

안전운행

Chapter 1 교통사고의 요인

01 도로교통체계 및 교통사고의 요인 ★

1 도로교통체계의 구성요소

① 운전자 및 보행자를 비롯한 도로 사용자
② 도로 및 교통신호등 등의 환경
③ 차량

2 교통사고의 3대(4대) 요인

구분	내용
인적요인	운전자, 보행자 등의 신체, 생리, 심리, 적성, 습관, 태도 요인 등을 포함하는 개념이다. • 운전자 또는 보행자의 신체적·생리적 조건 • 위험의 인지와 회피에 대한 판단 • 심리적 조건 등 • 운전자의 적성과 자질, 운전습관, 내적태도 등
차량요인	차량구조장치, 부속품 또는 적하(積荷) 등
도로요인	도로구조, 안전시설에 관한 것을 말한다. • 도로구조 : 도로 선형, 노면, 차로 수, 노폭, 구배 등 • 안전시설 : 신호기, 노면표시, 방호책 등 도로의 안전시설에 관한 것
환경요인	자연환경, 교통환경, 사회환경, 구조환경 등의 하부요인으로 구성된다. • 자연환경 : 기상, 일광 등 • 교통환경 : 차량 교통량, 운행 차 구성, 보행자 교통량 등 • 사회환경 : 일반국민·운전자·보행자 등의 교통도덕, 정부의 교통정책, 교통단속과 형사처벌 등 • 구조환경 : 교통여건 변화, 차량 점검 및 정비관리자와 운전자의 책임한계 등

※ 교통사고의 3대 요인은 인적요인(운전자, 보행자 등), 차량요인, 도로·환경요인이다. 도로·환경요인을 도로요인과 환경요인으로 나누어 4대 요인으로 분류하기도 한다.

Chapter 2 운전자 요인과 안전운행

01 운전특성 ★

1 인지·판단·조작

자동차를 운행하고 있는 운전자는 인지 – 판단 – 조작의 과정을 수없이 반복한다.

(1) 운전자 요인에 의한 교통사고 중 결함이 제일 많은 순위

① 인지과정

② 판단과정

③ 조작과정

(2) '내외의 교통환경을 인지하고 이에 대응하는 의사결정 과정'과 '운전행위로 연결되는 운전과정'에 영향을 미치는 조건

① 신체, 생리적 조건 : 피로, 약물, 질병 등

② 심리적 조건 : 흥미, 욕구, 정서 등

02 시각특성 ★

1 시각

① 운전에 필요한 정보의 대부분을 시각을 통하여 획득한다.

② 속도가 빨라질수록 시력은 떨어지고, 시야의 범위는 좁아지며, 전방주시점은 멀어진다.

2 정지시력과 동체시력

(1) 정지시력

아주 밝은 상태에서 1/3인치(0.85cm) 크기의 글자를 20피트(6.10m) 거리에서 읽을 수 있는 사람의 시력을 말하며, 정상시력은 20/20으로 나타낸다.

예 5m 거리에서 15mm 크기의 문자 판독 시 시력은 0.5, 정지시력 1.2인 사람이 시속 50km 운전 시 고정된 대상물을 볼 때 시력은 0.7 이하로 떨어지고, 시속 90km라면 0.5 이하로 떨어진다.

(2) 동체시력

움직이는 물체(자동차, 사람 등) 또는 움직이면서(운전하면서) 다른 자동차나 사람 등의 물체를 보는 시력을 말한다. 동체시력의 특성은 다음과 같다.

① 물체의 이동속도가 빠를수록 상대적으로 저하된다.

② 연령이 높을수록 더욱 저하된다.

③ 장시간 운전에 의한 피로 상태에서도 저하된다.

3 운전면허의 시력 기준(교정시력 포함)

① 붉은색, 녹색, 노란색을 구별할 수 있어야 한다.

② 면허별 시력 기준

종별	시력 기준(교정시력 포함)
제1종 운전면허	두 눈을 동시에 뜨고 잰 시력이 0.8 이상, 두 눈의 시력이 각각 0.5 이상. 다만, 한쪽 눈을 보지 못하는 사람이 보통면허를 취득하려는 경우에는 다른 쪽 눈의 시력이 0.8 이상이고, 수평시야가 120도 이상이며, 수직시야가 20도 이상이고, 중심시야 20도 내 암점(暗點) 또는 반맹(半盲)이 없어야 한다.
제2종 운전면허	두 눈을 동시에 뜨고 잰 시력이 0.5 이상. 다만, 한쪽 눈을 보지 못하는 사람은 다른 쪽 눈의 시력이 0.6 이상이어야 한다.

4 야간시력

(1) 야간의 시력 저하

전조등을 비추어도 주변의 밝기와 비슷하기 때문에 해질 무렵이 가장 운전하기 힘든 시간이다.

(2) 옷 색깔에 따른 영향

① 무엇인가 있다는 것을 인지하기 쉬운 순서 : 흰색 → 엷은 황색 → 흑색

② 사람이라는 것을 확인하기 쉬운 순서 : 적색 → 백색 → 흑색

③ 주시 대상인 사람이 움직이는 방향을 알아맞히기 가장 쉬운 옷 색깔 : 적색

※ 흑색은 알아맞히기 가장 어렵다. 흑색의 경우는 신체의 노출 정도에 따라 영향을 받는데 노출 정도
가 심할수록 빨리 확인할 수 있다.

(3) 통행인의 노상위치와 확인거리

야간에는 대향차량 간의 전조등에 의한 현혹현상(눈부심 현상)으로 중앙선상의 통행인을 우측
갓길에 있는 통행인보다 확인하기 어렵다.

(4) 야간운전 주의사항

① 운전자가 눈으로 확인할 수 있는 시야의 범위가 좁아진다.

② 마주 오는 차의 전조등 불빛으로 눈이 부실 때에는 시선을 약간 오른쪽으로 돌려 눈부심을
방지한다.

③ 술에 취한 사람이 차도에 뛰어드는 경우에 주의한다.

④ 전방이나 좌우 확인이 어려운 신호등 없는 교차로나 커브길 진입 직전에는 전조등(상향과
하향을 2~3회 변환)으로 자기 차가 진입하고 있음을 알려 사고를 방지한다.

5 암순응과 명순응

암순응	• 일광 또는 조명이 밝은 조건에서 어두운 조건으로 변할 때 사람의 눈이 그 상황에 적응하여 시력을 회복하는 것을 말한다. • 시력 회복이 명순응에 비해 매우 느리다. • 상황에 따라 다르지만 대개의 경우 완전한 암순응에는 30분 혹은 그 이상 걸리며 이것은 빛의 강도에 좌우된다(터널은 5~10초 정도). 주간 운전 시 터널에 막 진입하였을 때 더욱 조심스러운 안전운전이 요구되는 이유이기도 하다.
명순응	• 일광 또는 조명이 어두운 조건에서 밝은 조건으로 변할 때 사람의 눈이 그 상황에 적응하여 시력을 회복하는 것을 말한다. • 상황에 따라 다르지만 명순응에 걸리는 시간은 암순응보다 빨라 수초~1분에 불과하다.

6 심경각과 심시력

전방에 있는 대상물까지의 거리를 목측하는 것을 심경각이라 하며, 그 기능을 심시력이라 한다.
※ 심시력의 결함은 입체공간 측정의 결함으로 인한 교통사고를 초래할 수 있다.

7 시야

① 시야란 정지한 상태에서 눈의 초점을 고정시키고 양쪽 눈으로 볼 수 있는 범위를 말하며, 정상인의 시야 범위는 180°~200°이다.

② 시축에서 벗어나는 시각(視角)에 따라 시력이 저하된다. 시축에서 시각이 약 3° 벗어나면 약 80%, 약 6° 벗어나면 약 90%, 약 12° 벗어나면 약 99%의 시력이 저하된다.

③ 한쪽 눈의 시야는 좌·우 각각 약 160° 정도이고, 양 눈의 색채 식별 범위는 70°이다.

④ 정상시력을 가진 운전자가 100km/h로 운전 중일 때의 시야의 범위는 약 40°이다(시속 70km면 약 65°, 시속 40km면 약 100°).
※ 시야의 범위는 자동차 속도에 반비례하여 좁아진다.

⑤ 어느 특정한 곳에 주의가 집중되었을 경우의 시야 범위
　• 집중의 정도에 비례하여 좁아진다.
　• 운전 중 불필요한 대상에 주의가 집중되었다면 주의를 집중한 것에 비례하여 시야가 좁아지고, 교통사고 위험은 그만큼 커진다.

⑥ 주행시공간(走行視空間)의 특성
　• 속도가 빨라질수록 주시점은 멀어지고, 시야는 좁아진다.
　• 속도가 빨라질수록 가까운 곳의 풍경은 더욱 흐려지고, 작고 복잡한 대상은 잘 확인되지 않는다.
　※ 고속주행로 상에 설치하는 표지판을 크고 단순한 모양으로 하는 것은 주행시공간의 특성을 고려한 것이다.

1 교통사고의 원인과 요인

간접적 요인	• 운전자에 대한 홍보활동 결여, 훈련의 결여 • 운전 전 점검습관 결여 및 무리한 운행 계획 • 안전운전을 위한 교육 태만, 안전지식 결여 • 직장, 가정에서 인간관계 불량 등
중간적 요인	• 운전자의 지능 • 운전자의 성격과 심신기능 • 불량한 운전태도 • 음주, 과로 등
직접적 요인	• 사고 직전 과속과 같은 법규 위반 • 위험인지의 지연 • 운전 조작의 잘못과 잘못된 위기 대처

2 사고의 심리적 요인

교통사고 운전자의 특성	• 선천적 능력(타고난 심신기능의 특성), 후천적 능력(운전에 관계되는 지식과 기능) 부족 • 바람직한 동기와 사회적 태도(인지, 판단, 조작 태도) 결여 • 불안정한 생활환경 등
착각의 개념	• 착각은 사람이 태어날 때부터 지닌 감각에 속한다. • 착각의 정도는 사람에 따라 다소 차이가 있다.
착각의 구분	• 원근의 착각 : 작은 것은 멀리 있는 것으로, 덜 밝은 것은 멀리 있는 것으로 느껴진다. • 경사의 착각 : 작은 경사는 실제보다 작게, 큰 경사는 실제보다 크게 보인다. • 속도의 착각 : 주시점이 가까운 좁은 시야에서는 빠르게 느껴진다. • 상반의 착각 : 주행 중 급정거 시 반대 방향으로 움직이는 것처럼 보인다.
예측의 실수	• 감정이 격앙된 경우 • 고민거리가 있는 경우

04 운전피로

1 개념

운전작업에 의해서 일어나는 신체적인 변화, 심리적으로 느끼는 무기력감, 객관적으로 측정되는 운전기능의 저하를 총칭한다. 순간적으로 변화하는 운전환경에서 오는 운전피로는 신체적 피로와 정신적 피로를 동시에 수반하지만, 신체적인 부담보다 오히려 심리적 부담이 더 크다.

2 특징

피로의 증상은 전신에 걸쳐 나타나고 이는 대뇌의 피로(나른함, 불쾌감 등)를 불러온다. 피로는 운전 작업의 생략이나 착오가 발생할 수 있다는 위험신호이다. 단순한 운전피로는 휴식으로 회복되나 정신적, 심리적 피로는 신체적 부담에 의한 일반적 피로보다 회복시간이 길다.

3 운전피로의 요인 ★

생활요인	수면, 생활 환경 등
운전작업 중의 요인	차내(차외)환경·운행조건 등
운전자 요인	신체, 경험, 연령, 성별조건, 질병, 성격 등

4 피로와 교통사고

운전자의 피로가 지나치면 과로가 되고 정상적인 운전이 곤란해진다. 그 결과는 교통사고로 연결될 수 있다.

① **피로의 진행 과정**
  - 피로의 정도가 지나치면 과로가 되고 정상적인 운전이 곤란해진다.
  - 피로 또는 과로 상태에서는 졸음운전이 발생될 수 있고 이는 교통사고로 이어질 수 있다.

② **운전피로와 교통사고** : 대체로 운전피로는 운전 조작의 잘못, 주의력 집중의 편재, 외부 정보를 차단하는 졸음 등을 불러와 교통사고의 직·간접적인 원인이 된다.

③ **장시간 연속 운전** : 심신의 기능을 현저히 저하시키므로 운행 계획에 휴식시간을 삽입하고 생활 관리를 철저히 해야 한다.

④ **수면 부족** : 수면이 부족한 운전자는 교통사고를 유발할 가능성이 높으므로 운전 계획이 세워지면 출발 전 충분한 수면을 취한다.

5 운전 작업의 착오

① 운전업무 개시 후·종료 시에 많아진다.
  - 개시 직후 착오의 원인 : 정적 부조화
  - 종료 시의 착오의 원인 : 운전피로

② 운전 착오는 심야에서 새벽 사이 많이 발생한다. 각성수준의 저하, 졸음과 관련된다.

05 보행자 사고

1 보행 중 교통사고 실태

(1) 우리나라의 보행자 사고 실태

우리나라의 보행 중 교통사고 사망자 구성비는 미국, 프랑스, 일본 등에 비해 매년 높은 것으로 나타나고 있다(우리나라가 제일 높다).

(2) 보행 유형과 사고가 많은 실태 ★

차대 사람의 사고가 가장 많은 보행 유형은 어떻게 도로를 횡단하였던 횡단 중(횡단보도 횡단, 횡단보도 부근 횡단, 육교 부근 횡단, 기타 횡단)의 사고가 가장 많다. 다음으로 어떤 형태이든 통행 중의 사고가 많으며, 연령층별로는 어린이와 노약자가 높은 비중을 차지한다.

2 보행자 사고의 요인 ★

(1) 보행자 사고의 보행자 요인이 많은 순서

인지결함 〉 판단착오 〉 동작착오

(2) 교통정보 인지결함의 원인

① 술에 많이 취해 있었다.

② 등교 또는 출근시간 때문에 급하게 서둘러 걷고 있었다.

③ 횡단 중 한쪽 방향에만 주의를 기울였다.

3 비횡단보도 횡단보행자의 심리 ★

① 횡단거리 줄이기

② 평소 습관

③ 자동차가 달려오지만 충분히 건널 수 있다고 판단

④ 갈 길이 바쁨

⑤ 술에 취함

06 음주와 운전

1 음주운전 교통사고

① 주차 중인 자동차와 같은 정지물체에 충돌할 가능성이 높다.

② 전신주, 가로시설물, 가로수 등 고정물체와 충돌할 가능성이 높다.

③ 대향차 전조등에 의한 현혹 현상 발생 시 정상운전보다 교통사고 위험이 증가한다.

2 음주의 개인차 ★

(1) 음주량과 체내 알코올 농도의 관계
① 습관성 음주자 : 음주 30분 후에 체내 알코올 농도가 정점에 도달하였지만 그 체내 알코올 농도는 중간적(평균적) 음주자의 절반 수준이었다.
② 중간적 음주자 : 음주 후 60분에서 90분 사이에 체내 알코올 농도가 정점에 달하였지만 그 농도는 습관성 음주자의 2배 수준이었다.

(2) 체내 알코올 농도의 남녀 차
① 여자의 경우 : 음주 30분 후 체내 알코올 농도가 정점에 도달하였다.
② 남자의 경우 : 음주 60분 후 체내 알코올 농도가 정점에 도달하였다.

※ 음주 후 체내 알코올 농도가 제거되는 시간에도 개인차가 존재하지만, 체내 알코올은 충분한 시간이 경과해야만 제거된다.

07 고령자 교통안전

1 고령 운전자

(1) 고령 운전자의 의식
① 젊은 층에 비하여 상대적으로 신중하고, 과속을 하지 않는다.
② 젊은 층에 비하여 상대적으로 반사신경이 둔하고, 돌발사태 시 대응력이 미흡하다. 이는 재빠른 판단과 동작능력이 젊은 층에 비하여 뒤떨어진다는 것을 의미한다.

(2) 고령 운전자의 불안감
① 고령 운전자의 급후진, 대형차 추종운전 등은 고령 운전자를 위험에 빠뜨리고 다른 운전자에게도 불안감을 유발시킨다.
② 고령에서 오는 운전기능과 반사기능의 저하는 고령 운전자에게 강한 불안감을 준다.

2 고령자 교통안전 장애요인 ★

고령자의 시각능력	• 시력 자체의 저하 현상 발생 • 대비능력 저하 • 동체시력 약화 현상 • 원·근 구별능력의 약화 등
고령자의 청각능력	• 청각기능의 상실 또는 약화 현상 • 주파수 높이의 판별 저하 등
고령자의 사고·신경 능력	• 정보판단 능력의 저하 • 노화에 따른 근육운동의 저하
고령 보행자의 보행행동 특성	고착화된 경직성(이면 도로 등에서 노면표시가 없으면 도로 중앙부를 걷는 경향, 보행 중 사선횡단 등)

3 고령 보행자 안전수칙 ★

① 안전한 횡단보도를 찾아 멈춘다.

② 횡단보도 신호에 녹색불이 들어와도 바로 건너지 않고 오고 있는 자동차가 정지했는지 확인한다.

③ 자동차가 오고 있다면 보낸 후 똑바로 횡단한다.

④ 횡단하는 동안에도 계속 주의를 기울인다.

⑤ 횡단보도를 건널 때 젊은이의 보행속도에 맞추어 무리하게 건너지 말고 능력에 맞게 건너면서 손을 들어 자동차에 양보신호를 보낸다.

4 고령자의 특성 ★

(1) 일반적 특성

신체적 특성	• 대비가 큰 물체 및 색의 식별능력 저하, 시야 폭 및 시각적 주의력 범위 감소 • 청각 기능 상실 또는 악화, 청력 및 주변 음 식별능력 저하
정신적 특성	• 인지반응시간 증가 • 선택적 및 다중적 주의력 감소 • 활동기억력 감소

(2) 교통행정 특성

고령 보행자 측면	• 보행 교통안전 의식 : 낮은 준법정신으로 교통법규 위반 등 사고위험 요인으로 작용, 횡단상황에서 높은 주관적 위험지각력을 가져 무신호 횡단보도 이용 시 위험성과 어려움이 상대적으로 큼 • 횡단단계별 행동특성 : 횡단보도 이탈(횡단 전·종료단계), 횡단보도 내 횡단(횡단 중)
고령 운전자 측면	• 시각적 특성 : 정지된 물체의 세부사항 처리능력 감소, 색채지각이 손실되어 색 구분이 어려움 • 인지적 특성 : 인지반응시간 증가, 단기기억 쇠퇴로 부정확한 의사결정에 따른 혼란 유도, 움직임 탐지능력 쇠퇴로 속도 변화에 따른 인지적 탐지 어려움 • 반응 특성 : 고령화에 따라 지각 및 반응시간 증가. 2~3개의 연속적 행동 시 대처반응 저하

08 어린이 교통안전 ★

1 어린이의 일반적 특성과 행동능력 4단계

감각적 운동단계 (2세 미만)	전적으로 보호자에게 의존한다.
전 조작단계 (2~7세)	2가지 이상을 동시에 생각하고 행동할 능력이 미약하다.
구체적 조작단계 (7~12세)	추상적 사고의 폭이 넓어진다.
형식적 조작단계 (12세 이상)	논리적 사고가 발달하고, 보행자로서 교통에 참여할 수 있다.

2 어린이의 일반적인 교통행동 특성

① 교통상황에 대한 주의력이 부족하고 사고방식이 단순하다.
② 판단력이 부족하고 모방행동이 많다.
③ 추상적인 말은 잘 이해하지 못하는 경우가 많다.
④ 호기심이 많고 모험심이 강하다.

3 어린이 교통사고의 특징

① 어릴수록 그리고 학년이 낮을수록 교통사고를 많이 당한다.
② 중학생 이하 어린이 교통사고 사상자는 중학생에 비해 취학 전 아동, 초등학교 저학년(1~3학년)에 집중되어 있다.
③ 보행 중(차대 사람) 교통사고를 당하여 사망하는 비율이 가장 높다.
④ 시간대별 어린이 보행 사상자는 오후 4시에서 오후 6시 사이에 가장 많다.
⑤ 보행 중 사상자는 집이나 학교 근처 등 어린이 통행이 잦은 곳에서 가장 많이 발생되고 있다.

4 어린이들이 당하기 쉬운 교통사고 유형

① 도로에 갑자기 뛰어들기(약 70% 내외)
② 도로 횡단 중의 부주의
③ 도로상에서 위험한 놀이
④ 자전거 사고
⑤ 차내 안전사고

5 어린이가 승용차에 탑승했을 때 주의사항

① 안전띠를 착용한다.
② 여름철 주차 시 차내 혼자 방치하지 않는다.
③ 문은 어른이 열고 닫는다.
④ 차를 떠날 때는 같이 떠난다.
⑤ 어린이는 뒷좌석에 앉도록 한다.

09 운행기록장치

1 정의

자동차의 속도, 위치, 방위각, 가속도, 주행거리 및 교통사고 상황 등을 기록하는 자동차의 부속장치 중 하나인 전자식 장치를 말한다.

2 운행기록의 보관 및 제출 방법

① 운행기록장치 장착의무자는 교통안전법에 따라 운행기록장치에 기록된 운행기록을 6개월 동안 보관하여야 하며, 운송사업자는 교통행정기관 또는 한국교통안전공단이 교통안전점검, 교통안전진단 또는 교통안전관리규정의 심사 시 운행기록의 보관 및 관리 상태에 대한 확인을 요구할 경우 이에 응하여야 한다.
② 운송사업자는 차량의 운행기록이 누락 혹은 훼손되지 않도록 배열 순서에 맞추어 운행기록 장치 또는 저장장치(개인용 컴퓨터, 서버, CD, 휴대용 플래시메모리 저장장치 등)에 보관하여야 하며, 다음의 사항을 고려하여 운행기록을 점검하고 관리하여야 한다.
  • 운행기록의 보관, 폐기, 관리 등의 적절성
  • 운행기록 입력자료 저장 여부 확인 및 출력 점검(무선통신 등으로 자동 전송하는 경우 포함)
  • 운행기록장치의 작동 불량 및 고장 등에 대한 차량 운행 전 일상 점검
③ 운송사업자가 공단에 운행기록을 제출하고자 하는 경우에는 저장장치에 저장하여 인터넷을 이용하거나 무선통신을 이용하여 운행기록 분석시스템으로 전송하여야 한다.
④ 한국교통안전공단은 운송사업자가 제출한 운행기록 자료를 운행기록 분석시스템에 보관, 관리하여야 하며, 1초 단위의 운행기록 자료는 6개월간 저장하여야 한다.

3 운행기록 분석시스템 ★

(1) 개념

자동차의 운행정보를 실시간으로 저장하여 시시각각 변화하는 운행상황을 자동적으로 기록할 수 있는 운행기록장치를 통해 자동차의 순간속도, 분당엔진회전수(RPM), 브레이크 신호, GPS, 방위각, 가속도 등의 운행기록 자료를 분석하여 운전자의 과속, 급감속 등 운전자의 위험행동 등을 과학적으로 분석하는 시스템이다. 분석결과를 운전자와 운수회사에 제공함으로써 운전자의 운전행태의 개선을 유도, 교통사고를 예방할 목적으로 구축되었다.

(2) 운행기록 분석시스템 분석항목

차량의 운행기록으로부터 다음의 항목을 분석하여 제공한다.
① 자동차의 운행경로에 대한 궤적의 표기
② 운전자별·시간대별 운행속도 및 주행거리의 비교
③ 진로변경 횟수와 사고위험도 측정, 과속·급가속·급감속·급출발·급정지 등 위험운전 행동 분석
④ 그 밖에 자동차의 운행 및 사고 발생 상황의 확인

4 운행기록 분석결과의 활용 ★

교통행정기관이나 한국교통안전공단, 운송사업자는 운행기록의 분석결과를 다음과 같은 교통안전 관련 업무에 한정하여 활용할 수 있다.
① 자동차의 운행관리
② 운전자에 대한 교육·훈련
③ 운전자의 운전습관 교정
④ 운송사업자의 교통안전관리 개선
⑤ 교통수단 및 운행체계의 개선
⑥ 교통행정기관의 운행계통 및 운행경로 개선
⑦ 그 밖에 사업용 자동차의 교통사고 예방을 위한 교통안전정책의 수립

1 위험운전의 행동 기준과 정의

위험운전 행동		정의	화물차 기준
과속유형	과속	도로 제한속도보다 20km/h 초과 운행한 경우	도로 제한속도보다 20km/h 초과 운행한 경우
	장기과속	도로 제한속도보다 20km/h 초과해서 3분 이상 운행한 경우	도로 제한속도보다 20km/h 초과해서 3분 이상 운행한 경우
급가속유형	급가속	초당 11km/h 이상 가속 운행한 경우	6.0km/h 이상 속도에서 초당 5km/h 이상 가속 운행하는 경우
	급출발	정지상태에서 출발하여 초당 11km/h 이상 가속 운행한 경우	5.0km/h 이하에서 출발하여 초당 6km/h 이상 가속 운행하는 경우
급감속유형	급감속	초당 7.5km/h 이상 감속 운행한 경우	초당 8km/h 이상 감속 운행하고 속도가 6.0km/h 이상인 경우
	급정지	초당 7.5km/h 이상 감속하여 속도가 "0"이 된 경우	초당 8km/h 이상 감속하여 속도가 5.0km/h 이하가 된 경우
급차로 변경유형 (초당회전각)	급진로변경 (15°~30°)	속도가 30km/h 이상에서 진행 방향이 좌·우측(15°~30°)으로 차로를 변경하며 가감속(초당 -5km/h ~+5km/h) 하는 경우	속도가 30km/h 이상에서 진행 방향이 좌/우측 6°sec 이상으로 차로 변경하고, 5초 동안 누적각도가 ±2°/sec 이하, 가감속이 초당 ± 2km/h 이하인 경우
	급앞지르기 (30°~60°)	초당 11km/h 이상 가속하면서 진행 방향이 좌·우측(30°~60°)으로 차로를 변경하며 앞지르기 한 경우	속도가 30km/h 이상에서 진행 방향이 좌/우측 6°sec 이상으로 차로 변경하고, 5초 동안 누적각도가 ± 2°/sec 이하, 가속이 초당 3km/h 이상인 경우
급회전유형 (누전회전각)	급좌우회전 (60°~120°)	속도가 15km/h 이상이고, 2초 안에 좌측(60°~120° 범위)으로 급회전 한 경우	속도가 20km/h 이상이고, 4초 안에 좌/우측(누적회전각이 60° ~120° 범위)으로 급회전하는 경우
	급U턴 (160°~180°)	속도가 15km/h 이상이고, 3초 안에 좌·우측(160°~180° 범위)으로 급하게 U턴한 경우	속도가 15km/h 이상이고, 8초 안에 좌측 또는 우측(160°~180° 범위)으로 운행한 경우
연속운전		운행시간이 4시간 이상 운행 10분 이하 휴식일 경우 ※ 11대 위험운전행동에 포함되지 않는다.	

2 위험운전 행태별 사고 유형 및 안전운전 요령 ★

위험운전행동		사고 유형 및 안전운전 요령
과속유형	과속	• 화물자동차는 차체 중량이 무겁기 때문에 과속 시 사망사고와 같은 대형사고로 이어질 수 있기 때문에 항상 규정속도를 준수하여 주행하여야 한다. • 특히, 야간 주행 시 전조등 불빛이 비치는 곳만 보지 말고 항상 좌우를 잘 살피고 과속을 하지 않도록 해야 한다.
	장기과속	• 화물자동차는 장기 과속의 위험에 항상 노출되어 있어 운전자의 속도감각 및 거리감 저하를 가져올 수 있다. • 특히, 야간의 경우 시야가 좁아지며 장기과속으로 인한 사고 위험이 커지므로 항상 규정 속도를 준수하여 운행해야 한다.
급가속유형	급가속	• 화물자동차의 무리한 급가속 행동은 차량 고장의 원인이 되며, 다른 차량에 위협감을 줄 수 있어 하지 않는 것이 좋다. • 특히, 요금소 통과 후 대형 화물자동차의 급가속 행동은 추돌사고의 원인이 되므로 주의하여야 한다.
급감속유형	급감속	• 화물자동차의 경우 차체가 높아 멀리 볼 수 있으나, 바로 앞 상황을 정확히 인지하지 못하고 급감속을 하는 경향이 있다. • 화물자동차의 경우 적재물이 많고, 중량이 많이 나가 대형사고의 위험이 있기 때문에 급감속하는 행동을 하지 않도록 유의하여야 한다.
급회전유형	급좌회전	• 차체가 높고 중량이 많이 나가는 화물자동차의 급좌회전은 전도·전복사고를 야기할 수 있으며, 적재물이 쏟아지는 경우 2차 사고를 유발할 수 있다. • 특히, 급좌회전, 꼬리 물기 등을 삼가고, 저속으로 회전하는 습관이 필요하다.
	급우회전	• 화물자동차의 급우회전은 다른 차량과의 충돌뿐 아니라 도로를 횡단하고 있는 횡단보도상의 보행자나 이륜차, 자전거와 사고를 유발할 수 있다. • 우회전 시 저속으로 회전을 해야 하며, 다른 차선과 보도를 침범하지 않도록 주의해야 한다.
	급U턴	차체가 길기 때문에 U턴 시 대향차로의 많은 공간이 요구되므로 대향차로상의 과속차량에 유의해야 한다.
급진로변경 유형	급앞지르기	진로를 변경하고자 하는 차로의 전방뿐만 아니라 후방의 교통상황도 충분하게 고려하고 반영하는 운전 습관이 중요하다.
	급진로변경	• 화물자동차는 차체가 높고 중량이 많이 나가기 때문에 급진로변경은 차량의 전도 및 전복을 야기할 수 있다. • 진로변경을 하고자 하는 경우 방향지시등을 켜고 차로를 천천히 변경하여 옆 차로에 뒤따르는 차량이 진로변경을 인지할 수 있도록 해야 하며, 차로의 전방뿐만 아니라 후방의 교통상황도 충분하게 고려해야 한다.

01 자동차의 주요 안전장치 ★

1 제동장치

주행하는 자동차를 감속 또는 정지시킴과 동시에 주차 상태를 유지하기 위하여 필요한 장치를 말한다.

① 주차 브레이크
   ※ 일부 승용차의 경우 발로 조작하는 경우도 있다.
② 풋 브레이크
③ 엔진 브레이크
④ ABS(Anti-lock Brake System)

2 주행장치

엔진에서 발생한 동력이 최종적으로 바퀴에 전달되어 자동차가 노면 위를 달리게 하는 장치를 말한다.

구분	내용
휠(wheel)	• 타이어와 함께 중량을 지지한다. • 구동력과 제동력을 지면에 전달한다. • 무게가 가볍고, 노면의 충격과 측력에 견딜 수 있는 강성이 있어야 한다. • 타이어에서 발생하는 열을 흡수하여, 대기 중으로 잘 방출시켜야 한다.
타이어	• 휠의 림에 끼워져서 일체로 회전하며 자동차가 달리거나 멈추는 것을 원활히 한다. • 자동차의 중량을 떠받쳐 준다. • 지면으로부터 받는 충격을 흡수해 승차감을 좋게 한다. • 자동차의 진행 방향을 전환시킨다.

3 조향장치

운전석에 있는 핸들(steering wheel)에 의해 앞바퀴의 방향을 틀어서 자동차의 진행 방향을 바꾸는 장치를 말한다. 주행 중의 안정성이 좋고 핸들 조작이 용이하도록 앞바퀴 정렬이 잘되어 있어야 한다.

앞바퀴 정렬	내용
토우인(toe-in)	• 상태 : 앞바퀴를 위에서 보았을 때 앞쪽이 뒤쪽보다 좁은 상태를 말한다. • 기능 - 타이어 마모를 방지한다. - 바퀴를 원활하게 회전시켜 핸들 조작을 용이하게 한다. - 캠버에 의해 토아웃 되는 것을 방지한다.
캠버(camber)	• 상태 : 자동차를 앞에서 보았을 때, 위쪽이 아래쪽보다 약간 바깥쪽으로 기울어져 있는 것을 (+)캠버라고 한다. 또한, 위쪽이 아래쪽보다 약간 안쪽으로 기울어져 있는 것을 (-)캠버라고 말한다. • 기능 - 앞바퀴가 하중을 받았을 때 아래로 벌어지는 것을 방지한다. - 핸들 조작을 가볍게 한다. - 수직 방향 하중에 의해 앞 차축의 휨을 방지한다.
캐스터(caster)	• 상태 : 자동차를 옆에서 보았을 때 차축과 연결되는 킹핀의 중심선이 약간 뒤로 기울어져 있는 상태를 말한다. • 기능 - 앞바퀴에 직진성을 부여하여 차의 롤링을 방지한다. - 핸들의 복원성을 좋게 한다.

4 현가장치

차량의 무게를 지탱하여 차체가 직접 차축에 얹히지 않도록 해 주며, 도로의 충격을 흡수하여 운전자와 화물에 더욱 유연한 승차를 제공하는 장치를 말한다.

유형	내용
판 스프링 (leaf spring)	• 승차감이 나쁘고, 내구성이 크다. • 주로 화물자동차에 사용된다.
코일 스프링 (coil spring)	주로 승용자동차에 사용된다.
비틀림막대 스프링 (torsion bar spring)	뒤틀림에 의한 충격을 흡수하며, 뒤틀린 후에도 원형을 되찾는 특수 금속으로 제조된다.
공기 스프링 (air spirng)	• 고무인포로 제조되어 압축공기로 채워지며, 에어백이 신축하도록 되어 있다. • 주로 버스 같은 대형차량에 사용된다.
충격흡수장치 (shock absorber)	작동유를 채운 실린더로서 스프링의 동작에 반응하며 피스톤이 위, 아래로 움직여 운전자에게 전달되는 반동량을 줄여 준다.

> 🚚 **쇽 업소버(shock absorber)의 기능**
>
> ① 노면에서 발생한 스프링의 진동을 흡수한다.
> ② 승차감을 향상시킨다.
> ③ 스프링의 피로를 감소시킨다.
> ④ 타이어와 노면의 접착성을 향상시켜 커브길이나 빗길에 차가 튀거나 미끄러지는 현상을 방지한다.

02 물리적 현상 ★

1 원심력

원의 중심으로부터 벗어나려는 힘, 즉 원심력은 속도의 제곱에 비례하여 변한다.

예 시속 50km로 커브를 도는 차량은 시속 25km로 도는 차량보다 4배의 원심력을 지닌다.

> 🚚 **원심력이 커지는 경우**
>
> ① 속도가 빠를수록 커진다.
> ② 커브가 작을수록 커진다.
> ③ 중량이 무거울수록 커진다. 특히 속도의 제곱에 비례하여 커진다(커브가 예각을 이룰수록 커진다).

2 주행 시 물리적 현상

스탠딩 웨이브 (standing wave) 현상	• 타이어 회전속도가 빨라지면 접지부에서 받은 타이어의 변형(주름)이 다음 접지 시점까지도 복원되지 않고 접지부 뒤쪽에 진동의 물결이 일어나는 현상 ※ 일반구조의 승용차용 타이어의 경우 대략 150km/h 전후의 주행속도에서 발생한다. • 예방방법 – 속도를 낮춘다. – 공기압을 높인다.
수막현상 (hydroplaning)	• 자동차가 물이 고인 노면을 고속으로 주행할 때 타이어는 그루브(타이어 홈) 사이에 있는 물을 배수하는 기능이 감소되어 물의 저항에 의해 노면으로부터 떠올라 물 위를 미끄러지듯이 되는 현상 ※ 수막현상이 발생하는 최저의 물 깊이 : 2.5~10mm 정도(차의 속도, 타이어의 마모 정도, 노면의 거침 등에 따라 차이가 있을 수 있다.) • 예방방법 – 고속주행을 아니 한다. – 마모된 타이어를 사용하지 않는다. – 타이어의 공기압을 규정치보다 조금 높게 하고 운행한다. ※ 임계속도 : 타이어가 떠오를 때의 속도

페이드(fade) 현상	브레이크 반복 사용으로 마찰열이 라이닝에 축적되어, 브레이크의 제동력이 저하되는 현상 ※ 라이닝 온도 상승으로 라이닝 면의 마찰계수 저하로 인해 발생한다.
베이퍼 록 (vapour lock) 현상	브레이크에 액체를 사용하는 계통에서, 브레이크 반복 사용으로 마찰열에 의하여, 브레이크 파이프 내에 있는 액체에 증기(베이퍼)가 생겨, 브레이크 기능이 상실되는 현상 ※ 페달을 밟아도 스펀지를 밟는 것 같다.
워터 페이드 (water fade) 현상	물이 고인 도로에서 자동차를 정지시켰거나 수중(물속) 운행을 하였을 때 발생하는 현상 ※ 브레이크 마찰재가 물에 젖어 마찰계수가 작아져 제동력이 저하되어 발생한다.
모닝 록 (morning lock) 현상	비가 자주 오거나 습도가 높은 날, 또는 오랜 시간 주차한 후에 브레이크 드럼에 미세한 녹이 발생하는 현상

3 현가장치 관련 현상

구분	내용
자동차의 진동	• 바운싱 : 상하 진동(평행운동) • 피칭 : 앞뒤 진동(Y축 중심 회전운동) • 롤링 : 좌우 진동(X축 중심 회전운동) • 요잉 : 차체 후부 진동(Z축 중심 회전운동)
노즈 다운 (다이브 현상)	앞 범퍼 부분이 내려가는 현상
노즈 업 (스쿼트 현상)	앞 범퍼 부분이 들리는 현상
언더 스티어링	앞바퀴의 사이드 슬립 각도가 뒷바퀴의 사이드 슬립 각도보다 클 때의 선회특성 ※ 오버 스티어링은 반대이다. ※ 아스팔트 포장도로를 장시간 고속주행할 경우에는 옆 방향의 바람에 대한 영향이 적은 언더 스티어링이 유리하다.
내륜차(內輪差)	핸들을 우측으로 돌려 바퀴가 동심원을 그릴 때, 앞바퀴의 안쪽과 뒷바퀴의 안쪽과의 회전반경 차이 ※ 전진 중 회전할 경우 교통사고의 위험이 있다.
외륜차(外輪差)	핸들을 우측으로 돌려 바퀴가 동심원을 그릴 때, 바깥쪽 앞바퀴와 바깥쪽 뒷바퀴의 회전반경 차이 ※ 후진 중 회전할 경우 교통사고의 위험이 있다.

※ 내륜차와 외륜차는 대형차일수록 이 차이가 크다.

4 타이어 마모에 영향을 주는 요소

구분	내용
공기압	공기압이 규정 압력보다 낮으면 트레드 접지면에서의 운동이 켜져서 마모가 빨라진다. 타이어의 공기압이 낮으면 승차감은 좋아지나, 숄더 부분에 마찰력이 집중되기 때문에 수명이 짧아지게 된다. 반대로 공기압이 높으면 승차감은 나빠지며 트레드 중앙 부분의 마모가 촉진된다.
하중	하중이 커지면 타이어의 굴신이 심해져서 트레드의 접지 면적이 증가하여 트레드의 미끄러짐 정도도 커져서 마모를 촉진하게 된다. 타이어에 걸리는 하중이 커지면 공기압 부족과 같은 형태로 타이어는 크게 굴곡되어 마찰력이 증가하기 때문에 내마모성이 저하된다.
속도	주행 중 타이어에 일어나는 구동력, 제동력, 선회력 등의 힘은 어느 것이든 속도의 제곱에 비례하며 또 속도가 증가하면 타이어의 온도도 상승하여 트레드 고무의 내마모성이 저하된다.
커브	차가 커브를 돌 때는 차의 중량, 속도의 제곱 및 커브반경의 역수에 비례한 원심력이 작용한다. 이 원심력에 대항하기 위하여 타이어에 활각을 주게 된다. 이 활각에 상응한 트레드 고무의 변형에 의해 구심력이 생겨서 비로소 커브를 돌 수 있게 되는 것이다. 이 커브가 마모에 미치는 영향은 매우 커서 활각이 크면 마모는 많아진다.
브레이크	브레이크를 걸 때 차의 속도가 빠르면 빠를수록 속도의 제곱에 비례한 운동량을 지니고 있기 때문에 이 힘을 소멸시키기 위해서는 타이어의 접지면에 주는 제동력과 미끄러지는 정도도 많아져야 하므로 이 때문에 마모가 더욱 심하게 된다. 브레이크를 밟는 횟수가 많을수록 또는 브레이크를 밟기 직전의 속도가 빠를수록 타이어의 마모량은 커진다.
노면	포장된 도로에서 타이어 수명이 100%라면 비포장도로에서의 수명은 60%에 해당되기 때문에 비포장도로에서 운행할 경우 노면에 알맞은 주행을 하여야 마모를 줄일 수 있다.

5 유체자극현상

고속도로에서 고속으로 주행할 때 노면과 좌우 주변의 풍경 등이 마치 물이 흐르는 것처럼 흘러서 눈에 들어오는 느낌의 자극을 받게 되는 것을 말한다.

※ 속도가 빠를수록 눈에 들어오는 흐름의 자극은 더해지며, 주변의 경관은 거의 흐르는 선과 같이 눈을 자극하여 눈이 몹시 피로하게 된다.

03 정지거리와 정지시간 ★

1 긴급 상황에서 차량을 정지시키는 데 영향을 미치는 요소

① 운전자의 지각시간
② 운전자의 반응시간
③ 브레이크 혹은 타이어의 성능
④ 도로조건 등 요소

2 공주 · 제동 · 정지의 시간 및 거리

구분	내용
공주시간과 공주거리	• 공주시간 : 운전자가 자동차를 정지시켜야 할 상황임을 지각하고, 브레이크로 발을 옮겨 브레이크가 작동을 시작하는 순간까지의 시간 • 공주거리 : 이때까지 자동차가 진행한 거리
제동시간과 제동거리	• 제동시간 : 운전자가 브레이크에 발을 올려 브레이크가 막 작동을 시작하는 순간부터 자동차가 완전히 정지할 때까지의 시간 • 제동거리 : 이때까지 자동차가 진행한 거리
정지시간과 정지거리	• 정지시간＝공주시간＋제동시간 • 정지거리＝공주거리＋제동거리

04 자동차의 고장 ★

1 오감으로 판별하는 자동차의 이상 징후

감각	점검 방법	적용 사례
시각	부품이나 장치의 외부 굽음·변형·녹슴 등	물·오일·연료의 누설, 자동차의 기울어짐
청각	이상한 음	마찰음, 걸리는 쇳소리, 노킹소리, 긁히는 소리 등
촉각	느슨함, 흔들림, 발열 상태 등	볼트 너트의 이완, 유격, 브레이크 작동할 때 차량이 한쪽으로 쏠림, 전기 배선 불량 등
후각	이상 발열·냄새	배터리액의 누출, 연료 누설, 전선 등이 타는 냄새 등

2 고장이 자주 일어나는 부분

(1) 진동과 소리

엔진의 점화 장치 부분	주행 전 차체에 이상한 진동이 느껴질 때는 엔진에서의 고장이 주원인이다. 플러그 배선이 빠져 있거나 플러그 자체가 나쁠 때 이런 현상이 나타난다.
엔진의 이음	엔진의 회전수에 비례하여 쇠가 마주치는 소리가 나는 경우 거의 이런 이음은 밸브 장치에서 나는 소리이다. 밸브 간극 조정으로 고쳐질 수 있다.
팬벨트 (fan belt)	가속 페달을 힘껏 밟는 순간 "끼익!" 하는 소리가 날 때는 팬벨트 또는 기타의 V벨트가 이완되어 걸려 있는 풀리(pulley)와의 미끄러짐에 의해 일어난다.
클러치 부분	클러치를 밟고 있을 때 "달달달" 떨리는 소리와 함께 차체가 떨리고 있다면 클러치 릴리스 베어링의 고장이다. 정비공장에 가서 교환하여야 한다.
브레이크 부분	브레이크 페달을 밟아 차를 세우려고 할 때 바퀴에서 "끼익!" 하는 소리가 나는 경우 브레이크 라이닝의 마모가 심하거나 라이닝에 결함이 있을 때 일어나는 현상이다.
조향장치 부분	핸들이 어느 속도에 이르면 극단적으로 흔들린다. 특히 핸들 자체에 진동이 일어나면 앞바퀴 불량이 원인일 때가 많다. 앞 차륜 정렬(휠 얼라인먼트)이 맞지 않거나 바퀴 자체의 휠 밸런스가 맞지 않을 때 주로 일어난다.
바퀴 부분	주행 중 하체 부분에서 비틀거리는 흔들림이 일어나는 때가 있다. 특히 커브를 돌았을 때 휘청거리는 느낌이 들 때는 바퀴의 휠 너트의 이완이나 타이어의 공기가 부족할 때가 많다.
현가장치 부분	비포장도로의 울퉁불퉁한 험한 노면 상을 달릴 때 "딱각딱각" 하는 소리나 "쿵쿵" 하는 소리가 날 때에는 현가장치인 쇽 업소버의 고장으로 볼 수 있다.

(2) 냄새와 열

전기장치 부분	고무 같은 것이 타는 냄새가 날 때는 바로 차를 세워야 한다. 대개 엔진실 내의 전기 배선 등의 피복이 녹아 벗겨져 합선에 의해 전선이 타면서 나는 냄새가 대부분인데, 보닛을 열고 잘 살펴보면 그 부위를 발견할 수 있다.
브레이크 부분	치과 병원에서 이를 갈 때 나는 단내가 심하게 나는 경우는 주브레이크의 간격이 좁거나 주차 브레이크를 당겼다 풀었으나 완전히 풀리지 않았을 경우이다. 또한, 긴 언덕길을 내려갈 때 계속 브레이크를 밟는다면 이러한 현상이 일어나기 쉽다.
바퀴 부분	바퀴마다 드럼에 손을 대보면 어느 한쪽만 뜨거울 경우가 있는데, 이때는 브레이크 라이닝 간격이 좁아 브레이크가 끌리기 때문이다.

(3) 배출가스

무색	완전연소 때 배출되는 가스의 색은 정상상태에서 무색 또는 약간 엷은 청색을 띤다.
검은색	농후한 혼합가스가 들어가 불완전 연소되는 경우이다. 초크 고장이나 에어 클리너 엘리먼트의 막힘, 연료장치 고장 등이 원인이다.
백색(흰색)	엔진 안에서 다량의 엔진오일이 실린더 위로 올라와 연소되는 경우로, 헤드 개스킷 파손, 밸브의 오일 씰 노후 또는 피스톤 링의 마모 등 엔진 보링을 할 시기가 됐음을 알려 준다.

3 고장 유형별 조치 방법

(1) 엔진계통

엔진계통 고장	현상	점검사항	조치 방법
엔진오일 과다 소모	하루 평균 약 2~4리터 엔진오일이 소모됨	• 배기 배출가스 육안 확인 • 에어 클리너 오염도 확인(과다 오염) • 블로바이가스(blow-by gas) 과다 배출 확인 • 에어 클리너 청소 및 교환주기 미준수, 엔진과 콤프레셔 피스톤 링 과다 마모	• 엔진 피스톤 링 교환 • 실린더라이너 교환 • 실린더 교환이나 보링작업 • 오일팬이나 개스킷 교환 • 에어 클리너 청소 및 장착 방법 준수 철저
엔진 온도 과열	주행 시 엔진 과열(온도 게이지 상승됨)	• 냉각수 및 엔진오일의 양 확인과 누출 여부 확인 • 냉각팬 및 워터펌프의 작동 확인 • 팬 및 워터펌프의 벨트 확인 • 수온조절기의 열림 확인 • 라디에이터 손상 상태 및 써머스태트 작동상태 확인	• 냉각수 보충 • 팬벨트의 장력조정 • 냉각팬 휴즈 및 배선상태 확인 • 팬벨트 교환 • 수온조절기 교환 • 냉각수 온도 감지센서 교환 • 외관상 결함 상태가 없을 경우에는 라디에이터 캡을 열고 냉각수의 흐름을 관찰한 후 냉각수 내 기포 현상이 있는가를 확인, 기포 현상은 연소실 내 압축가스가 새고 있다는 현상(미세한 경우는 약 10~15분 정도 확인 관찰해야 함)으로, 이 경우 실린더헤드 볼트 조임 불량 및 손상으로 고장입고 조치

엔진계통 고장	현상	점검사항	조치 방법
엔진 과회전 (over revolution)	내리막길 주행 변속 시 엔진 소리와 함께 재시동이 불가함	• 내리막길에서 순간적으로 고단에서 저단으로 기어 변속 시(감속 시) 엔진 내부가 손상되므로 엔진 내부 확인 • 로커암 캡을 열고 푸쉬로드 휨 상태, 밸브 스템 등 손상 확인(손상 상태가 심할 경우는 실린더 블록까지 파손됨)	• 과도한 엔진 브레이크 사용 지양(내리막길 주행 시) • 최대 회전속도를 초과한 운전 금지 • 고단에서 저단으로 급격한 기어변속 금지(특히, 내리막길) ※ 주의사항 : 내리막길 중립상태(후리) 운행 금지 및 최대 엔진회전수 조정볼트(봉인) 조정 금지
엔진 시동 꺼짐	• 정차 중 엔진의 시동이 꺼짐 • 재시동이 불가	• 연료량 확인 • 연료파이프 누유 및 공기 유입 확인 • 연료탱크 내 이물질 혼입 여부 확인 • 워터 세퍼레이터 공기 유입 확인	• 연료공급 계통의 공기 빼기 작업 • 워터 세퍼레이터 공기 유입 부분 확인하여 현장에서 조치 가능하면 작업에 착수(단품교환) • 작업 불가 시 응급조치하여 공장으로 입고
혹한기 주행 중 시동 꺼짐	• 혹한기 주행 중 오르막 경사로에서 급가속 시 시동 꺼짐 • 일정 시간 경과 후 재시동은 가능함	• 연료 파이프 및 호스 연결부분 에어 유입 확인 • 연료 차단 솔레노이드 밸브 작동 상태 확인 • 워터 세퍼레이터 내 결빙 확인	• 인젝션 펌프 에어 빼기 작업 • 워터 세퍼레이트 수분 제거 • 연료탱크 내 수분 제거
엔진 시동 불량	초기 시동이 불량하고 시동이 꺼짐	• 연료 파이프 에어 유입 및 누유 점검 • 펌프 내부에 이물질이 유입되어 연료 공급이 안 됨	• 플라이밍 펌프 작동 시 에어 유입 확인 및 에어 빼기 • 플라이밍 펌프 내부의 필터 청소

(2) 섀시계통

섀시계통 고장	현상	점검사항	조치 방법
덤프 작동 불량	덤프 작동 시 상승 중에 적재함이 멈춤	• P.T.O(Power Take Off; 동력인출장치) 작동상태 점검 (반 클러치 정상작동) • 호이스트 오일 누출 상태 점검 • 클러치 스위치 점검 • P.T.O 스위치 작동 불량 발견	• P.T.O 스위치 교환 • 변속기의 P.T.O 스위치 내부 단선으로 클러치를 완전히 개방시키면 이러한 현상이 발생함 • 현장에서 작업 조치하고 불가능 시 공장으로 입고
ABS 경고등 점등	주행 중 간헐적으로 ABS 경고등 점등되다가 요철 부위 통과 후 경고등 계속 점등됨	• 자기 진단 점검 • 휠 스피드 센서 단선 단락 • 휠 센서 단품 점검 이상 발견 • 변속기 체인지 레버 작동 시 간섭으로 커넥터 빠짐	• 휠 스피드 센서 저항 측정 • 센서 불량인지 확인 및 교환 • 배선부분 불량인지 확인 및 교환
주행 제동 시 차량 쏠림	• 주행 제동 시 차량 쏠림 • 리어 앞쪽 라이닝 조기 마모 및 드럼 과열 제동 불능 • 브레이크 조기 록크 및 밀림	• 좌·우 타이어의 공기압 점검 • 좌·우 브레이크 라이닝 간극 및 드럼 손상 점검 • 브레이크 에어 및 오일 파이프 점검 • 듀얼 서킷 브레이크(duel circuit brake) 점검 • 공기 빼기 작업 • 에어 및 오일 파이프라인 이상 발견	• 타이어의 공기압 좌·우 동일하게 주입 • 좌·우 브레이크 라이닝 간극 재조정 • 브레이크 드럼 교환 • 리어 앞 브레이크 커넥터의 장착 불량으로 유압 오작동
제동 시 차체 진동	급제동 시 차체 진동이 심하고 브레이크 페달 떨림	• 전(前)차륜 정열상태 점검(휠 얼라이먼트) • 제동력 점검 • 브레이크 드럼 및 라이닝 점검 • 브레이크 드럼의 진원도 불량	• 조향핸들 유격 점검 • 허브베어링 교환 또는 허브너트 재조임 • 앞 브레이크 드럼 연마 작업 또는 교환

(3) 전기계통

전기계통 고장	현상	점검사항	조치 방법
와이퍼가 작동하지 않음	와이퍼 작동스위치를 작동시켜도 와이퍼가 작동하지 않음	모터가 도는지 점검	• 모터 작동 시 블레이드 암의 고정너트를 조이거나 링크기구 교환 • 모터 미작동 시 퓨즈, 모터, 스위치, 커넥터 점검 및 손상부품 교환
와이퍼 작동 시 소음 발생	와이퍼 작동 시 주기적으로 소음 발생	와이퍼 암을 세워놓고 작동	• 소음 발생 시 링크기구 탈거하여 점검 • 소음 미발생 시 와이퍼블레이드 및 와이퍼 암 교환
와셔액 분출 불량	와셔액이 분출되지 않거나 분사 방향이 불량함	와셔액 분사 스위치 작동	• 분출이 안 될 때는 와셔액의 양을 점검하고 가는 철사로 막힌 구멍 뚫기 • 분출 방향 불량 시는 가는 철사를 구멍에 넣어 분사 방향 조절
제동등 계속 작동	미등 작동 시 브레이크 페달 미작동 시에도 제동등 계속 점등됨	• 제동등 스위치 접점 고착 점검 • 전원 연결배선 점검 • 배선의 차체 접촉 여부 점검	• 제동등 스위치 교환 • 전원 연결배선 교환 • 배선의 절연상태 보완
비상등 작동 불량	비상등 작동 시 점멸은 되지만 좌측이 빠르게 점멸함	• 좌측 비상등 전구 교환 후 동일현상 발생 여부 점검 • 커넥터 점검 • 전원 연결 정상 여부 확인 • 턴 시그널 릴레이 점검	턴 시그널 릴레이 교환

Chapter 4 · 도로요인과 안전운행

01 · 도로 ★

1 도로요인

도로구조와 안전시설 등에 관한 것을 말한다.

도로구조	도로 선형, 노면, 차로 수, 노폭, 구배 등에 관한 것
안전시설	신호기, 노면표시, 방호울타리 등 도로의 안전시설에 관한 것

2 일반적으로 도로가 되기 위한 4가지 조건

① **형태성** : 노면의 균일성 유지 등으로 자동차 기타 운송수단의 통행에 용이한 형태를 갖출 것
② **이용성** : 자동차 운행 등 공중의 교통영역으로 이용되고 있는 곳
③ **공개성** : 불특정 다수인 및 예상할 수 없을 정도로 바뀌는 숫자의 사람을 위해 이용이 허용되고 실제 이용되고 있는 곳
④ **교통경찰권** : 공공의 안전과 질서 유지를 위하여 교통경찰권이 발동될 수 있는 장소

02 · 정의 ★

용어	정의
측대	운전자의 시선을 유도하고 옆부분의 여유를 확보하기 위하여 중앙분리대 또는 길어깨에 차도와 동일한 횡단경사와 구조로 차도에 접속하여 설치하는 부분
분리대	차도를 통행의 방향에 따라 분리하거나 성질이 다른 같은 방향의 교통을 분리하기 위하여 설치하는 도로의 부분이나 시설물
길어깨	도로를 보호하고 비상시에 이용하기 위하여 차도에 접속하여 설치하는 도로의 부분
주·정차대	자동차의 주차 또는 정차에 이용하기 위하여 도로에 접속하여 설치하는 부분
횡단경사	도로의 진행 방향에 직각으로 설치하는 경사로서 도로의 배수를 원활하게 하기 위하여 설치하는 경사와 평면곡선부에 설치하는 편경사
편경사	평면곡선부에서 자동차가 원심력에 저항할 수 있도록 하기 위하여 설치하는 횡단경사
종단경사	도로의 진행 방향 중심선의 길이에 대한 높이의 변화 비율

용어	정의
정지시거	운전자가 같은 차로상에 고장차 등의 장애물을 인지하고 안전하게 정지하기 위하여 필요한 거리로서 차로 중심선상 1미터의 높이에서 그 차로의 중심선에 있는 높이 15센티미터의 물체의 맨 윗부분을 볼 수 있는 거리를 그 차로의 중심선에 따라 측정한 길이
앞지르기시거	2차로 도로에서 저속 자동차를 안전하게 앞지를 수 있는 거리로서 차로의 중심선상 1미터의 높이에서 반대쪽 차로의 중심선에 있는 높이 1.2미터의 반대쪽 자동차를 인지하고 앞차를 안전하게 앞지를 수 있는 거리를 도로 중심선에 따라 측정한 길이

03 횡단면과 교통사고 ★

1 차로 수와 교통사고

일반적으로 차로 수가 많으면 사고가 많다. 그 도로의 교통량과 교차로가 많으며, 또 도로변의 개발밀도가 높기 때문일 수도 있기 때문이다.

2 차로 폭과 교통사고

일반적으로 횡단면의 차로 폭이 넓을수록 교통사고 예방의 효과가 있다. 교통량이 많고 사고율이 높은 구간의 차로 폭을 규정 범위 이내로 넓히면 그 효과는 더욱 크다.

3 길어깨(갓길)와 교통사고

(1) 길어깨의 특징

① 길어깨가 넓으면 차량의 이동공간이 넓고, 시계가 넓으며, 고장차량을 주행차로 밖으로 이동시킬 수 있기 때문에 안전성이 큰 것은 확실하다.
② 길어깨가 토사나 자갈 또는 잔디보다는 포장된 노면이 더 안전하며, 포장이 되어 있지 않을 경우에는 건조하고 유지관리가 용이할수록 안전하다.
③ 길어깨와 교통사고의 관계는 노면표시를 어떻게 하느냐에 따라 어느 정도 변할 수 있다.
　예 일반적으로 차도와 길어깨를 단선의 흰색 페인트칠로 경계를 지은 경우와 같이 차도와 길어깨를 구획하는 노면표시를 하면 교통사고는 감소한다.

(2) 길어깨의 역할

① 고장차가 본선차도로부터 대피 가능하고, 사고 시 교통 혼잡을 방지한다.
② 교통의 안전성과 쾌적성에 기여한다.
③ 유지관리 작업장이나 지하매설물의 장소로 제공한다.
④ 곡선부의 시거가 증대되어 교통 안전성이 높다.
⑤ 유지가 잘 되어 있는 길어깨는 도로 미관을 높인다.
⑥ 보도 등이 없는 도로에서는 보행자 통행 장소로 제공한다.

04 중앙분리대 ★

1 종류

구분	내용
방호울타리형 중앙분리대	대향차로의 이탈을 방지하는 곳에 설치한다.
연석형 중앙분리대	향후 차로 확장에 쓰일 공간 확보 등이 가능하다.
광폭 중앙분리대	충분한 공간 확보로 대향차량의 영향을 받지 않을 정도의 넓이를 제공한다.

2 방호울타리의 기능

① 횡단을 방지한다.
② 차량을 감속시킨다.
③ 차량이 대향차로로 튕겨나가지 않게 한다.
④ 차량의 손상이 적게 한다.

> **곡선부 방호울타리의 기능**
> ① 자동차의 차도 이탈을 방지한다.
> ② 탑승자 상해 또는 차의 파손을 감소시킨다.
> ③ 자동차를 정상적인 진행 방향으로 복귀시킨다.
> ④ 운전자의 시선을 유도한다.

3 중앙분리대의 기능

① 상하 차도의 교통을 분리하여 교통량을 증대시킨다.
② 평면교차로가 있는 도로에서는 좌회전 차로로 활용할 수 있어 교통처리가 유연하다.
③ 광폭 분리대의 경우 사고 및 고장 차량이 정지할 수 있는 여유 공간을 제공하여 탑승자의 안전을 확보하고, 진입 차의 분리대 내 정차 또는 조정능력 회복에 도움이 된다.
④ 보행자에 대한 안전섬이 됨으로써 횡단 시 안전하다.

05 교량과 교통사고 ★

① 교량의 폭, 교량 접근부 등이 교통사고와 밀접한 관계에 있다.
② 교량 접근로의 폭에 비하여 교량의 폭이 좁을수록 사고가 더 많이 발생한다.
③ 교량의 접근로 폭과 교량의 폭이 같을 때 사고율이 가장 낮다.
④ 교량의 접근로 폭과 교량의 폭이 서로 다른 경우에도 교통통제시설, 즉 안전표지, 시선유도표지, 교량끝단의 노면표시를 효과적으로 설치함으로써 사고율을 현저히 감소시킬 수 있다.

Chapter 5 안전운전

01 안전운전

운전자가 자동차를 그 본래의 목적에 따라 운행함에 있어서 운전자 자신이 위험한 운전을 하거나 교통사고를 유발하지 않도록 주의하여 운전하는 것을 말한다.

02 방어운전

1 정의

운전자가 다른 운전자나 보행자가 교통법규를 지키지 않거나 위험한 행동을 하더라도 이에 대처할 수 있는 운전자세를 갖추어 미리 위험한 상황을 피하여 운전하는 것, 위험한 상황을 만들지 않고 운전하는 것, 위험한 상황에 직면했을 때는 이를 효과적으로 회피할 수 있도록 운전하는 것을 말한다.

① 자기 자신이 사고의 원인을 만들지 않는 운전
② 자기 자신이 사고에 말려들어 가지 않게 하는 운전
③ 타인의 사고를 유발시키지 않는 운전

2 방어운전의 기본 ★

① 능숙한 운전　　② 정확한 운전지식　③ 세심한 관찰력
④ 예측력과 판단력　⑤ 양보, 배려의 실천　⑥ 교통상황 정보 수집
⑦ 반성의 자세　　⑧ 무리한 운행 배제

> **교통상황 정보 수집의 매체**
> ① TV ② 라디오 ③ 신문 ④ 컴퓨터 ⑤ 도로상의 전광판 ⑥ 기상예보

3 실전 방어운전 방법 ★

① 운전자는 앞차의 전방까지 시야를 멀리 둔다.
② 뒤차의 움직임을 룸미러나 사이드미러로 끊임없이 확인하면서 방향지시등이나 비상등으로 자기 차의 진행 방향과 운전 의도를 분명히 알린다.
③ 눈, 비가 올 때는 가시거리 단축, 수막현상 등 위험요소를 염두에 두고 운전한다.
④ 교통신호가 바뀐다고 해서 무작정 출발하지 말고 주위 자동차의 움직임을 관찰한 후 진행한다.
⑤ 교통이 혼잡할 때는 조심스럽게 교통의 흐름을 따르고 끼어들기를 삼간다.

1 교차로

(1) 정의
자동차, 사람, 이륜차 등의 엇갈림(교차)이 발생하는 장소이다.

(2) 신호기의 장·단점 ★

장점	단점
• 교통류의 흐름을 질서 있게 한다. • 교통처리용량을 증대시킬 수 있다. • 교차로에서의 직각충돌사고를 줄일 수 있다. • 특정 교통류의 소통을 도모하기 위하여 교통 흐름을 차단하는 것과 같은 통제에 이용할 수 있다.	• 과도한 대기로 인한 지체가 발생할 수 있다. • 신호지시를 무시하는 경향을 조장할 수 있다. • 신호기를 피하기 위해 부적절한 노선을 이용할 수 있다. • 교통사고, 특히 추돌사고가 다소 증가할 수 있다.

(3) 교차로 황색 신호 ★

구분	내용
운영 목적	• 전신호와 후신호 사이에 부여되는 신호 • 전신호 차량과 후신호 차량이 교차로 상에서 상충(상호충돌)하는 것을 예방하여 교통사고를 방지하고자 하는 목적에서 운영되는 신호
신호 시간	통상 3초를 기본으로 운영 ※ 교차로의 크기에 따라 4~6초 운영하기도 하지만 부득이한 경우가 아니면 6초를 초과하는 것은 금기로 한다.
사고 유형	• 교차로 상에서 전신호 차량과 후신호 차량의 충돌 • 횡단보도 전 앞차 정지 시 앞차 추돌 • 횡단보도 통과 시 보행자, 자전거 또는 이륜차 충돌 • 유턴 차량과의 충돌
안전운전 및 방어운전	• 황색 신호에는 반드시 신호를 지켜 정지선에 멈출 수 있도록 교차로에 접근할 때는 자동차의 속도를 줄여 운행한다. • 교차로에 무리하게 진입하거나 통과를 시도하지 않는다.

2 커브길

(1) 개요 ★

커브길은 도로가 왼쪽 또는 오른쪽으로 굽은 곡선부를 갖는 도로의 구간을 의미한다.

구분	내용
완만한 커브길	곡선부의 곡선 반경이 길어질수록 완만한 커브길이 된다.
직선도로	곡선반경이 극단적으로 길어져 무한대에 이르면 완전한 직선도로가 된다.
급한 커브길	곡선 반경이 짧아질수록 급한 커브길이 된다.

(2) 커브길의 교통사고 위험

① 도로 외 이탈의 위험이 뒤따른다.
② 중앙선을 침범하여 대향차와 충돌할 위험이 있다.
③ 시야 불량으로 인한 사고의 위험이 있다.

> 🚌 **편구배의 의미**
> 경사도의 의미로도 사용된다.

(3) 커브길 핸들 조작

슬로우-인, 패스트-아웃(Slow-in, Fast-out)으로 핸들을 조작해야 한다.

3 차로 폭 ★

① 도로의 차선과 차선 사이의 최단거리를 말한다.
② 관련 기준에 따라 도로의 설계속도, 지형조건 등을 고려하여 달리할 수 있으나 대개 3.0~3.5m를 기준으로 한다.
③ 교량 위, 터널 내, 유턴차로(회전차로) 등은 부득이한 경우 2.75m로 할 수 있다.

4 철길 건널목

(1) 개요 ★

철길 건널목은 철도와 도로법에서 정한 도로가 평면 교차하는 곳을 의미한다.

구분	내용
1종 건널목	차단기, 경보기 및 건널목 교통안전 표지를 설치하고 차단기를 주·야간 계속 작동시키거나 또는 건널목 안내원이 근무한다.
2종 건널목	경보기와 건널목 교통안전 표지만 설치한다.
3종 건널목	건널목 교통안전 표지만 설치한다.

(2) 안전운전 및 방어운전

① 일시정지 후 좌·우의 안전을 확인한다.

② 건널목 통과 시 기어는 변속하지 않는다.

③ 건널목 건너편 여유공간을 확인한 후 통과한다.

(3) 철길 건널목 내 차량 고장 대처 방법 ★

① 즉시 동승자를 대피시킨다.

② 철도공사 직원에게 알리고, 차를 건널목 밖으로 이동 조치한다.

③ 시동이 걸리지 않을 때는 당황하지 말고 기어를 1단 위치에 넣은 후, 클러치 페달을 밟지 않은 상태에서 엔진 키를 돌리면 시동모터의 회전으로 바퀴를 움직여 철길을 빠져 나올 수 있다.

5 고속도로 ★

① 안전거리를 충분히 확보한다.

② 주행 중 속도계를 수시로 확인하고, 법정속도를 준수한다.

③ 차로 변경 시 100m 전방부터 방향지시등을 켜고, 전방주시점은 속도가 빠를수록 멀리 둔다.

④ 앞차의 움직임뿐 아니라 가능한 한 앞차 앞의 3~4대 차량의 움직임도 살핀다.

⑤ 고속도로 진·출입 시 속도감각에 유의하여 운전한다.

6 야간, 안개길 ★

구분		내용
야간	야간운전의 위험성	야간에는 주간에 비해 시야가 전조등의 범위로 한정되어 노면과 앞차의 후미등 전방만을 보게 되므로 주간보다 속도를 20% 정도 감속하고 운행한다.
	야간 안전운전 방법	• 해가 저물면 곧바로 전조등을 점등할 것 • 주간보다 속도를 낮추어 주행할 것 • 야간에 흑색이나 감색의 복장을 입은 보행자는 발견하기 곤란하므로 보행자의 확인에 더욱 세심한 주의를 기울일 것
안개길		차간거리를 충분히 확보하고 앞차의 제동이나 방향지시등의 신호를 예의주시하며 천천히 주행해야 안전하다. 운행 중 앞을 분간하지 못할 정도로 짙은 안개가 끼었을 때는 차를 안전한 곳에 세우고 잠시 기다리는 것이 좋다. 이때에는 지나가는 차에게 내 자동차의 존재를 알리기 위해 미등과 비상경고등을 점등시켜 충돌사고 등에 미리 예방하는 조치를 취한다.

04 계절별 운전 ★

1 봄철

구분		내용
계절특성		겨울 동안 얼어 있던 땅이 녹아 지반이 약해지는 해빙기이다.
기상특성		대륙성 고기압의 활동이 약화되고 대륙에서 분리된 고기압과 기압골이 통과함에 따라 날씨의 변화가 심하며, 기온이 상승하고 낮과 밤의 일교차가 커지며 강수량은 증가한다.
교통사고의 특징		보행량 및 교통량의 증가에 따라 특히 어린이 관련 교통사고가 겨울에 비하여 많이 발생한다. 춘곤증에 의한 졸음운전 교통사고에 주의한다.
안전운행 및 교통사고 예방	교통 환경 변화	• 무리한 운전을 하지 말고 긴장을 늦추어서는 안 된다. • 도로의 지반 붕괴와 균열로 인해 도로 노면 상태가 1년 중 가장 불안정하여 사고의 원인이 되므로 시선을 멀리 두어 노면 상태 파악에 신경을 써야 한다. • 도로 정보를 사전에 파악하고, 변화하는 기후 조건에 잘 대처할 수 있도록 해야 한다.
	주변 환경 대응	• 포근하고 화창한 외부환경 여건으로 보행자, 운전자 모두 집중력이 떨어져 사고 발생률이 다른 계절에 비해 높다. 특히, 신학기를 맞아 학생들의 보행 인구가 늘어나고 학교의 소풍, 현장학습, 본격적인 행락철을 맞아 교통 수요가 많아져 통행량도 증가하게 된다. • 들뜨거나 과로하지 않도록 충분히 휴식을 취하고 운행 중에는 주변 교통 상황에 집중력을 가져야 한다.
	춘곤증	• 춘곤증은 피로·나른함 및 의욕 저하를 수반하여 운전하는 과정에서 주의력 집중이 되지 않고 졸음운전으로 이어져 대형 사고를 일으키는 원인이 될 수 있다. • 무리한 운전을 피하고 장거리 운전 시에는 충분한 휴식을 취한다.

2 여름철

구분	내용		
계절특성	봄철에 비해 기온이 상승하며, 장마전선의 북상으로 비가 많이 오고, 장마 이후에는 무더운 날이 지속되며, 열대야 현상이 나타난다.		
기상특성	태풍을 동반한 집중 호우 및 돌발적인 악천후, 무더위에 의해 기온이 높고 습기가 많아지며 운전자들이 쉽게 피로해지며 주의 집중이 어려워진다.		
교통사고의 특징	여름철 교통사고는 무더위, 장마, 폭우로 인한 교통환경의 악화를 운전자들이 극복하지 못하여 발생되는 경우가 많다.		
안전운행 및 교통사고 예방	뜨거운 태양 아래 오래 주차 시	출발 전 창문을 열어 실내의 더운 공기를 환기시키고 에어컨을 최대로 켜서 실내의 더운 공기가 빠져나간 후 운행하는 것이 좋다.	
	주행 중 갑자기 시동이 꺼졌을 때	• 연료계통에서 열에 의한 증기로 통로의 막힘 현상이 나타나 연료 공급이 단절되며 운행 도중 엔진이 저절로 꺼지기도 한다. • 자동차를 길가장자리 통풍이 잘되는 그늘진 곳으로 옮긴 다음, 보닛을 열고 10여 분 정도 열을 식힌 후 재시동을 건다.	
	비가 내리는 중에 주행 시	비에 젖은 도로는 건조한 도로에 비해 마찰력이 떨어져 미끄럼에 의한 사고 가능성이 있으므로 감속 운행한다.	

3 가을철

구분	내용
계절특성	대륙성 이동성 고기압의 영향으로 맑은 날씨가 계속되고 학교 소풍 등으로 교통수요가 많다. 심한 일교차로 안개가 집중적으로 발생되어 대형 사고의 위험도 높아진다.
기상특성	해양성 고기압의 세력이 약해져 대륙성 고기압 전면에 들거나 이로부터 분리된 고기압이 자주 통과하여 기온이 낮아지고 맑은 날이 많으며 강우량이 줄고, 아침에는 안개가 빈발하며 일교차가 심하다. 특히 하천이나 강을 끼고 있는 곳에서는 짙은 안개가 자주 발생한다.
교통사고의 특징	• 추석 명절의 교통량이 증가하고 다른 계절에 비하여 도로조건은 비교적 좋은 편이다. • 추수철 국도 주변에는 경운기·트랙터 등의 통행이 늘고, 단풍을 감상하다 집중력이 떨어져 교통사고 발생 위험이 있다. • 단체 여행객의 증가 등으로 주의력 저하 관련 사고 가능성이 높다.

안전운행 및 교통사고 예방	이상기후 대처	• 안개가 발생되는 날은 예측하기 어렵고, 발생 지역의 범위도 다양하다. 안개 속 주행 시 갑작스럽게 감속을 하면 뒤차에 의한 추돌이 우려되고, 감속하지 않으면 앞차를 추돌하기 쉽다. • 늦가을에 안개가 끼면 노면이 동결되는 경우가 있다. • 안개 지역에서는 처음부터 감속 운행한다. 노면이 동결된 경우 엔진 브레이크를 사용하며 감속한 다음 브레이크를 밟아야 하며, 급핸들 및 급브레이크 조작은 삼간다.
	보행자에 주의하여 운행	• 보행자는 기온이 떨어지면 몸을 움츠리는 등 행동이 부자연스러워지며 교통 상황에 대처하는 능력이 저하된다. • 보행자가 있는 곳에서는 보행자의 움직임에 주의하여 운행한다.
	행락철 주의	단체 여행의 증가로 행락질서를 문란하게 하고 운전자의 주의력을 산만하게 만들어 대형 사고를 유발할 위험성이 높으므로 과속을 피하고, 교통법규를 준수한다.
	농기계 주의	• 추수시기를 맞아 경운기 등 농기계의 빈번한 사용은 교통사고의 원인이 되므로, 농촌 지역 운행 시에는 농기계의 출현에 대비하여야 한다. 농촌 마을 인접 도로에서는 농지로부터 도로로 나오는 농기계에 주의하여 서행한다. 나무 등에 가려 간선 도로로 진입하는 경운기를 보지 못하는 경우가 있으므로 주의한다. • 경운기는 운전자가 비교적 고령이며, 후사경이 달려 있지 않고 자체 소음이 매우 커서 자동차가 뒤에서 접근한다는 사실을 모르고 급작스럽게 진행 방향을 변경하는 경우가 있으므로 안전거리를 유지하고 경적을 울려 자동차가 가까이 있다는 사실을 알려 주어야 한다.

> **🚍 안개가 가장 집중적으로 발생하는 계절**
>
> 가을철은 심한 일교차로 안개가 빈발한다. 하천이나 강을 끼고 있는 곳에서는 짙은 안개가 자주 발생한다.

4 겨울철

구분	내용
계절특성	겨울철은 차가운 대륙성 고기압의 영향으로 북서 계절풍이 불어와 날씨는 춥고 눈이 많이 내리는 특성을 보인다. 교통의 3대 요소인 사람, 자동차, 도로환경 등 모든 조건이 다른 계절에 비하여 열악한 계절이다.
기상특성	겨울철은 습도가 낮고 공기가 매우 건조하다. 또한, 한랭성 고기압 세력의 확장으로 기온이 급강하고 한파를 동반한 눈이 자주 내린다. 이상 현상으로 기온이 올라가면 겨울안개가 생성되기도 하며, 눈길, 빙판길, 바람과 추위 등이 운전에 악영향을 미치는 특성을 보인다.
교통사고의 특징	• 겨울철에는 눈이 녹지 않고 쌓여 적은 양의 눈이 내려도 바로 빙판이 되기 때문에 자동차의 충돌·추돌·도로 이탈 등의 사고가 많이 발생한다. 노면이 평탄하게 보이지만 실제로는 얼음으로 덮여 있는 도로 구간이나 지점도 접할 수 있다. 폭설이 도로조건을 열악하게 하는 가장 큰 요인이 된다. • 새해를 맞이하는 시기로 각종 모임으로 인한 음주운전 사고가 우려된다. 방한복 등 두꺼운 옷을 착용함에 따라 위기상황에 대한 민첩한 대처능력이 떨어지기 쉽다. • 겨울철 보행자는 두터운 외투 등을 착용하고 앞만 보면서 목적지까지 최단거리로 이동하고자 하는 경향이 있다. 이런 욕구가 더 강해지면 안전한 보행을 위하여 보행자가 확인하고 통행하여야 할 사항을 소홀히 하거나 생략하여 사고에 직면하기 쉽다.

05 위험물 운송 ★

1 위험물의 성질과 종류

① **성질** : 발화성, 인화성, 폭발성 등
② **종류** : 고압가스, 화약, 석유류, 독극물, 방사성 물질 등

2 위험물 적재방법

① 운반용기와 포장 외부에 표시해야 할 사항 : 위험물의 품목, 화학명 및 수량
② 운반 도중 그 위험물 또는 위험물을 수납한 운반용기가 떨어지거나 그 용기의 포장이 파손되지 않도록 적재할 것
③ 수납구를 위로 향하게 적재할 것

④ 직사광선 및 빗물 등의 침투를 방지할 수 있는 덮개를 설치할 것
⑤ 혼재 금지된 위험물의 혼합 적재 금지

3 위험물 운반방법

① 마찰 및 흔들림이 발생되지 않도록 운반할 것
② 지정 수량 이상의 위험물을 차량으로 운반할 때는 차량의 전면 또는 후면의 보기 쉬운 곳에 표지를 게시할 것
③ 일시정차 시는 안전한 장소를 택하여 안전에 주의할 것
④ 그 위험물에 적응하는 소화설비를 설치할 것 등

4 차량에 고정된 탱크의 안전운행

구분		내용
운행 전의 차량 점검	엔진 관련 부분	• 라디에이터(radiator) 등의 냉각장치 누수 유무 • 냉각 수량 및 기름량의 적정 유무 • 라디에이터 캡(radiator cap)의 부착상태의 적정 유무 • 팬벨트의 당김 상태 및 손상의 유무 및 운전 시의 배기 색깔
	동력전달장치 부분	• 속부의 조임과 헐거움의 정도 • 접속부의 이완 유무
	브레이크 부분	• 브레이크액 누설 또는 배관속의 공기 유무 • 브레이크 오일량의 적정 여부 • 페달과 바닥판과의 간격
	조향 핸들	• 핸들 높이의 정도 • 핸들 헐거움의 유무 및 운전 시 조향 상태
	바퀴 상태	• 바퀴의 조임, 헐거움의 유무 • 림(rim)의 손상 유무
	샤시, 스프링 부분	스프링의 절손 또는 스프링 부착부의 손상 유무 점검(점검 해머나 손 또는 육안검사)
	기타 부속품	전조등, 점멸 표시등, 차폭등 및 차량번호판 등의 손상 및 작동상태
	탑재기기, 탱크 및 부속품 점검	탑재기기, 탱크 및 부속품 등의 일상점검에서 다음 사항을 확인하고, 또한 일상점검기록부에 의거 점검을 행한다. • 탱크 본체가 차량에 부착되어 있는 부분에 이완이나 어긋남이 없을 것 • 밸브류가 확실히 정확히 닫혀 있어야 하며, 밸브 등의 개폐상태를 표시하는 꼬리표(tag)가 정확히 부착되어 있을 것 등

구분	내용
운송 시 주의사항	• 도로상이나 주택가, 상가 등 지정된 장소가 아닌 곳에서는 탱크로리 상호간에 취급 　물질을 입·출하시키지 말 것 • 운송 전에는 아래와 같은 운행계획 수립 및 확인 필요 　– 도착지까지 이용하는 주행로 확정 　– 이용도로의 제한속도 　– 운송지역의 기상상태 • 운송 중은 물론 정차 시에도 허용된 장소 이외에서는 흡연이나 그 밖의 화기를 사용 　하지 말 것 • 수리를 할 때에는 통풍이 양호한 장소에서 실시할 것 • 운송할 물질의 특성, 차량의 구조, 탱크 및 부속품의 종류와 성능, 정비점검 방법, 운 　행 및 주차시의 안전조치와 재해 발생 시에 취해야 할 조치를 숙지할 것
안전 운송기준	차량에 고정된 탱크속 취급물질을 안전하게 운송하기 위해서는 다음의 기준을 준수하 여야 한다. • 법규, 기준 등의 준수 : 도로교통법 등 관계법규 및 기준을 준수할 것 • 운송 중의 임시점검 : 노면이 나쁜 도로를 통과할 경우에는 그 주행 직전에 안전한 　장소를 선택하여 주차하고, 가스의 누설, 밸브의 이완 등을 점검하여 이상 여부를 확 　인할 것 • 운행 경로의 변경 : 운행 경로를 임의로 바꾸지 말아야 하며, 부득이하여 운행 경로 　를 변경하고자 할 때에는 긴급한 경우를 제외하고는 소속사업소, 회사 등에 사전 연 　락하여 비상사태를 대비할 것 • 육교 등 밑의 통과 : 육교 등 높이에 주의하여 서서히 운행하여야 하며, 차량이 육교 　등의 아래 부분에 접촉할 우려가 있는 경우에는 다른 길로 돌아서 운행하고, 또한 빈 　차의 경우는 적재차량보다 차의 높이가 높게 되므로 적재차량이 통과한 장소라도 　주의할 것 • 철길 건널목 통과 : 건널목 앞에서 일시정지하고 열차가 지나가지 않는가를 확인하 　여 건널목 위에 차가 정지하지 않도록 통과하고, 특히 야간의 강우, 짙은 안개, 적설 　의 경우, 건널목 위에 사람이 많이 지나갈 때는 차를 안전하게 운행할 수 있는가를 　생각하고 통과할 것 • 고속도로 운행 : 속도감이 둔하여 실제의 속도 이하로 느낄 수 있으므로 제한속도와 　안전거리를 필히 준수하고, 커브길 등에서는 특히 신중하게 운행할 것. 200km 이상 　의 거리를 운행하는 경우에는 중간에 충분한 휴식을 취한 후 운행할 것

구분	내용
이입(移入) 작업할 때의 기준	저장시설로부터 차량에 고정된 탱크에 가스를 주입하는 작업을 할 경우에는 당해 사업소의 안전관리자가 직접 다음 ①~⑨의 기준에 적합하게 작업을 해야 하며, 차량 운전자는 안전관리자의 책임하에 다음 ⑩의 조치를 취한다. ① 차를 소정의 위치에 정차시키고 사이드브레이크를 확실히 건 다음, 엔진을 끄고(엔진 구동방식의 것은 제외) 메인스위치 그 밖의 전기장치를 완전히 차단하여 스파크가 발생하지 아니하도록 하고, 커플링을 분리하지 아니한 상태에서는 엔진을 사용할 수 없도록 적절한 조치를 강구할 것 ② 차량이 앞, 뒤로 움직이지 않도록 차바퀴의 전·후를 차바퀴 고정목 등으로 확실하게 고정시킬 것 ③ 정전기 제거용의 접지코드를 기지(基地)의 접지텍에 접속할 것 ④ 부근의 화기가 없는가를 확인할 것 ⑤ "이입작업 중(충전 중) 화기엄금"의 표시판이 눈에 잘 띄는 곳에 세워져 있는가를 확인할 것 ⑥ 만일의 화재에 대비하여 소화기를 즉시 사용할 수 있도록 할 것 ⑦ 저온 및 초저온가스의 경우에는 가죽장갑 등을 끼고 작업을 할 것 ⑧ 만일 가스누설을 발견할 경우에는 긴급차단장치를 작동시키는 등의 신속한 누출방지조치를 할 것 ⑨ 이입작업이 끝난 후에는 차량 및 이출(移出)시설 쪽에 있는 각 밸브의 폐지, 호스의 분리, 각 밸브의 캡 부착 등을 끝내고, 접지코드를 제거한 후 각 부분의 가스누출을 점검하고, 밸브상자를 뚜껑을 닫은 후, 차량 부근에 가스가 체류되어 있는지 여부를 점검하고 이상 없음을 확인한 후 차량운전자에게 차량이동을 지시할 것 ⑩ 차량에 고정된 탱크의 운전자는 이입작업이 종료될 때까지 탱크로리차량의 긴급차단장치 부근에 위치하여야 하며, 가스누출 등 긴급사태 발생 시 안전관리자의 지시에 따라 신속하게 차량의 긴급차단장치를 작동하거나 차량이동 등의 조치를 취하여야 한다.
이송(移送) 작업할 때의 기준	차량에 고정된 탱크로부터 저장설비 등에 가스를 주입하는 작업(이하 "이송작업")을 할 경우에는 당해 사업소의 안전관리자가 직접 다음 기준에 적합하게 작업을 해야 한다. • 이입작업할 때의 기준 중 ①~⑧ 및 ⑩에 적합하게 할 것 • 이송 전·후에 밸브의 누출유무를 점검하고 개폐는 서서히 행할 것 • 탱크의 설계압력 이상의 압력으로 가스를 충전하지 않을 것 • 저울, 액면계 또는 유량계를 사용하여 과충전에 주의할 것 • 가스 속에 수분이 혼입되지 않도록 하고, 슬립튜브식 액면계의 계량 시에는 액면계의 바로 위에 얼굴이나 몸을 내밀고 조작하지 말 것 • 액화석유가스 충전소 내에서는 동시에 2대 이상의 고정된 탱크에서 저장설비로 이송작업을 하지 않을 것 • 충전소 내에서는 동시에 2대 이상의 차량에 고정된 탱크를 주·정차시키지 않을 것. 다만, 충전가스가 없는 차량에 고정된 탱크의 경우에는 그러하지 아니하다.

구분	내용
운행을 종료한 때의 점검	운행을 종료한 때는 다음 기준에 따라 점검한다. • 밸브 등의 이완이 없고 경계표지와 휴대품 등의 손상이 없을 것 • 부속품 등의 볼트 연결상태가 양호할 것 • 높이검지봉 및 부속배관 등이 적절히 부착되어 있을 것

5 충전용기 등의 적재·하역 및 운반방법

(1) 고압가스 충전용기의 운반기준
충전용기를 차량에 적재하여 운반하는 때에는 당해 차량의 앞뒤 보기 쉬운 곳에 각각 붉은 글씨로 "위험 고압가스"라는 경계 표시를 할 것

(2) 밸브의 손상방지 용기 취급
밸브가 돌출한 충전용기는 고정식 프로텍터 또는 캡을 부착시켜 밸브의 손상을 방지하는 조치를 하고 운반할 것

(3) 충전용기 등을 적재한 차량의 주·정차 시의 기준
① 주·정차 장소 선정은 지형을 충분히 고려하여 가능한 한 평탄하고 교통량이 적은 안전한 장소를 택할 것
② 주·정차 시에는 경사진 곳을 피하여야 하며, 엔진을 정지시킨 다음, 사이드브레이크를 걸어 놓고 반드시 차바퀴를 고정목으로 고정시킬 것
③ 제1종 보호시설에서 15m 이상 떨어지고, 제2종 보호시설이 밀착되어 있는 지역은 가능한 한 피하고, 주위의 교통상황, 주위의 화기 등이 없는 안전한 장소에 주·정차할 것. 또한, 차량의 고장, 교통사정 또는 운반책임자·운전자의 식사 등 부득이한 경우를 제외하고는 당해 차량에서 동시에 이탈하지 아니할 것. 동시에 이탈할 경우에는 차량이 쉽게 보이는 장소에 주차할 것
④ 차량의 고장 등으로 인하여 정차하는 경우는 고장자동차의 표지 등을 설치하여 다른 차와의 충돌을 피하기 위한 조치를 할 것

(4) 충전용기 등을 차량에 싣거나 내리거나 또는 지면에서 운반작업 등을 하는 경우의 기준
① 당해 충전용기 등의 충격이 완화될 수 있는 고무판 또는 가마니 등의 위에서 주의하여 취급하여야 하며 항시 차량에 비치할 것
② 충전용기 몸체와 차량과의 사이에 헝겊, 고무링 등을 사용하여 마찰을 방지하고 당해 충전용기 등에 흠이나 찌그러짐 등이 생기지 않도록 조치할 것
③ 고정된 프로텍터가 없는 용기는 보호캡을 부착한 후 차량에 실을 것
④ 충전용기를 용기보관소로 운반할 때는 가능한 손수레를 사용하거나 용기의 밑부분을 이용하여 운반할 것. 또한 지반면 위를 운반하는 경우는 용기 등의 몸체가 지반면에 닿지 않도록 할 것
⑤ 충전용기 등을 차량에 적재하여 운반할 때는 그물망을 씌우거나 전용 로프 등을 사용하여 떨어지지 않도록 하여야 하며, 특히 충전용기 등을 차량에 싣거나 내릴 때에는 로프 등으로 충전용기 등 일부를 고정하여 작업 도중 충전용기 등이 무너지거나 떨어지지 않도록 하여 작업할 것

⑥ 독성가스 충전 용기를 운반하는 때에는 용기 사이에 목재 칸막이 또는 패킹을 할 것

⑦ 가연성 가스 또는 산소를 운반하는 차량에서 소화 설비 및 재해발생 방지를 위한 응급조치에 필요한 자재 및 공구 등을 휴대할 것

⑧ 가연성 가스와 산소를 동일차량에 적재하여 운반하는 때에는 그 충전용기의 밸브가 서로 마주보지 않게 적재할 것

⑨ 충전용기와 소방법이 정하는 위험물과는 동일 차량에 적재하여 운반하지 아니할 것

⑩ 납붙임용기 및 접합용기에 고압가스를 충전하여 차량에 적재할 때에는 포장상자의 외면에 가스의 종류·용도 및 취급 시 주의사항을 기재한 것에 한하여 적재할 것

(5) 충전용기 등을 차량에 적재할 때의 기준

① 차량의 최대적재량 및 적재함을 초과하여 적재하지 않을 것

② 운반중의 충전용기는 항상 40℃ 이하를 유지할 것

③ 자전거 또는 오토바이에 적재하여 운반하지 아니할 것. 다만, 차량이 통행하기 곤란한 지역 그 밖에 시·도지사가 지정하는 경우에는 그러하지 아니하다.

④ 충전용기 등의 적재는 다음 방법에 따를 것

- 충전용기를 차량에 적재하여 운반하는 때에는 차량운행 중의 동요로 인하여 용기가 충돌하지 아니하도록 고무링을 씌우거나 적재함에 넣어 세워서 운반할 것. 다만, 압축가스의 충전용기 중 그 형태 및 운반차량의 구조상 세워서 적재하기 곤란한 때에는 적재함 높이 이내로 눕혀서 적재할 수 있다.

- 충전용기 등을 목재·플라스틱 또는 강철재로 만든 팔레트(견고한 상자 또는 틀) 내부에 넣어 안전하게 적재하는 경우와 용량 10kg 미만의 액화석유가스 충전용기를 적재할 경우를 제외하고 모든 충전용기는 1단으로 쌓을 것

- 충전용기 등은 짐이 무너지거나 떨어지거나 차량의 충돌 등으로 인한 충격과 밸브의 손상 등을 방지하기 위하여 차량의 짐받이에 바짝 대고 로프, 짐을 조이는 공구 또는 그물 등(이하 "로프 등")을 사용하여 확실하게 묶어서 적재하여야 하며, 운반차량 뒷면에는 두께가 5mm 이상, 폭 100mm 이상의 범퍼(SS400 또는 이와 동등 이상의 강도를 갖는 강재를 사용한 것에 한한다. 이하 같다) 또는 이와 동등 이상의 효과를 갖는 완충장치를 설치하여야 한다.

⑤ 차량에 충전용기 등을 적재한 후에 당해 차량의 측판 및 뒤판을 정상적인 상태로 닫은 후 확실하게 걸게쇠로 걸어 잠글 것

⑥ 가스운반용차량의 적재함

- 가스운반전용차량의 적재함에는 리프트를 설치하여야 하며, 적재할 충전용기 최대 높이의 2/3 이상까지 SS400 또는 이와 동등 이상의 강도를 갖는 재질(가로·세로·두께가 75×40×5mm 이상인 ㄷ 형강 또는 호칭지름·두께가 50×3.2mm 이상의 강관)로 적재함을 보강하여 용기 고정이 용이하도록 할 것

- 충전용기는 적재함의 구조가 위와 적합한 가스전용 운반차량에 의하여 적재·운반 및 하역을 할 것. 다만, 적재능력 1톤 이하의 차량에는 적재함에 리프트를 설치하지 않을 수 있다.

06 고속도로 교통안전 ★

1 고속도로 교통사고의 특성

① 도로의 특성상 치사율이 높고, 운전자 전방주시 태만과 졸음운전으로 2차(후속) 사고 발생 가능성이 높다.
② 장거리 통행이 많고 영업용 차량 운전자의 장거리 운행으로 과로 졸음운전이 발생할 가능성이 높다.
③ 대형차량의 안전운전 불이행으로 대형사고가 발생하고 사망자도 증가 추세이다. 화물차의 적재 불량과 과적은 도로상에 낙하물을 발생시켜 교통사고 원인이 된다.
④ 최근 고속도로 운전 중 휴대폰 사용, DMB 시청 등 기기 사용 증가로 전방주시 소홀로 인한 교통사고 발생 가능성이 더욱 높아지고 있다.

2 고속도로 안전운전 방법

① 전방주시를 철저히 하고, 고속도로 진입은 안전하게 천천히, 진입 후 가속은 빠르게 한다.
② 주변 교통흐름에 따라 적정속도를 유지한다.
③ 주행차로로 주행하고, 전 좌석 안전띠를 착용한다.
④ 후부 반사판을 부착한다. 차량 총중량 7.5톤 이상 및 특수자동차는 의무 부착한다.

3 교통사고 및 고장 발생 시 대처 요령

① 2차 사고의 방지(예방 안전행동요령)
   • 비상등을 켜고 갓길로 차량 이동, 안전조치 후 안전한 장소로 대피한다.
   • 후방 접근 차량의 운전자가 쉽게 확인 가능한 장소에 안전삼각대를 설치하고, 야간에는 안전삼각대 및 적색의 섬광신호·전기제등 또는 불꽃신호를 추가로 설치한다.
② 부상자의 구호
   • 사고 현장에 의사, 구급차 등이 도착할 때까지 부상자에게는 가제나 깨끗한 손수건으로 지혈하는 등 가능한 응급조치를 한다.
   • 함부로 부상자를 움직여서는 안 되며, 특히 두부에 상처를 입었을 때에는 움직이지 말아야 한다. 그러나 2차 사고의 우려가 있을 경우에는 부상자를 안전한 장소로 이동시킨다.
③ 경찰공무원 등에게 신고
   • 사고를 낸 운전자는 사고 발생 장소, 사상자 수, 부상 정도, 그 밖의 조치 상황을 경찰공무원이 현장에 있을 때에는 경찰공무원에게, 경찰공무원이 없을 때에는 가장 가까운 경찰관서에 신고한다.
   • 사고 발생 신고 후 사고 차량의 운전자는 경찰공무원이 말하는 부상자 구호와 교통안전상 필요한 사항을 지켜야 한다.

> 🚌 **고속도로 2504 긴급견인서비스(1588-2504, 한국도로공사 콜센터)**
> • 고속도로 본선, 갓길에 멈춰 2차 사고가 우려되는 소형차량을 가까운 안전지대(영업소, 휴게소, 쉼터)까지 견인하는 제도로서 한국도로공사에서 비용을 부담하는 무료서비스

4 도로터널 안전운전

(1) 도로터널 화재의 위험성

① 터널은 반밀폐된 공간으로 화재가 발생할 경우, 내부에 열기가 축적되며 급속한 온도 상승과 종방향으로 연기 확산이 빠르게 진행되어 시야 확보가 어렵고 연기 질식에 의한 다수의 인명피해가 발생될 수 있다.

② 대형차량 화재 시 약 1,200℃까지 온도가 상승하여 구조물에 심각한 피해를 유발하게 된다.

(2) 터널 안전운전 수칙

표지	내용	표지	내용
(터널 표지)	터널 진입 전 입구 주변에 표시된 도로정보를 확인한다.	(안전거리 표지)	안전거리를 유지한다.
교통방송주파수 FM/AM 000Hz	터널 진입 시 라디오를 켠다.	(차선변경금지 표지)	차선을 바꾸지 않는다.
라이트를켜시오 Turn on Light	선글라스를 벗고 라이트를 켠다.	비상주차대	비상시를 대비하여 피난연결통로, 비상주차대 위치를 확인한다.
(교통신호 표지)	교통신호를 확인한다.		

(3) 터널 내 화재 시 행동 요령

① 운전자는 차량과 함께 터널 밖으로 신속히 이동한다.

② 터널 밖으로 이동이 불가능한 경우 최대한 갓길 쪽으로 정차한다.

③ 엔진을 끈 후 키를 꽂아둔 채 신속하게 하차한다.

④ 비상벨을 누르거나 비상전화로 화재 발생을 알린다.

⑤ 사고차량의 부상자에게 도움을 준다(비상전화 및 휴대폰 사용, 터널관리소 및 119 구조 요청/한국도로공사 1588-2504).

⑥ 터널에 비치된 소화기나 설치되어 있는 소화전으로 조기 진화를 시도한다.

⑦ 조기 진화가 불가능할 경우 젖은 수건이나 손등으로 코와 입을 막고 낮은 자세로 화재 연기를 피해 유도등을 따라 신속히 터널 외부로 대피한다.

5 고속도로 운행 제한 차량 단속

(1) 운행 제한 차량 종류

① 차량의 축하중 10톤, 총중량 40톤을 초과한 차량

② 적재물을 포함한 차량의 길이(19m), 폭(3m), 높이(4.2m)를 초과한 차량

③ 적재 불량 차량

- 편중적재, 스페어 타이어 고정 불량
- 덮개를 씌우지 않았거나 묶지 않아 결속 상태가 불량한 차량
- 액체 적재물 방류차량, 견인 시 사고 차량 파손품 유포 우려가 있는 차량 및 적재 불량으로 적재물 낙하 우려가 있는 차량

(2) 단속근거

구분	정의	벌칙
과적	축하중 10톤 초과 총중량 40톤 초과	500만 원 이하 과태료 (도로법 117조)
제원초과	폭 2.5미터 초과 높이 4.0미터 초과(도로 구조의 보전과 통행의 안전에 지장이 없다고 도로관리청이 인정하여 고시한 도로의 경우 4.2미터) 길이 16.7미터 초과	
단속원 요구 불응	차량 승차 불응 관계서류 제출 불응 등	1년 이하 징역 또는 1천만 원 이하 벌금 (도로법 115조)
	의심차량 재측정 불응	
3대 명령 불응	회차, 분리운송, 운행 중지 명령 불응	2년 이하 징역 또는 2천만 원 이하 벌금 (도로법 114조)

(3) 과적 차량 제한 사유

① 고속도로의 포장균열, 파손, 교량의 파괴

② 저속주행으로 인한 교통소통 지장

③ 핸들 조작의 어려움, 타이어 파손, 전·후방 주시 곤란

(4) 운행 제한 차량 통행이 도로포장에 미치는 영향

① 축하중 10톤 : 승용차 7만 대 통행과 같은 도로 파손

② 축하중 11톤 : 승용차 11만 대 통행과 같은 도로 파손

③ 축하중 13톤 : 승용차 21만 대 통행과 같은 도로 파손

④ 축하중 15톤 : 승용차 39만 대 통행과 같은 도로 파손

(5) 운행 제한 차량 운행 허가서 신청절차

① 출발지 및 경유지 관할 도로관리청에 제한 차량 운행 허가 신청서 및 구비서류를 준비하여 신청

② 제한 차량 인터넷 운행허가 시스템(http://www.ospermit.go.kr)에서 신청 가능

PART **4**

운송서비스

Chapter 1 직업운전자의 기본자세

01 고객만족 ★

구분	내용
고객만족	고객이 무엇을 원하는지, 무엇이 불만인지 알아내어 고객의 기대에 부응하는 좋은 제품과 양질의 서비스를 제공하는 것
접점제일주의	• 고객을 직접 대하는 직원이 바로 회사를 대표하는 중요한 사람이라는 것 • 나는 회사를 대표하는 사람(현장직원)
고객의 욕구	• 기억되기를 바라고, 환영과 칭찬을 받고 싶어 하고, 편안해지고 싶어 한다. • 관심받고 중요한 사람으로 인식되기를 바란다. • 기대와 욕구를 수용해 주기를 바란다.

02 고객서비스 ★

서비스도 제품과 같이 하나의 상품으로서 서비스 품질의 만족을 위하여 고객에게 계속적으로 제공하는 모든 활동을 뜻한다.

구분	내용
무형성	서비스는 형태가 없는 무형의 상품으로서 보이지 않는다.
동시성	서비스는 생산과 소비가 동시에 발생한다.
인간주체(이질성)	서비스는 사람에 의존한다.
소멸성	서비스는 오래도록 남아 있는 것이 아니고 즉시 사라진다.
무소유권	서비스는 누릴 수는 있으나 소유할 수는 없다.

03　고객만족을 위한 서비스 ★

1　고객만족을 위한 서비스 품질의 분류

① **상품품질** : 성능 및 사용 방법을 구현한 하드웨어(hardware) 품질
② **영업품질** : 고객이 현장사원 등과 접하는 환경과 분위기를 고객만족으로 실현하기 위한 소프트웨어(software) 품질
③ **서비스품질** : 고객으로부터 신뢰를 획득하기 위한 휴먼웨어(human-ware) 품질

2　서비스 품질을 평가하는 고객의 기준

① 신뢰성　　　　② 신속한 대응
③ 정확성　　　　④ 편의성
⑤ 태도　　　　　⑥ 커뮤니케이션(communication)
⑦ 신용도　　　　⑧ 안전성
⑨ 고객의 이해도　⑩ 환경

> 🚗 **고객의 결정에 영향을 끼치는 요인**
> ① 구전(口傳)에 의한 의사소통
> ② 개인적인 성격이나 환경적 요인
> ③ 과거의 경험
> ④ 서비스제공자들의 커뮤니케이션 등

3　기본예절

① 상대방을 알아주며 모든 인간관계는 성실을 바탕으로 한다.
② 자신의 것만 챙기는 이기주의는 인간관계 형성의 저해요소이다.
③ 약간의 어려움을 감수하는 것은 인간관계 유지를 위한 투자이다.
④ 예의란 인간관계에서 지켜야 할 도리이다.
⑤ 연장자는 선배로 존중하고, 공사를 구분하여 예우한다.
⑥ 관심을 가짐으로써 인간관계는 더욱 성숙된다.
⑦ 상대방의 입장을 이해하고 존중한다.
⑧ 상대 존중은 돈 한 푼 들이지 않고, 상대를 접대하는 효과가 있다.

1 인사

(1) 의미

① 서비스의 첫 동작이자 마지막 동작이다.

② 서로 만나거나 헤어질 때 말, 태도 등으로 존경, 사랑, 우정을 표현하는 행동 양식이다.

(2) 올바른 인사 방법

① 머리와 상체를 숙인다(가벼운 인사 : 15°, 보통 인사 : 30°, 정중한 인사 : 45°).

② 상대방과의 거리는 약 2m 내외가 적당하다.

③ 턱을 지나치게 내밀지 않으며, 손을 주머니에 넣거나 의자에 앉아서 하지 않는다.

(3) 악수하는 요령

① 손은 오른손을 내민다.

② 상대의 눈을 보며 웃는 얼굴로 악수한다.

③ 상대방에 따라 10°~15° 정도 굽히는 것도 좋다.

④ 손을 너무 세게 쥐거나 힘없이 잡지 않는다.

⑤ 왼손은 자연스럽게 바지 옆선에 붙이거나 오른손으로 팔꿈치를 받친다.

2 운전예절

(1) 운전자의 사명

① 남의 생명도 내 생명처럼 존중해야 한다.

② 운전자는 공인이라는 자각이 필요하다.

(2) 운전자가 가져야 할 기본적 자세

① 교통법규를 이해, 준수하고 여유 있고 양보하는 마음으로 운전한다.

② 주의력을 집중하고 심신상태의 안정을 취한다.

③ 추측 운전을 삼가하고 운전기술의 과신은 금물이다.

④ 저공해 등 환경 보호, 소음공해 최소화 등을 지킨다.

(3) 운전자가 지켜야 할 운전예절

① 과신은 금물   ② 횡단보도에서의 예절

③ 전조등 사용법   ④ 고장차량의 유도

⑤ 올바른 방향 전환 및 차로 변경   ⑥ 여유 있는 교차로 통과

3 운송종사자의 서비스자세

(1) 화물운송업의 특성

① 화물을 적재한 차량이 출고되면 모든 책임은 회사의 간섭을 받지 않고 운전자의 책임으로 이어진다.

② 화물과 서비스가 함께 수송되어 목적지까지 운반된다.

(2) 화물차량 운전의 직업상 어려움

① 장시간 운행으로 제한된 작업공간 부족(차내 운전)

② 주·야간의 운행으로 생활리듬의 불규칙한 생활의 연속

③ 공로운행에 따른 교통사고에 대한 위기의식 잠재

④ 화물의 특수수송에 따른 운임에 대한 불안감(회사부도 등)

(3) 화물운전자의 서비스 확립자세

① 화물운송의 기초로서 도착지의 주소가 명확한지 재확인하고 연락 가능한 전화번호 기록을 유지한다.

② 현지에서 화물의 파손위험 여부 등 사전 점검 후 최선의 안전수송을 하여 착지의 화주에 인수인계하며, 특히 컨테이너의 경우 외부에서 물품이 보이지 않으므로 인수인계 시 화물관리를 철저히 한다.

③ 일반화물 중 이삿짐 수송 시에도 자신의 물건으로 여기고 소중히 수송한다.

④ 화물운송 시 중간지점(휴게소)에서 화물의 이상 유무, 결속/풀림 상태, 자동차 점검 등 안전유무를 반드시 점검한다.

⑤ 화주가 요구하는 최종지점까지 배달하고 특히, 택배차량은 신속하고 편리함을 추구하여 자택까지 수송한다.

(4) 화물운전자의 운전자세

① 다른 자동차가 끼어들더라도 안전거리를 확보하는 여유를 가진다.

② 일반 자동차를 운전하는 자가 추월을 시도하는 경우에는 적당한 장소에서 후속자동차에게 진로를 양보하는 미덕을 갖는다.

③ 직업운전자는 다른 차가 끼어들거나 운전이 서툴러도 상대에게 화를 내거나 보복하지 말아야 한다.

05 운전자의 기본적 주의사항 ★

1 법규 및 사내 교통안전 관련 규정 준수

① 수입포탈 목적의 장비 운행 및 배차 지시 없이 임의 운행 금지

② 정당한 사유 없이 지시된 운행경로 임의 변경 운행 금지

③ 승차 지시된 운전자 이외의 타인에게 대리운전 금지

④ 사전승인 없이 타인을 승차시키는 행위 및 운전에 악영향을 미치는 음주, 약물 복용 후 운전 금지

⑤ 철도 건널목에서는 일시정지 준수 및 주·정차행위 금지

⑥ 본인이 소지하고 있는 면허로 관련법에서 허용하고 있는 차종 이외의 자동차 운전 금지

⑦ 회사차량의 불필요한 집단운행 금지. 다만, 적재물의 특성상 집단운행이 불가피할 때에는 관리자의 사전승인을 받아 사고를 예방하기 위한 제반 안전 조치를 취하고 운행

2 교통사고 발생 시 조치

① 현장에서의 인명구호 및 관할 경찰서에 신고 등의 의무를 성실히 수행한다.

② 어떠한 사고라도 임의처리는 불가하며 사고 발생 경위를 육하원칙에 의거하여 거짓 없이 정확하게 회사에 즉시 보고한다.

③ 사고로 인한 행정, 형사처분(처벌) 접수 시 회사의 지시에 따라 처리한다.

④ 형사합의 등과 같이 운전자 개인의 자격으로 합의 보상 이외 회사의 어떠한 경우라도 회사 손실과 직결되는 보상업무는 일반적으로 수행할 수 없다.

⑤ 회사소속 자동차 사고를 유·무선으로 통보받거나 발견 즉시 최인근 지점에 기착 또는 유·무선으로 육하원칙에 의거하여 즉시 보고한다.

3 신상변동 등의 보고

① 결근, 지각, 조퇴가 필요하거나 운전면허증 기재사항 변경, 질병 등 신상변동 시 회사에 즉시 보고한다.

② 운전면허 일시정지, 취소 등의 행정처분 시 즉시 회사에 보고하여야 하며 어떠한 경우라도 운전하지 않는다.

06 직업관 ★

직업의 의미	① 경제적 의미 ② 정신적 의미 ③ 사회적 의미 ④ 철학적 의미
직업 윤리	① 직업에는 귀천이 없음(평등) ② 천직의식 ③ 감사하는 마음
직업의 태도	① 애정(愛情) ② 긍지(矜持) ③ 열정(熱情)

07 고객응대 예절 ★

1 집하 시 행동 방법

① 집하는 서비스의 출발점이라는 자세로 하며, 인사와 함께 밝은 표정으로 정중히 두 손으로 화물을 받는다.
② 책임 배달구역을 정확히 인지하여 24시간, 48시간, 배달 불가지역에 대한 배달점소의 사정을 고려하여 집하한다.
③ 2개 이상의 화물은 반드시 분리 집하한다(결박화물 집하 금지).
④ 취급제한 물품은 그 취지를 알리고 정중히 집하를 거절한다.
⑤ 택배운임표를 고객에게 제시 후 운임을 수령한다.

2 배달 시 행동 방법

① 배달은 서비스의 완성이라는 자세로 한다.
② 긴급배송을 요하는 화물은 우선 처리하고, 모든 화물은 반드시 기일 내 배송한다.
③ 수하인 주소가 불명확할 경우 사전에 정확한 위치를 확인 후 출발하고, 무거운 물건일 경우 손수레를 이용하여 배달한다.
④ 고객이 부재 시에는 부재중 방문표를 반드시 이용한다.
⑤ 인수증 서명은 반드시 정자로 실명 기재 후 받는다.
⑥ 배달 후 돌아갈 때에는 고맙다는 뜻을 밝히며 밝게 인사한다.

3 고객불만 발생 시 행동 방법

① 고객의 감정을 상하게 하지 않도록 불만 내용을 끝까지 참고 듣는다.
② 불만사항에 대하여 정중히 사과하고, 고객의 불만, 불편사항이 더 이상 확대되지 않도록 한다.
③ 고객불만을 해결하기 어려운 경우 적당히 답변하지 말고 관련 부서와 협의 후에 답변을 하도록 한다.
④ 책임감을 갖고 전화를 받는 사람의 이름을 밝혀 고객을 안심시킨 후 확인 연락을 할 것을 전해준다.
⑤ 불만전화 접수 후 우선적으로 빠른 시간 내에 확인하여 고객에게 알린다.

4 고객 상담 시의 대처 방법

① 전화벨이 울리면 즉시(3회 이내) 받는다.
② 밝고 명랑한 목소리로 받는다.
③ 집하의뢰 전화는 고객이 원하는 날, 시간 등에 맞추도록 노력한다.
④ 배송 확인 문의전화는 영업사원에게 시간을 확인한 후 고객에게 답변한다.
⑤ 고객의 문의전화, 불만전화 접수 시 해당 지점이 아니더라도 확인하여 고객에게 친절히 답변한다.
⑥ 담당자가 부재중일 경우 반드시 내용을 메모하여 전달하고, 전화가 끝나면 인사를 하고 상대편이 먼저 끊은 후 전화를 끊는다.

01 물류

1 개념 ★

(1) 물류(物流, logistics; 로지스틱스)

공급자로부터 생산자, 유통업자를 거쳐 최종 소비자에 이르는 재화의 흐름을 의미한다.

※ 최근 물류는 단순히 장소적 이동을 의미하는 운송(physical distribution)의 개념에서 발전하여 자재조달이나 폐기, 회수 등까지 총괄하는 경향이 있다.

(2) 물류시설

① 물류에 필요한 화물의 운송, 보관, 하역을 위한 시설

② 화물의 운송, 보관, 하역 등에 부가되는 가공, 조립, 분류, 수리, 포장, 상표부착, 판매, 정보통신 등을 위한 시설

③ 물류 공동화, 자동차 및 정보화를 위한 시설

④ 물류 터미널 및 물류단지 시설

2 물류의 기능 ★

① 운송기능 ② 포장기능 ③ 보관기능 ④ 하역기능 ⑤ 정보기능 ⑥ 유통가공기능

3 기업경영의 물류관리시스템 구성요소

① 원재료의 조달과 관리 ② 제품의 재고관리 ③ 수송과 배송수단

④ 제품능력과 입지적응능력 ⑤ 창고 등의 물류거점 ⑥ 정보관리 ⑦ 인간의 기능과 훈련 등

4 물류와 공급망관리 ★

(1) 경영정보시스템(MIS) 단계

① 시기 : 1970년대

② 기업경영에서 의사결정의 유효성을 높이기 위해 편성한 인간과 컴퓨터와의 결합시스템을 말한다.

(2) 전사적자원관리(ERP) 단계

① 시기 : 1980~1990년대

② 기업 내의 모든 인적, 물적 자원을 효율적으로 관리하여 기업의 경쟁력 강화 역할을 하는 통합정보시스템을 말한다.

(3) 공급망관리(SCM) 단계

① 시기 : 1990년대 중반 이후

② 양질의 상품 및 서비스를 소비자에게 제공함으로써 소비자 가치를 극대화시키기 위한 전략이다.

5 공급망관리의 기능 ★

구분	내용
제조업의 가치사슬	• 부품조달 → 조립·가공 → 판매유통으로 구성된다. • 주기가 단축되어야 생산성과 운영의 효율성을 증대시킬 수 있다.
인터넷 유통에서의 물류원칙	• 적정수요 예측 • 배송기간의 최소화 • 반송과 환불 시스템

6 물류의 역할 ★

(1) 물류에 대한 개념적 관점

① 국민경제적 관점 : 자원의 효율적인 이용에 기여하고, 사회간접자본의 증강과 각종 설비투자의 필요성을 증대시켜 국민경제개발을 위한 투자기회를 부여한다.

② 사회경제적 관점 : 생산, 소비, 금융, 정보 등 우리 인간이 주체가 되어 수행하는 경제활동의 일부분으로 운송, 통신, 상업활동을 주체로 하며 이들을 지원하는 제반활동을 포함한다.

③ 개별기업적 관점 : 최소의 비용으로 소비자를 만족시켜서 서비스 질의 향상을 촉진시켜 매출신장을 도모한다.

(2) 기업경영의 관점

① 마케팅의 절반을 차지한다.

※ 마케팅(marketing) : 생산자가 상품 또는 서비스를 소비자에게 유통시키는 것과 관련 있는 모든 체계적 경영활동

② 판매기능 촉진 : 판매기능은 물류의 7R 기준을 충족할 때 달성된다.

> **물류관리의 기본원칙**
>
> • 7R 원칙
>   - right quality(적절한 품질)   - right quantity(적절한 양)
>   - right time(적절한 시간)   - right place(적절한 장소)
>   - right impression(좋은 인상)   - right price(적절한 가격)
>   - right commodity(적절한 상품)
> • 3S 1L 원칙
>   - 신속하게(speedy)   - 안전하게(safely)
>   - 확실하게(surely)   - 저렴하게(low)
> • 제3의 이익원천 : 매출 증대, 원가 절감에 이은 물류비 절감은 이익을 높일 수 있는 세 번째 방법

③ 적정재고의 유지로 재고비용 절감에 기여한다.

④ 물류(物流)와 상류(商流) 분리를 통한 유통합리화에 기여한다.

> **🖥 물류와 상류**
> - 유통(distribution) : 물적 유통(物流) + 상적 유통(商流)
> - 물류 : 발생지에서 소비지까지의 물자의 흐름을 계획, 실행, 통제하는 제반관리 및 경제활동
> - 상류 : 검색, 견적, 입찰, 가격 조정, 계약, 지불, 인증, 보험, 회계처리, 서류 발행, 기록 등(전산화)

7 물류관리 ★

(1) 정의

① 재화의 효율적인 흐름을 계획, 실행, 통제할 목적으로 행해지는 제반활동을 의미한다.

② 경제재의 효용을 극대화시키기 위한 재화의 흐름에 있어서 모든 활동을 유기적으로 조정하여 하나의 독립된 시스템으로 관리하는 것이다.

③ 물류관리는 그 기능의 일부가 생산 및 마케팅 영역과 밀접하게 연관되어 있다.

④ 물류관리는 경영관리의 다른 기능과 밀접한 상호관계를 갖고 있으므로 기업 전체의 전략수립 차원에서 통합된 총괄시스템적 접근이 이루어져야 한다.

⑤ 현대와 같이 공급이 수요를 초과하고, 소비자의 기호가 다양하게 변화하는 시대에는 종합적으로 관리함으로써 기업경영에 있어서 최저비용으로 최대의 효과를 추구하는 종합적인 로지스틱스 개념하의 물류관리가 중요하다.

(2) 의의

① **기업 외적 물류관리** : 고도의 물류서비스를 소비자에게 제공하여 기업경영의 경쟁력을 강화한다.

② 물류의 신속, 안전, 정확, 정시, 편리, 경제성을 고려한 고객지향적인 물류서비스를 제공한다.

③ **기업 내적 물류관리** : 물류관리의 효율화를 통한 물류비를 절감한다.

④ 기업경영에 있어 대고객서비스 제고와 물류비 절감을 동시에 달성하기 위한 종합물류관리 체제로서 고객이 원하는 적절한 품질의 상품 적량을, 적시에, 적절한 장소에, 좋은 인상과 적절한 가격으로 공급해 주어야 한다.

(3) 목표

① 비용 절감과 재화의 시간적·장소적 효용가치의 창조를 통한 시장능력의 강화

② 고객서비스 수준 향상과 물류비의 감소(트레이드오프 관계)

　　※ 트레이드오프(trade-off) 상충관계 : 두 개의 정책목표 가운데 하나를 달성하려고 하면 다른 목표의 달성이 늦어지거나 희생되는 경우 양자 간의 관계

③ 고객서비스 수준의 결정은 고객지향적이어야 하며, 경쟁사의 서비스 수준을 비교한 후 그 기업이 달성하고자 하는 특정한 수준의 서비스를 최소의 비용으로 고객에게 제공

(4) 활동

① 중앙과 지방의 재고보유 문제를 고려한 창고입지 계획 등을 통한 물류에 있어서 시간과 장소의 효용증대를 위한 활동

② 물류예산관리제도, 물류원가계산제도 등을 통한 원가절감에서 프로젝트 목표의 극대화

③ 물류관리 담당자 교육, 직장간담회, 불만처리위원회, 물류의 품질관리, 무하자운동, 안전위생관리 등을 통한 동기부여의 관리

02 기업물류 ★

물류체계가 개선되면 생산과 소비가 지리적으로 분리되어 각 지역 간 재화의 교환을 가져온다. 결국 물류체계 또는 물류시스템의 개선은 기업이든 국가든 부가가치의 증대를 통해 부를 증가시킨다. 개별기업의 물류활동이 효율적으로 이루어지는 것은 기업의 경쟁력 확보에 매우 중요하다. 비용 또는 가격경쟁력을 제고하고 나아가 총이윤이 증가한다. 기업에 있어서의 물류관리는 소비자의 요구와 필요에 따라 효율적인 방법으로 재화와 서비스를 공급하는 것을 말한다.

1 기업물류

① 개념
  • 전형적인 기업조직은 생산과 마케팅을 중심으로 구성된다. 생산과 소비가 일어나는 장소와 시간 사이에 이루어지는 기업활동이 물류활동이다.
  • 종전에 부분적으로 생산부서와 마케팅부서에 속해 있던 재화의 흐름과 보관기능을 기업조직 측면에서 통합하거나 기능적으로 통합하는 것이다.
  • 일반적으로 기업활동과 관련하여 체계적으로 조직을 분리할 때, 조직 간의 상호협조가 잘 이루어지며 기업의 목적을 가장 잘 달성할 수 있다.
  • 기업물류는 생산비, 고용, 전략적인 측면에서 상당한 의미를 갖는다.
  • 고객서비스 수준은 물류체계의 수준을 결정한다.

② 범위 : 일반적으로 물류활동의 범위는 물적 공급과정과 물적 유통과정에 국한된다.

③ 활동 : 크게 주활동과 지원활동으로 구분된다. 주활동에는 대고객서비스 수준, 수송, 재고관리, 주문처리, 지원활동에는 보관, 자재관리, 구매, 포장, 생산량과 생산일정 조정, 정보관리가 포함된다.

④ 조직
  • 기업 전체의 목표 내에서 물류관리자는 그 나름대로의 목표를 수립하여 기업 전체의 목표를 달성하는 데 기여하도록 한다.
  • 물류관리의 목표는 이윤 증대와 비용 절감을 위한 물류체계의 구축이 물류관리의 목표이다.

⑤ 물류의 발전 방향 : 비용 절감, 요구되는 수준의 서비스 제공, 기업의 성장을 위한 물류전략의 개발 등이 물류의 주된 문제로 등장한다.

2 물류전략과 계획

물류부문에 있어 의사결정사항은 창고의 입지선정, 재고정책의 설정, 주문접수, 주문접수 시스템의 설계, 수송수단의 선택 등에 있다.

(1) 기업전략

① 기업전략은 기업의 목적을 명확히 결정함으로써 설정되고, 이를 위해서는 기업이 추구하는 것이 이윤 획득, 존속, 투자에 대한 수익, 시장점유율, 성장목표 중 무엇인지를 이해하는 것이 필요하며, 그 다음으로 비전 수립이 필요하다.

② 훌륭한 전략 수립을 위해서는 소비자, 공급자, 경쟁사, 기업 자체의 4가지 요소를 고려할 필요가 있다.

※ 세부계획 수립 시 기업의 비용, 재무구조, 시장점유율 수준, 자산기준과 배치, 외부환경, 경쟁력, 고용자의 기술 등을 이해, 기업의 위험과 가능성을 고려하여 대안 전략을 선택한다.

(2) 물류전략

물류전략은 비용 절감, 자본 절감, 서비스 개선을 목표로 한다.

프로액티브(proactive) 물류전략	사업목표와 소비자 서비스 요구사항에서부터 시작되며, 경쟁업체에 대항하는 공격적인 전략
크래프팅(crafting) 중심의 물류전략	특정한 프로그램이나 기법을 필요로 하지 않으며, 뛰어난 통찰력이나 영감에 바탕을 둠

(3) 물류계획

① 계획 수립의 단계
- 무엇을, 언제, 그리고 어떻게
- 전략적 계획은 불완전하고 정확도가 낮은 자료를 이용해서 수행한다.
- 운영계획은 정확하고 세부적인 자료를 이용해서 수행한다.

② 계획 수립의 주요 영역 : 고객서비스 수준, 설비의 입지, 재고의사결정, 수송의사결정
※ 계획 수립의 주요 영역들은 서로 관련이 있으므로 이들 간의 트레이드오프를 고려할 필요가 있다.

③ 물류계획 수립문제의 개념화
- 물류계획 수립문제를 해결하는 하나의 방법은 물류체계를 링크(link)와 노드(node; 보관지점)로 이루어지는 네트워크로 추상화하여 고찰하는 것이다.
- 재고흐름에 대한 이동(운송)·보관활동과 더불어 정보네트워크를 고려할 필요가 있다.
- 정보네트워크는 링크와 노드의 집합체라는 관점에서 제품이 이동하는 물류네트워크와 동일하다.
- 제품 이동 네트워크와 정보 네트워크가 결합되어 물류시스템을 구성한다.
- 물류네트워크의 구축 및 운영 시 비용과 수익이 적절히 균형을 이룰 수 있도록 해야 한다.

④ 물류계획수립 시점
신설 기업이나 신제품 생산 시 새로운 물류네트워크의 구축이 필요하다. 물류네트워크의 평가, 감사를 위한 일반적 지침은 다음과 같다.

- 수요 : 수요량, 수요의 지리적 분포
- 고객서비스 : 재고의 이용가능성, 배달 속도, 주문처리 속도 및 정확도
- 제품 특성 : 물류비용은 제품의 무게, 부피, 가치, 위험성 등의 특성에 민감하다.
- 물류비용 : 물적공급과 물적유통에서 발생하는 비용은 기업의 물류시스템을 얼마나 자주 재구축해야 하는지를 결정한다.
- 가격결정정책 : 상품의 매매에 있어서 가격결정정책을 변경하는 것은 물류활동을 좌우하므로 물류전략에 많은 영향을 끼친다.

⑤ 물류전략 수립지침
- 총비용 개념의 관점에서 물류전략을 수립하며, 이는 물류비용들 간의 트레이드오프(상충) 관계에 기인한다. 물류비용들 간에는 상충(역비례)이 있으므로 관련활동들 간의 균형을 이루도록 조정하여 전체적으로 활동을 최적화하는 것이 필요하다.
- 가장 좋은 트레이드오프는 100% 서비스 수준보다 낮은 서비스 수준에서 발생한다.
- 제공되는 서비스 수준으로부터 얻는 수익에 대해 재고·수송비용(총비용)이 균형을 이루는 점에서 보관지점의 수를 결정한다.
- 안전재고 수준 결정 : 평균재고 수준은 재고유지비와 판매손실비가 트레이드오프 관계에 있으므로 이들 두 비용이 균형을 이루는 점에서 결정한다.
- 다품종 생산일정 계획 수립 : 제품을 생산하는 가장 좋은 생산순서와 생산시간은 생산비용과 재고비용의 합이 최소가 되는 곳에서 결정한다.
- 트레이드오프 관계에 있는 모든 비용을 평가하는 것은 바람직하지 않을 수도 있으며, 최고경영진이 고려해야 할 비용요소를 결정한다.

3 물류관리 전략의 필요성과 중요성

로지스틱스(logistics)는 가치창출을 중심으로 물류를 전쟁의 대상이 아닌 수단으로 인식하는 것이며, 물류관리가 전략적 도구가 되는 개념이다. 즉 기업이 살아남기 위한 중요한 경쟁우위의 원천으로서 물류를 인식하는 것이 전략적 물류관리의 방향이라 할 수 있다.

(1) 전략적 물류
① 코스트 중심
② 제품효과 중심
③ 기능별 독립 수행
④ 부분 최적화 지향
⑤ 효율 중심의 개념

(2) 로지스틱스
① 가치창출 중심
② 시장진출 중심(고객 중심)
③ 기능의 통합화 수행
④ 전체 최적화 지향
⑤ 효과(성과) 중심의 개념

(3) 21세기 초일류회사 → 변화관리
① 미래에 대한 비전(vision)과 경영전략 및 물류전략에 대한 전사적인 공감대 형성
② 전략적 물류관리 마인드 제고를 위한 전사적인 계획 및 지속적인 실행

③ 전사적인 업무·전산 교육체계 도입 및 확산

④ 로지스틱스에 대한 정보 수집, 분석, 공유를 위한 모니터 체계 확립

(4) 전략적 물류관리(SLM; Strategic Logistics Management)의 필요성

대부분의 기업들이 경영전략과 로지스틱스 활동을 적절하게 연계시키지 못하고 있는 것이 문제점으로 지적되고 있으며, 이를 해결하기 위한 방안으로 전략적 물류관리가 필요하게 된 것이다.

(5) 전략적 물류관리의 목표(물류전략 프로세스 혁신의 목표)

비용, 품질, 서비스, 속도와 같은 핵심적 성과에서 극적인(dramatic) 향상을 이루기 위해 물류의 각 기능별 업무 프로세스를 기본적으로 다시 생각하고 근본적으로 재설계하는 것을 목표로 한다.

① 업무처리속도 향상, 업무품질 향상, 고객서비스 증대, 물류원가 절감

② 고객만족 = 기업의 신경영체제 구축

(6) 로지스틱스 전략관리의 기본요건

① 전문가 집단 구성

- 물류전략계획 전문가
- 현업 실무관리자
- 물류서비스 제공자(provider; 프로바이더)
- 물류혁신 전문가
- 물류인프라 디자이너

② 전문가의 자질 ★

분석력	최적의 물류업무 흐름 구현을 위한 분석 능력
기획력	경험과 관리기술을 바탕으로 물류전략을 입안하는 능력
창조력	지식이나 노하우를 바탕으로 시스템모델을 표현하는 능력
판단력	물류관련 기술동향을 파악하여 선택하는 능력
기술력	정보기술을 물류시스템 구축에 활용하는 능력
행동력	이상적인 물류인프라 구축을 위하여 실행하는 능력
관리력	신규 및 개발프로젝트를 원만히 수행하는 능력
이해력	시스템 사용자의 요구(needs)를 명확히 파악하는 능력

(7) 전략적 물류관리의 접근대상

① 자원소모, 원가 발생 → 원가경쟁력 확보, 자원 적정 분배

② 활동 → 부가가치 활동 개선

③ 프로세스 → 프로세스 혁신

④ 흐름 → 흐름의 상시 감시

(8) 물류전략의 실행구조(과정순환)

전략 수립(strategic) → 구조 설계(structural) → 기능 정립(functional) → 실행(operational)

(9) 물류전략의 8가지 핵심영역

전략 수립	구조 설계
• 고객서비스 수준 결정 : 고객서비스 수준은 물류시스템이 갖추어야 할 수준과 물류성과 수준을 결정	• 공급망설계 : 고객요구 변화에 따라 경쟁 상황에 맞게 유통경로 재구축 • 로지스틱스 네트워크전략 구축 : 원·부자재 공급에서부터 완제품의 유통까지 흐름을 최적화

기능 정립	실행
• 창고설계·운영 • 수송관리 • 자재관리	• 정보·기술관리 • 조직·변화관리

03 제3자 물류 ★

1 정의

① 제3자 물류업은 화주기업이 물류활동을 효율화할 수 있도록 공급망(supply chain)상의 기능 전체 혹은 일부를 대행하는 업종으로 정의되고 있다.

② 화주기업이 직접 물류활동을 처리하는 자사물류를 제1자 물류, 물류자회사에 의해 처리하는 경우를 제2자 물류, 그리고 이들 물류와 구분하는 차원에서 화주기업이 자기의 모든 물류활동을 외부에 위탁하는 경우(단순 물류아웃소싱 포함)를 제3자 물류(3PL)로 칭한다.

※ 제3자 물류의 발전과정은 자사물류(1자) → 물류자회사(2자) → 제3자 물류라는 단순한 절차로 발전하는 경우가 많으나 실제 이행과정은 이보다 복잡한 구조를 보인다.

• 서비스의 깊이 측면 : 물류활동의 운영 및 실행 → 관리 및 통제 → 계획 및 전략으로 발전하는 과정을 거친다.

• 서비스의 폭 측면 : 기능별 서비스 → 기능 간 연계 및 통합서비스의 발전과정을 거치는 것이 보편적이며 이를 위해서는 공급망 관리기법이 필수적이다.

※ 국내의 제3자 물류수준은 물류아웃소싱 단계에 있으며, 물류아웃소싱과 제3자 물류의 차이점은 물류아웃소싱은 화주로부터 일부 개별서비스를 발주받아 운송서비스를 제공하는 데 반해 제3자 물류는 1년의 장기계약을 통해 회사 전체의 통합물류서비스를 제공한다.

※ 제3자 물류서비스가 활성화된다면 화주기업이 물류기능별 물류사업자와 개별적으로 접촉해야 하는 현재의 거래·계약구조는 화주기업과 제3자 물류업체 간의 계약만으로 모든 물류서비스를 제공받을 수 있는 형태로 변화할 것이다.

2 **발전동향**

① 국내 물류시장은 최근 공급자와 수요자 양 측면 모두에서 제3자 물류가 활성화될 수 있는 기본적인 여건을 형성하고 있는 중이다.

② 공급자 측면에서는 차별화된 저가격-고품질 물류서비스가 크게 확산될 전망이다.

③ 물류산업의 경쟁촉진을 제한하던 각종 행정규제가 크게 완화됨에 따라 경쟁은 물론이고 기능이 더욱 더 치열해지고 있다.

④ 수요자 측면에서는 전략적 제휴·협력을 통해 물류효율화를 추진하고자 하는 화주기업이 점증적으로 증가하고 있다.

⑤ IMF 외환위기 이후 화주기업의 물류아웃소싱이 큰 폭으로 증가하고 있다.

⑥ 기업 간 경쟁에서 기업네트워크 간 경쟁으로 경쟁구조가 변하면서 경쟁력 제고를 위한 공급망관리(SCM)의 중요성이 크게 부각되고 있고, 물류효율화에 대한 화주기업의 관심이 고조되고 있다.

⑦ 고객만족 경영환경 하에서 소량 다빈도 배송업무를 효율적으로 실시하기 위해 물류전문업체를 활용하는 화주기업이 크게 증가하고 있다.

⑧ 물류시장의 수요기반 확충과 공급 측면에서 통합물류서비스의 확산이 맞물려 제3자 물류의 활성화는 훨씬 더 빠른 속도로 이루어질 수 있을 것이다.

⑨ 물류산업 구조의 취약성, 물류기업의 내부역량 미흡, 소프트 측면의 물류기반요소 미확충, 물류환경의 변화에 부합하지 못하는 물류정책 등 제3자 물류의 발전 및 확산을 저해하는 제반 문제점이 조기에 개선되지 못할 경우 이 같은 전망은 실현되기 어려울 것이다.

3 **도입 이유**

(1) 자가물류활동에 의한 물류효율화의 한계

① 1990년대에 들어와 물류가 경쟁력 강화를 위한 주요 개선대상의 하나로 부각됨에 따라 제조업체·유통업체가 운행하는 자가용 화물자동차가 전체 운송물량의 78.7%를 담당하고 있고, 자동차 대수도 91.8%에 이를 정도로 자가용에 대한 편중구조가 매우 심하다(1998년 기준).

② 화주기업들은 자가물류체제를 확충하는 데 물류시설 확충 등에 따른 고정투자비 부담이 크게 증가하였다.

③ 경기변동과 수요 계절성에 의한 물량의 불안정, 기업 구조조정에 따른 물류경로의 변화 등에 물류부문에 대한 과도한 투자비는 적정수준의 물량을 확보하지 못할 경우 투자비 회수가 어려워질 뿐만 아니라 오히려 고물류비 구조개선에 걸림돌이 될 수 있다.

(2) 물류자회사에 의한 물류효율화의 한계

① 모기업의 물류관련업무를 수행·처리하기 위하여 모기업의 출자에 의하여 별도로 설립된 자회사를 의미하며, 일반적으로 물류관리 전반을 담당하는 회사를 지칭한다.

② 모기업으로부터의 인력퇴출 장소로 활용되어 인건비 상승에 대한 부담이 가중되기도 한다.

③ 모기업의 지나친 간섭과 개입으로 자율경영의 추진에 한계가 있다.

(3) 물류산업 고도화를 위한 돌파구

① 사회간접자본(SOC; Social Overhead Capital) 시설의 부족 및 물류부문의 경쟁을 저해하는 각종 행정규제와 더불어 물류산업의 낙후와 비효율은 고물류비 구조를 초래하는 주요 원인의 하나이다.

② 현 고물류비구조를 개선하는 데 주도적인 역할을 할 수 있을 것이다.

(4) 세계적인 조류로서 제3자 물류의 비중 확대

미국, 유럽 등 주요 선진국에서는 자가물류활동을 가능한 한 축소하고, 물류전문업체에 자사물류활동을 위탁하는 물류아웃소싱·제3자 물류가 활성화되어 있고, 앞으로 확대될 것으로 전망된다.

4 기대효과

(1) 화주기업 측면

① 화주기업은 각 부문별로 최고의 경쟁력을 보유하고 있는 기업 등과 통합·연계하는 공급망을 형성하여 공급망 대 공급망 간 경쟁에서 유리한 위치를 차지할 수 있다.

② 자본, 운영시설, 재고, 인력 등의 경영자원을 효율적으로 활용할 수 있고 또한 리드타임(lead time) 단축과 고객서비스의 향상이 가능하다.

(2) 물류업체 측면

① 물류산업의 수요기반 확대로 이어져 규모의 경제효과에 의해 효율성, 생산성이 향상된다.

② 현재보다 높은 수익률을 확보할 수 있고, 또 서비스 혁신을 위한 신규투자를 더욱 활발하게 추진할 수 있다.

> **화주기업이 제3자 물류를 사용하지 않는 주된 이유**
>
> ① 화주기업은 물류활동을 직접 통제하기를 원하고, 자사물류 및 제3자 물류서비스 이용에 따른 비용을 일대일로 직접 비교하기가 곤란하다.
>
> ② 운영시스템의 규모와 복잡성으로 인해 자체 운영이 효율적이라 판단하며, 자사물류 인력에 대해 더 만족하기 때문이다.

5 제3자 물류에 의한 물류혁신 기대효과

(1) 물류산업의 합리화에 의한 고물류비 구조 혁신

① 제3자 물류서비스의 개선 및 확충으로 물류산업의 수요기반이 확대될수록 물류시설에 대한 고정투자비 부담의 감소로 규모의 경제효과를 얻을 수 있어 물류산업의 합리화가 촉진될 것이며, 그 결과 물류산업은 제조업 지원산업으로서의 역할을 효과적으로 수행할 수 있을 것이다.

② 규모의 경제효과에 의한 효율성 증대와 더불어 무엇보다 중요한 점은 여러 화주기업의 물류활동을 장기간 수탁운영하는 과정에서 축적되는 운영·관리기술 및 노하우로 전문성을 갖출 수 있고, 이의 효과를 협력·제휴관계에 있는 화주기업과 공유할 수 있다는 점이다.

(2) 고품질 물류서비스의 제공으로 제조업체의 경쟁력 강화 지원

① 물류수요자인 제조업체들이 자사의 핵심사업에 모든 경영자원을 집중하여 경쟁력을 강화할 수 있는 여건이 조성된다.

② 물류전문업체가 제공하는 물류서비스의 높은 신뢰성, 보관창고의 신속한 입출고관리, 화물의 위치추적 등 다양한 부가서비스를 이용하는 제조업체는 생산성 경쟁뿐만 아니라 시간기반 경쟁에서도 유리한 위치를 확보할 수 있을 것이다.

③ 물류전문업체의 입장에서는 높은 수익률을 확보할 수 있고, 제조업체와 물류업체 모두에게 윈윈(win-win)게임이 될 것이다.

(3) 종합물류서비스의 활성화

다른 운송수단과 연계되는 연계수송방식과 물류시설을 이용한 거점운송방식이 활성화되는 등 종합물류서비스로서의 면모를 갖추게 될 것이다.

(4) 공급망관리(SCM) 도입·확산의 촉진

① 공급망관리는 공급망(supply chain)상에 있는 사업주체 간의 연계화·통합화를 통해 경쟁 우위를 확보하려는 경영기법으로 이해할 수 있다.

② 통합물류(integrated logistics)가 조직 내 물류 관련 기능 및 업무의 통합에 의한 최적화에 초점을 두고 있는 반면, 공급망관리는 기업 간 통합을 위한 물류협력체제 구축에 중점을 두고 있다.

04 제4자 물류 ★

1 개념

① 제4자 물류(4PL)는 다양한 조직들의 효과적인 연결을 목적으로 하는 통합체(single contact point)로서 공급망의 모든 활동과 계획관리를 전담하는 것이다.

② 제4자 물류 공급자는 광범위한 공급망의 조직 및 기술, 능력, 정보기술, 자료 등을 관리하는 공급망 통합자이다.

③ 제3자 물류의 기능에 컨설팅 업무를 추가 수행하는 것으로, '컨설팅 기능까지 수행할 수 있는 제3자 물류'로 정의할 수도 있다.

④ 제4자 물류의 핵심은 고객에게 제공되는 서비스를 극대화하는 것(best of breed)이다. 제4자 물류의 발전은 제3자 물류의 능력, 전문적인 서비스 제공, 비즈니스 프로세스관리, 고객에게 서비스기능의 통합과 운영의 자율성을 배가시키고 있다.

> **🚚 제4자 물류의 두 가지 중요한 특징**
> ① 제3자 물류보다 범위가 넓은 공급망의 역할을 담당한다.
> ② 전체적인 공급망에 영향을 주는 능력을 통하여 가치를 증식시킨다.

2 공급망관리에 있어서의 제4자 물류의 4단계

① **1단계 재창조(reinvention)** : 참여자의 공급망을 통합하기 위해서 비즈니스 전략을 공급망 전략과 제휴하면서 전통적인 공급망 컨설팅 기술을 강화한다.

② **2단계 전환(transformation)** : 전략적 사고, 조직변화관리, 고객의 공급망 활동과 프로세스를 통합하기 위한 기술을 강화한다.

③ **3단계 이행(implementation)** : 비즈니스 프로세스 제휴, 조직과 서비스의 경계를 넘은 기술의 통합과 배송운영까지를 포함하여 실행한다. 제4자 물류에서 인적자원관리가 성공의 중요한 요소로 인식된다.

④ **4단계 실행(execution)** : 조직은 공급망 활동에 대한 전체적인 범위를 제4자 물류 공급자에게 아웃소싱할 수 있다. 제4자 물류 공급자가 수행할 수 있는 범위는 제3자 물류 공급자, IT 회사, 컨설팅회사, 물류솔루션 업체들이다.

05 물류시스템

1 물류시스템의 구성

(1) 운송

1) 정의

물품을 장소적·공간적으로 이동시키는 것을 말한다. 운송시스템은 터미널이나 야드 등을 포함한 운송결절점인 노드(node), 운송경로인 링크(link), 운송기관(수단)인 모드(mode)를 포함한 하드웨어적인 요소와 운송의 컨트롤과 오퍼레이션 등을 포함하는 소프트웨어적인 측면의 각종 요소가 조직적으로 결합되고 통합됨으로써 전체적인 효율성이 발휘된다.

2) 수배송의 개념

수송	배송
• 장거리 대량화물의 이동	• 단거리 소량화물의 이동
• 거점 ⇔ 거점 간의 이동	• 기업 ⇔ 고객 간의 이동
• 지역 간 화물 이동	• 지역 내 화물 이동
• 1개소의 목적지에 1회에 직송	• 다수의 목적지를 순회하면서 소량 운송

3) 운송 관련 용어

용어	정의
교통	현상적인 시각에서의 재화의 이동
운송	서비스 공급 측면에서의 재화의 이동
운수	행정상 또는 법률상의 운송
운반	한정된 공간과 범위 내에서의 재화의 이동

용어	정의
배송	상거래가 성립된 후 상품을 고객이 지정하는 수하인에게 발송 및 배달하는 것으로 물류센터에서 각 점포나 소매점에 상품을 납입하기 위한 수송
통운	소화물 운송
간선수송	제조공장과 물류거점(물류센터 등) 간의 장거리 수송으로 컨테이너 또는 파렛트를 이용, 유닛화(unitization)되어 일정단위로 취합되어 수송

※ 장소적 효용을 창출하는 물리적인 행위인 운송은 흔히 수송이라는 용어로 사용된다.

4) 선박 및 철도와 비교한 화물자동차 운송의 특징
① 원활한 기동성과 신속한 수배송
② 신속하고 정확한 문전운송
③ 다양한 고객요구 수용
④ 운송단위가 소량
⑤ 에너지 다소비형의 운송기관

(2) 보관

물품을 저장·관리하는 것을 의미하고 시간·가격 조정에 관한 기능을 수행한다.

(3) 유통가공

보관을 위한 가공 및 동일 기능의 형태 전환을 위한 가공 등 유통단계에서 상품에 가공이 더해지는 것을 의미한다.

(4) 포장

물품의 운송, 보관 등에 있어서 물품의 가치와 상태를 보호하는 것을 말한다.

(5) 하역

운송, 보관, 포장의 전후에 부수하는 물품의 취급으로 교통기관과 물류시설에 걸쳐 행해진다. 적입, 적출, 분류, 피킹(picking) 등의 작업이 여기에 해당한다. 하역합리화의 대표적인 수단으로는 컨테이너화(containerization)와 파렛트화(palletization)가 있다.

(6) 정보

물류활동에 대응하여 수집되며 효율적 처리로 조직이나 개인의 물류활동을 원활하게 한다. 컴퓨터와 정보통신기술에 의해 물류시스템의 고도화가 이루어져 수주, 재고관리, 주문품 출하, 상품조달(생산), 운송, 피킹 등을 포함한 5가지 요소기능과 관련한 업무흐름의 일괄관리가 실현되고 있다. 정보에는 상품의 수량과 품질, 작업관리에 관한 물류정보와 수·발주, 지불 등에 관한 상류정보가 있다. 대형소매점과 편의점에서는 유통비용의 절감과 판로확대를 위해 POS(Point of Sales; 판매시점관리)가 사용되고 EDI(Electronic Data Interchange; 전자 문서 교환)가 결부된 물류정보시스템이 급속하게 보급되고 있다.

2 물류시스템화

(1) 물류시스템의 기능

① 작업서브시스템 : 운송, 하역, 보관, 유통가공, 포장

② 정보서브시스템 : 수·발주, 재고, 출하

(2) 물류시스템의 목적

최소의 비용으로 최대의 물류서비스를 산출하기 위하여 물류서비스를 3S1L의 원칙(Speedy, Safely, Surely, Low)으로 행하는 것인 바 이를 구체화시키면 아래와 같다.

① 고객에게 상품을 적절한 납기에 맞추어 정확하게 배달하는 것

② 고객의 주문에 대해 상품의 품절을 가능한 한 적게 하는 것

③ 물류 거점을 적절하게 배치하여 배송효율을 향상시키고, 상품의 적정재고량을 유지하는 것

④ 운송, 보관, 하역, 포장, 유통·가공의 작업을 합리화하는 것

⑤ 물류비용의 적절화, 최소화

> **수확체감의 법칙**
> 물류서비스의 수준을 향상시키면 물류비용이 상승한다는 법칙, 즉 비용과 서비스 사이에 작용되는 법칙을 말한다.

(3) 비용과 물류서비스 간의 관계에 대한 4가지 고려사항 ★

① 물류서비스를 일정하게 하고, 비용 절감을 지향하는 관계이다.

② 물류서비스를 향상시키기 위해 물류비용이 상승하여도 달리 방도가 없다는 서비스 상승, 비용 상승의 관계이다.

③ 적극적으로 물류비용을 고려하는 방법으로 물류비용 일정, 서비스 수준 향상의 관계이며 성과추구의 사고이다.

④ 보다 낮은 물류비용으로 보다 높은 물류서비스를 실현하려는 물류비용 절감, 물류서비스 향상의 관계이다.

3 운송 합리화 방안

(1) 적기 운송과 운송비 부담의 완화

① 적기에 운송하기 위해서는 운송계획이 필요하다.

② 출하물량 단위의 대형화와 표준화가 필요하다.

③ 출하물량 단위를 자동차별로 단위화·대형화하거나 운송수단에 적합하게 물품을 표준화하며 자동차와 운송수단을 대형화하여 운송횟수를 줄이고 화주에 맞는 자동차나 특장차를 이용한다.

④ 트럭의 적재율과 실차율의 향상을 위하여 기준 적재중량, 용적, 적재함의 규격을 감안하여 최대허용치에 접근시키며, 적재율 향상을 위해 제품의 규격화나 적재품목의 혼재를 고려해야 한다.

(2) 실차율 향상을 위한 공차율의 최소화

화물을 싣지 않은 공차상태로 운행함으로써 발생하는 비효율을 줄이기 위하여 주도면밀한 운송계획을 수립한다.

> 🚚 **화물자동차 운송의 효율성 지표**
>
> ① 가동률 : 화물자동차가 일정기간(예 1개월)에 걸쳐 실제로 가동한 일수
> ② 실차율 : 주행거리에 대해 실제로 화물을 싣고 운행한 거리의 비율
> ③ 적재율 : 최대적재량 대비 적재된 화물의 비율
> ④ 공차거리율 : 주행거리에 대해 화물을 싣지 않고 운행한 거리의 비율
> ⑤ 적재율이 높은 실차상태로 가동률을 높이는 것이 트럭운송의 효율성을 최대로 하는 것이다.

(3) 물류기기의 개선과 정보시스템의 정비

유닛로드시스템의 구축과 물류기기의 개선뿐 아니라 자동차의 대형화, 경량화 등을 추진하며 물류거점 간의 온라인화를 통한 화물정보시스템과 화물추적시스템 등의 이용을 통한 총 물류비의 절감 노력이 필요하다.

(4) 최단 운송경로의 개발 및 최적 운송수단의 선택

최단 운송경로의 개발과 최적 운송수단의 선택은 운송비 절감과 매출액 증대의 첩경이므로 이를 위해 신규 운송경로 및 복합운송경로의 개발과 운송정보에 관심을 집중하고 최적의 운송수단을 선택하기 위한 종합적인 검토와 계획이 필요하다.

(5) 공동 수배송의 장단점 ★

구분	공동수송	공동배송
장점	• 물류시설 및 인원의 축소 • 발송작업의 간소화 • 영업용 트럭의 이용증대 • 입출하 활동의 계획화 • 운임요금의 적정화 • 여러 운송업체와의 복잡한 거래교섭의 감소 • 소량 부정기화물도 공동수송 가능	• 수송효율 향상(적재효율, 회전율 향상) • 소량화물 흔적으로 규모의 경제효과 • 자동차, 기사의 효율적 활용 • 안정된 수송시장 확보 • 네트워크의 경제효과 • 교통 혼잡 완화 • 환경오염 방지
단점	• 기업비밀 누출에 대한 우려 • 영업부문의 반대 • 서비스 차별화의 한계 • 서비스 수준의 저하 우려 • 수화주와의 의사소통 부족 • 상품특성을 살린 판매전략 제약	• 외부 운송업체의 운임덤핑에 대처 곤란 • 배송 순서의 조절이 어려움 • 출하시간 집중 • 물량 파악이 어려움 • 제조업체의 산재에 따른 문제 • 종업원 교육, 훈련에 시간 및 경비 소요

1 화물운송정보시스템의 이해

구분	내용
수배송관리 시스템	주문상황에 대해 적기 수배송체제의 확립과 최적의 수배송계획을 수립함으로써 수송비용을 절감하려는 체제이다. 예 터미널화물정보시스템
화물정보 시스템	화물이 터미널을 경유하여 수송될 때 수반되는 자료 및 정보를 신속하게 수집하여 이를 효율적으로 관리하는 동시에 화주에게 적기에 정보를 제공해 주는 시스템을 의미한다.
터미널화물정보 시스템	수출계약이 체결된 후 수출품이 트럭터미널을 경유하여 항만까지 수송되는 경우, 국내거래 시 한 터미널에서 다른 터미널까지 수송되어 수하인에게 이송될 때까지의 전 과정에서 발생하는 각종 정보를 전산시스템으로 수집, 관리, 공급, 처리하는 종합정보관리체제이다.

2 수배송활동의 각 단계(계획-실시-통제)에서의 물류정보처리 기능

① 계획 : 수송수단 선정, 수송경로 선정, 수송로트(lot) 결정, 배송지역 결정 등
② 실시 : 배차 수배, 화물적재 지시, 배송지시, 화물의 추적 파악 등
③ 통제 : 운임 계산, 자동차적재효율 분석, 자동차가동률 분석, 반품운임 분석, 오송 분석, 사고 분석 등

Chapter 3 화물운송서비스의 이해

01 물류의 신시대와 트럭수송의 역할 ★

1 물류혁신시대

① **물류 없이는 생활 불가** : 물류관리가 최근 경영혁신의 중심체 역할을 하고 있다.
② **물류를 경쟁력의 무기로 사용** : 고객의 절실한 요망에 대응하여 화주에게 경쟁력 있는 물류를 무기로 제공할 의무가 있다고 하는 것이다.
③ **총 물류비의 절감** : 고빈도·소량의 수송체계는 필연적으로 물류코스트의 상승을 가져온다.
④ **적정요금을 품질(서비스)로 환원** : 원가절감 등의 성과를 일을 통해 화주(고객)에게 환원한다고 하는 격조 높은 이념을 갖는 트럭운송산업계의 자세가 물류혁신시대의 화주기업과 물류전문업계 및 종사자의 새로운 파트너십이라고 할 것이다.

2 혁신과 트럭운송

(1) 기업존속 결정의 조건

① 매상을 올릴 수 있는가?
② 코스트를 내릴 수 있는가?

(2) 기업의 유지관리와 혁신

기업경영에는 두 가지의 면이 있다.
① 기업고유의 전통과 실적을 계승하여 유지·관리하는 것
② 기업의 전통과 현상을 부정하여 새로운 기업체질을 창조하는 것

(3) 기술혁신과 트럭운송사업

트럭운송업계가 당면하고 있는 영역은 다음과 같다.
① 고객인 화주기업의 시장개척의 일부를 담당할 수 있는가?
② 소비자가 참가하는 물류의 신경쟁시대에 무엇을 무기로 하여 싸울 것인가?
③ 고도정보화시대, 살아남기 위한 진정한 협업화에 참가할 수 있는가?
④ 트럭이 새로운 운송기술을 개발할 수 있는가?
⑤ 의사결정에 필요한 정보를 적시에 수집할 수 있는가?

(4) 수입 확대와 원가절감

경영자나 관리자는 물론 운송종사자 또한 매상의 확대와 원가의 절감활동에 중점을 두고, 매상의 확대에 이어지는 것인가, 원가의 절감에 이어지는가의 모든 판단기준을 기본원칙으로 삼아야만 한다.

(5) 운송사업의 존속과 번영을 위한 변혁

① 운송사업의 존속과 번영을 위해서는 다음과 같아야 한다.
- 경쟁에 이겨 살아남지 않으면 안 된다.
- 살아남기 위해서는 조직은 물론 자신의 문제점을 정확히 파악할 필요가 있다.
- 문제를 알았으면 그 해결 방법을 발견해야만 한다.
- 문제를 해결한다고 하는 것은 현상을 타파하고 변화를 불러일으키는 것이다.
- 모든 방책 중에 최선의 방법을 선택하여 결정해야 한다.
- 새로운 과제, 새로운 변화, 새로운 위험, 새로운 선택과 결정을 맞이하여 끊임없이 전진해 나가는 것이다.

② 조직, 개인이 변혁을 일으키지 않으면 안 되는 이유

외부적 요인	조직이나 개인을 둘러싼 환경의 변화를 말한다. 특히, 고객의 욕구행동의 변화에 대응하지 못하는 조직이나 개인은 언젠가는 붕괴하게 된다.
내부적 요인	조직이나 개인의 변화를 말한다. 조직이든 개인이든 환경에 대한 오픈 시스템으로 부단히 변화하는 것이다.

③ 현상의 변혁에 필요한 4가지 요소
- 타성을 버리고 새로운 질서를 이룩하는 것이다.
- 독자적이고 창조적인 발상을 가지고 새로운 체질을 만드는 것이다.
- 실제로 생산성 향상에 공헌할 수 있도록 일의 본질에서부터 변혁이 이루어져야 한다.
- 변혁에 대한 노력은 계속적인 것이어야 성과가 확실해진다.

④ 현상의 변혁에 성공하는 비결 : 개혁을 적시에 착수하는 것이다.

(6) 트럭운송을 통한 새로운 가치 창출

트럭운송은 사회의 공유물이며, 트럭운송은 사회와 깊은 관계를 갖고 있다. 물자의 운송 없이 사회는 존재할 수 없으므로, 즉 사람이 사는 곳이라면 어디든지 물자의 운송이 이루어져야 하므로 트럭은 사회의 공기(公器)라 할 수 있다.

02 신 물류서비스 기법의 이해 ★

(1) 공급망관리(SCM; Supply Chain Management)

최종 고객의 욕구를 충족시키기 위하여 원료공급자로부터 최종소비자에 이르기까지 공급망 내의 각 기업 간에 긴밀한 협력을 통해 공급망인 전체의 물자의 흐름을 원활하게 하는 공동전략을 말한다.

① 공급망 내의 각 기업은 상호 협력하여 공급망 프로세스를 재구축하고 업무협약을 맺으며, 공동전략을 구사하게 된다.
② 공급망은 상류(商流)와 하류(菏流)를 연결시키는 조직의 네트워크를 말한다.
③ 공급망 관리는 기업 간 협력을 기본배경으로 하는 것이다.

④ 공급망 관리는 수직계열화와는 다르다.
　　※ 수직계열화는 보통 상류의 공급자와 하류의 고객을 소유하는 것을 의미한다.

(2) 전사적 품질관리(TQC; Total Quality Control)

제품이나 서비스를 만드는 모든 작업자가 품질에 대한 책임을 나누어 갖는다는 개념이다.

(3) 제3자 물류(TPL 또는 3PL; Third-Party Logistics)

① 파트너십(partnership) : 상호 합의한 일정 기간 동안 편익과 부담을 함께 공유하는 물류채널 내의 두 주체 간의 관계를 의미한다.

② 제휴(alliance) : 특정 목적과 편익을 달성하기 위한 물류채널 내의 독립적인 두 주체 간의 계약적인 관계를 의미한다.

③ 물류 아웃소싱(outsourcing) : 기업이 사내에서 수행하던 물류업무를 전문업체에 위탁하는 것을 의미한다.

> **🚚 기업이 물류 아웃소싱을 도입하는 이유 ★**
>
> • 물류 관련 자산비용의 부담을 줄임으로써 비용절감을 기대할 수 있다.
> • 전문물류서비스의 활용을 통해 고객서비스 향상, 자사의 핵심사업분야에 집중으로 전체적인 경쟁력을 제고할 수 있다는 기대에서 출발한다.

(4) 신속대응(QR; Quick Response)

생산·유통기간의 단축, 재고의 감소, 반품손실 감소 등 생산·유통의 각 단계에서 효율화를 실현하고 그 성과를 생산자, 유통관계자, 소비자에게 골고루 돌아가게 하는 기법을 말한다.

> **🚚 신속대응(QR) 활용의 혜택**
>
> ① 소매업자 : 유지비용의 절감, 고객서비스의 제고, 높은 상품회전율, 매출과 이익 증대
> ② 제조업자 : 정확한 수요 예측, 주문량에 따른 생산의 유연성 확보, 높은 자산 회전율
> ③ 소비자 : 상품의 다양화, 낮은 소비자 가격, 품질 개선, 소비자 패턴 변화에 대응한 상품 구매

(5) 효율적 고객대응(ECR; Efficient Consumer Response)

제품의 생산, 도매, 소매에 이르기까지 전 과정을 하나의 프로세스로 보아 관련 기업들의 긴밀한 협력을 통해, 전체로서의 효율 극대화를 추구하는 기법이다.
※ 섬유산업뿐만 아니라 식품 등 다른 산업부문에도 활용할 수 있다는 것이 신속대응(QR)과의 차이점이다.

(6) 주파수 공용통신(TRS; Trunked Radio System)

1) 개념

중계국에 할당된 여러 개의 채널을 공동으로 사용하는 무전기시스템으로서 이동자동차나 선박 등 운송수단에 탑재하여 이동 간의 정보를 리얼타임(real-time)으로 송수신할 수 있는 통신서비스로서 현재 꿈의 로지스틱스의 실현이라고 부를 정도로 혁신적인 화물추적통신망시스템으로서 주로 물류관리에 많이 이용된다. 주파수 공용통신(TRS)의 대표적인 서비스는 음성통화(voice dispatch), 공중망접속통화(PSTN I/L), TRS데이터통신(TRS data communication), 첨단차량군 관리(advanced fleet management) 등이다.

2) 주파수 공용통신(TRS)의 도입 효과 ★

① 업무분야별 효과

자동차 운행 측면	사전 배차계획 수립과 배차계획 수정이 가능해지며, 자동차의 위치추적기능의 활용으로 도착시간의 정확한 추정이 가능해진다.
집배송 측면	음성 혹은 데이터통신을 통한 메시지 전달로 수작업과 수·배송 지연 사유 등 원인 분석이 곤란했던 점을 체크아웃 포인트의 설치나 화물추적기능 활용으로 지연 사유 분석이 가능해져 표준운행시간 작성에 도움을 줄 수 있다.
자동차 및 운전자관리 측면	고장자동차에 대응한 자동차 재배치나 지연 사유 분석이 가능해진다. 이외에도 데이터통신에 의한 실시간 처리가 가능해져 관리업무가 축소되며, 대고객에 대한 정확한 도착시간 통보로 JIT(卽納)가 가능해지고 분실화물의 추적과 책임자 파악이 용이하게 된다.

② 기능별 효과

자동차의 운행정보 입수와 본부에서 자동차로 정보 전달이 용이해지고 자동차에서 접수한 정보의 실시간 처리가 가능해지며, 화주의 수요에 신속히 대응할 수 있다는 점이고, 화주의 화물추적이 용이해진다.

(7) 범지구측위시스템(GPS; Global Positioning System)

관성항법(慣性航法)과 더불어 어두운 밤에도 목적지에 유도하는 측위(測衛)통신망으로서 그 유도기술의 핵심이 되는 것은 인공위성을 이용한 범지구측위시스템(GPS)이며 주로 자동차 위치 추적을 통한 물류관리에 이용되는 통신망이다. 최근에는 이동체와 고정점의 측위가 민간에도 활용되는 방안이 모색되고 있다.

> **GPS의 도입 효과**
> ① 각종 자연 재해로부터 사전대비를 통해 재해를 회피할 수 있다.
> ② 토지조성공사에도 작업자가 건설용지를 돌면서 지반침하와 침하량을 측정하여 리얼 타임으로 신속하게 대응할 수 있다.
> ③ 대도시의 교통 혼잡 시에 차량에서 행선지 지도와 도로 사정을 파악할 수 있다.
> ④ 공중에서 온천탐사도 할 수 있다.
> ⑤ 밤낮으로 운행하는 운송차량 추적시스템을 GPS로 완벽하게 관리·통제할 수 있다.

(8) 통합판매·물류·생산시스템(CALS; Computer Aided Logistics Support)

1) 개념

① 무기체제의 설계, 제작, 군수 유통체계 지원을 위해 디지털기술의 통합과 정보 공유를 통한 신속한 자료처리 환경을 구축하는 것을 말한다.

② 제품 설계에서 폐기에 이르는 모든 활동을 디지털 정보기술의 통합을 통해 구현하는 산업화 전략이다.

③ 컴퓨터에 의한 통합생산이나 경영과 유통의 재설계 등을 총칭한다.

2) 목표

설계, 제조 및 유통과정과 보급·조달 등 물적지원 과정을 다음의 내용으로 행하기 위함이다.

① 비즈니스 리엔지니어링을 통해 조정한다.

② 동시 공학적 업무처리과정으로 연계한다.

③ 다양한 정보를 디지털화하여 통합데이터베이스(database)에 저장하고 활용한다.

> **🚍 CALS의 효과**
>
> ① 업무의 과학적, 효율적 수행이 가능하다.
>
> ② 신속한 정보 공유 및 종합적 품질 관리 제고가 가능하다.

3) CALS의 중요성과 적용범주

① 정보화 시대의 기업경영에 필수적인 산업정보화

② 방위산업뿐 아니라 물류 등 제조업과 정보통신 산업에서 중요한 정보전략화

③ 과다서류와 기술자료의 중복 축소, 소요시간 단축, 비용절감

④ 기존의 전자데이터정보(EDI)에서 영상 등 전자상거래(e-commerce)로 그 범위를 확대하고 궁극적으로 멀티미디어 환경을 지원하는 시스템으로 발전

⑤ 동시공정, 에러검출, 순환관리를 포함한 품질관리와 경영혁신 구현 등

4) CALS의 도입효과

① CALS/EC는 새로운 생산, 유통, 물류의 패러다임으로 등장하고 있다.

   ※ 민첩생산시스템으로서 패러다임의 변화에 따른 새로운 생산시스템, 첨단생산시스템, 신속하게 대응하는 고객만족시스템, 규모경제를 시간경제로 변화, 정보인프라로 광역대 ISDN(B-ISDN)으로서 효과를 나타낸다.

② CALS/EC가 기업통합과 가상기업을 실현할 수 있을 것이다.

   ※ 가상기업이란 급변하는 상황에 민첩하게 대응하기 위한 전략적 기업제휴를 의미한다.

Chapter 4 화물운송서비스와 문제점

01 물류고객서비스 ★

1 개념

고객서비스의 수준은 기존의 고객이 고객으로 계속 남을 것인가 말 것인가를 결정할 뿐만 아니라 얼마만큼의 잠재고객이 고객으로 바뀔 것인가를 결정하게 된다. 물류시스템의 산출 (output)이라고 할 수 있다.

① 주문처리, 송장 작성, 고객의 고충처리 등을 관리해야 하는 활동
② 수취한 주문을 48시간 이내 배송할 수 있는 능력과 같은 성과척도
③ 전체적인 기업철학의 한 요소

2 물류고객서비스 요소

(1) 고객서비스 요소

① 주문처리시간 : 주문을 받아서 출하까지 소요되는 시간
② 주문품의 상품구색시간 : 주문품을 준비하여 포장까지 소요되는 시간
③ 납기 : 고객에게 배송까지 걸리는 시간
④ 주문량의 제약 : 주문량과 주문금액의 하한선
⑤ 혼재 : 다품종 주문품의 배달 방법
⑥ 재고신뢰성 : 재고품으로 주문품을 공급할 수 있는 정도
⑦ 일관성 : 서비스 표준이 허용하는 변동 폭

(2) 거래 전·거래 시·거래 후 요소

① 거래 전 요소 : 서비스 정책, 접근가능성, 조직구조 등
② 거래 시 요소 : 재고품절 수준, 발주정보, 환적, 대체 제품 등
③ 거래 후 요소 : 설치, 보증, 변경, 수리, 부품, 제품의 추적, 고객의 클레임, 고충·반품처리, 제품의 일시적 교체, 예비품의 이용 가능성

3 고객서비스 전략의 구축

성공한 조직은 서비스 수준의 향상 또는 재고 축소에 주안점을 두고 있는 추세이다. 서비스 수준의 향상은 수주부터 도착까지의 리드타임 단축, 소량출하체제, 긴급출하 대응실시, 수주마감시간 연장 등을 목표로 정하고 있다. 물론 코스트에도 신경을 써야 하겠지만, 물류기능의 코스트 절감보다는 비즈니스 프로세스를 고려한 코스트 절감을 추구하는 것이 바람직하다.

1 ▶ 고객의 불만사항

① 약속시간을 지키지 않는다(특히 집하 요청 시).
② 전화도 없이 불쑥 나타나고 길거리에서 화물을 건네준다.
③ 임의로 다른 사람에게 맡기고 간다.
④ 너무 바빠서 질문을 해도 도망치듯 가버린다.

2 ▶ 고객의 요구사항

① 할인 및 포장불비로 화물 포장 요구
② 냉동화물 우선 배달 및 판매용 화물 오전 배달 요구
③ 확실한 배달을 위한 착불 요구
④ 규격 초과화물, 박스화되지 않은 화물 인수 요구
※ 고객들은 화물의 성질, 포장상태에 따라 각각 다른 형태의 취급절차와 방법을 사용하는 것으로 생각할 수 있다.

3 ▶ 택배종사자의 서비스 자세

(1) 서비스 자세

① 애로사항이 있더라도 극복하고, 고객만족을 위하여 최선을 다한다.
② 진정한 택배종사자로서 대접을 받을 수 있도록 행동한다.
③ 상품을 판매하고 있다고 생각한다.

(2) 택배화물의 배달 방법

① 고객 부재 시 방법
• 부재 안내표 작성 및 투입 : 방문 시간, 송하인, 화물명, 연락처 등을 기록하여 문 안에 투입한다.
• 대리인계된 경우 : 귀점 중, 귀점 후 전화로 반드시 재확인한다.
• 화물의 인계 장소 : 아파트는 현관문 안, 단독주택은 집에 딸린 문 안에 인계한다.
※ 대리인수 기피 인물 : 노인, 어린이, 가게 등
※ 사후 확인 전화 : 대리인계 시는 반드시 귀점 후 통보할 것

② 약속시간을 지키지 못할 경우에는 재차 전화하여 예정 시간을 정정한다.

> 🚚 **전화 통화 시 주의할 점**
> ① 본인이 아닌 경우 화물명을 말하지 않아야 할 경우가 있다.
> 〔예〕 보약, 다이어트용 상품, 보석, 성인용품 등
> ② 전화하면 수취 거부로 반품률이 높은 품목(전화 시 반품률 30% 이상)이 있다.
> 〔예〕 족보, 명감(동문록) 등

③ 미배달 화물에 대한 조치
  - 미배달 사유를 기록하여 관리자에게 제출한다.
  - 화물은 재입고한다.

④ 방문 집하 방법
  - 방문 약속 시간을 준수하여야 한다.
  - 기업화물 집하 시 화물이 준비되지 않았다고 해서 운전석에 앉아있거나 빈둥거리지 않는 등 행동에 유의한다.
  - 운송장 기록을 정확하게 기재한다.

> 🖥 **정확히 기재하여야 할 사항** ★
>
> ① 수하인 전화번호
> ② 정확한 화물명(사고 시 배상기준, 화물수탁 여부 판단기준 등)
> ③ 화물 가격(사고 시 배상기준, 할증 여부 판단기준 등)

  - 화물 종류에 따른 포장의 안전성을 확인하고 안전하지 않은 경우 보완 요구 또는 귀점 후 보완하여 발송한다.
  - 집하의 중요성
    - 집하가 배달보다 우선되어야 한다.
    - 배달 있는 곳에 집하가 있다.
    - 집하는 택배사업의 기본이다.

4 운송서비스

(1) 운송서비스의 사업용·자가용 특징 비교

구분	장점	단점
철도와 선박과 비교한 트럭수송	• 문전에서 문전으로 배송 서비스를 탄력적으로 행할 수 있다. • 중간하역이 불필요하고 포장의 간소화, 간략화가 가능하다. • 싣고 부리는 횟수가 적다. • 다른 수송기간과 연동하지 않고, 일관된 서비스를 할 수 있다.	• 수송 단위가 작고, 연료비나 인건비 등 수송단가가 높다. • 진동, 소음, 광화학 스모그 등 공해 문제, 유류의 다량소비에서 오는 자원 및 에너지 절약 문제 등 편익성의 이면에는 해결해야 할 문제도 많이 남아있다.
사업용(영업용) 트럭운송	• 수송비가 저렴하고 융통성이 높다. • 물동량의 변동에 대응한 안정수송이 가능하다. • 수송능력이 높고 변동비 처리가 가능하다. • 설비 및 인적투자가 필요 없다.	• 운임의 안정화가 곤란하고 관리기능이 저해된다. • 기동성이 부족하고 시스템의 일관성이 없다. • 인터페이스가 약하고 마케팅사고가 희박하다.

구분	장점	단점
자가용 트럭운송	• 높은 신뢰성이 확보되고 상거래에 기여한다. • 작업의 기동성이 높고 안정적 공급이 가능하다. • 리스크(위험부담도)가 낮고 인적교육이 가능하다. • 시스템의 일관성이 유지된다.	• 수송량의 변동에 대응하기가 어렵다. • 비용이 고정비화된다. • 설비 및 인적 투자가 필요하다. • 수송능력에 한계가 있다. • 사용하는 차종, 차량에 한계가 있다.

※ 사업용(영업용), 자가용 모두 장단점은 있으나, 코스트와 서비스 면에서 자가용이 아니어서는 안 될 점만을 자가용으로 하고, 이외에 가능한 한 영업용의 선택적 유효이용을 도모하는 것이 타당하다.

(2) 트럭운송의 전망

구분	내용
고효율화	차종, 자동차, 하역, 주행의 최적화를 도모하고 낭비를 배제하도록 항상 유의하여야 한다.
왕복실차율을 높임	공차로 운행하지 않도록 수송을 조정하고 효율적인 운송시스템을 확립하는 것이 바람직하다.
트레일러 수송과 도킹시스템화	트레일러의 활용과 시스템화를 도모함으로써 대규모 수송을 실현함과 동시에 중간지점에서 트랙터와 운전자가 양방향으로 되돌아오는 도킹시스템에 의해 자동차 진행 관리나 노무관리를 철저히 하고, 전체로서의 합리화를 추진하여야 한다.
바꿔 태우기 수송과 이어타기 수송	• 트럭의 보디를 바꿔 실으며 합리화를 추진하는 것을 바꿔 태우기 수송이라고 한다. • 도킹 수송과 유사한 것이 이어타기 수송이며, 중간지점에서 운전자만 교체하는 수송 방법을 말한다.
컨테이너 및 파렛트 수송의 강화	컨테이너를 자동차에 적재할 시에는 포크리프트 등 싣는 기기가 있기 때문에 문제가 없으나, 하역의 경우에는 기기가 없는 경우가 있다. 이 경향은 말단으로 가면 갈수록 현저하다. 따라서 컨테이너를 내릴 수 있는 장치를 트럭에 장비함으로써 컨테이너 단위의 짐을 내리는 작업이 쉽게 이루어질 수 있는 시스템을 실현하는 것이 필요하다. 파렛트의 화물 취급에 대해서도 마찬가지여서 파렛트를 측면으로부터 상·하역할 수 있는 측면개폐유개차, 후방으로부터 화물을 상·하역할 때에 가드레일이나 롤러를 장치한 파렛트 로더용 가드레일차나 롤러 장착차, 짐이 무너지는 것을 방지하는 스태빌라이저 장치차 등 용도에 맞는 자동차를 활용할 필요가 있다.

구분	내용
집배 수송용 자동차의 개발과 이용	택배 수송이 상징하듯이 다품종 소량화 시대를 맞아 집배 수송은 한층 더 중요한 위치를 차지하고 있다. 택배운송 등 소량화물 운송용의 집배 자동차는 적재능력, 주행성, 하역의 효율성, 승강의 용이성 등의 각종 요건을 충족시키지 않으면 안 된다. 이 요청에 응해서 출현한 것이 델리베리카(워크트럭차)이다.
트럭터미널	간선 수송에 사용되는 자동차는 대형화 경향에 있으나, 이와 반면에 집배 자동차는 소형화되는 추세이다. 양자의 결절점에 해당하는 트럭터미널은 이와 같이 모순된 2개의 시스템을 해결하는 장소라 할 수 있다. 트럭터미널의 복합화, 시스템화는 필요조건이다.

5 국내 화주기업 물류의 문제점

구분	내용
각 업체의 독자적 물류기능 보유(합리화 장애)	자체적으로 또는 주선이나 운송업체를 대상으로 일부분만 아웃소싱되는 물류체계가 아직도 많다.
제3자 물류기능의 약화 (제한적·변형적 형태)	전문 업체에 의뢰하는 경향이 늘고 있으나 전체적으로는 아직도 적고, 사실상 문제(개선을 위한 다른 시스템을 접목하는 비용이 들어야만 하는 문제)만 복잡하게 하는 것으로 나타난다.
시설 간·업체 간 표준화 미약	표준화, 정보화가 이뤄져야만 물류절감을 도모할 수 있는 기본적인 체계를 갖추게 되나 단일물량(소수물량)을 처리하면서 막대한 비용이 들어가는 시스템의 설치는 한계가 있다.
제조·물류업체 간 협조성 미비	제조업체와 물류업체가 상호협력을 하지 못하는 가장 큰 이유는 신뢰성의 문제이며, 두 번째는 물류에 대한 통제력, 세 번째는 비용부문인 것으로 나타나고 있다.
물류 전문업체의 물류인프라 활용도 미약	물류인프라를 활용하는 것은 물류업체가 초기 자본투자를 그만큼 줄이고 유동성(현금 및 시스템) 확보를 통한 물류효율화에 매진할 수 있기 때문이다.

메모

메모